国家自然科学基金委员会与云南省政府联合基金重点项目(U1133603)和
国家自然科学基金项目(40965006)研究专著

气候变化背景下低纬高原地区水资源的分布及其变化

张万诚　郑建萌　万云霞
任菊章　陈　艳　马　涛　著

气象出版社
China Meteorological Press

内 容 简 介

本书用最新资料系统分析了低纬高原地区气候变化的事实，研究了其大气可降水量的分布特征及变化趋势，分析了 GPS/MET 遥测可降水量在降水预报中的应用；研究了水汽输送的时空演变特征以及水汽收支与低纬高原地区降水的联系；研究了青藏高原东南部横断山区春汛（早雨季）的气候成因；分析了南亚季风爆发对云南雨季开始期降水的影响；探讨了江河流域水资源对气候变化的响应；对比分析了几套再分析资料在低纬高原地区的适用性。

书中研究成果对相关地区适应和减缓水资源的变化具有重要意义，也可为气象和有关部门进行科学预测提供依据。本书可供气象、水文等相关部门的科研人员参阅。

图书在版编目（CIP）数据

气候变化背景下低纬高原地区水资源的分布及其变化/张万诚等著.
—北京：气象出版社，2014.8
ISBN 978-7-5029-5984-5

Ⅰ.①气… Ⅱ.①张… Ⅲ.①低纬度－高原－水资源－研究－中国
Ⅳ.①TV211.1

中国版本图书馆 CIP 数据核字(2014)第 191563 号

Qihou Bianhua Beijingxia Diwei Gaoyuan Diqu Shuiziyuan de Fenbu jiqi Bianhua

气候变化背景下低纬高原地区水资源的分布及其变化

张万诚 等 著

出版发行：气象出版社

地　　址：	北京市海淀区中关村南大街 46 号	**邮政编码**：	100081
总 编 室：	010-68407112	**发 行 部**：	010-68409198
网　　址：	http://www.cmp.cma.gov.cn	**E-mail**：	qxcbs@cma.gov.cn
责任编辑：	李太宇	**终　　审**：	章澄昌
封面设计：	博雅思企划	**责任技编**：	吴庭芳
印　　刷：	北京京华虎彩印刷有限公司		
开　　本：	787 mm×1092 mm　1/16	**印　　张**：	17.875
字　　数：	461 千字		
版　　次：	2014 年 9 月第一版	**印　　次**：	2014 年 9 月第一次印刷
定　　价：	80.00 元		

序　　言

近百年发生的全球气候变化正对世界各地带来影响。其中,最直接的后果之一是全球普遍存在的水资源短缺问题。随着未来气候变暖的不断加剧,水资源问题将日益突出,这个问题已引起国内外政府部门和科技界很大的关注。气候变化对区域水分的分布及循环是近年来大气科学的热点研究问题。

云南省属于热带、副热带和高原季风气候。由于低纬高原地区东、西部地貌形态差异极大(东部称为滇东高原,而西部山川纵横,属横断山系纵谷区),复杂的地形地貌使得这一地区气候复杂多样。受多种因素影响,云南降水分布十分不均匀。云南境内江河纵横,大小河流共有600多条,其中较大的有180多条,集水面积分布于全省。虽然其境内水资源总量丰富,但河谷深切,属典型的"V"形河谷流域,开发利用十分困难。同时,云南又是以山区为主的省份(山地和丘陵面积占94%,坝区仅占6%),降水后径流量大,水土流失严重,极易受极端气候事件的影响。

在气候变化和人类活动的双重影响下,近十几年云南出现了持续性干旱,尤其2009年以来,高温少雨的极端事件屡现,对云南水资源、农业等多元系统产生了严重影响,引起了国内外的关注和重视。从科学角度看,人们会问:云南的水资源(大气降水和地表水)时空演变如何,它与气候变化的关系又如何。本专著是云南气象工作者对这一问题的系统总结,主要内容有低纬高原地区气候变化的事实、可降水量的时空演变特征,通过对比分析高空探测资料和再分析资料估算的可降水量与GPS/MET遥感的大气可降水量,研究了低纬高原地区的水汽收支及其变化趋势,揭示了季节降水的水汽输送路径,分析了水汽输送对低纬高原地区降水异常的影响;探讨了南亚季风爆发与低纬高原地区雨季开始期早晚的联系,研究了青藏高原东南部(横断山区域)春汛期(早雨季)的水汽输送特征以及春汛(早雨季)的天气气候成因;分析探讨了低纬高原地区境内怒江、澜沧江、元江、金沙江等江河流域降水、径流等气象水文条件在气候变化背景下的变化趋势等。书中对气候变化背景下云南水资源的时空演变进行全面、系统的分析，在国内当属首次，有着重要的科学意义和实际应用价值。

《气候变化背景下低纬高原地区水资源的分布及其变化》内容丰富、论点明确、思路清晰、结构合理，学习借鉴性强，有很大的实用价值，是一本认识、了解低纬高原地区水资源的专业参考书，很值得有兴趣的读者一读。

丁一汇

2014年8月

前　言

低纬高原地区处于青藏高原的东南部，地势总体上北高南低，呈西北一东南阶梯状下降，其南靠中南半岛，距热带海洋不远（西南距孟加拉湾600多千米，东南距南海不到400千米），北回归线穿云南省而过。低纬高原处于东亚季风和南亚季风的共同影响区域，加之错综复杂的地形地貌，形成了独特的低纬高原季风气候。

1999年联合国《世界水资源综合评估报告》指出："水问题将严重制约21世纪全球经济与社会发展，并可能导致国家间冲突。探讨21世纪水资源的国家战略及其相关科学问题，是世纪之交各国政府的重点议题之一。"在全球气候变暖的大背景下，云南极端气候事件呈增加的趋势。如，从2009年春季以来，云南出现了连续5年的降水偏少、气温偏高，期间，多次降水量和气温极值纪录被刷新，发生了百年不遇的特大干旱，人畜饮水出现严重困难，并造成巨大的经济损失。可见，气候变化是一个正在发生并已对世界各地带来一系列影响的事实。气候变化最直接的后果之一是，全球普遍存在的水资源短缺问题将日益突出，气候变化对区域水分的分布及循环是近年来大气科学的热点研究问题。

低纬高原地区东、西部地貌形态差异极大，东部地形波状起伏，为云贵高原的西部，称为滇东高原或云南高原，而西部山川纵横，属横断山系纵谷区。云南境内有大小河流600多条，主要的有180多条，分属金沙江（长江上游）、南盘江（珠江上游）、元江（红河上游）、澜沧江（湄公河上游）、怒江（萨尔温江上游）、伊洛瓦底江（云南为独龙江、大盈江、瑞丽江）六大水系。虽然云南在全国来讲是水资源较丰富的省份之一，但云南的山区面积占94%，仅有6%的坝子（盆地），对水资源的利用比较困难。由于自然降水是一切淡水资源的主要来源，水文循环作为气候系统中的重要成员，既受气候变化的制约，又对气候系统反馈，较小的降水变化百分率可以引起很大的径流和水资源总量的变化百分率，水资源的异常与气候异常和气候变化有密切关系，气候变化必然影响到水的变化。研究云南水汽资源的分布变化以及河川径流对气候变化的响应具有现实意义。

国家自然科学基金项目“水汽输送异常对低纬高原地区旱涝灾害的影响研究”(项目编号:40965006)和国家自然科学基金委员会与云南省政府联合基金重点项目“云南极端干旱气候的形成机理研究”(项目编号:U1133603)向我们提出了水汽含量分布、季风水汽输送的时空演变及其对低纬高原地区降水异常的影响等研究目标。本专著正是上述项目已经取得研究成果的总结。书中展示的成果对于积极应对和减缓气候变化带来的不利影响,更好地推进云南经济社会实现可持续发展和跨越发展具有重要参考价值。

全书由张万诚统稿,其中第 3 章由万云霞和张万诚撰写,4.3 节和 4.5 节由张万诚和任菊章撰写,第 4.6 节、5.5 节由张万诚和马涛撰写,5.1 节、5.2 节、6.4 节、6.8 节、6.9 节由郑建萌撰写,5.3 节由任菊章撰写,6.2 节由陈艳撰写,6.3 节由郑建萌和陈艳撰写,5.4 节、6.6 节、6.7 节由张万诚和郑建萌撰写,第 8 章由张万诚、郑建萌和马涛撰写,其余章节由张万诚撰写。另外,书中的部分计算和绘图由马涛完成,云南大学 2012 级硕士研究生杨琳晗参加了第 2 章的部分工作。

本书在撰写中得到了孙绩华正研级高级工程师、鲁亚斌首席预报员、黄玮、田永丽和张精华高级工程师等有关专家提供的帮助和支持。感谢云南省气象局局长程建刚高级工程师以及其他几位局领导对本书的关心和支持。同时感谢李太宇编审和崔扬等专家对本书的认真审阅。另外,还要感谢国家自然科学基金委员会—云南省政府联合基金重点项目(项目编号:U1133603)和国家自然科学基金项目(项目编号:40965006)的资助,在此表示衷心感谢。

虽然本书的研究得出了一些有意义的结论,但由于影.响低纬高原地区水资源变化的原因比较复杂,加之我们学识水平有限,书中难免有不当或错误之处,恳请读者批评指正,以便在以后的工作中得到改正。

作者

2014 年 5 月

目　录

第1章 绪 论

1.1 研究背景及各章简介

低纬高原地区地势总体是北高南低，呈西北一东南阶梯状下降。最高点在德钦县梅里雪山的主峰卡瓦格博峰，海拔6740 m，最低点在东南部河口县元江—红河出境处，海拔76.4 m，相对高差达6664 m，但南北直线距离不足1000 km。其东部高原绵延，西部山川纵横，东部、西部地貌形态差异极大。东部波状起伏的山体原为云贵高原的西部，称为滇东高原或云南高原；西部属横断山系纵谷区，自西向东由高黎贡山、怒江、怒山（碧罗雪山）、澜沧江、云岭、金沙江三大山系与三条大江相互挟持而成，并且是4条国际河流的上游。受东亚季风和南亚季风的共同影响，加之复杂的地形特点，使得这一区域从低纬到高纬依次出现北热带、南亚热带、中亚热带、北亚热带、南温带、中温带和高原气候区七个气候带。同时这一区域又具有低纬高原季风气候的特点（王宇，2006）：四季温差小，春季温度高于秋季温度，气温日较差大，积温有效性高；雨量丰沛，干湿季分明，年内季节变化大；光照适宜，季节差异明显；雨热同季，冬春季温暖少雨，夏秋季多雨气温略低；气候垂直差异显著，立体气候特征明显；相同海拔高度各种气象要素值有明显的坡向差异。云南气候的多样性，以及独特的自然条件使其成为全球生物多样性最丰富的地区之一和世界级的基因库（何大明等，2005）。显然，低纬高原地区的生物多样性与丰富的气候带、水资源（包括大气和地表水）的分布及变化密不可分。因此，研究区域水资源的分布状况及变化趋势尤为重要。

政府间气候变化委员第四次评估报告显示，过去100 a（1906—2005年）全球地表平均气温升高0.74℃，2005年全球大气二氧化碳浓度379 ppm①，为65万年以来最高，人类活动很可能是导致气候变暖的主要原因。中国近百年的气温呈显著上升趋势，云南与全国一致也呈增温趋势，降水总体上呈减少趋势，但暴雨等极端事件呈上升趋势（程建刚等，2008；2009）。在全球气候变暖的大背景下，云南的极端气候事件呈加剧的趋势，如从2009年春季以来，云南出现了连续5年的干旱少雨，期间发生了百年不遇的特大干旱，不仅造成人畜饮水和工农业生产用水困难，而且给当地造成巨大的经济损失。目前对云南气候变化的分析存在着气象要素单一（主要以平均气温、降水为主）、以点代面（用单个气象站或几个气象站的平均代替整个区域）、资料时段短（大部分研究工作主要集中在20世纪末，或21世纪初）等，考虑到低纬高原地区复杂的地形与植被特征对区域气候变化地域性的影响，有必要用最新的资料（本研究的资料长度为建站至2013年）来系统分析总结云南温度、降水等气象要素的时空变化特征及局地变化趋势。

① 1 ppm=10^{-6}。

大气降水是一切水资源的根本来源。1999 年联合国《世界水资源综合评估报告》指出："水问题将严重制约 21 世纪全球经济与社会发展，并可能导致国家间冲突。探讨 21 世纪水资源的国家战略及其相关科学问题，是世纪之交各国政府的重点议题之一。"全国多年平均降水总量为 61889×10^8 亿 m^3，降水量的 45％转化为地表和地下水资源，55％消耗于蒸散发（刘昌明等，2001）。水资源的异常与气候异常和气候变化有密切关系（施雅风等，1995），气候变化必然影响到水的变化。水文循环作为气候系统中的重要成员，既受气候变化的制约，又对气候系统反馈，有可能较小的降水变化百分率可以引起很大的径流和水资源总量的变化百分率（刘春蓁，1997）。气候变化对中国降水已产生了较大影响，在 1953 年至 1997 年期间，中国降水频率（降水日数）表现为东部除华南以外降水频率趋势减少，西部呈增多趋势，其中以西北更为显著，但西南一些地区降水量趋于减少（翟盘茂等，1999）。西双版纳等地区 1990 年代以来年降水日数由 1950 年代的每年 270 多天锐减到目前年降水日数仅有 150 多天。气候变化对我国水循环和水资源的影响主要体现在加速水汽的循环，改变降雨的强度和历时，变更径流的大小，扩大洪灾、旱灾的强度与频率，以及诱发其他自然灾害。显然，气候变化最直接的后果之一是全球普遍存在的水资源短缺问题将日益突出，气候变化对区域大气水汽含量分布特征的影响是近年来大气科学的热点研究问题。因此，开展气候变化背景下低纬高原地区水汽的分布变化趋势，以及江河流域水资源对气候变化的响应具有重要意义。

大气中的水分含量和水汽输送不仅与大气环流有密切的内在联系，而且是能量和水分循环的重要一环，对区域水分平衡起重要作用。全球大气水更新一次只需 8 d，如此频繁的更新使得水汽输送成为区域水循环强弱的制约因素（刘国纬，1997）。徐祥德等（2002）指出：以高原地区为顶端，南海季风与印度季风涉及的低纬活动源区为"底边"的水分时空演变是认识中国及东亚地区水资源及其旱涝成因的重要科学问题，1998 以及 1991 年长江流域异常洪涝大部分特大暴雨过程对流云系可追溯到青藏高原及其周边地区。研究表明：孟加拉湾至云南维持强水汽输送对云南暴雨的产生起重要作用。1991 年江淮暴雨时期的能量和水汽循环中有大量的水汽从孟加拉湾及南海输送到江淮地区，并且孟加拉湾的水汽更为强盛（胡国权等，2003）。可见，低纬高原地区是孟加拉湾、南海向长江中下游、西北、华北地区输送水汽的通道，其水分收支状况对我国大范围气候和水资源有重要影响。因此，研究降水的时空分布及变化规律，水汽输送的时空分布及演变特征非常重要。

综上所述，由于低纬高原地区复杂的地形以及独特的自然植被，在全球气候变化背景下，用最新资料分析低纬高原地区温度的变化趋势，研究其降水的时空分布及变化规律，特别是复杂地形下区域降水的变化特征（如：青藏高原东南部滇西北的降水分布及变化趋势等等）、研究水汽收支的年际及年代际变化与降水时空分布的联系，以及探讨江河流域水资源对气候变化的响应，不仅能为预测旱涝提供决策依据，而且对适应和减缓水资源的变化均具有重要意义。

在分析云南气候变化时，本研究立足于用云南最有代表性的气象站资料，删除了个别由于迁站前后气候差异非常明显的站，如：元阳站、西盟站等。另外，气象资料长度尽量最长，从建站到 2013 年 2 月。书中各章内容如下。

第 1 章　绪论

第 2 章　低纬高原地区温度变化事实

分析了低纬高原地区 100 a 来年温度的变化趋势，研究了 52 a 来低纬高原地区年平均气温、四季气温的时空分布特征，以及局地气温的变化差异；分析这一地区年和四季最高、最低气温的时空变化趋势，以及日照时数的时空演变特征，讨论温度变化的区域性特征。

第 3 章　气候变化对低纬高原地区降水的影响

主要分析低纬高原地区年降水、四季降水的时空分布特征，以及横断山区年降水、四季雨量的变化差异；研究降水日数、暴雨的时空特征及变化趋势；研究冬季昆明静止锋的变化以及对降水日数等的影响。

第 4 章　低纬高原地区可降水量的分布及变化趋势

分析可降水量的空间分布及季节变化特征；研究大气可降水量的垂直分布；研究横断山区域可降水量的变化特征，探讨复杂地形下大气含水量对降水的影响，重点分析雨季、干季可降水量与降水的关系；分析了低纬高原地区 GPS/MET 遥感的水汽含量状况，对比 GPS/MET 监测水汽与雨季降水过程的联系。开展 GPS/MET 地基遥测水汽与高空探测资料估算水汽的对比，并与 3 种再分析资料估算的水汽含量进行对比讨论。另外，还研究了低纬高原地区可降水量的转化率分布。

第 5 章　低纬高原地区的水汽收支及其变化趋势

研究低纬高原地区多年和四季水汽收支及其年际年代变化特征；研究对流层低层四季水汽通量的时空变化特征；分析几套再分析资料对低纬高原地区水汽通量的描述，并研究低纬高原地区各季节的水汽流入流出对降水异常的影响。

第 6 章　水汽输送对低纬高原地区降水异常的影响

分析了影响低纬高原地区四季降水的水汽输送路径；研究水汽输送对低纬高原地区夏季风爆发的影响；研究四季降水与水汽输送的联系，探讨南亚季风对低纬高原地区雨季开始期早晚的影响，以及分析了夏季风水汽输送异常与云南雨季旱涝的关系；研究青藏高原东南部(横断山区域)春汛期的水汽输送特征，分析滇西北春汛期降水的气候特征，以及春汛(早雨季)的天气气候成因，研究了春汛降水偏多年与偏少年的大气环流特征及成因。

第 7 章　低纬高原地区主要江河对气候变化的响应

主要分析探讨低纬高原地区境内怒江—萨尔温江、澜沧江—湄公河、元江—红河、金沙江—长江，南盘江—珠江等水系的变化特征，研究在气候变化背景下，怒江、澜沧江、元江、金沙江水资源的变化情况，以及应对措施。

1.2　资料和方法

1.2.1　资料

本研究所用的资料主要有：

(1)低纬高原地区(以云南省为主)124 个站点的月平均温度、最高与最低温度资料、日照资料，以及降水资料，资料长度为 1961 年 1 月—2013 年 2 月。如不作说明气候平均都采用 1981—2010 年的 30 a 平均(简称新 30 年平均)。

(2)中国气象局 1970 年 12 月—2009 年 2 月 160 站逐日降水、气温资料等常规观测资料(包括逐日地面天气图资料)，以及国家气候中心提供的 74 项环流特征量资料。

(3)美国国家大气研究中心(National Center for Environmental Prediction/National Center Atmospheric Research,NCEP/NCAR)的再分析数据。NCEP Ⅰ资料长度为1948年1月至2013年12月,NCEP Ⅱ资料长度为1979年1月至2013年12月,两套资料的分辨率均为2.5°×2.5°。所用资料包括逐月的17层标准层的位势高度、u、v、比湿等资料,以及逐日的u、v风场及高度场资料等。

(4)美国NOAA中心提供的20CR(20 Century Reanalysis Version 2)的再分析资料。资料长度为1948年1月至2010年12月,分辨率为2°×2°。所用资料包括逐月的17层标准层的位势高度、u、v、比湿等资料,以及逐日的u、v风场及高度场资料等。

(5)欧洲中心再分析资料(ECMWF),包括ERA-40再分析资料和ERA-Interim再分析资料。ERA-40再分析资料的经纬度分辨率为2°×2°,资料长度为1948年1月至2002年12月;ERA-Interim再分析资料的长度是1979—2012,分辨率为1.5°×1.5°。所用的2套再分析资料包括逐月的17层标准层的位势高度、u、v、比湿等资料,以及逐日的u、v风场及高度场资料等。

(6)西南地区蒙自、昆明、腾冲、思茅、丽江、甘孜、昌都、巴塘、林芝等探空站1980年1月至2006年12月逐日高空探测资料。

(7)自2003年开始,先后在低纬高原地区布点安装的GPS/MET地基遥感监测站,主要有昆明、蒙自、腾冲、思茅、丽江、大理、临沧、勐腊、德钦等站的逐时水汽含量资料。

(8)NCEP再分析的OLR(Outgoing Longwave Radiation,向外长波辐射)逐日、月平均资料,资料分辨率为2.5°×2.5°,空间范围为90°N—90°S,0°—180°E。

1.2.2　方法

(1)气候变化趋势分析

气象要素的长期趋势变化通常可采用线性回归方程:

$$Y = a + bx, \quad x = 1,2,\cdots,n \tag{1.1}$$

式中x表示时间,Y表示气象要素逐年或逐月值,a是常数,b是回归系数,当b为正(负)值时,表示要素在计算的时段内线性增加(减弱);b又称为气候倾向率。$b<0$时,回归直线斜率为负,要素Y随因子x增加而减少,要素与因子间是负趋势变化;当$b>0$时,回归直线有正斜率,Y随x增加而增加,要素与因子间是正趋势变化。已知回归系数b,可知x与y的相关系数为:

$$r_{xy} = \frac{s_x}{s_y} b \tag{1.2}$$

其中s_x,s_y分别为x、y的标准差。将消除自变量量纲大小的回归系数b称为标准回归系数,记为b'(黄嘉佑等,2000;解明恩等,2000):

$$b' = \frac{s_x}{s_y} b \tag{1.3}$$

由公式(1.2),(1.3)可知,$r_{xy} = b'$,回归方程的检验和相关系数的检验是一致的。

对相关系数进行检验,采用t统计量检验:

$$t = \frac{r\sqrt{n-2}}{\sqrt{1-r^2}}$$

遵从自由度为 $n-2$ 的 t 分布。给定显著性水平 a，查 t 分布表，若 $|t|>t_a$，则拒绝原假设，认为相关系数显著。

利用此方法可以对低纬高原地区降水、温度、日照等气象要素的变化趋势进行分析，也可以对可降水量、水汽通量等作变化趋势分析，并进行显著性检验。

(2)水汽含量的计算

大气水汽含量也称为可降水量，它表示某地单位气柱中所有水汽凝结后所产生的液态水量，可由下式计算得出：

$$pw=\frac{1}{g}\int_{p_t}^{p_s}q\mathrm{d}p \tag{1.4}$$

式(1.4)中 q 为比湿，g 为重力加速度，p_s 为气柱底部的气压值，均为常用变量，p_t 为气柱顶处的气压值，在天气学上，考虑水汽主要集中在对流层，故一般天气学上的水汽通量积分取到 300 hPa。

(3)水汽通量的计算

水汽通量也称为水汽输送量，表示单位时间内流经与速度矢正交的某一单位截面积的水汽质量。它表示水汽输送的强度和方向，一般所说的水汽通量为水平分量。

单位气柱上整层大气水汽输送通量矢量由下面公式计算可得：

$$\boldsymbol{Q}=\frac{1}{g}\int_{p_t}^{p_s}\mathbf{V}\cdot q\mathrm{d}p \tag{1.5}$$

由此可分别得到纬向、经向水汽输送通量矢量 $\boldsymbol{Q}_\lambda$，$\boldsymbol{Q}_\varphi$，其计算公式如下：

$$\boldsymbol{Q}_\lambda=\frac{1}{g}\int_{p_t}^{p_s}uq\mathrm{d}p \tag{1.6}$$

$$\boldsymbol{Q}_\varphi=\frac{1}{g}\int_{p_t}^{ps}vq\mathrm{d}p \tag{1.7}$$

式中 q 为比湿，g 为重力加速度，p_s 为气柱底部的气压值，均为常用变量，p_t 为气柱顶处的气压值，在天气学上，考虑水汽主要集中在对流层，特别是 300 hPa 以下，而 300 hPa 到高层水汽很少，故天气学上的水汽通量积分一般取为 300 hPa。由于比湿场 q 为标量，所以经纬向的水汽输送与经纬向的风向相一致。

(4)水汽通量散度

水汽通量散度是指单位时间汇入单位体积或者从该体积辐散出的水汽量。一般情况下，散度为正的区域表示水汽自该地区向四周辐散，称该地为水汽源，反之散度为负的地区，表示四周有水汽向该地区汇集，称该地区为水汽汇。其计算公式如下：

$$c=\nabla\cdot\boldsymbol{Q}=\frac{\partial\boldsymbol{Q}_\lambda}{\partial x}+\frac{\partial\boldsymbol{Q}_\varphi}{\partial y} \tag{1.8}$$

其中 $\boldsymbol{Q}_\lambda$ 为纬向水汽通量，$\boldsymbol{Q}_\varphi$ 为经向水汽通量。

(5) 某一边界的水汽收支计算

水汽流入或流出某一边界的总量称为水汽收支，其表达式如下：

$$\boldsymbol{Q}_k=\sum_{i=1}^{m_k}(-1)^{k+1}\boldsymbol{Q}_i l_i \tag{1.9}$$

式中 $k=1,2,3,4$ 分别代表西、东、南、北边界，m_k 表示第 k 边界划分成的段数，$\boldsymbol{Q}_i$、l_i 分别为

第 i 段边界的水汽通量输送和长度。

(6)扩展奇异值分解(ESVD)

奇异值分解最早由 Prohaska(1976)提出，旨在最大限度地分离出两个场的高相关区，用以了解两个变量场之间相关系数的空间结构和各场对相关场的贡献量。SVD 常用于气候诊断方面(黄嘉佑，2000；解明恩等，2000；魏凤英，2007)。但在实际的应用中，影响气候系统的要素场往往不是单一的，且各个要素场之间并非毫无关系，而是具有相互作用，相互影响的特点，因此，仅仅依靠左右两个要素场之间的耦合并不能完全描述和解释气候要素场发生变化的物理过程。很多情况下，为了研究的需要，往往需要用多个场来进行耦合，用以找到它们之间的协同变化关系。这就需要将 SVD 做相应的变化，即成为扩展奇异值分解(ESVD)方法。ESVD 是由 SVD 发展而来，其特征是将两个或者两个以上性质相类似、变化特征较一致、变化快慢相一致的要素场合并成为一个场，即扩展场(B 场)，然后再与另外一要素场(A 场)做 SVD 分析。这种方法相比于传统的 SVD 方法，其优点是可以有效地解释多个要素场之间的协同变化关系，从而能够更加全面地揭示当 A 场出现某一异常型分布时，其他要素场的变化特征。

如将某两个性质相类似的场合并为一个如下的扩展场

$$A_{mn} = \begin{bmatrix} p_{m_{1n}} \\ p_{m_{2n}} \end{bmatrix}$$

式中 $m_1 = m_2$ 表示格点数或者站点数，n 为样本数，其中 $m = m_1 + m_2$。

(7) 经验正交函数分解(EOF 分解，见解明恩等，2000)

经验正交函数分解，具体方法参见文献。

(8)曼－肯得尔(Man－Kendall)法

Mann－Kendall 方法(简称 M-K 方法)是研究突变的一种非参数统计方法，其优点是不需要样本遵从一定的分布，也不受少数异常值的干扰，更适用于类型变量和顺序变量，计算也比较简便，而且可以明确突变开始的时间，并指出突变区域。该方法概述如下：

对于具有 n 个样本量的时间序列 x，构造一秩序列：

$$s_k = \sum_{i=1}^{k} r_i \qquad (k = 2,3,\cdots,n)$$

其中

$$r_i = \begin{cases} +1 & \text{当 } x_i > x_j (j = 1,2,\cdots,n) \\ 0 & \text{否则} \end{cases}$$

可见，秩序列 s_k 是第 i 时刻数值大于 j 时刻数值个数的累计数。

在时间序列随机独立的假设下，定义统计量：

$$UF_k = \frac{[s_k - E(s_k)]}{\sqrt{\mathrm{Var}(s_k)}} (k = 1,2,\cdots,n) \tag{1.10}$$

其中 $UF_1 = 0$，$E(s_k)$，$\mathrm{Var}(s_k)$分别是累计数 s_k 的均值和方差，在 $x_1, x_2, \cdots, x_n$ 相互独立，且有相同连续分布时，它们可由下式算出：

$$E(s_k) = \frac{n(n+1)}{4}$$

$$Var(s_k) = \frac{n(n-1)(2n+5)}{72}$$

UF_i 为标准正态分布，它是随时间序列 x 顺序 $x_1, x_2, \cdots, x_n$ 计算出的统计量序列，给定显著性水平 α，若 $|UF_i| > U_\partial$，则表明序列存在明显的趋势变化。

按时间序列 x 逆序 $x_n, x_{n-1}, \cdots, x_1$ 再重复上述过程，同时使 $UB_k = -UF_k, k = n, n-1, \cdots, 1, UB_1 = 0$。

分别绘出 UF_k 和 UB_k 曲线图，若 UF_k 的值大于 0，则表明序列呈上升趋势，小于 0 则表面呈下降趋势。当它们超过临界线时，表明上升或下降显著。超过临界线的范围确定为出现突变的时间区域。如果 UF_k 和 UB_k 两条曲线出现交点，且交点在临界线之间，那么交点对应的时刻便是突变开始的时间。式中 n 为总序列长度，n_1 为子序列长度，t 服从 $n-2$ 的 t 分布。

(9) Morlet 小波分析

小波分析提供了一种自适应的时域和频域同时局部化的分析方法(林振山等，1996；魏凤英，2007)，因此无论分析低频或高频局部信号，它都能自动调节时一频窗，以适应实际分析的需要。根据小波分析的连续小波变换方法，一个时间序列数据 $f(t)$ 的时间小波变换系数可定义为

$$\tilde{f}(t', a) = W[f(t)] = \frac{1}{a^{1/2}} \int_{-\infty}^{+\infty} f(t) \psi^* \left(\frac{t - t'}{a} \right) \mathrm{d}t$$

其中 $\tilde{f}(t', a)$ 是小波变换系数，W 是小波变换算子，t 是以年为单位的时间，t' 是对应于小波位置的时间平移参数，a 是确定小波时间宽度的尺度伸缩参数，ψ^* 是母小波 ψ 的复共轭。

这里使用 Morlet 母小波

$$\psi(t) = \mathrm{e}^{i\Omega t} \mathrm{e}^{-t^2/2}$$

这是一个波矢为 Ω 并用单位宽度的 Gaussian 包线来调整的平面波。由于 Morlet 小波是复值小波，其小波变换的系数在实部和虚部之间有 π/2 的位相差，因此当观察小波系数的模值时，我们可以消除小波函数本身的振荡，这样从作为结果的复值小波系数中，可以分离出模和位相，前者给出能量密度，后者可发现信号的奇异性和测量瞬时频率。

为了保证 Morlet 小波的相容性，取 $\Omega = 2\pi$。由于对于一个周期性振荡 $\mathrm{e}^{i\omega t}$，其小波变换系数为

$$W[\mathrm{e}^{i\omega t}] = \sqrt{\frac{\pi a}{2}} \mathrm{e}^{-(\Omega - a\omega)^2/2} \mathrm{e}^{i\omega t'}$$

这说明对于一个确定的尺度伸缩参数 a，当该周期性振荡的圆频率 $\omega = \Omega/a$ 时，其小波变换的系数将具有最大的模值，因此参考 Minobe 等的小波滤波器方法，如果在一个确定的时间期间内定义尺度伸缩参数 a 使其满足

$$\frac{\bar{f}(a_{\max})}{\sqrt{a_{\max}}} > \frac{\bar{f}(a_{\max} \pm \varepsilon]}{\sqrt{a_{\max} \pm \varepsilon}}$$

其中 $\bar{f}$ 是在该时间期间上平均的小波变换系数的模值，ε 是任意小的数。那么由尺度伸缩参数 $a_{\max}$ 可确定出相对应的实际物理空间中的特征时间尺度为

$$L_c = \pi a_{\max} / \Omega$$

在此定义特征时间尺度 L_c 的时间小波变换系数公式为

$$\hat{f}(t') = W[f]_{a=a_{\max}} = \frac{1}{\sqrt{a_{\max}}} \int_{-\infty}^{+\infty} f(t) \psi^{*} (\frac{t-t'}{a_{\max}}) \mathrm{d}t$$

其中 $\hat{f}(t')$ 是特征时间尺度 L_c 的时间小波变换系数。显然，小波变换系数 $\hat{f}(t')$ 反映了时间序列数据 $f(t)$ 在特征时间尺度 L_c 下的时间演变特征和规律。

第 2 章　低纬高原地区温度变化

2.1　年平均气温的空间分布特征

2.1.1　年平均气温空间分布

从低纬高原地区 1961—2012 年多年的年平均气温分布图上可以看出(图 2.1a),一方面低纬高原地区的气温分布整体上从滇西北向南基本随纬度升高,其变化幅度在 5.5～23.8℃(取 1981—2010 年平均时为 5.9～23.9℃,下同)间;另一方面又表现出明显的地区差异,在西双版纳州、干热河谷流域(主要包括金沙江、澜沧江、元江、怒江等河谷流域)、玉溪南部至红河州西部地区存在温度高中心。最高温度区域不是出现在纬度最南的景洪为 22.4℃(1981—2010 年平均时为 22.6℃,下同),而是分布在干热河谷地区,如元江流域河谷地区的元江为 23.8℃(23.9℃),是最大值中心(虽然元阳南沙为 24.4℃,可能是云南温度最高的站,但元阳站是 1997 年 7 月从元阳新街迁入现址南沙,考虑迁站前后气候差异非常明显以及观测时间短,因此元阳站不作分析,仅供参考,下同),其次是河口 23.0℃(23.3℃),以及金沙江流域的河谷地区如元谋为 21.6℃、巧家 21.0℃(元谋为 21.4℃、巧家 20.9℃)等。年平均温度相对最低的区域位于滇西北、滇东北地区,最低中心是迪庆州的德钦为 5.5℃、香格里拉为 6.0℃(德钦和香格里拉分别为 5.9℃、6.3℃),另外在滇西北的高寒山区可能比所观测的气温更低,其次是怒江州的兰坪为 11.3℃(11.3℃)以及昭通市的镇雄为 11.5℃(11.7℃)、昭通是 11.7℃(11.8℃)。

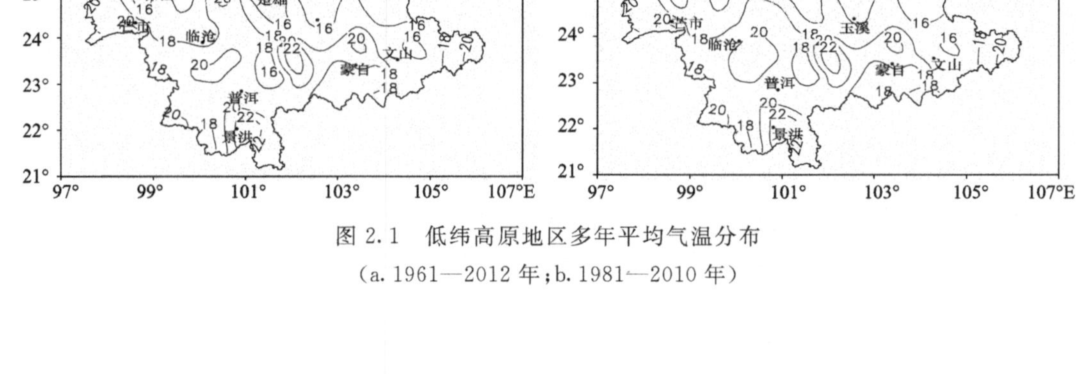

图 2.1　低纬高原地区多年平均气温分布

(a. 1961—2012 年;b. 1981—2010 年)

2.1.2 四季气温的空间分布

从图 2.2d 中可看出，低纬高原地区冬季温度场的分布大体上从北向南随纬度减小而逐渐增高，其变化跨度在－1.4～17.8℃间(气候平均为－1.9～17.6℃)，低于 5℃的区域主要分布在滇西北、滇东北地区，从温度来看迪庆州可能是云南最冷的地区，其中香格里拉、德钦的冬季气温低于 0℃，分别是－1.9℃和－1.5℃(实际上迪庆州北部的高寒山区比所观测的气温还要低。最近 30 年平均即 1981—2010 年时香格里拉、德钦分别为－1.4℃和－1.0℃)，怒江州的兰坪冬季温度也较低，为 4.2℃(最近 30 年平均为 4.1℃，下同)，其次是昭通市的东北部地区，主要是镇雄为 2.7℃(2.8℃)、昭通为 3.5℃(3.6℃)、鲁甸和威信分别是 4.0℃和 4.6℃(4.0℃和 4.7℃)。云南中部的大部地区冬季温度在 10～12℃左右(高寒山区除外)；南部大部分地区冬季气温在 12～18℃左右，是最适宜过冬的地区，温度最舒适的区域主要是云南南部的西双版纳州、普洱市、德宏州、临沧市、红河和文山南部等地区，以及干热河谷流域，其中气温最高的景洪为 17.4℃(17.8℃)、元江流域河谷地区的元江是 17.6℃(17.6℃，元阳南沙为 18.8℃)，元江出境口岸的河口为 16.8℃(17.1℃)。另外，金沙江流域的元谋温度为 15.6℃(15.3℃)。

低纬高原地区的云南春季温度除滇西北低于 10℃外(见图 2.2a)，大部分地区的温度在 12℃以上，温度变化幅度在 4.7～26℃间。其中，滇中及其以南地区气温的分布形式在 16℃以上，大致呈现出从北向南随着纬度的降低而温度逐渐升高的趋势，南部大部地区的气温接近或超过 20℃，其中景洪为 23.9℃(24.1℃)、河口是 23.9℃(24.0℃)，但全省温度最高的是元江 25.6℃(25.5℃，元阳南沙为 25.8℃)，另外，金沙江流域也是气温相对高中心区，元谋和巧家气温分别为 24.1℃和 23.8℃(23.8℃和 23.5℃)。云南气温相对最低区域位于滇西北的德钦为 4.7℃(5.2℃)、香格里拉 5.9℃(6.1℃)；低于 12℃的地区主要是滇西北的维西和怒江州的兰坪，分别为 11.3℃和 11.6℃(11.4℃和 11.5℃)，另外还有滇东北地区的镇雄为 11.9℃。

云南夏季的温度场分布形式与春季相似(见图 2.2b)，除滇西北、滇东北部分地区低于 20℃外，大部分地区的温度在 20℃以上，温度变化幅度在 12～29℃间，温度的这种分布形成低纬高原地区季节变化的并不同步，滇西北的香格里拉、德钦正是鸟语花香的春季，温度分别为 13.3℃、12.2℃(13.2℃、12.8℃)；另外，还有部分高海拔山区气温在 17℃左右，如滇中太华山气象站的气温为 16.5℃(16.7℃)。整个夏季云南超过 25℃以上的区域有滇东北西北部的金沙江流域如巧家、绥江、盐津，滇中楚雄州北部的元谋，元江流域河谷地区，文山州东部的富宁，以及云南南部西双版纳州的景洪、勐腊和红河州南部的河口。上述地区温度最高分别是元江 28.4℃(28.5℃)、河口 27.9℃(28.1℃)、巧家 26.3℃(26.2℃)、景洪 25.7℃(26.0℃)、元谋 25.8℃(25.7℃)、富宁 25.2℃(25.4℃)，元阳南沙为 28.7℃。

秋季的温度分布除云南南部的大部分地区以及金沙江、元江流域的河谷地区在 19℃以上外，其余大部分地区的温度低于 18℃，温度变化幅度在 6～24℃间(见图 2.2c)。温度相对较低的区域主要位于滇西北、滇东北及滇东，其中气温最低的区域是滇西北的香格里拉为 6.7℃(7.0℃)、德钦是 6.4℃(6.8℃)，其次是怒江州的兰坪为 11.9℃(11.8℃)，另外还有滇东北、滇东及丽江部分地区低于 13℃，主要是滇东北的昭通和镇雄分别为 12.1℃和 12.2℃(12.2℃和 12.4℃)、滇东的会泽是 12.5℃(12.6℃)、丽江的宁浪为 12.8℃(12.8℃)以及迪庆州的维西为 12.2℃(12.4℃)。温度超过 20℃的地区主要位于云南南部西双版纳州、德宏

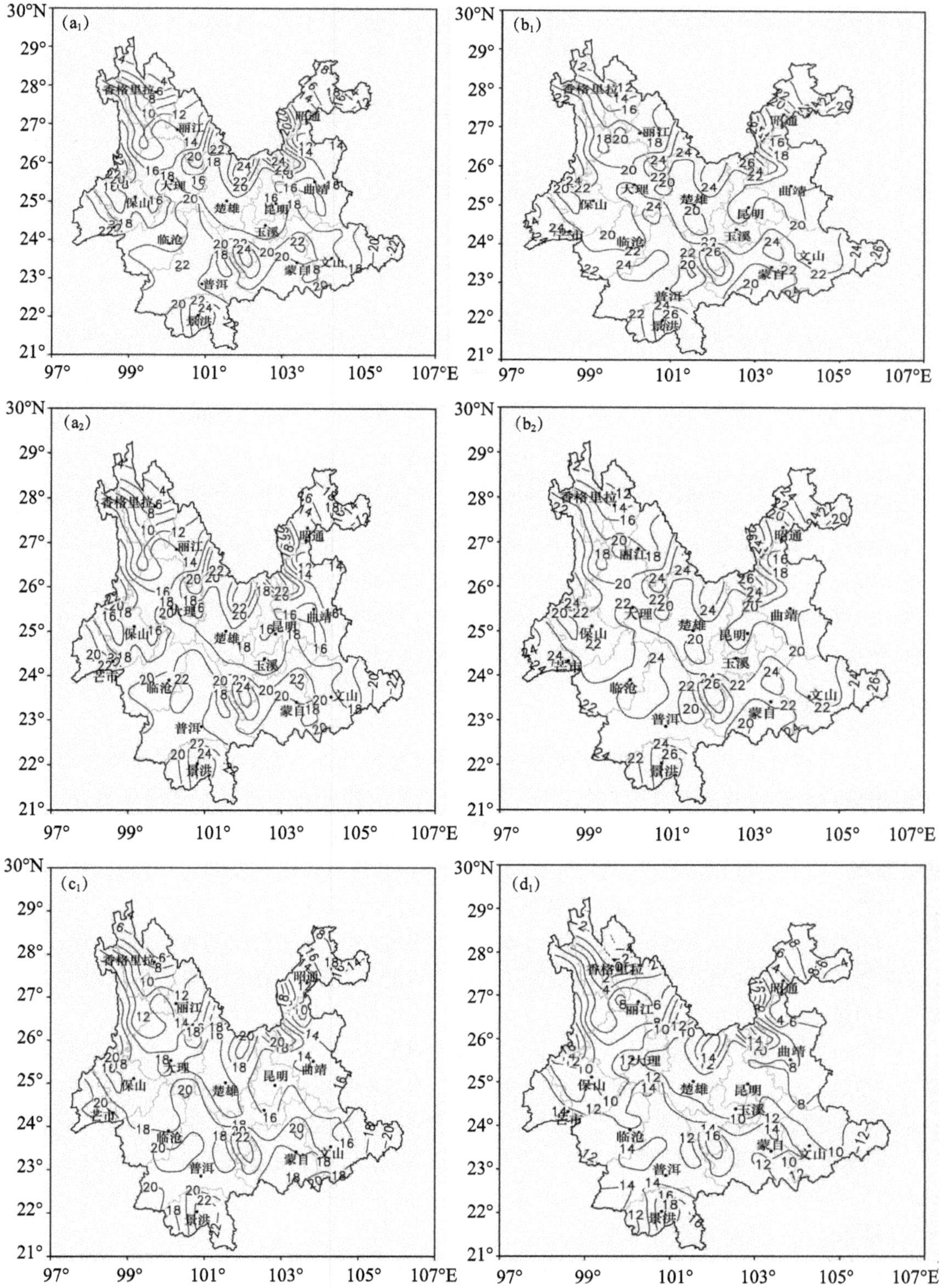
(a1)
(b1)
(a2)
(b2)
(c1)
(d1)
30°N
29°
28°
27°
26°
25°
24°
23°
22°
21°
97°
99°
101°
103°
105°
107°E
香格里拉
丽江
昭通
大理
楚雄
昆明
曲靖
保山
临沧
玉溪
文山
蒙自
普洱
景洪
芒市

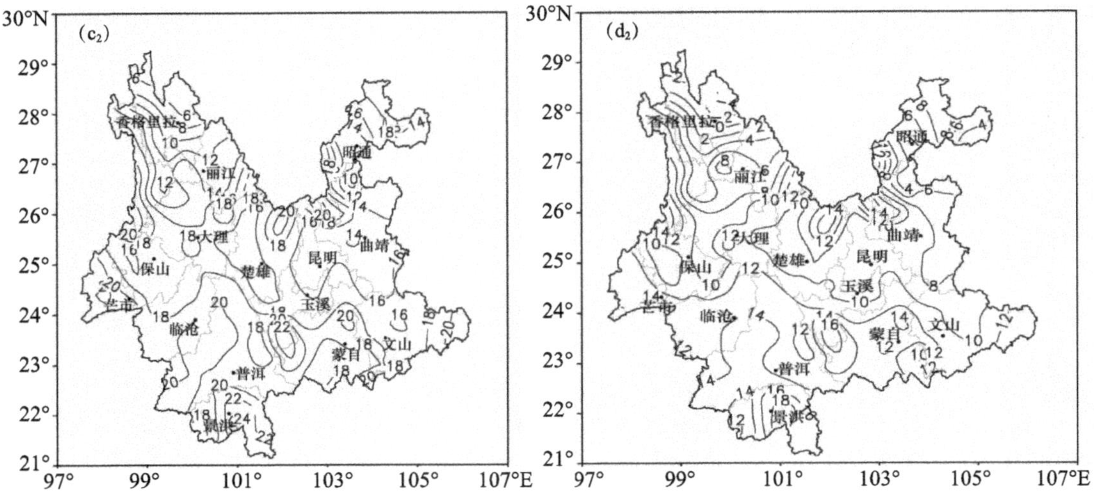

图 2.2　1961—2012 年低纬高原地区四季平均气温分布

(a_1、b_1、c_1、d_1 分别是春、夏、秋、冬，而 a_2、b_2、c_2、d_2 为 1981—2010 年的春、夏、秋、冬)

州以及普洱市和红河州南部的部分地区，另外还有金沙江、元江流域的河谷地区；这些区域气温最高中心分别是景洪为 22.5℃(22.7℃)、瑞丽 21.2℃(21.5℃)、景谷 20.8℃(20.9℃)、河口 23.5℃(23.8℃)、元江流域河谷地区的元江为 23.7℃(23.7℃，元阳南沙为 24.5℃)。另外，金沙江流域的元谋温度也为 20.8℃(20.8℃)。

2.1.3　小结

(1)低纬高原地区年平均及四季气温的空间分布呈现北低南高的形式，整体上从滇西北向南随纬度增加，表现出明显的地区差异，温度最高区主要分布在江河流域河谷地区、云南南部地区。温度高值区最主要的有金沙江流域河谷地区温度最高中心、元江流域河谷地区气温最高中心、云南南部西双版纳州景洪的气温最高中心；另外还有局部的气温高值中心如德宏州芒市、怒江流域的六库、澜沧江流域临沧市的云县和双江，以及河谷地区的景谷、镇沅等。全省温度最低区域主要位于滇西北、滇东北，滇西北主要是迪庆州的香格里拉、德钦，滇东北主要是昭通市的镇雄和昭通，以及怒江州的兰坪地区；另外，云南中部的高海拔山区气温也相对较低。

(2)低纬高原最冷月出现在 1 月，全省平均气温低于 0℃以下的区域主要是滇西北的香格里拉、德钦区域，并且出现在 1 月、2 月和 12 月，全省温度最低是香格里拉的 1 月为 −2.3℃；平均最高温度出现在 6 月、7 月，全省温度最高区域是元江的 6 月为 29.0℃。

(3)从低纬高原地区春、夏、秋、冬四季气温的空间分布及变化幅度来看，云南的气候表现出非常明显的“一山分四季，十里不同天”特征，加之云南的多民族文化，全省每个季节的气候都是最舒适、最适宜旅游的季节。

(4)采用 1961—2012 年的平均与用 1980—2010 年的平均即新 30 年进行分析总体上差异不大。

2.2　年平均气温的时空变化趋势

2.2.1　年平均气温的空间及年际变化

2.2.1.1　年平均气温的趋势变化

低纬高原地区年平均温度变化趋势的空间分布主要表现为云南北部边缘、怒江州西部边缘与云南大部地区变化不同步(图 2.3)，具体是金沙江流经的丽江东部、楚雄北部、昆明北部地区以及昭通的西部和怒江州西部边缘为降温趋势，低纬高原大部地区表现出一致的升温趋势。1961 年以来，云南有多个明显的升温区域，温度上升幅度在每 10 a 为 0.02～0.79℃间，升温趋势较明显的主要有滇西的云龙为 0.79℃/10 a、滇西北的德钦为 0.46℃/10 a，滇中的昆明 0.44℃/10 a 和玉溪 0.28℃/10 a、普洱市 0.42℃/10 a、滇南的景洪为 0.28℃/10 a，均通过 0.01 的显著性检验；而降温区域的速度为每 10 a 在 0.01～0.11℃，其中金沙江流域的元谋、大关下降趋势比较显著，分别为 0.09℃/10 a，0.11℃/10 a，并通过 0.05 的显著性检验。

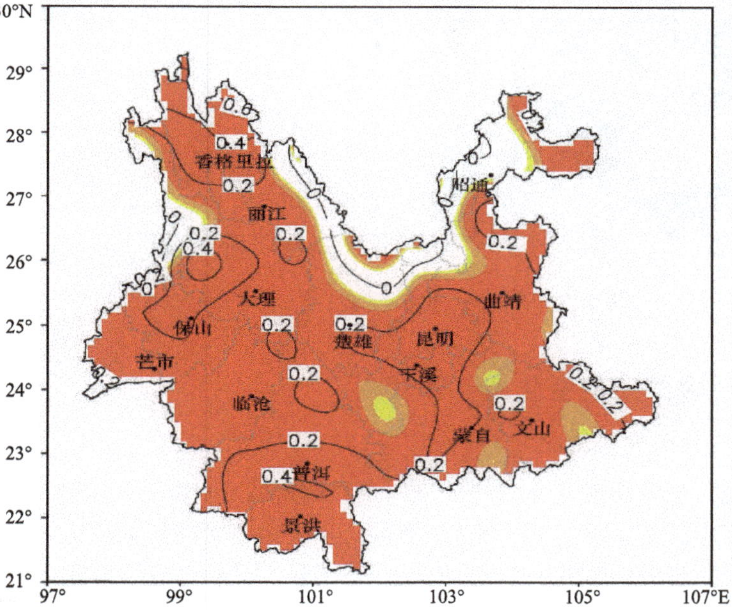

图 2.3　年平均气温趋势分布(阴影区为颜色由浅到深分别通过 0.1、0.05、0.01 显著性检验)

2.2.1.2　年平均气温的年际变化

从低纬高原地区年平均气温距平变化和 5 年滑动图上可以看出(图 2.4)，年平均气温具有明显的年际及年代际变化特征，在 1990 年代中期前其变化趋势并不明显，温度处于偏低时期，从 1995 年以后温度进入升高趋势，特别是 1990 年代末期 21 世纪初以来，温度增加趋势非常明显。近 52 a 来，区域平均变化速度为 0.17℃/10 a，并通过 0.05 的显著性检验，这种变化低于 1951—2001 年全国平均的增温速率 0.22℃/10 a(丁一汇等，2006)。

从小波分析图 2.5a 来看，1970 年代有 2～3 年的周期，在 1990 年代中期以后具有准 4

年的周期变化。从 M-K 检验的情况来看(图 2.5b),两条曲线在 1998 年至 1999 年相交,且曲线超过了信度线,说明云南年平均气温在 1998/1999 年发生了突变。

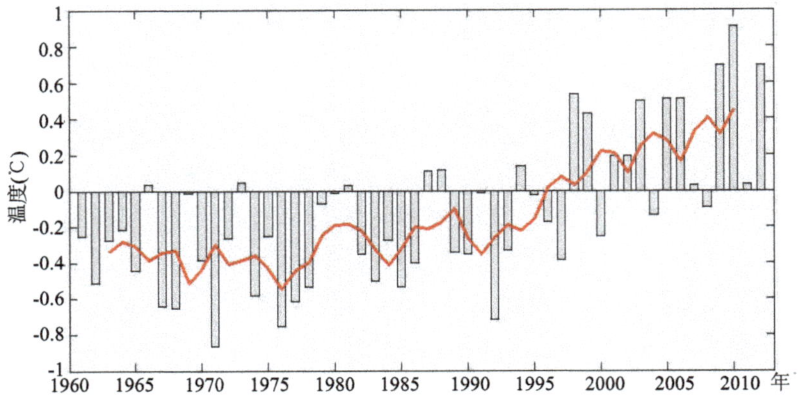

图 2.4　年平均气温距平年际变化及 5 a 滑动平均

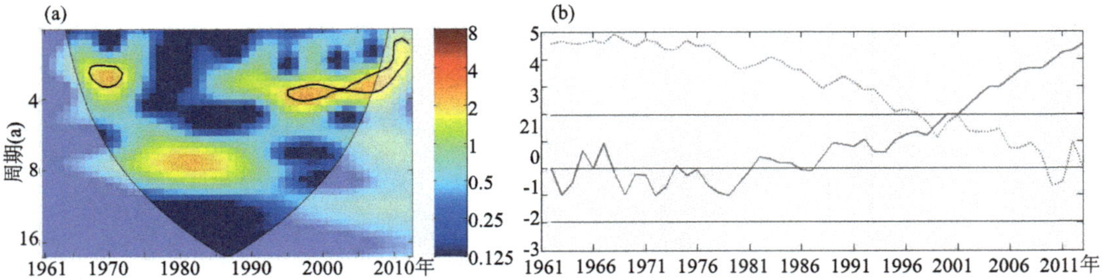

图 2.5　年平均气温的小波变化(a)及突变检测(b)

2.2.2　四季气温的空间变化及年际变化

2.2.2.1　四季气温的空间变化

低纬高原地区春季温度变化趋势的空间差异非常明显(图 2.6a),表现为东北部和南部、东部和西部大部地区变化具有不同步性,具体为除云南中北部部分地区(主要是金沙江流域地区包括楚雄北部、丽江东部边缘、昆明的北部边缘)、滇东北及曲靖西北边缘、红河州东北部以及怒江西部等为下降趋势外,云南大部地区表现出升温趋势。降温区域的速度为每 10 a 在 0.01～0.23℃,其中金沙江流域的元谋、巧家,以及东川等下降趋势比较显著,分别下降 0.23℃/10 a、0.20℃/10 a、0.22℃/10 a,并通过 0.05 的显著性检验;而升温区域的幅度为每 10 a 在 0.1～0.87℃间,升温趋势较明显的主要有滇西及滇西北、滇中和滇南三个区域,其中心分别是云龙每 10 a 上升 0.87℃、昆明 0.43℃/10 a、普洱 0.43℃/10 a,香格里拉每 10 a 温度上升 0.35℃(德钦上升 0.50℃/10 a),并通过 0.01 的显著性检验。

低纬高原地区夏季温度变化趋势的空间分布主要为除金沙江流域地区包括楚雄北部边缘、丽江东部边缘、昆明北部边缘和滇东北部分地区呈下降趋势外,大部地区表现出一致的升温趋势(图 2.6b)。降温趋势较明显的是大关为 0.15℃/10 a、巧家 0.10℃/10 a、元谋为

0.04℃/10 a，但仅有大关通过 0.05 的显著性检验；升温趋势最明显的区域主要是滇西、滇南、滇中以及滇西北，其中心分别是云龙每 10 a 上升 0.64℃、普洱每 10 a 上升 0.31℃、昆明每 10 a 上升 0.31℃、德钦每 10 a 上升 0.56℃（香格里拉每 10 a 上升 0.31℃）。云南夏季温度变化呈增加趋势，主要与全球变暖的大背景下，极端干旱事件的增加造成云南夏季降水显著减少（见第 3 章的相关分析结果）有关，另外，与人类活动如城市化进程有关，但这种影响可能不是主要的原因。

云南秋季温度变化趋势的空间分布与夏季基本相似，降温区域主要分布在金沙江流经

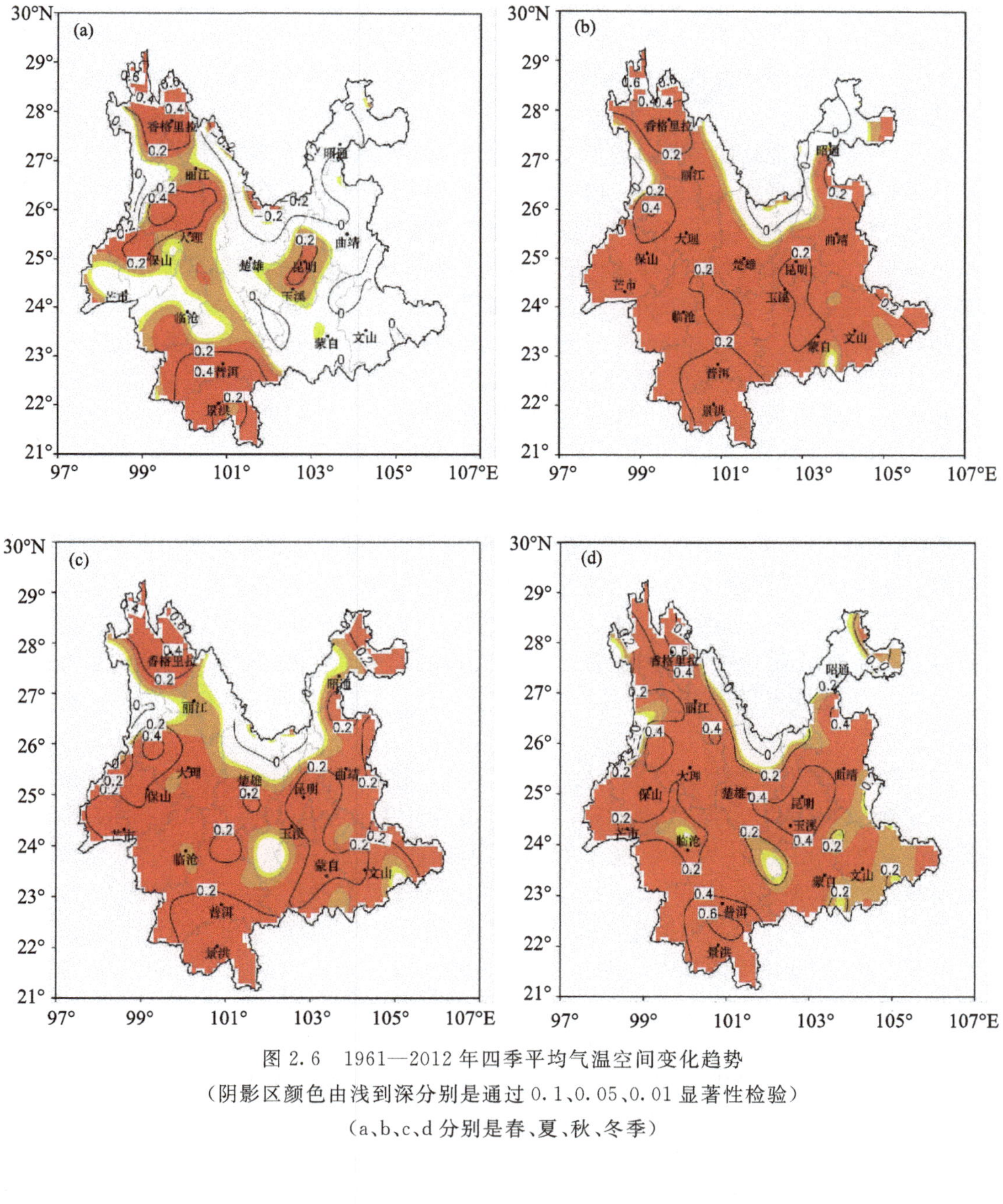

图 2.6　1961—2012 年四季平均气温空间变化趋势
（阴影区颜色由浅到深分别是通过 0.1、0.05、0.01 显著性检验）
（a、b、c、d 分别是春、夏、秋、冬季）

的楚雄北部、昆明北部和滇东北西部边缘，与夏季相比降温区域在楚雄州范围有扩大的趋势，而在滇东北则范围缩小(图 2.6c)。云南其他地区则表现出一致的升温趋势，升温趋势最明显的区域主要是滇西与滇西北、滇南、滇东南，其最大中心分别是云龙每 10 a 上升 0.76℃、香格里拉每 10 a 上升 0.39℃、普洱每 10 a 上升 0.37℃、昆明每 10 a 上升 0.39℃。降温趋势较明显的是元谋为 0.001℃/10 a、永仁为 0.08℃/10 a，都未通过 0.05 的显著性检验。

云南冬季温度变化趋势的空间分布与夏季相似，降温区域也是在金沙江流域的楚雄北部边缘、昆明北部边缘(范围比秋季略小)和滇东北大部，大部地区呈现一致的升温趋势(图 2.6d)。从 1961 年以来，升温趋势最明显的区域主要是滇西、滇南、滇中、滇西北，其中心分别是云龙每 10 a 上升 0.89℃、普洱每 10 a 上升 0.63℃、昆明每 10 a 上升 0.65℃、香格里拉 0.59℃/10 a。降温趋势较明显的是元谋为 0.07℃/10 a、大关为 0.10℃/10 a，均未通过 0.05 的显著性检验。

另外，在低纬高原地区各月的温度变化分布趋势中(图略)，春季各月(3—5 月)气温上升趋势虽然明显，但通过显著性检验的区域并不集中，主要集中在滇西至滇西北大理、丽江和迪庆州，滇西南地区的临沧、普洱和西双版纳州，以及滇中的部分地区；而 5 月气温下降的区域范围是全年最多的，并且下降趋势较为明显。夏季 6 月、8 月气温上升趋势的区域非常明显，而 7 月温度降低趋势较为明显并且范围最大，主要位于金沙江流域的楚雄北部、昆明北部和昭通部分地区，并通过显著性检验。秋季各月(9—11 月)云南大部温度趋势总体表现为上升趋势，10、11 月份最明显，大部通过 0.05 显著性检验。冬季各月温度变化趋势的区域均较明显，大部分地区均通过 0.05 显著性检验。

2.2.2.2　四季气温的年际变化

从低纬高原地区春季平均气温变化图上可看出(图 2.7a)，春季平均气温具有明显 2～3 a 的年际变化，以及年代际变化特征，在 1990 年代中期前其变化趋势并不明显，从 1995 年以后温度逐步进入升温趋势，特别是进入 21 世纪初以来，温度增加趋势非常明显(见图 2.7a 的 5 年滑动平均)，变化速度为 0.11℃/10 a，并通过 0.05 显著性检验。从小波分析来看(图 2.8a)，1970 年代具有 1～2 a 的周期变化。由 M-K 检验可以看出(图 2.8c)，虽然在置信线之间在 2002 年有交点，但上升的曲线没有超过置信线，可认为春季平均气温距平没有发生突变。

在低纬高原地区夏季平均气温变化年际图和 5 a 滑动平均图上(图 2.7b)，夏季平均气温具有年际及年代际变化特征，在 1980 年代以前其温度相对偏低，从 1980 年代以后至 21 世纪初前温度变化趋势并不明显，进入 21 世纪初以后，温度进入相对偏高期，并且增加趋势非常明显，变化速度为 0.41℃/10 a，并通过 0.05 的显著性检验。从小波分析来看(图略)，在 1970 年代有 1～2 a 的周期变化。由 M-K 检验来看，夏季气温的变化没有发生突变。

从云南秋季平均气温年际变化图和 5 年滑动平均图上可看出(图 2.7c)，在 1990 年代中期以前其温度相对偏低(图 2.7c)，从 1990 年代中期以后温度进入偏高趋势，并且增加趋势较明显，其变化速度为 0.26℃/10 a，并通过 0.05 的显著性检验。从图中还可看出，秋季气温具有明显的年际及年代际变化特征。从小波分析来看(图略)，在 1970 到 1990 年代具有明显的准 8 年的周期变化。由 M-K 检验来看(图 2.8a)，秋季的突变形势很明显，在 1998 年上升曲线超过了置信线，可确定其发生了突变，因此云南秋季气温在 1998 年发生了明显的突变。

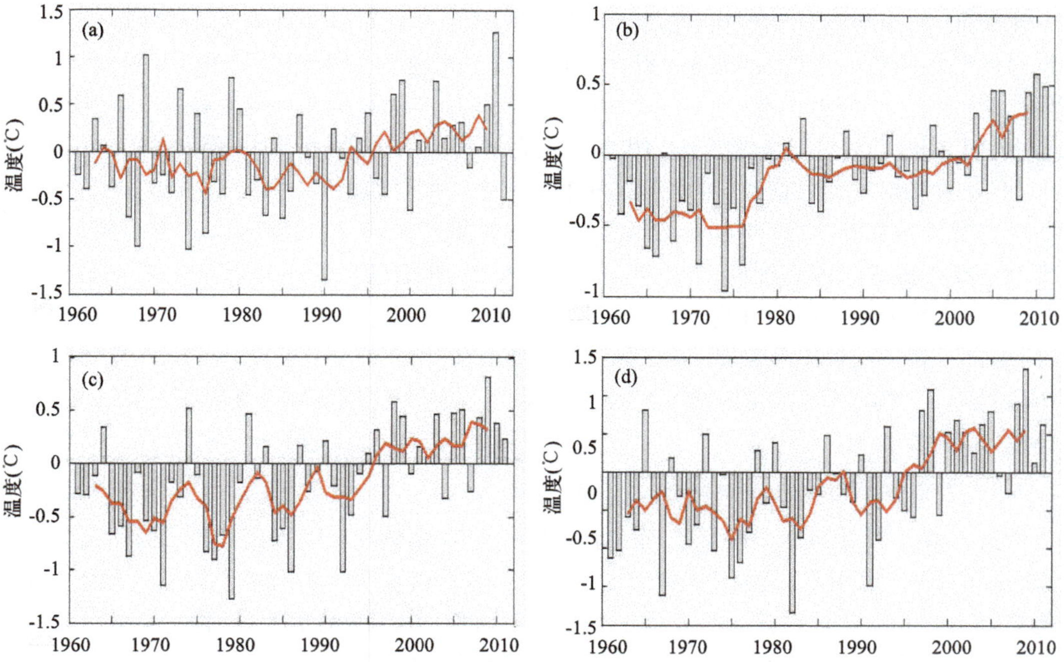

图 2.7　低纬高原地区四季平均气温的年际变化及 5 年滑动平均
（a、b、c、d 分别是春、夏、秋、冬）

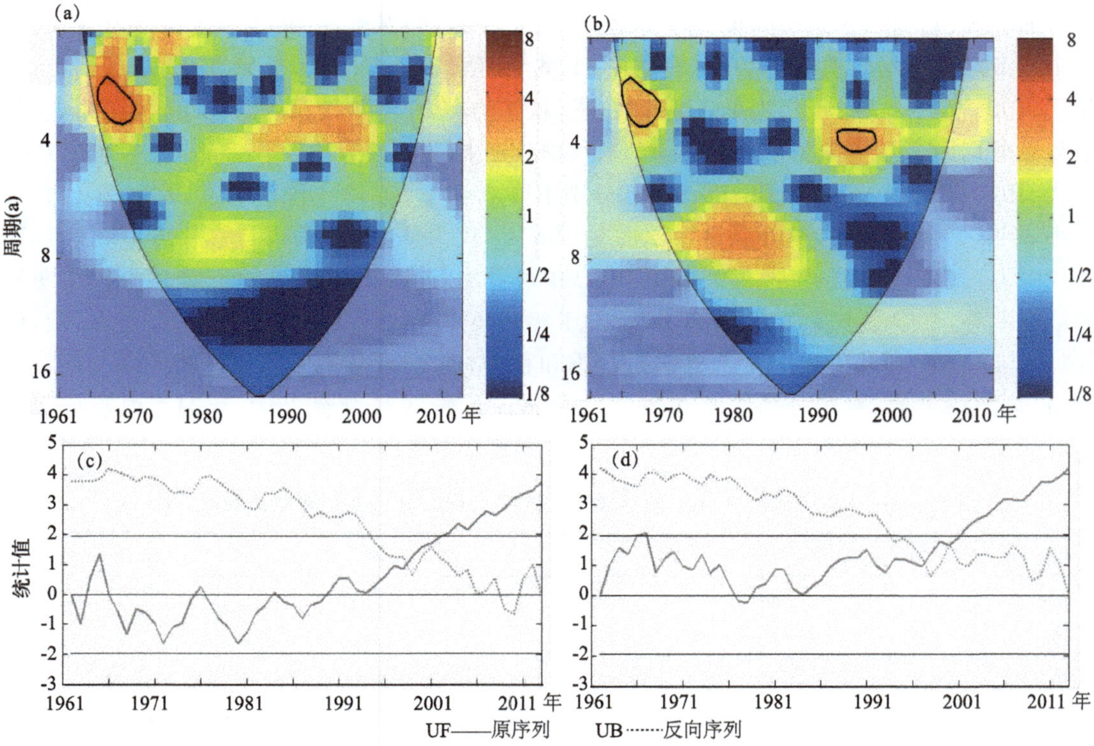

图 2.8　低纬高原地区春、冬季气温的小波变化(a、b)及秋、冬季气温的 M-K 突变检验(c、d)

云南冬季平均气温的变化与春季基本一致(图 2.7d),冬季气温具有明显的年际及年代际变化特征,在 1990 年代中期前温度大致处于偏低时期,从 1995 年以后温度进入升温期,并且温度增加趋势非常明显(见 5 a 滑动平均图),变化速度为 0.31℃/10 a,并通过 0.05 显著性检验。从小波分析来看(图 2.8b),1965 年代具有 2～3 a 的周期变化,在 1995 年附近有准4 a 周期变化。由 M-K 检验来看(图 2.8d),在置信区间,分别在 1997 年和 2000 年两处有交点,上升曲线超过了置信线,可确定其发生了突变,对照滑动平均图可以看出,冬季气温的第一次突变发生在从 1960 年以来的偏低时段到上世纪 90 年代气温转入升高时段,第二次突变发生在气温进入偏高期的 2000 年,说明进入 21 世纪以来云南气温进入了一个新的偏高时期,这表明云南温度的升高与全球变暖是同步的,并且可能是局地变化最剧烈的地区之一,因为进入新世纪以来特别是 2005 年以来云南极端事件如干旱频发,从 2009 年以来云南经历了连续 4 a 的干旱,不仅造成人畜饮水困难,而且给全省经济社会造成了极大损失(张万诚等,2013b)。

2.2.2.3 气温年代际变化的比较

为进一步比较低纬高原区域平均气温的年代际变化情况,表 2.1 给出了低纬高原地区每 10 a 的平均气温距平(气候平均取 1981—2010 年),从表中可看出年平均气温总体上呈增温趋势,但在 2000 年代以前云南总体上处于降温时期,并且降温最大的时段是 1970 年代和 1960 年代,分别是 0.40℃和 0.34℃,而 1980 年代的降温也非常明显为 0.26℃,这种降温时段和变化趋势与郑建萌等(2010)的结论一致,只是变化幅度比文献的略大(这可能与气候平均值有关)。进入 21 世纪以来,云南年气温升高非常显著,从 2001 年到 2010 年的 10 年间温度增加了 0.32℃,2011 至 2012 年升高了 0.36℃,温度年际变化明显。

而在春、夏、秋、冬四季的年代际变化中(见表 2.1),除春季在 1990 年代是增温外,其他三个季节与年平均气温变化一致,均是在 21 世纪前处于降温时期,分别在 1960 年代、1970 年代、1980 年代、1990 年代均是降温时段;夏、秋季均在 1960 年代、1970 年代降温最激烈,其中夏季分别为下降 0.38℃和下降 0.40℃、秋季分别下降 0.38℃和下降 0.51℃;冬季在 1960 年代、1970 年代、1980 年代降温最激烈,分别下降 0.59℃、0.45℃和 0.38℃,1990 年代相对较小,下降了 0.15℃;春季降温最激烈的是 1980 年代为 0.38℃,而春季在 1960 年代、1970 年代降温均为−0.11℃。从表 2.1 和图 2.9 中可看出,进入 21 世纪以来云南四季均为明显的增温趋势,其中冬季温度上升最快,从 2001 年到 2010 年的 10 年间温度升高了 0.48℃,而 2011 至 2012 年则升高到 1.0℃;其次是春季和秋季,前 10 a 分别升高 0.33℃和 0.27℃,从 2011 至 2012 年春、秋季分别增温 0.26℃、0.42℃;夏季 2001 年到 2010 年的增温趋势则是 1961 年以来最高的为 0.17℃,而 2011 至 2012 年则为 0.41℃。

表 2.1 低纬高原地区每 10 a 的平均气温距平及 1961 年以来的变化速率(℃/10 a)

年份	1961—1970	1971—1980	1981—1990	1991—2000	2000—2010	2011—2012	速度
全年	−0.34	−0.40	−0.26	−0.09	0.32	0.36	0.17
春	−0.11	−0.11	−0.38	0.02	0.33	0.26	0.11
夏	−0.38	−0.40	−0.10	−0.10	0.17	0.41	0.41
秋	−0.38	−0.51	−0.18	−0.09	0.27	0.42	0.26
冬	−0.59	−0.45	−0.38	−0.15	0.48	1.0	0.31

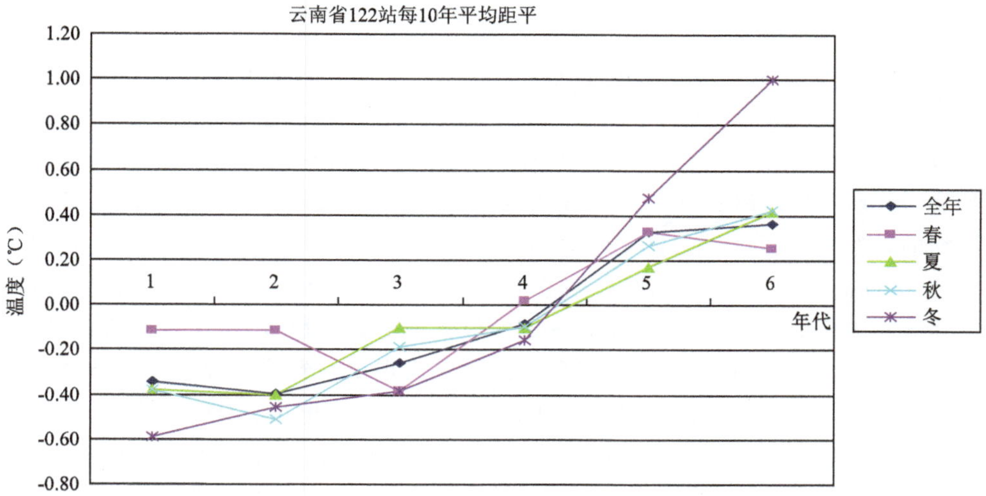

图 2.9　低纬高原地区年和四季气温的年代际变化
（图中数字分别代表表 2.1 中的年代）

可见进入 21 世纪以来，在全球变暖的背景下，云南的增温变得非常激烈，四季中冬季最为激烈，其次是秋季和夏季（见图 2.9），这种激烈的增温与云南的干旱是紧密联系的，从 2009 年以来，云南出现了历史上罕见的极端干旱事件，极端干旱事件最直接的表现均是秋、冬、春季少雨，温度偏高。另外，干旱的发生与进入新世纪以来云南夏季气温增高，降水偏少不无关系。

以上分析还说明，气温的年代际变化幅度比郑建萌等（2010）得出的结论偏大，这可能与所取气候平均值有关，因为最近 30 年（1981—2010 年）的平均增温比前 30 年（1971—2000 年）的要大。另外，为了进一步分析这种差距对气候变化的影响，选取 1961—2012 年为气候平均来计算年代际变化的差异，从表 2.2 中可看出，无论是年还是四季的温度，其升温或者降温的时段都和以上分析一致，并且变化趋势幅度都比较大，特别是从 21 世纪以来，云南的年和四季气温与全球变暖同步，并与图 2.9 的变化一致，冬季的增温非常激烈，秋季和夏季次之。

表 2.2　低纬高原地区年和四季每 10 a 的气温距平变化（气候平均取 1961—2012 年）

年份	1961—1970	1971—1980	1981—1990	1991—2000	2000—2010	2011—2012
全年	−0.21	−0.27	−0.13	0.04	0.45	0.49
春	−0.07	−0.07	−0.34	0.06	0.37	0.30
夏	−0.24	−0.26	0.04	0.04	0.31	0.55
秋	−0.22	−0.35	−0.02	0.07	0.43	0.58
冬	−0.42	−0.28	−0.21	0.02	0.65	1.17

2.2.3 小结

(1)低纬高原区域年平均温度变化趋势的空间分布主要表现为云南北部边缘、怒江州西部边缘与云南大部地区变化不同步。表现为除金沙江流经的丽江东部、楚雄北部、昆明北部地区,以及昭通的西部和怒江州西部边缘为降温趋势外,低纬高原大部地区表现出一致的升温趋势。区域平均气温具有 2～3 a 的周期,变化速度为 0.17℃/10 a,低于 1951—2001 年全国平均的增温速率,并且在 1998/1999 年了发生突变。

(2)低纬高原地区春、夏、秋、冬四季温度具有明显的年际及年代际变化特征,四季气候变化趋势基本相似,主要为金沙江流域地区包括楚雄北部边缘、丽江东部边缘、昆明北部边缘和滇东北部分地区为降温趋势,其余大部地区表现出一致的升温趋势。升温趋势最明显的地区主要是滇南普洱、滇西云龙、滇中昆明、滇西北香格里拉。秋季气温在 1998 年发生了明显的突变;冬季气温在 1997 年和 2000 年发生了突变,第二次突变发生在气温进入偏高期的 2000 年,表明进入 21 世纪以来云南气温进入了一个新的偏高时期,因为进入新世纪以来特别是 2005 年以来云南极端事件如干旱频发,从 2009 年以来云南经历了连续 5 a 的干旱。

(3)在四季气温变化中,除春季从 1990 年代以来增温外,夏季、秋季、冬季均从 21 世纪初开始进入增温时期,并且冬季温度上升速度最快,其次是秋季,第三是春季,最后是夏季。

2.3 局地温度的变化讨论

由于低纬高原地区复杂的地形地貌以及受季风影响,造成这一地区局地气候非常明显,这一节重点分析区域气温变化的特征。选取昆明、昭通、沾益、蒙自、玉溪、丽江、香格里拉、大理、楚雄、普洱(思茅站,下同)、景洪、临沧、芒市、腾冲、六库等站点进行分析。

2.3.1 100 a 来的气温变化

1901 年以来的资料分成建站前的以及建站后两个阶段,建站以前的是恢复资料,主要是 1901 年以来至建站前的年平均温度和降水量资料(张万诚等,1994;王宇,1996),低纬高原地区各地建站的时间前后不一,上述区域建站的时间是昆明、玉溪、沾益、昭通、蒙自、大理、丽江、腾冲建站在 1951 年,普洱是 1952 年建站、景洪和临沧是 1954 年建站、楚雄在 1953 年建站、芒市在 1955 年建站、六库在 1959 年建站、香格里拉(中甸)在 1958 年建站。

从每 10 a 的年平均温度距平可以看出(见表 2.3 和表 2.4,气候平均值为 1981—2010 年),除部分区域外,100 a 以来低纬高原地区的温度主要经历了两个偏低期和两个偏高期,一是 20 世纪 20 年代以前和 1960—1990 年代的偏冷期,二是 1920—1950 年代和 2000 年代以后的升温期,这与全国、北半球、全球的变化基本相似(丁一汇等,2006)。有趣的是香格里拉和普洱在 2000 年代以前均为降温期,景洪和楚雄在 1990 年代以前都为降温期,而大理在 1960 年以前则为增温期。从表 2.4 可知,各区域站点平均气温总体上呈增温趋势,除滇中、芒市和景洪气温偏低期发生在 1990 年代前外(即 1960—1980 年代为气温偏低时段,从 1990 年代开始进入增温期),其余站均在 1960—1990 年代为气温偏低时段,所有区域均在 21 世纪初进入显著升温时期。从 1901—2007 年云南平均增温速率为 0.03℃/10 a,低于全国平均(1905—2001 年)的增温速率 0.05～0.08℃/10 a(郑建萌等,2010),这表明 100 a 来全省的温度变化趋势与全国大体一致。

表 2.3　1901 年—1960 年低纬高原主要区域每 10 a 的平均气温距平(单位:℃)

年份	1901—1910	1911—1920	1921—1930	1931—1940	1941—1950	1951—1960
昆明	−1.20	−1.20	0.0	0.20	0.20	−0.40
昭通	−0.60	−0.60	0.40	0.50	0.70	0.0
沾益	−0.70	−0.60	0.70	0.90	0.90	0.10
蒙自	−0.87	−0.82	0.22	0.40	0.40	−0.27
玉溪	−0.83	−0.82	0.15	0.48	1.47	0.18
丽江	−0.46	−0.13	0.30	0.28	−0.10	−0.16
香格里拉	−1.10	−0.82	−0.43	−0.48	−0.48	−0.61
六库	−0.39	−0.08	0.37	0.33	−0.03	0.02
大理	0.13	0.50	1.03	0.93	0.54	0.39
楚雄	−2.15	−2.13	−0.95	−0.69	−0.71	−1.29
思茅	−1.31	−1.09	−0.67	−0.76	−1.02	−1.32
景洪	−0.98	−0.76	−0.42	−0.05	−0.69	−0.92
临沧	−0.71	−0.43	0.03	−0.04	−0.37	−0.55
腾冲	−0.80	−0.45	0.07	−0.02	−0.39	−0.62
芒市	−0.37	−0.11	0.34	0.24	−0.06	−0.05

表 2.4　1961—2012 年低纬高原主要区域每 10 a 的平均气温距平及 52 a 的变化率(单位:℃/10 a)

年份	1961—1970	1971—1980	1981—1990	1991—2000	2001—2010	2011—2012	速度
昆明	−0.98(−0.60)	−1.11(−0.73)	−0.72(−0.34)	0.08(0.46)	0.67(1.05)	0.42(0.80)	0.44
昭通	−0.28(−0.19)	−0.22(−0.13)	−0.29(−0.20)	−0.15(−0.06)	0.48(0.57)	**−0.03(0.06)**	0.15
沾益	−0.21(−0.17)	−0.21(−0.17)	−0.21(−0.17)	−0.08(−0.04)	0.33(0.37)	0.75(0.79)	0.15
蒙自	−0.45(−0.27)	−0.54(−0.36)	−0.36(−0.18)	−0.18(−0.01)	0.49(0.67)	0.51(0.69)	0.24
玉溪	−0.51(−0.26)	−0.81(−0.56)	−0.68(−0.43)	0.38(0.63)	0.23(0.48)	0.43(0.68)	0.28
丽江	−0.33(−0.25)	−0.33(−0.25)	−0.21(−0.13)	−0.10(−0.02)	0.43(0.51)	0.51(0.59)	0.18
香格里拉	−1.10(−0.77)	−0.77(−0.44)	−0.44(−0.11)	**−0.07(0.26)**	0.53(0.86)	0.74(1.07)	0.40
六库	−0.22(−0.15)	−0.09(−0.02)	−0.12(−0.05)	−0.15(−0.08)	0.20(0.27)	0.09(0.16)	0.07
大理	−0.23(−0.13)	−0.30(−0.20)	−0.31(−0.21)	−0.17(−0.07)	0.34(0.44)	0.72(0.82)	0.15
楚雄	−0.90(−0.55)	−0.92(−0.57)	−0.41(−0.06)	0.13(0.48)	0.19(0.54)	0.45(0.80)	0.33
思茅	−1.10(−0.69)	−1.09(−0.66)	−0.53(−0.11)	**−0.06(0.35)**	0.48(0.89)	0.72(1.13)	0.42
景洪	−0.83(−0.57)	−0.70(−0.44)	**−0.12(0.14)**	0.07(0.33)	0.13(0.39)	0.47(0.73)	0.28
临沧	−0.60(−0.43)	−0.51(−0.34)	−0.29(−0.12)	**−0.01(0.16)**	0.45(0.63)	0.32(0.49)	0.26
腾冲	−0.68(−0.47)	−0.47(−0.26)	−0.41(−0.20)	**−0.04(0.17)**	0.45(0.66)	0.38(0.59)	0.27
芒市	−0.67(−0.43)	−0.63(−0.39)	−0.59(−0.35)	0.10(0.34)	0.52(0.76)	0.09(0.33)	0.29

注:括号中的数据是平均值取 1961—2012 年的距平。

2.3.2 52 a 来区域温度的变化

为便于比较，重点分析 1961 年以来的温度变化事实。

从表 2.4 中可看出，从 1961 年以来，低纬高原地区各代表站都经历了一个温度相对偏低期和一个偏暖期，几乎所有代表站都是在 1960 年代、1970 年代、1980 年代气温处于偏低时段，并且在 1960 年代和 1970 年代降温幅度最大，除六库、大理外，降温幅度最大值在 0.21～1.11℃之间；降温最激烈的是滇中的昆明，在 1970 年代下降 1.11℃，其次是滇西北香格里拉，在 1960 年代下降 1.10℃、滇南的普洱在 1960 年代和 1970 年代下降 1.10℃和下降 1.09℃。另外，从 1960 至 1980 年代，滇南的景洪、滇西南的腾冲、临沧和芒市，滇中的玉溪和楚雄，以及滇东南蒙自的降温也非常明显，除景洪在 1980 年代温度下降 0.12℃外，其余站降温幅度都在 0.30～0.92℃间。低纬高原地区的增温是从 21 世纪开始，并且是升温最快的时期，从 2001 年至 2012 年升温最激烈的是滇中昆明、滇西北香格里拉、滇东南蒙自、滇南思茅、滇西南腾冲和临沧及芒市、滇东沾益、丽江和大理，升温速率在 0.33℃/10 a 以上。从表 2.4 还可看出，采用 1961—2012 年作气候平均值所得到的温度距平变化，其升温或者降温的时段与用 1981—2010 年作为气候平均的基本一致(除少数站在 1990 年代的误差变化较大外)，并且变化趋势幅度都比较大。

近 52 a 以来(1961—2012 年)，滇中地区升温速度最激烈为每 10 a 在 0.28℃至 0.44℃，最快的是昆明为 0.44℃/10 a，其次是楚雄 0.33℃/10 a，这一地区年平均气温具有明显的年际及年代际变化特征。从昆明气温年际变化和 5 a 滑动平均图上可以看出(图 2.10)，在 1990 年代中期前温度处于偏低时期，并且年际降温变化幅度非常明显，从 1995 年以后温度进入升高趋势，特别是从 1990 年代末期 21 世纪初以来，温度增加趋势非常明显，近 52 a 升温速度为 0.44℃/10 a，并通过 0.05 的显著性检验。而玉溪的年际变化与昆明一致(图 2.10)，均表现出明显的年代际变化特征，也是从 1990 年代中期大致在 1994 年以后进入增温趋势，近 52 a 升温速度为 0.28℃/10 a，并通过 0.05 的显著性检验。楚雄气温的变化(图略)与玉溪一致。

滇南地区从 1961 年以来，增温比较显著，普洱和景洪分别为每 10 a 在 0.42℃和 0.28℃，从普洱和景洪气温年际变化和 5 a 滑动平均图上可看出(图 2.10)，普洱在 1990 年代中期后温度转为上升阶段(之前则处于气温偏低时期)，大致从 1996 年后温度增加趋势非常明显，近 52 a 升温速度为 0.42℃/10 a，并通过 0.05 的显著性检验。而景洪在 1990 年代初以前气温处于偏低时期，从 1990 年代初以后大致在 1992 年进入缓慢升温时期，并且在 21 世纪初以后特别是从 2004 年后增温趋势非常明显，从 1961 年以来的升温速率为 0.28℃/10 a，并通过 0.05 的显著性检验。从图中还可看出，普洱和景洪的气温变化基本一致，年代际间气温变化幅度比较显著，具有明显的年代际变化特征。

从滇东和滇东北地区年际变化和 5 a 滑动平均图上可看出(图 2.10)，滇东北的昭通和滇东的沾益的温度变化具有明显的年际及年代际变化特征，昭通在 1990 年代末期前处于偏冷期，并且温度变化趋势滑动曲线相对较平稳缓慢，从 1998 年以后增温趋势比较显著；而沾益的温度则在 1990 年代中期后转为上升阶段，之前处于气温偏低时期，且温度滑动曲线变化趋势比较平缓，从 1996 年后气温逐渐增加进入偏暖期。近 52 a 来，昭通和沾益的气温变化一致，每 10 a 升温均为 0.15℃，并通过 0.05 的显著性检验。

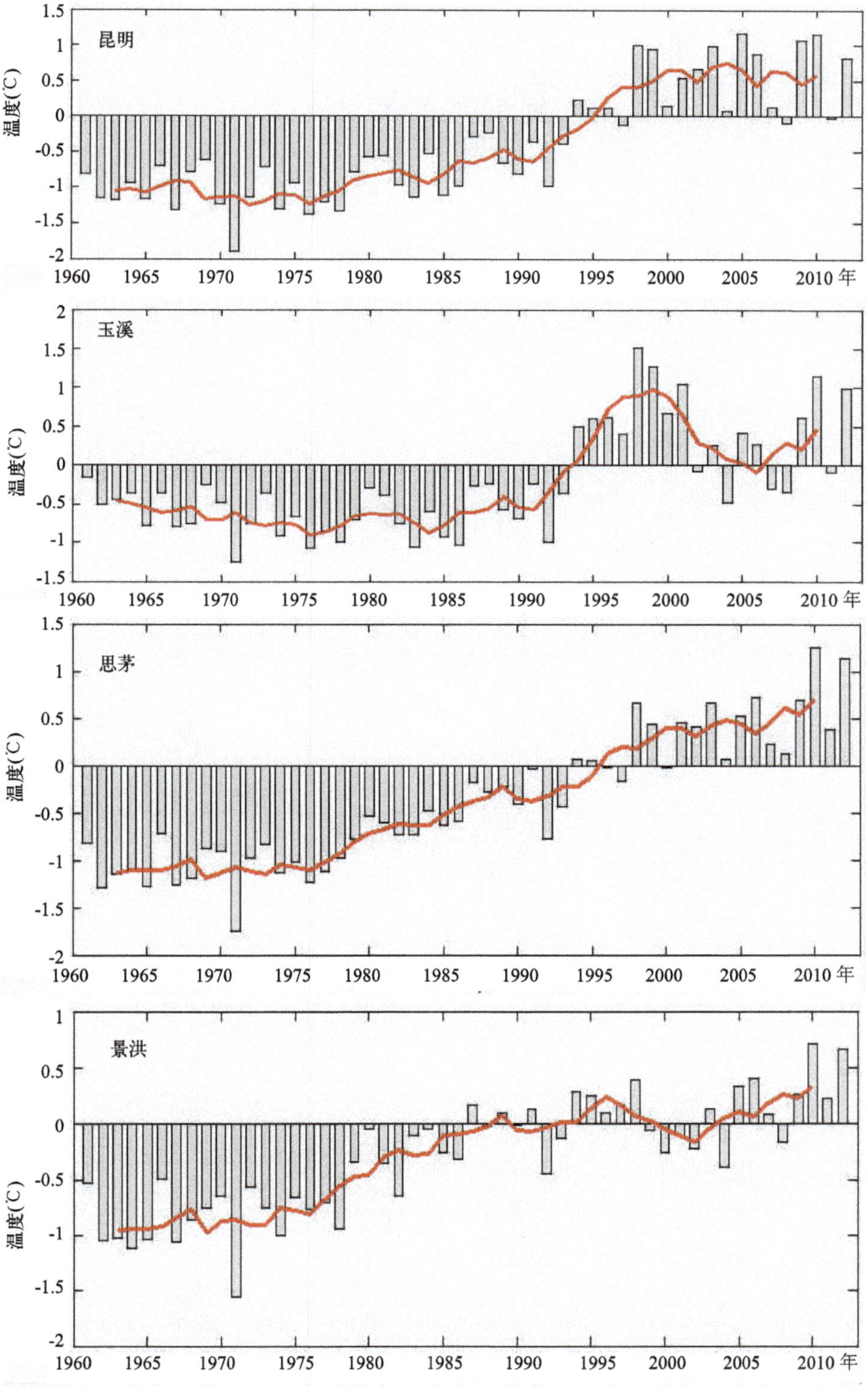
昆明
玉溪
思茅
景洪
温度(℃)
1960 1965 1970 1975 1980 1985 1990 1995 2000 2005 2010 年

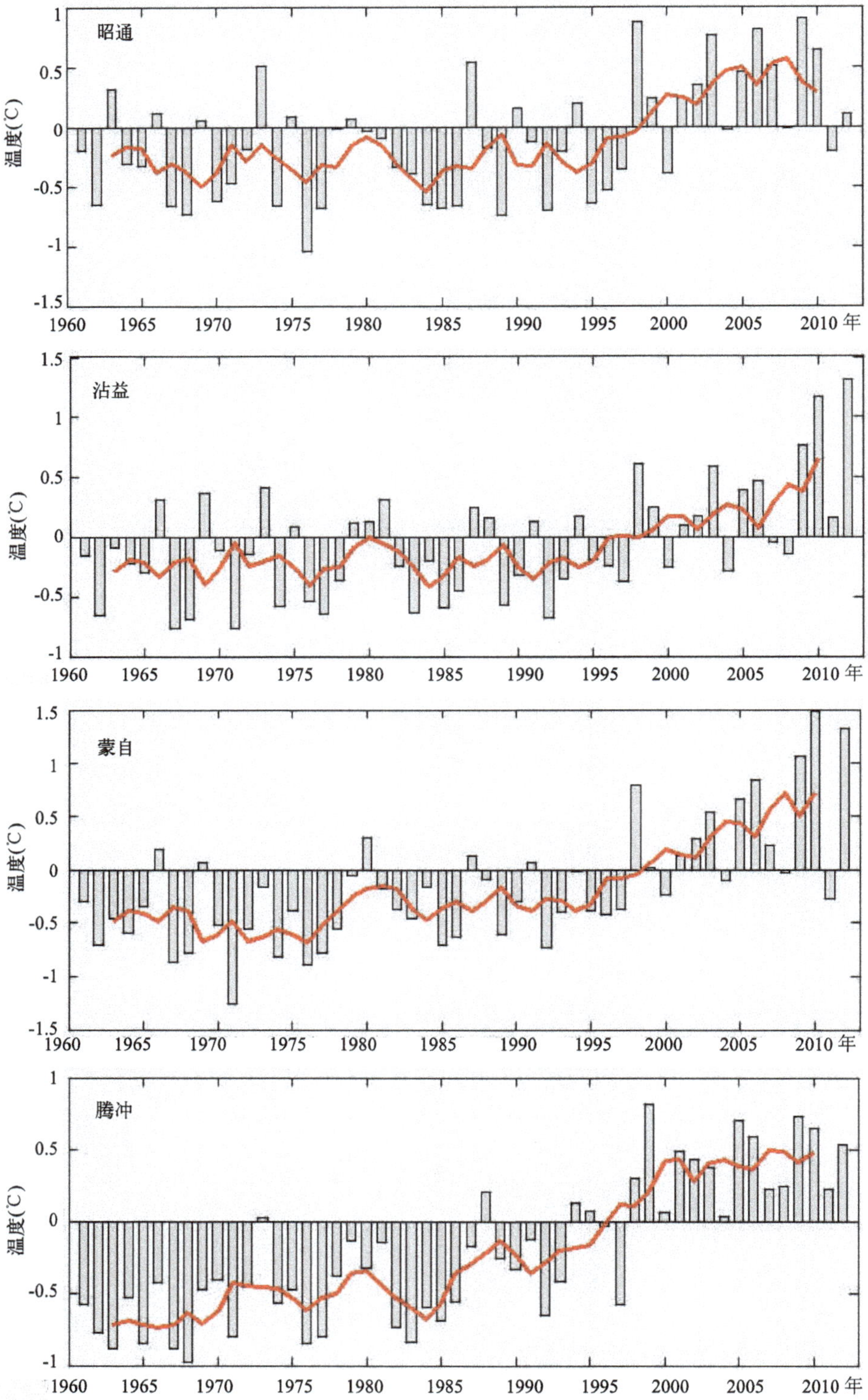
昭通
沾益
蒙自
腾冲
温度(℃)
年
1960
1965
1970
1975
1980
1985
1990
1995
2000
2005
2010

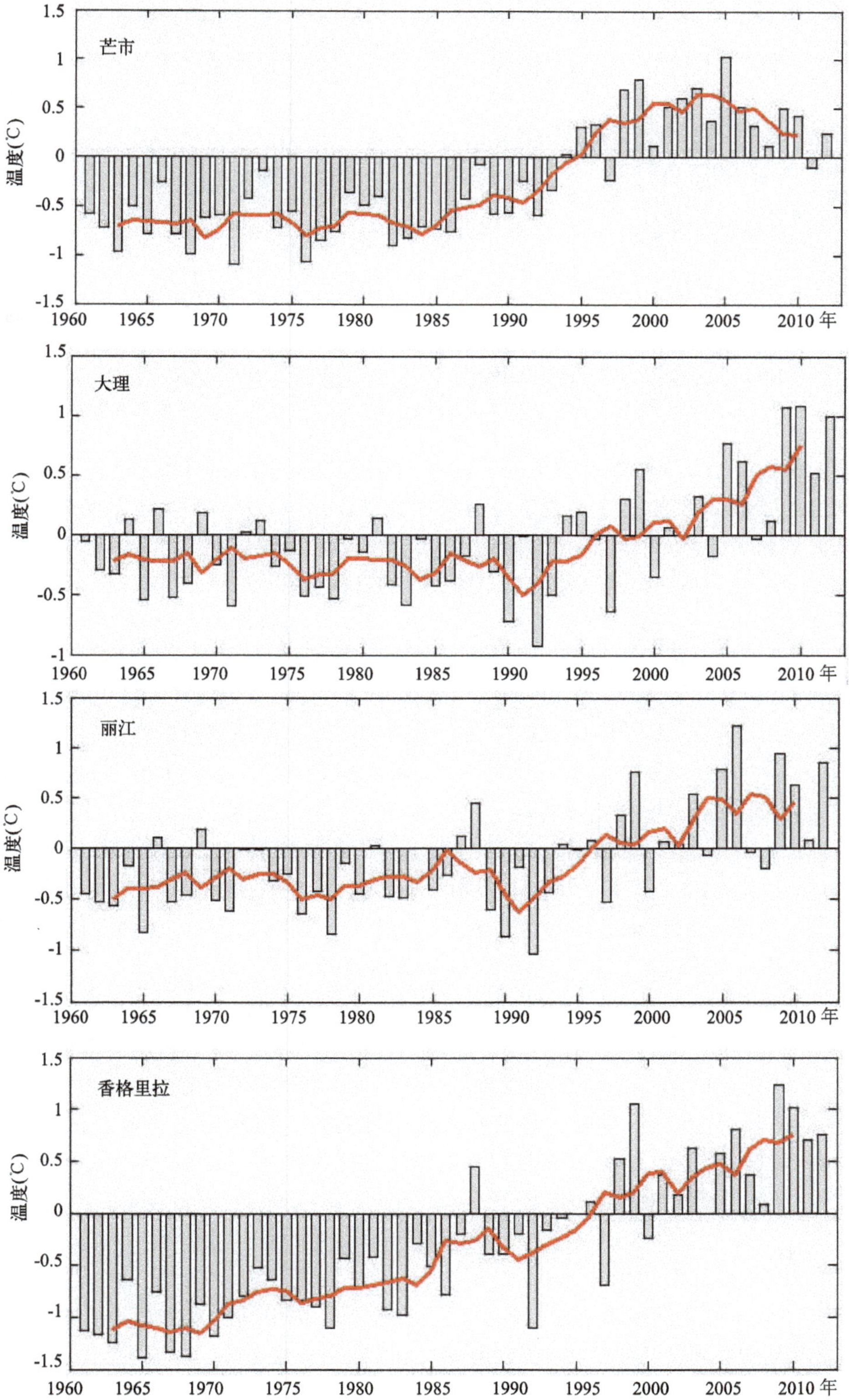
芒市
大理
丽江
香格里拉
温度(℃)
1960
1965
1970
1975
1980
1985
1990
1995
2000
2005
2010 年
1.5
1
0.5
0
-0.5
-1
-1.5

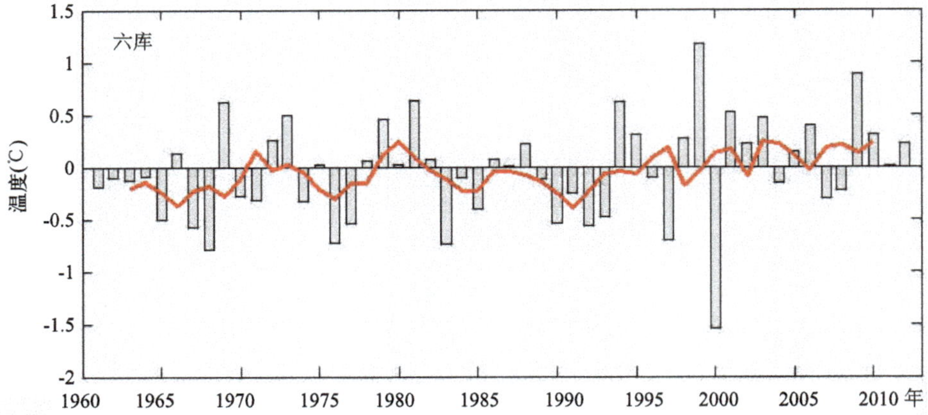

图 2.10 低纬高原地区主要代表站平均气温的年际变化及 5 年滑动平均

滇东南地区蒙自的气温变化具有明显的年际及年代际变化特征(图 2.10),在 1990 年代末期前气温处于偏低时期,并且升温变化趋势较缓慢,从 1998 年以后增温趋势比较显著,近 52 a 以来升温速率为 0.24℃/10 a,并通过 0.05 的显著性检验。

从 1961 年以来,滇西南地区增温比较明显,增温幅度在每 10 a 在 0.26～0.29℃间,从腾冲和芒市气温年际变化和 5 a 滑动图上可看出(图 2.10),腾冲和芒市在 1990 年代中期前处于偏冷期,之后气温转为明显的上升趋势,从 1996 年后腾冲的气温升温非常明显地转入偏暖期,而芒市则从 1995 年后进入增温阶段。近 52 a 来,滇西南地区腾冲、芒市和临沧(图略)的气温变化一致,具有明显的年际及年代际变化特征,芒市的增温率最大,为每 10 a 升温 0.29℃,其次是腾冲和临沧分别为 0.27℃/10 a 和 0.26℃/10 a,并通过 0.05 的显著性检验。

滇西大理、丽江的温度变化具有明显的年际及年代际变化特征(图 2.10),大理在 1990 年代中后期以前处于偏冷期,并且年际间的温度变化趋势比较平稳,从 1996 年气温转为缓慢上升趋势,之后从 2002 年开始升温非常明显地转入增温期;丽江则在 1990 年代中期前处于偏冷期,从 1995 年以后增温趋势比较明显。近 52 a 以来,大理、丽江的升温速率分别为 0.15℃/10 a 和 0.18℃/10 a,并通过 0.05 的显著性检验。

从图 2.10 可以看出,滇西北香格里拉、六库气温的年际变化表现出明显的不一致,香格里拉的气温在 1990 年代中期以前处于偏冷期,并且年际间的温度变化趋势非常明显,1990 年代中期以后在 1996 年进入明显升温时期,从 1961 年以来增温趋势非常明显为 0.40℃/10 a,并通过 0.05 的显著性检验,具有明显的年代际变化特征。而六库的气温变化总体比较平稳,年际变化较明显,整体上从 1961 年以来的温度变化趋势并不显著,每 10 a 为 0.07℃,并没有通过 0.05 的显著性检验。

2.3.3 小结

(1)从 1901 年以来低纬高原地区的温度主要经历了两个偏低期和两个偏高期,一个是 20 世纪 20 年代以前和 1960—1990 年代的偏冷期,另一个是 1920—1950 年代和 21 世纪初以来的升温期。并且所有区域均在 21 世纪初进入显著升温时期,低纬高原地区的平均增温速率低于全国平均(1905—2001 年)的增温速率,也低于过去 100 a(1906—2005 年)全球地表平均气温升高 0.74(0.56～0.92)℃(IPCC,2007),这也说明 100 a 来云南的温度变化趋势与全国、全球的变化趋势是一致的。

(2)1961 年以来低纬高原地区除六库增温不明显，滇西的大理和丽江以及滇东沾益和滇东北昭通升温小于 0.19℃/10 a 外，其他区域站均为大于等于 0.24℃/10 a 的升温，表明局地变化均高于 1951—2001 年全国平均的增温速率 0.22℃/10 a(丁一汇等，2006)。升温速度最快的是滇中昆明、滇南思茅以及滇西北香格里拉分别是 0.44℃/10 a、0.42℃/10 a 和 0.40℃/10 a，其次是楚雄为 0.33℃/10 a、芒市为 0.29℃/10 a、景洪和玉溪为 0.28℃/10 a、临沧、腾冲的升温速度分别为 0.26℃/10 a 和 0.27℃/10 a。因此，最近 52 a 滇中、滇西北香格里拉、滇南、滇西南地区是低纬高原地区升温最激烈的地区，而滇西、滇东和滇东北气温变化趋势小于云南中部及南部地区。

(3)21 世纪初至今是低纬高原地区增温最快的时期，区域代表站的分析表明除滇西北怒江州六库增温相对不显著外，其余地区都非常显著，并以昆明、香格里拉、芒市、蒙自、思茅、丽江、临沧、腾冲、昭通增温最为显著，升温速率都在 0.40℃/10 a 以上。

(4)2001 年以来低纬高原地区的快速升温，一方面是全球气候增暖的大背景下形成的，另一方面与这一地区人类活动有关，如：与上述地区城市进程的加快等有关。另外，各地区的明显增暖，与近来云南干旱加剧明显相对应(如 2009 年以来，低纬高原地区已连续出现严重的秋、冬、春连旱)。因此，在低纬高原区域温度普遍增温的背景下，及时开展适应和减缓气候变化的影响是各级政府及科研业务部门重点研究的课题。

2.4　最高气温的空间分布特征

2.4.1　年平均最高气温空间分布

从低纬高原地区 1961—2012 年最高气温多年平均分布图上可以看出(图 2.11)，一方面

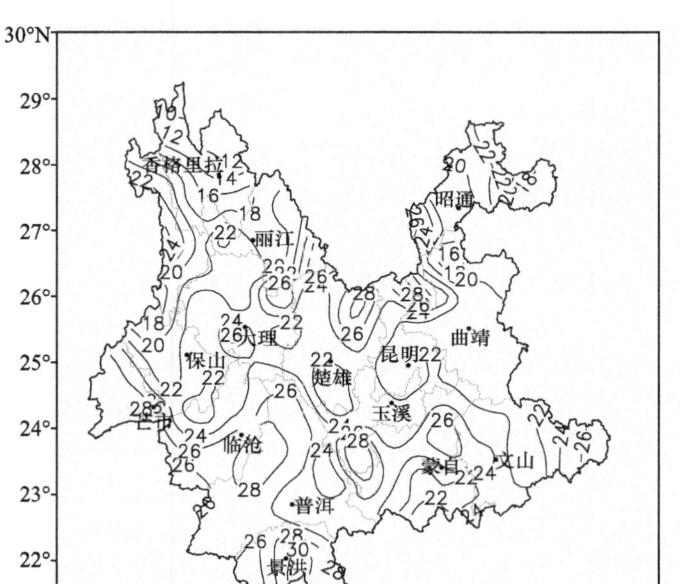

图 2.11　1961—2012 年低纬高原地区多年平均最高气温分布

低纬高原地区的气温分布整体上从滇西北向南基本随纬度升高，其变化幅度在 11.5～30.6℃间，另一方面又表现出明显的地区差异，在云南南部、干热河谷流域（主要包括金沙江、澜沧江、元江、怒江等河谷流域）、滇中等地区存在温度高中心，最高温度中心不是出现在纬度最南的景洪为 29.7℃，而是在元江流域河谷地区的元江为 30.6℃、河口为 27.5℃，金沙江流域河谷地区也存在高温中心如：元谋为 28.4℃、华坪为 27.1℃、巧家 26.8℃等，另外，超过 24℃的区域主要是在云南南部的大部地区、干热河谷流域等，主要有东川为 26.4℃、富宁为 25.6℃、景谷 28.3℃、勐腊 28.9℃、瑞丽 27.6℃、蒙自 24.6℃等。温度低于 20.0℃的区域位于滇西北、滇东北地区，最低中心是德钦为 11.5℃、香格里拉 13.5℃，其次是维西为 18.8℃，怒江州的六库和兰坪分别为 18.3℃、19.5℃，以及昭通市的镇雄和威信为 16.5℃、17.6℃，而昭通、鲁甸和太华山均低于 19℃等。

2.4.2 四季最高气温空间分布

从图 2.12a 中可看出，低纬高原春季的最高温度除滇西北低于 15℃外，大部分地区的温度在 20℃以上，温度变化幅度在 10.8～33.2℃间，大致呈现出从北向南随着纬度的减小温度升高呈较快的趋势，南部的西双版纳和普洱部分地区以及河谷地区的气温接近或超过 30℃，如景洪为 32.6℃、勐腊和景谷都在 31℃以上等，但区域最高温度的最大中心主要分布在金沙江、澜沧江、元江流域等的河谷地区，其中元江是 33.2℃，金沙江流域的元谋为 31.6℃、巧家是 31.0℃、华坪为 30.7℃等，最高气温均超过 30℃以上。最高气温的最小中心位于滇西北的德钦为 10.8℃、香格里拉为 13.1℃；最高温度低于 20℃的地区主要是滇西北的维西和怒江州的兰坪，分别为 18.2℃和 19.9℃，另外还有滇东北地区的镇雄和威信分别为 17.5℃、18.3℃。从图中还可看出，低纬高原地区春季最高温度最大值与最低相差在 20℃以上，说明这一地区气候差异非常明显。

低纬高原地区夏季最高温度场分布形式与春季基本相似（图 2.12b），除滇西北地区低于 20℃外，其余地区的温度基本在 22℃以上，温度变化幅度在 17.7～34.0℃间，滇西北的德钦、香格里拉的最高气温分别为 17.7℃、19.2℃；另外，部分高海拔山区气温也在 21℃以上，如滇中太华山气象站的气温为 21.7℃。整个夏季最高气温超过 30℃的区域有滇南、滇东南以及金沙江流域、澜沧江流域、元江流域河谷等地区，上述地区温度最高分别是元江 34.0℃、河口 33.0℃、巧家 32.0℃、元谋 31.6℃、盐津 31.3℃、景洪 31.0℃、富宁 30.7℃。另外，景谷、华坪也分别为 30.3℃和 30.4℃。

低纬高原地区秋季最高温度的分布整体上与春季相似，除滇西北地区以及滇东北和滇东大部分地区低于 20℃外，其余地区的最高温度均在 20℃以上，温度变化幅度在 12.7～30.1℃间（见图 2.12c）。最高温度相对较低的区域主要是滇西北地区的德钦为 12.7℃、香格里拉是 14.4℃。温度超过 25℃的地区主要位于滇南西双版纳州和普洱、滇西南德宏州和临沧以及滇东南红河州南部的部分地区，另外还有金沙江、元江流域的河谷地区等；这些区域气温最高中心分别为元江流域河谷元江是 30.1℃、河口和红河分别为 28.7℃、26.0℃、滇南地区景洪、勐腊分别为 28.9℃、28.5℃、景谷是 27.6℃、孟连和澜沧分别是 27.2℃和 26.9℃，滇西南的瑞丽是 27.7℃、双江为 27.2℃。金沙江流域的元谋温度为 27.6℃、华坪为 25.7℃、巧家 25.5℃。另外，还有滇西北宾川是 26.0℃和滇东南的富宁为 25.8℃。

低纬高原地区冬季最高温度场的分布大体上从北向南随纬度减小而逐渐增高（见图

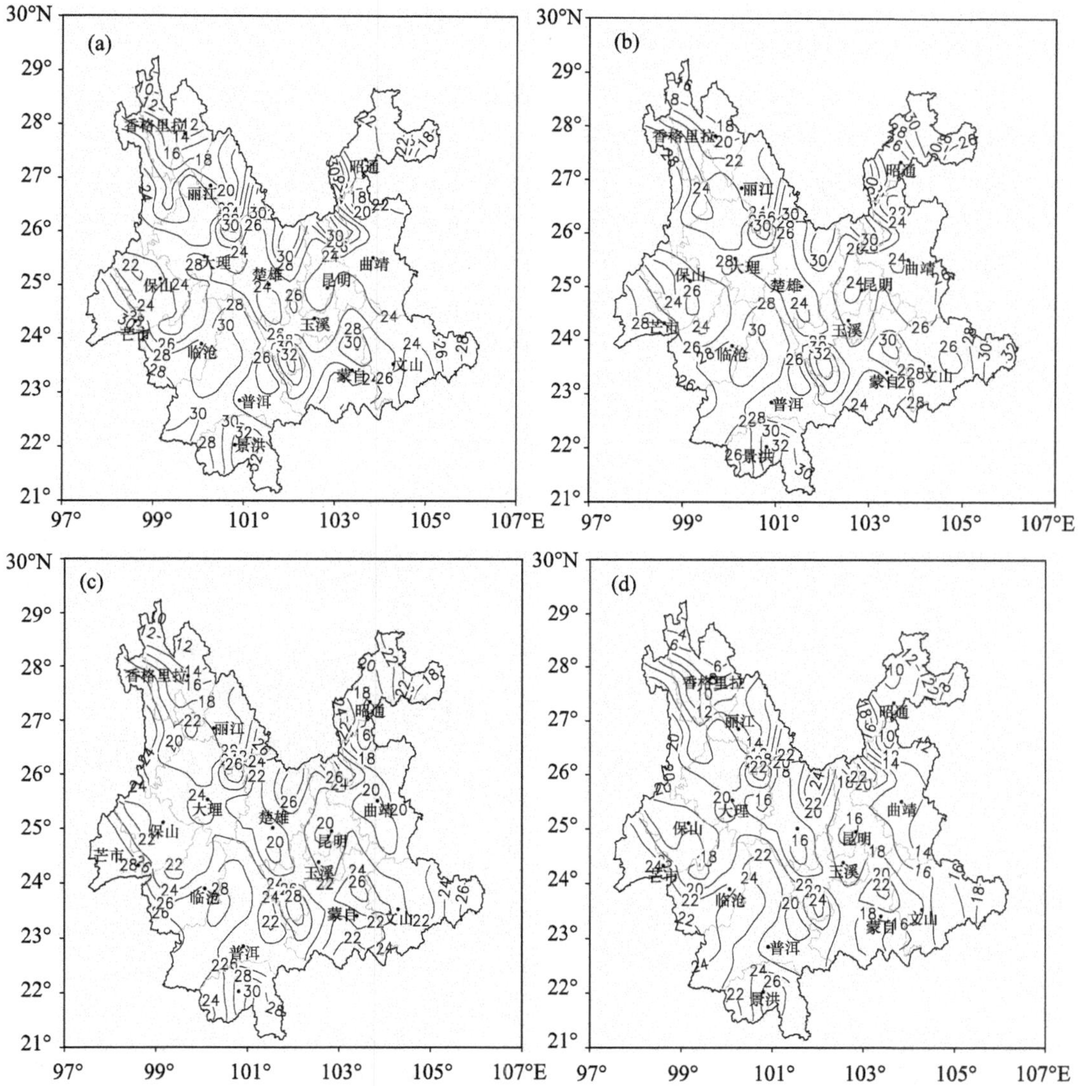

图 2.12　低纬高原地区四季最高气温分布
(a、b、c、d 分别是春、夏、秋、冬)

2.12d)，其变化跨度在 5.0～26.2℃之间，低于 10℃的区域主要分布在滇西北、滇东北地区，迪庆州可能是最高温度区域最低的，其中德钦、香格里拉冬季的最高气温分别是 5.0℃和 7.3℃，其次是昭通市的东北部地区，主要是镇雄为 7.1℃、威信和大关分别是 7.7℃和 9.3℃。从图中还可以看出，除北部地区以及金沙江、元江流域等的河谷地区外，基本上以哀牢山为界，哀牢山东部地区最高温度基本低于 20℃以下，西部则在 20℃以上，最高温度的大值区主要在南部地区、干热河谷流域，主要是滇南的景洪、勐腊分别为 26.2℃、25.6℃以及普洱市的景谷、孟连和澜沧均在 24℃以上，滇西南的双江和瑞丽分别是 24.0℃、23.6℃、滇东南的河口和开远分别为 21.4℃、21.6℃，以及金沙江流域的元谋为 24.2℃、华坪为 22.3℃，元江流域河谷地区的元江是 25.2℃。

2.4.3 最高气温变化趋势

2.4.3.1 四季最高气温变化趋势

从低纬高原地区春季最高温度变化趋势图来看(图 2.13a),大部分地区以增温为主,降温区主要集中在滇东、滇东北、滇东南、昆明北部部分地区、金沙江流域的华坪、永仁、元谋、巧家等地区,以及滇南西双版纳、滇西南德宏部分地区和临沧市边缘,降温幅度在每 10 a 在 0.01～0.30℃之间,其中,降温速率最大中心位于东川为 0.30℃/10 a,金沙江流域的巧家、永仁分别达到 0.24℃/10 a 和 0.23℃/10 a,滇东罗平则为 0.20℃/10 a、滇东南蒙自为 0.20℃/10 a,并且东川、永仁、巧家、蒙自等变化趋势通过了 0.05 的显著性检验。而增温区主要是滇西(包括丽江大部、大理、保山)、滇西北(包括怒江州、迪庆)、滇中部分地区(包括昆

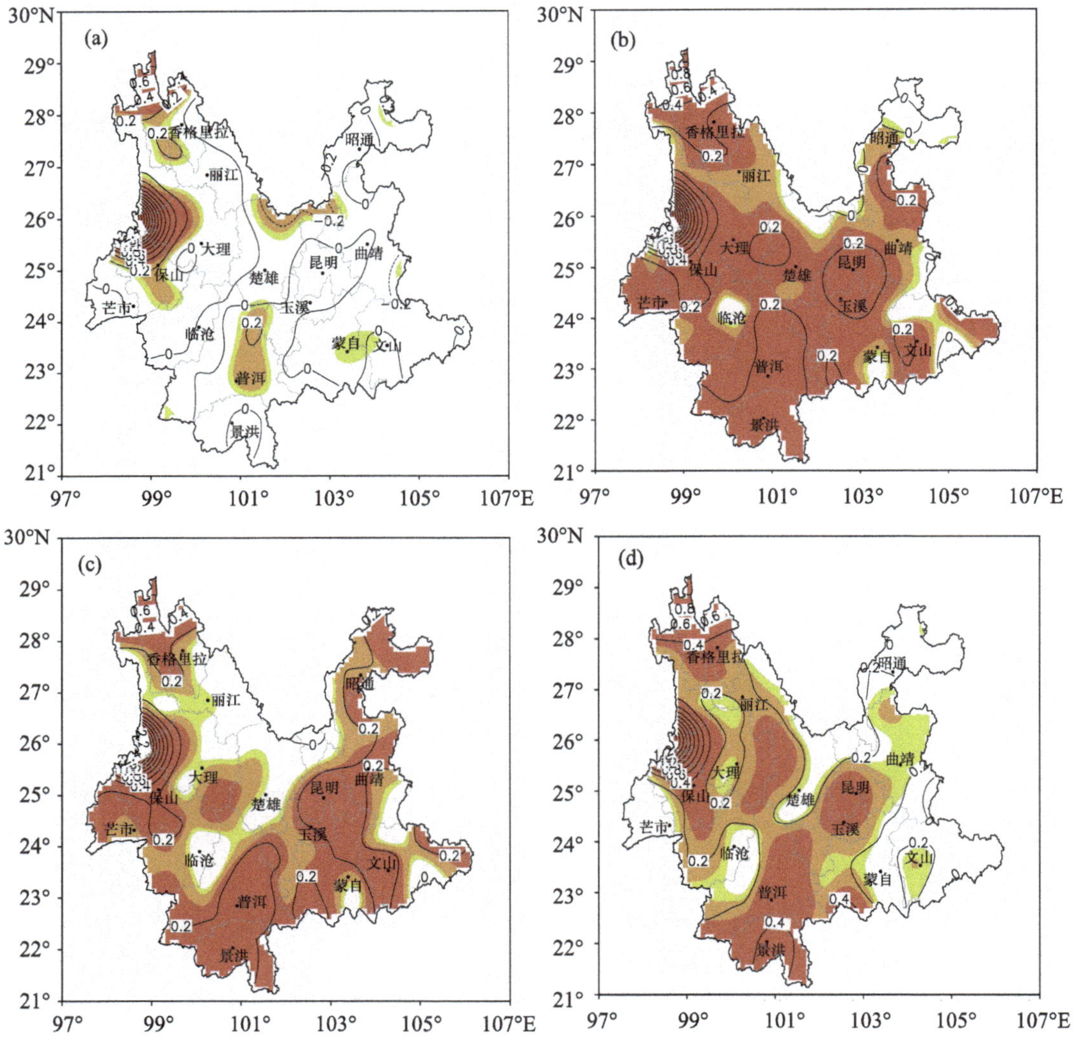

图 2.13 低纬高原地区四季最高气温变化分布

(a、b、c、d 分别是春、夏、秋、冬,阴影区由浅到深分别通过 0.1、0.05、0.01 显著性检验)

明、玉溪)以及滇南部分地区(普洱),升温最快的区域主要是六库,其温度增加速率最大为 2.18℃/10 a,其次是云龙为 0.80℃/10 a。另外,滇西北德钦也存在增温最大中心为 0.49℃/10 a,这些区域都通过了 0.01 的显著性检验;从图中可看出,增温速率大于等于 0.20℃/10 a 的区域如宁洱等也都通过了 0.05 的显著性检验。春季最高温度的这种变化趋势表明空间变化差异非常明显,整体上云南东部与西部变化具有不同步性。低纬高原地区春季最高温度的这种变化趋势与春季气温的变化基本一致。

低纬高原地区夏季温度变化趋势的空间分布主要为除金沙江流域地区巧家和大关、昆明北部边缘东川以及滇东南麻栗坡少数地区为下降趋势外,其余大部地区表现出一致的升温趋势(图 2.13b)。降温趋势较明显的是大关为 0.18℃/10 a、巧家 0.15℃/10 a,但仅有大关通过 0.05 的显著性检验。升温趋势最明显的区域主要是滇南、滇西、滇中以及滇西北,增温速度最大的是六库为 2.30℃/10 a,其次是云龙站为 0.79℃/10 a;另外,滇西北德钦增温为 0.63℃/10 a、滇南景洪上升 0.29℃/10 a、镇沅增温为 0.32℃/10 a、昆明每 10 a 上升 0.36℃。从图中还可看出,增温速率大于等于 0.10℃/10 a 的区域也都通过了 0.05 的显著性检验。

云南秋季最高温度变化趋势的空间分布与夏季基本相似,但降温区域减少,仅有金沙江流域的巧家出现降温,但降温速率不明显,没有通过 0.05 的显著性检验(图 2.13c)。升温最明显的区域是云南东部、南部、西部,增温速率最快的还是六库为 2.04℃/10 a 以及云龙为 0.67℃/10 a,其次是德钦上升 0.53℃/10 a、宁洱上升 0.34℃/10 a、文山增温 0.36℃/10 a、盐津增温 0.35℃/10 a、石林、晋宁和昆明每 10 a 分别上升 0.40℃、0.37℃和 0.32℃,这些区域都通过了 0.01 的显著性检验;同时增温速率大于等于 0.20℃/10 a 的区域也都通过了 0.05 的显著性检验。

云南冬季最高温度变化趋势的空间分布与秋季基本相似,降温区域也是在金沙江流域的巧家,下降 0.16℃/10 a,另外还有曲靖罗平,但速率不明显,为 0.03℃/10 a,但降温区没有通过 0.05 的显著性检验。其余地区呈现一致的升温趋势(图 2.13d)。从 1961 年以来,升温趋势最明显的区域主要是云南东部、南部、西部以及中部地区;升温区仍以怒江州六库最快,为 1.75℃/10 a,以及云龙为 0.73℃/10 a,其次是滇西北德钦升温 0.74℃/10 a、滇南景洪和宁洱分别上升 0.46℃/10 a 和 0.43℃/10 a、滇中昆明、晋宁分别每 10 a 增温 0.41℃和 0.44℃,上述区域都通过了 0.01 的显著性检验。从图中还可看出,速率大于等于 0.20℃/10 a 的区域也都通过了 0.05 的显著性检验。

2.4.3.2　年变化

在低纬高原地区多年年最高温度变化趋势的空间分布图上(图 2.14a),降温区域主要位于金沙江流域的巧家,下降 0.07℃/10 a、大关下降 0.10℃/10 a、东川下降 0.06℃/10 a、罗平和南麻栗坡均下降 0.02℃/10 a,其中大关降温速率最大,而巧家、东川、罗平、麻栗坡则降温速度并不明显。其余地区表现出一致的升温趋势,整个区域温度变化趋势在每 10 a 为 −0.01～2.10℃之间。从 1961 年以来,升温趋势最明显的区域主要是云南南部、西部以及东部和中部的大部地区;升温区仍以怒江州六库最快,为 2.06℃/10 a,以及云龙为 0.75℃/10 a,其次是滇西北德钦升温 0.59℃/10 a、滇南景洪和宁洱分别上升 0.24℃/10 a 和 0.31℃/10 a、滇中昆明、晋宁分别每 10 a 增温 0.31℃和 0.35℃,上述区域都通过了 0.01 的显著性检验。从图中还可看出,速率大于等于 0.10℃/10 a 的区域也都通过了 0.05 的显著性检验。

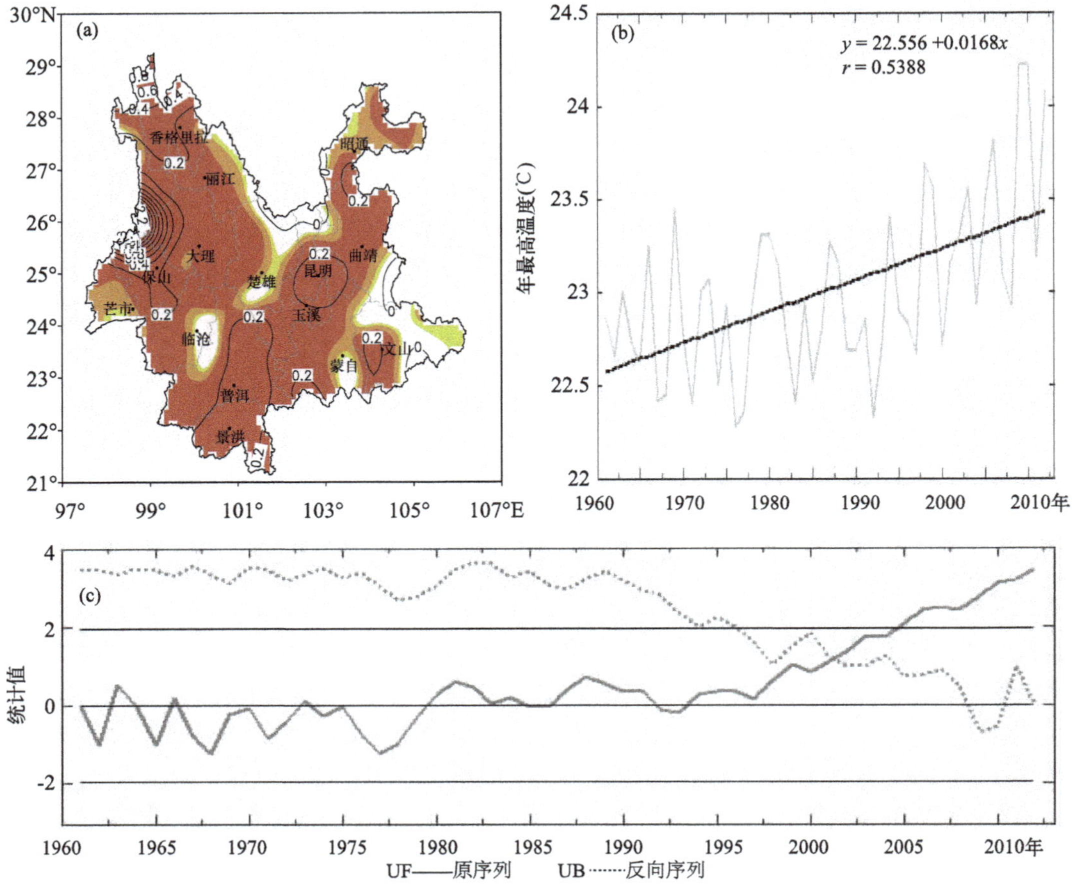

图 2.14　低纬高原地区最高气温变化趋势及 M-K 突变检验

(a. 空间分布，阴影区由浅到深分别通过 0.1、0.05、0.01 显著性检验；b. 平均变化；c. 突变检验)

图 2.14b 是低纬高原地区多年最高温度的平均变化趋势，整个区域呈现非常明显的升温趋势，最高温度为每 10 a 上升 0.17℃，并且通过了 0.01 的显著性检验。从图中可看出，在最高温度年际变化中极低值出现在 1976 年，为 22.3℃，而最高温度的极大值发生在 2010 年，为 24.2℃，这与 2010 年云南干旱、少雨，出现百年不遇的特大干旱一致(张万诚等，2013b)。

从年最高温度的 M-K 突变检验可以看出(图 2.14c)，在 2001 年左右，两线相交，同时交点在置信区间内，可认为是突变的开始时间，同时用 t 检验来验证交点前后段样本的差异，在 95%的置信区间下，其前后差异明显，说明最高温度发生了突变，且这种突变是从相对低温到相对高温的突变，且到目前为止这种趋势没有改变，表明低纬高原地区最高温度在 2001 年发生了突变。

2.4.4　小结

(1)低纬高原地区年平均最高气温及四季最高气温的空间分布呈现北低南高的形式，整体上从滇西北向南随纬度增加，表现出明显的地区差异，最高温度的高值区主要分布在江河流域河谷地区、云南南部地区。元江流域河谷、金沙江流域河谷地区，以及云南南部是最高温度最大中心。另外还有局部的气温高值中心如德宏州瑞丽和芒市、怒江流域的六库、澜沧江流域临沧市的云县和双江，以及河谷地区的景谷、镇沅等。全省温度最低区域主要位于滇西北、滇东北，滇西北主要是迪庆州的香格里拉、德钦，滇东北主要是昭通市的镇雄和昭通，以及怒江州的兰坪地区。

(2)低纬高原地区年最高气温与夏、秋、冬季最高温度的变化趋势基本相似。降温区域主要在金沙江流域、滇东、滇东南局部地区，总体来看这些区域的降温趋势并不明显。其它地区升温趋势均较明显，升温最快的区域在滇西、滇西北德钦、滇南地区，以及滇中昆明等城市，并以六库升温最大，其次是云龙和德钦。春季最高温度的变化趋势具有明显的区域特征。

(3)低纬高原地区最高温度的极大值出现在 5 月，其次是 4 月、6 月，并且出现 30℃以上的区域相对较多，元江为全年最高温度的最大值区，其最高温度出现在 5 月为 34.7℃；最高温度的极小值出现在 1 月，其次是 12 月和 2 月，主要分布在是滇西北的德钦、香格里拉(1 月最低的德钦在 5℃以下)，以及滇东北的镇雄、威信和大关，并且出现在 1 月、2 月和 12 月(镇雄 1 月在 6℃以下)。

(4)从 1961 年以来，低纬高原地区多年最高气温的平均变化呈明显的上升趋势，区域最高温度升温速度为 0.17℃/10 a，并在 2001 年发生了突变。最高温度的低值出现在 1976 年，而最高温度的极大值发生在 2010 年，这与 2010 年云南干旱、少雨，出现百年不遇的特大干旱一致。

2.5　最低气温的空间分布特征

2.5.1　年平均最低气温空间分布

从低纬高原地区 1961—2012 年最低气温多年平均分布图上可以看出(图 2.15)，低纬高原地区的气温分布整体上不超过 20℃，从滇西北向南基本随纬度升高，其变化幅度在 0.2～20℃间，说明地区差异非常明显。最低温度低于 10℃的区域主要位于滇西北、滇西大部地区、滇东北和滇东部分地区、滇中的部分地区如楚雄东部等地，其中滇西北的香格里拉为 0.2℃、德钦为 1.7℃为最小中心，滇西北维西和怒江州的兰坪分别为 6.8℃和 5.6℃，滇西丽江的宁浪为 6.0℃、丽江和永胜均为 7.9℃、剑川为 6.2℃以及鹤庆 7.8℃等，还有滇东北地区的昭通、鲁甸和镇雄等分别为 7.6℃、7.9℃、8.4℃，另外滇东的会泽为 8.4℃、宣威、寻甸等也低于 10℃等。温度超过 10℃的区域主要在云南南部、滇中，以及金沙江、澜沧江、元江流域等的河谷地区，其中最大中心主要有元江为 19.3℃、滇东南河口和红河分别是 19.6℃和 16.8℃、富宁 15.5℃，滇南景洪、勐腊和景谷分别为 17.9℃、17.6℃和 15.5℃、滇西南的瑞丽是 16.0℃、金沙江流域的元谋、巧家分别为 15.8℃和 16.3℃等、滇中昆明为 10.6℃等。

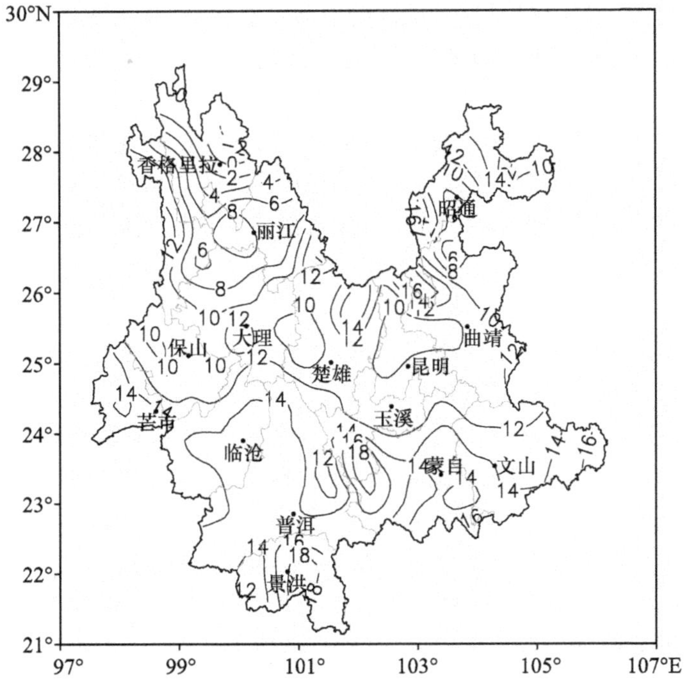

图 2.15　1961—2012 年低纬高原地区多年平均最低气温分布

2.5.2　四季最低气温空间分布

从图 2.16a 中可看出，低纬高原春季的最低温度除滇西北、滇西大部地区、滇东北和滇东部分地区、滇中的楚雄西部低于 10℃外，大部分地区的最低温度均在 10℃以上，温度变化幅度在－0.2～20.6℃间，大致表现为从北向南随着纬度的增加温度逐渐升高，区域最低温度的极大中心主要分布在滇南、金沙江、澜沧江、元江流域等的河谷地区，其中大于 16℃以上的区域有元江为 20.1℃、河口为 20.6℃，富宁为 16.5℃、景洪和勐腊分别为 17.7℃和 17.5℃、东川为 16.9℃、金沙江流域的元谋为 17.6℃、巧家为 18.3℃、华坪为 15.3℃等。最低气温的最小中心位于滇西北的香格里拉为－0.2℃、德钦为 0.8℃；最低温度低于 10℃的地区主要是滇西北的维西和怒江州的兰坪，分别为 6.2℃和 4.8℃，滇西丽江的宁浪为 5.3℃、永胜为 7.6℃、大理州的剑川为 5.1℃以及鹤庆和洱源也低于 8℃，还有滇东北地区的镇雄、昭通和鲁甸分别为 8.2℃、7.6℃和 8.0℃，另外楚雄州的姚安、南华、武定和禄丰、滇东的嵩明、禄劝、会泽、宣威等均低于 10℃。从图中还可看出，低纬高原地区春季最低温度的最大值与极低值相差在 20℃以上，说明这一地区气候差异非常明显。

图 2.16b 是低纬高原地区夏季最低温度场分布，可以看出除滇西北地区低于 10℃外，其余地区的温度基本在 14℃以上，温度变化幅度在 8.9～24.7℃间，滇西北的德钦、香格里拉的最低气温分别为 8.9℃、9.3℃、兰坪为 13.9℃，滇中太华山的最低气温为 13.7℃。整个夏季最低气温超过 20℃的区域有滇南、滇东南部分地区以及金沙江流域、澜沧江流域、元江流域河谷等地区，上述地区最低温度极大值出现在元江 24.7℃、河口 24.6℃、巧家 22.4℃、元谋 21.8℃、盐津 21.8℃、景洪 22.6℃、富宁 21.6℃。另外，景谷、瑞丽也分别为 21.4℃

和 21.9℃。

低纬高原地区秋季最低温度的分布整体上与春季相似，滇西北、滇西大部地区、滇东北和滇东部分地区、滇中的楚雄局部低于 10℃外，其余地区的最低温度均在 10℃以上，温度变化幅度在 1.0～20.6℃间(见图 2.16c)。区域最低温度的极大中心主要分布在滇南、金沙江、澜沧江、元江流域等的河谷地区，其中大于 16℃以上的区域有元江为 19.8℃、滇东南河口和红河分别是 20.6℃和 17.4℃，滇南景洪、勐腊和景谷分别为 19.2℃、18.7℃和 17.3℃，滇西南的瑞丽是 17.7℃、金沙江流域的元谋为 16.3℃、巧家为 16.5℃等。最小中心位于滇西北的香格里拉为 1.0℃、德钦为 2.7℃；低于 10℃的地区主要是滇西北的维西和怒江州的兰坪，分别为 7.6℃和 7.0℃，滇西丽江的宁浪为 7.5℃、永胜为 9.0℃、大理州的剑川为 7.8℃以及鹤庆、洱源也低于 10℃，还有滇东北地区的昭通和鲁甸分别为 8.5℃、8.8℃，另外滇东的会泽、宣威等也低于 10℃。

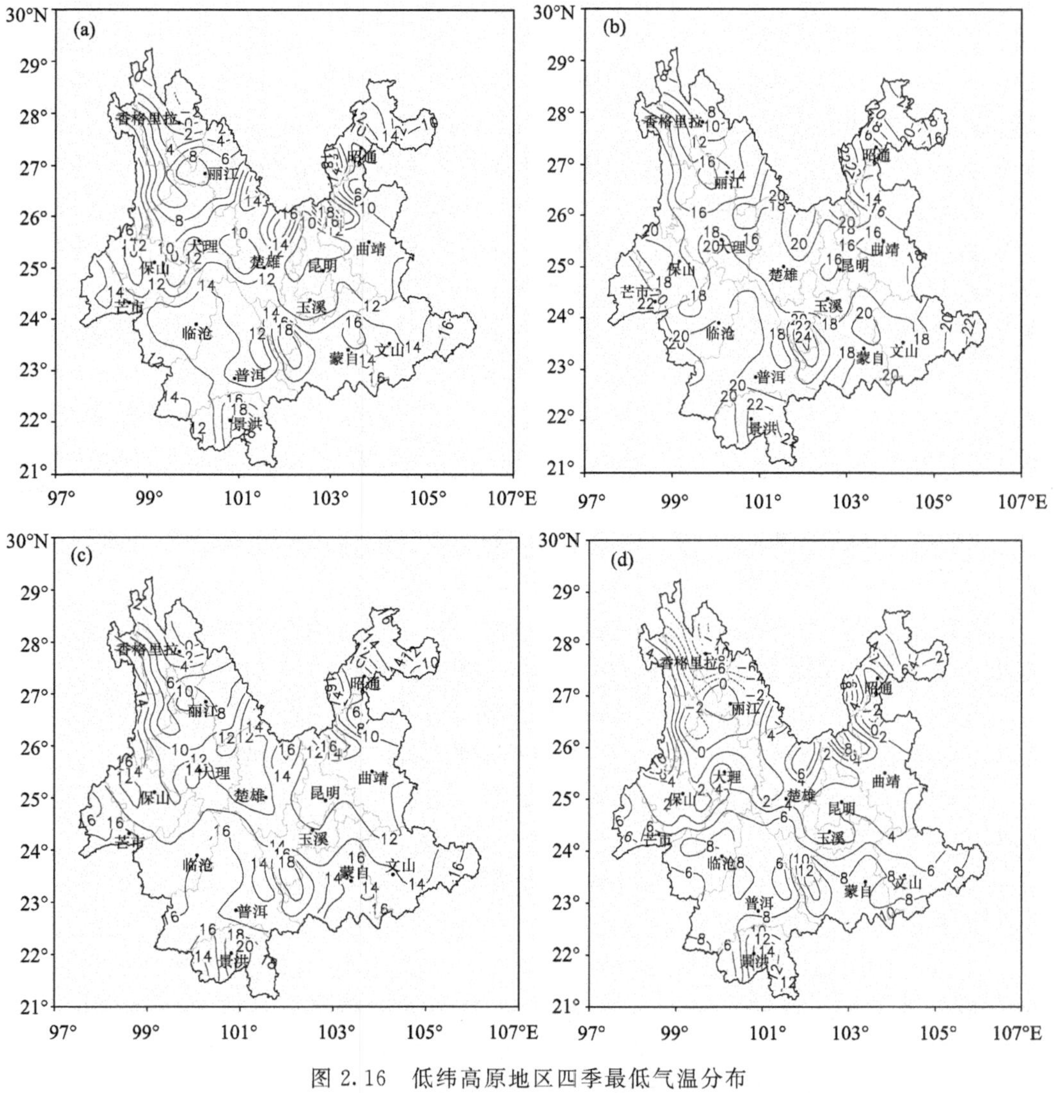

图 2.16　低纬高原地区四季最低气温分布

(a、b、c、d 分别是春、夏、秋、冬)

低纬高原地区冬季最低温度场的分布大体上从北向南随纬度逐渐增高(见图 2.16d)，其变化跨度在－9.5～14.1℃间，除云南南部、金沙江、澜沧江、元江流域等河谷地区高于 6℃以上外，大部地区低于 5℃。小于 5℃的区域主要分布在滇西北、滇西、滇东北、滇中、滇东及滇东南部分地区，最低气温最小值主要是滇西北香格里拉、德钦分别是－9.5℃和－5.7℃，维西和兰坪分别是－1.1℃和－3.4℃，滇西的宁浪、永胜、剑川、鹤庆、洱源等最低温度低于 0℃，其次是滇东北的昭通市和鲁甸也低于 0℃。区域最低温度的大值中心主要分布在滇南、金沙江、澜沧江、元江流域等的河谷地区，其中大于 9℃以上的区域有元江为 12.7℃、滇东南河口、红河和金平分别是 14.1℃和 10.9℃、9.8℃，滇南景洪、勐腊和江城分别为 12.1℃、12.0℃、9.0℃，金沙江流域的元谋为 8.5℃、巧家为 9.0℃等。

2.5.3　最低气温变化趋势

2.5.3.1　四季最低温度变化趋势

从低纬高原地区春季最低温度变化趋势图来看(图 2.17a)，大部地区以增温为主，降温区主要集中在滇东北和滇中部分地区、滇西局部地区的 10 余个县(市)，除金沙江流域的元谋降温最大为 0.41℃/10 a、永仁下降 0.16℃/10 a 以及东川下降 0.16℃/10 a 外，其他地区降温不明显均低于 0.10℃/10 a，并且只有金沙江流域的这种变化趋势通过 0.01 的显著性检验。增温速度较快的区域主要是云南西部和东部，包括滇西的丽江大部、大理和保山、滇西北的怒江州和迪庆、滇中及滇东大部、滇东南部分地区以及滇南和滇西南地区，升温最快的是六库，其增加速率为 1.29℃/10 a，云龙为 1.14℃/10 a；其次是滇中昆明为 0.83℃/10 a、楚雄为 0.82℃/10 a，滇西的保山是 0.65℃/10 a、洱源为 0.60℃/10 a，滇南的普洱为 0.70℃/10 a、勐海为 0.57℃/10 a、滇西南的云县为 0.55℃/10 a，另外，滇西北香格里拉也存在增温最大中心为 0.76℃/10 a，这些区域均通过了 0.01 的显著性检验。从图中可看出，增温速率大于等于 0.10℃/10 a 以上的区域也都通过了 0.05 的显著性检验；增温速率大于等于 0.20℃/10 a 的区域都通过了 0.01 的显著性检验。可见，春季最低温度的变化趋势表明这种空间变化差异非常明显，整体上云南东部与西部变化趋势基本一致，但变化的速度并不相同。

低纬高原地区夏季最低温度变化趋势的空间分布主要为除金沙江流域地区巧家和大关、昆明北部边缘东川以及滇东南麻栗坡少数地区为下降趋势外，大部地区表现出一致的升温趋势(图 2.17b)。降温趋势较明显的是大关下降 0.18℃/10 a、巧家下降 0.15℃/10 a，但仅有大关通过 0.05 的显著性检验。升温趋势最明显的区域主要是滇南、滇西、滇中以及滇西北，升温速度最大的是六库为 1.69℃/10 a，其次是云龙站为 0.72℃/10 a；另外，滇西北德钦增温为 0.52℃/10 a、贡山为 0.31℃/10 a、滇南普洱升温为 0.32℃/10 a、镇沅为 0.32℃/10 a、景洪是 0.28℃/10 a、滇中增温为昆明每 10 a 上升 0.31℃、石林为 0.41℃、滇东及滇东北是富源 0.26℃/10、昭通 0.24℃/10 a、威信是 0.26℃/10 a、滇东南蒙自为 0.34℃/10 a、文山 0.33℃/10 a、富宁 0.33℃/10 a 以及临沧是 0.27℃/10 a、弥渡为 0.39℃/10 a，这些区域都通过 0.01 的显著性检验。从图中还可看出，整个区域变化速度基本一致，并且增温速率大于等于 0.10℃/10 a 的区域也都通过了 0.05 的显著性检验；增温速率大于等于 0.20℃/10 a 的区域也都通过了 0.01 的显著性检验。

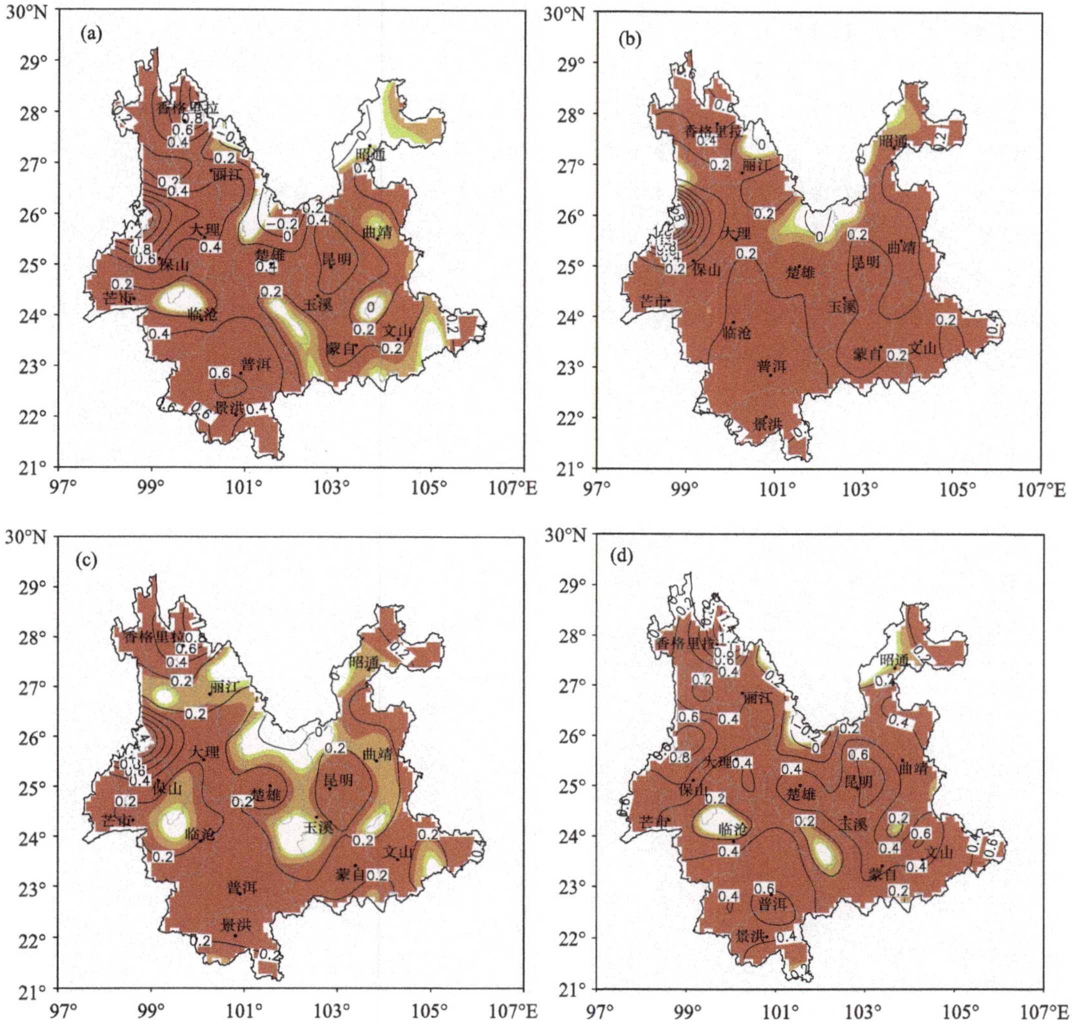

图 2.17　低纬高原地区四季最低气温变化趋势分布
（a、b、c、d 分别是春、夏、秋、冬，阴影区由浅到深分别通过 0.1、0.05、0.01 显著性检验）

云南秋季最低温度变化趋势的空间分布与夏季基本相似，降温区域在永仁下降 0.09℃/10 a、东川下降 0.01℃/10 a 及元谋下降 0.02℃/10 a，可见，降温的温速度并不明显，也没有通过 0.1 的显著性检验。其他大部地区表现出一致的升温趋势(图 2.17c)，升温最明显的区域是云南东部、南部、西部，增温速率最快的还是六库为 1.31℃/10 a 以及云龙为 0.93℃/10 a，其次是滇西北德钦升温为 0.65℃/10 a、香格里拉上升 0.35℃/10 a、滇南普洱升温为 0.41℃/10 a、镇沅为 0.34℃/10 a、景洪是 0.23℃/10 a、滇中增温为昆明每 10 a 上升 0.46℃、石林为 0.50℃、楚雄为 0.46℃/10 a，另外，滇东及滇东北是寻甸 0.37℃/10 a、昭通 0.23℃/10 a、盐津是 0.31℃/10 a、滇东南蒙自为 0.35℃/10 a、文山 0.30℃/10 a、富宁 0.31℃/10 a 以及瑞丽为 0.27℃/10 a、腾冲是 0.37℃/10 a、弥渡为 0.32℃/10 a，这些区域都通过了 0.01 的显著性检验；同时速率大于等于 0.20℃/10 a 以上的区域也都通过 0.01 的显著性检验。

云南冬季最低温度变化趋势的空间分布与秋季基本相似，但降温区域在缩小，主要在金沙江流域的元谋和永仁分别下降 0.16℃/10 a、0.07℃/10 a，但没有通过 0.1 的显著性检验。其余地区呈现一致的升温趋势(图 2.17d)。从 1961 年以来，升温趋势最明显的区域主要是云南东部、南部、西部以及中部地区；升温速度快的是滇西西部的云龙为 1.22℃/10 a、其次是滇中的楚雄为 1.03℃/10 年，另外是滇西北香格里拉增温为 0.95℃/10 a、怒江州六库为 0.75℃/10 a，滇南普洱和景洪分别上升 0.79℃/10 a 和 0.41℃/10 a，滇中昆明、石林、玉溪分别为每 10 a 增温 0.91℃、0.83℃ 和 0.70℃/10 a，滇东南蒙自为 0.53℃/10 a、富宁 0.51℃/10 a，滇东及滇东北寻甸和盐津分别是 0.73℃/10 a、0.36℃/10 a，滇西南的盈江为 0.65℃/10 a、腾冲是 0.68℃/10 a、瑞丽为 0.56℃/10 a，上述区域都通过了 0.01 的显著性检验。从图中还可看出，速率大于等于于 0.20℃/10 a 的区域也都通过了 0.01 的显著性检验。

2.5.3.2　年变化

从低纬高原地区多年最低温度变化趋势的空间分布图上可看出(图 2.18a)，降温区域东川下降 0.01℃/10 a、永仁下降 0.08℃/10 a、元谋下降 0.17℃/10 a，元谋降温速度为最大。其余区域都为一致的升温趋势，整个区域温度变化趋势在每 10 a 为 −0.17～1.3℃间。从 1961 年以来，除北部局部地区外，低纬高原地区最低温度升温趋势较明显，升温最快的地区仍是怒江州六库为 1.25℃/10 a、云龙为 0.99℃/10 a，其次是滇西北香格里拉为0.70℃/10 a(德

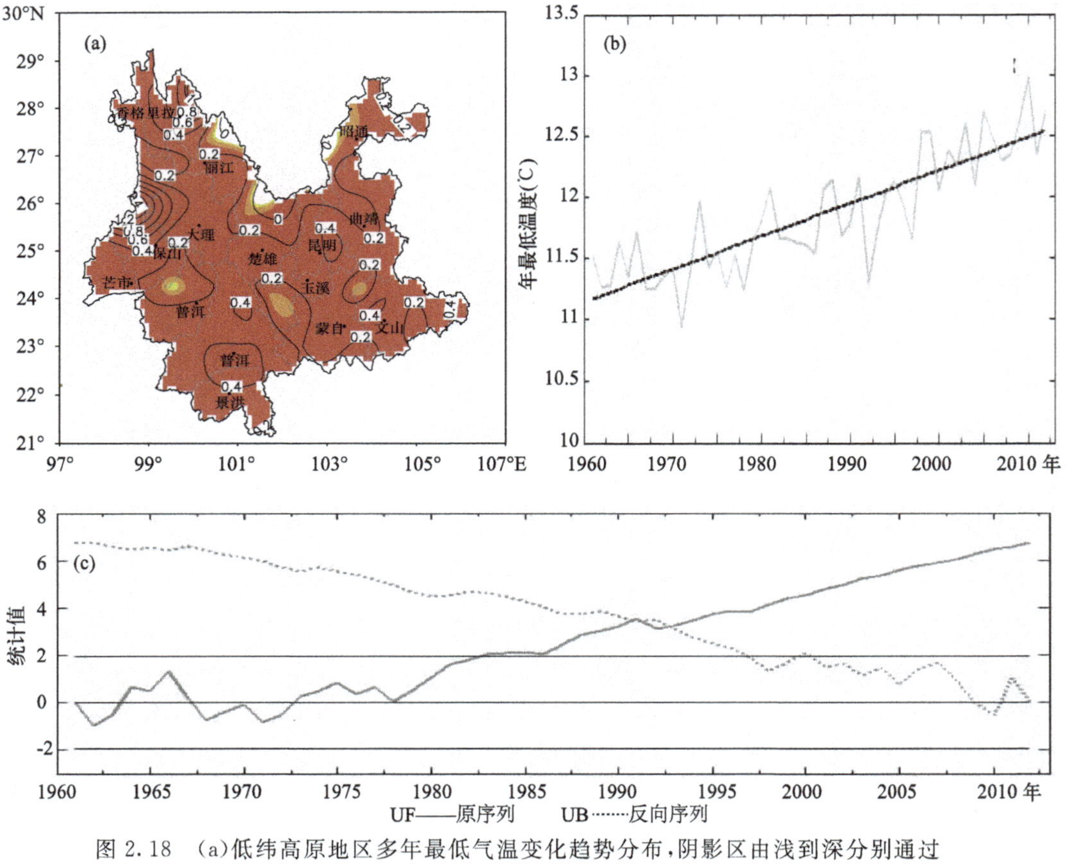

图 2.18　(a)低纬高原地区多年最低气温变化趋势分布，阴影区由浅到深分别通过 0.1、0.05、0.01 显著性检验；(b)区域平均图；(c)M-K 检验图

钦为 0.35℃/10 a)，滇中昆明、石林增温分别为 0.62℃/10 a 和 0.59℃/10 a、玉溪为 0.36℃/10 a，滇南景洪和普洱分别上升 0.33℃/10 a 和 0.55℃/10 a、滇西南腾冲为 0.44℃/10 a、瑞丽为 0.35℃/10 a、云县为 0.37℃/10 a，滇东南蒙自 0.37℃/10 a、富宁 0.36℃/10 a，以及金沙江流域的巧家为 0.35℃/10 a，这些区域都通过了 0.01 的显著性检验。从图中还可看出，速率大于等于 0.20℃/10 a 的区域也都通过了 0.01 的显著性检验；速率大于等于 0.10℃/10 a 的区域也都通过了 0.05 的显著性检验。

图 2.18b 是低纬高原地区多年最低温度的平均变化趋势，整个区域呈现非常明显的升温趋势，最低温度为每 10 a 上升 0.27℃，并且通过了 0.01 的显著性检验。从图中可看出，最低温度年际变化的极小值出现在 1971 年，为 10.9℃，而最低温度的极大值发生在 2010 年，为 13.0℃，这说明在 2010 年出现百年不遇的特大干旱时，最低温度也出现最高值。

对区域年最低温度所做的 M-K 突变检验来看(图略)，在 1993 年左右，两线相交，同时用 t 检验来验证交点前后段样本的差异，在 0.05 的置信区间下，其前后差异明显，说明最低温度发生了突变，且这种突变是从相对低温到相对高温的突变，且到目前为止，这种趋势没有改变。表明低纬高原地区在 1993 年发生了突变。

2.5.4　小结

(1)低纬高原地区年平均最低气温及四季最低气温的空间分布呈现北低南高的形式，整体上从滇西北向南随纬度增加而增加。高值区主要分布在滇南、金沙江、澜沧江、元江流域等的河谷地区，温度最大中心主要在元江、河口、景洪以及金沙江流域的元谋、巧家等；气温最小中心位于滇西北的香格里拉、德钦，以及滇西西部、滇东北部分地区等，温度的最大值与极小值相差比较大，表现出明显的地区差异。

(2)低纬高原地区多年最低气温与春、夏、秋、冬季最低温度的变化趋势基本相似。除局部地区降温外，升温趋势是区域最大的特征，升温最快的是滇西和滇西北地区，并以六库、云龙、香格里拉(或德钦)等最大，其次是滇中昆明等城市、滇南景洪和普洱、滇西南瑞丽和腾冲等、滇东南蒙自等，以及金沙江流域等都是增温趋势最明显的地区。

(3)低纬高原地区最低温度的最大值出现在 7 月，其次是 6 月和 8 月，并且在滇南、金沙江、澜沧江、元江流域等河谷地区经常出现 20℃及以上的温度，最高温度出现在元江 7 月、6 月、8 月分别为 25.1℃、25.0℃和 24.2℃，其次是滇南景洪，也出现在 7 月、6 月、8 月，分别为 22.7℃、22.6℃和 22.4℃，另外，滇东南河口的最低温度也出现在 7 月、6 月、8 月，分别是 24.8℃、24.6℃和 24.4℃；最低温度的极小值出现在 1 月，其次是 12 月和 2 月，主要是滇西北的香格里拉、德钦最低(香格里拉在 1 月、12 月、2 月最低分别是－10.8℃、－10.5℃、－7.2℃，德钦 1 月最低为－6.4℃，12 月和 2 月大于－5.5℃以上)，其次是兰坪 1 月和 12 月的温度分别是－4.4℃至－3.5℃间，以及滇东北的昭通、鲁甸最低温度出现在 1 月，分别为－2℃、－1.5℃(镇雄 1 月温度也最低，在 0℃以下)。

(4)从 1961 年以来，低纬高原地区最低气温的平均变化呈明显的上升趋势，区域最低温度升温速度为 0.27℃/10 a，并在 1993 年发生了突变。最低温度的最小值出现在 1971 年，而最低温度的最大值发生在 2010 年，这与近年来冬季偏暖，出现暖冬有关。

(5)从整个区域的变化来看，低纬高原地区最低温度的变化速度比最高温度的升温幅度快。

2.6 低纬高原地区日照的时空分布及年代际变化特征

日照是太阳活动最重要的表现形式，不仅是气候资源的重要组成部分，而且是气候变化的主要影响因子。日照时数直接影响到地表获得太阳辐射能量的多少，是太阳辐射的重要表现（IPCC，2007），其变化能影响到其他气象要素和地表通量的分布情况。由于日照时数的长短直接影响农业、林业生产，并对人类的日常生活有着直接的影响。在适应和减缓气候变化影响下，特别是国家推行清洁能源的背景下，研究云南日照变化及分布的研究具有现实意义。本节研究云南日照的分布及变化特征。

2.6.1 日照的月际及区域分布

2.6.1.1 日照的月际分布

图 2.19 是 1961—2010 年各月的日平均日照时数变化，可以看出云南一年中 3 月份的日照时间达最多，全月日照时间为 220.9 h，每天平均日照时间为 7.13 h，4 月份每天日照时间最长，为 7.15 h，总日照时间为 214.5 h，没有 3 月多。日照时间最短的是在 7 月，该月日平均日照时间为 127.8 h，全省平均日照时间每天仅有 4.1 h 左右；并且从 3 月份到 7 月份，日照时间经历了一个由多到少，逐月减少的过程，直到 7 月达到一年中的最小值。另外，还可以看出云南日照时数具有春季最大，夏季最小的特点。这与云南的气候一致，云南雨季为 5 月到 10 月，而干季为 11 月至次年 4 月，由于云南雨季多云雨，日照时间自然少，而云南干季主要以晴天为主，日照时间多。

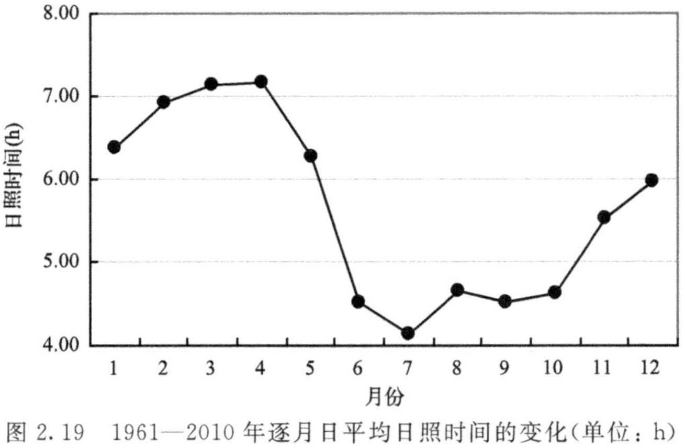

图 2.19 1961—2010 年逐月日平均日照时间的变化（单位：h）

2.6.1.2 日照时数的区域分布

从图 2.20 可以看出，整体上云南日照时数具有西边多、东边相对较少、而南部比北部多的特点，主要在金沙江流域的河谷地区呈现出最大中心。云南大部分地区年日照时间都在 2000 h 以上，其中又以大理宾川县的年日照时间最长，可达 2600 h，这一地区平均每天日照时间为 7.1 h 左右；滇东地区为日照时间最短的区域，大部分地区日照时间都在 1800 h 以下，其中最少中心位于滇东北以北地区，该区域日照时间每年 1000 h 左右，平均每天日照时间为 2.7 h 左右，这与该区域主要受昆明静止锋影响有关。另外，云南日照时数最大值和最小值的差值在 1600 h 左右，并且在滇东北昭通一带等值线比较密集，表明这一地区日照时间变化梯度比较大；有趣的是在滇西北及滇西（怒江、迪庆、丽江）地区、滇东曲靖地区及文山大部的日照时数均呈现出明显的经向分布形势，这可能与纵谷区的地形有关（吴绍洪等，2005；张万诚等，2006），而滇东北地区日照时数则呈现出明显的纬向分布形势。

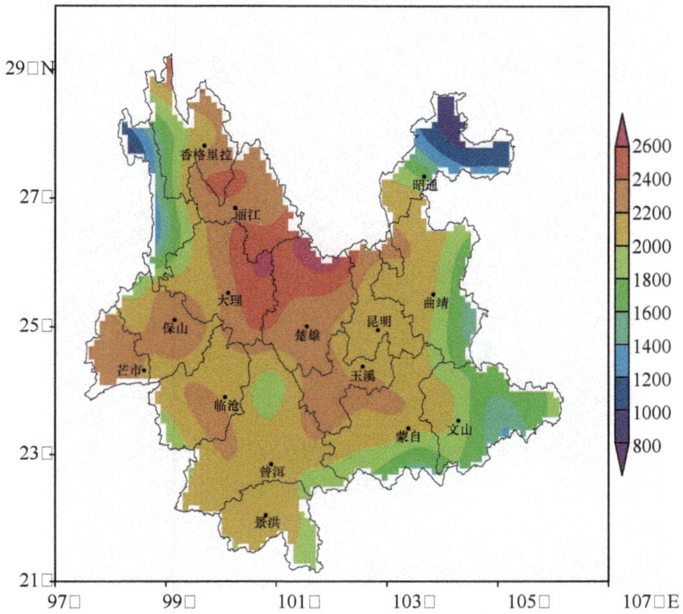

图 2.20　1961—2010 年云南省平均日照时数分布（单位：h）

2.6.1.3　日照时数的区域变化

从图 2.21 中可以看出，1961 年以来云南年日照时数的变化大致表现为北部减少，南部增加的趋势，并基本上以哀牢山为界，哀牢山以西以南呈增加趋势，而以东以北为减少趋势。具体是滇东南、滇东北，滇东、滇中、滇西及滇西北为日照时数减少区域，滇南和滇西南是日照时数呈增加趋势的区域。整体来看，日照时数减少趋势最多的区域位于昆明及其以北、楚雄北部等，日照时间每年减少 9 h 以上，其中昆明的日照减少趋势最大，每年日照时间减少 12 h 左右，且通过 0.001 的显著性检验（图中的阴影区），丽江及滇东南的蒙自、文山区域则每年减少 6 h 以上，这些区域均通过了 0.001 的显著性检验；而日照时间增加最大的区域位于腾冲、普洱，每年增加 6 h 以上，并通过 0.05 的显著性检验（图中的阴影区）。另外，云南日照时间的分布及变化与降水的分布变化趋势基本一致。

另外从图中还可以看到，在日照时数大范围增加或减少变化背景下，也表现出局地变化的差异性及不同步性，如：曲靖北部的会泽地区日照出现增加趋势，并通过了 0.001 的显著性检验，西双版纳地区的日照变化呈减少趋势，而丽江北部则出现增加趋势。出现这种差异一方面可能与云南特殊的地形有关，云南山区面积占 94%，而坝区仅占 6%；而另一方面可能与全球变暖下极端气候事件增多有关，如一方面低温多云天气增加形成多云及雨日数增多造成日照减少，而另一方面干旱少雨频发（张万诚等，2013b）形成日照增加等。昆明的日照减少趋势最大与近 10 多年来昆明城市化进程也有一定关系。

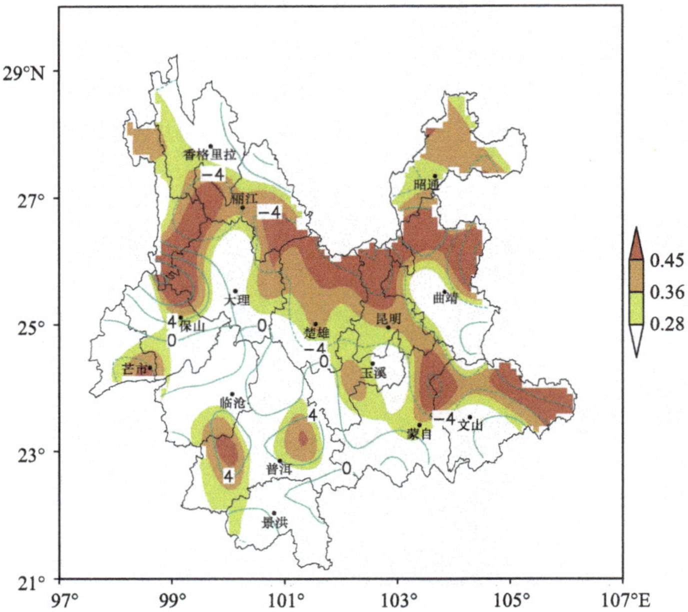

图 2.21　云南年日照时数的变化趋势分布及相关系数(单位：h/a)
(色标为显著性检验临界值)

2.6.2　日照的空间差异及年代际变化

为进一步研究云南日照时数的差异性分布及变化情况，对全省站点日照资料作标准化处理后，利用经验正交函数(EOF)进行分解。从表 2.5 可以看出，其前三个特征向量的方差贡献累计方差达到了 52.59%。利用 North 等(魏凤英，2007)的经验方法对其取样误差进行评估，表明前三个特征值满足能量按自由度均分，是稳定可靠的，即前三个特征值对应的特征向量场是有价值的信号，因此这里重点分析前三个特征向量场。

表 2.5　云南年日照时间特征向量的方差贡献(%)

特征向量	第一	第二	第三	第四	第五	第六
方差贡献(%)	34.03	10.22	8.34	5.79	4.77%	3.86
累计方差(%)	34.03	44.25	52.59	58.38	63.15	67.01

2.6.2.1　空间差异

从图 2.22a 可以看出，第一特征向量场为一致的正值分布，表明云南全省日照时间的空间变化具有整体性，容易出现一致偏多或者一致偏少，最大中心分别位于丽江、楚雄北部、昆明北部以及普洱北部。由于第一特征向量的方差贡献占总体方差的 34.03%，说明日照时间一致偏多或者一致偏少是云南最主要的分布类型。

第二特征向量的方差占总体方差的 10.22%，从总体上看(图 2.22c)，日照时数的第二场分布为西北—东南走向，大致呈“两头多，中间少”的特点，即从滇西北(怒江及迪庆的部分地区)、大理、滇中到滇东南为负值，滇西的保山地区、滇西南、滇南以及丽江北部、迪庆大部、滇东北会泽为正的分布形式。它反映了云南日照时间的第二种分布型，这种分布型与日照时数的区域变化基本一致(见图 2.21)。

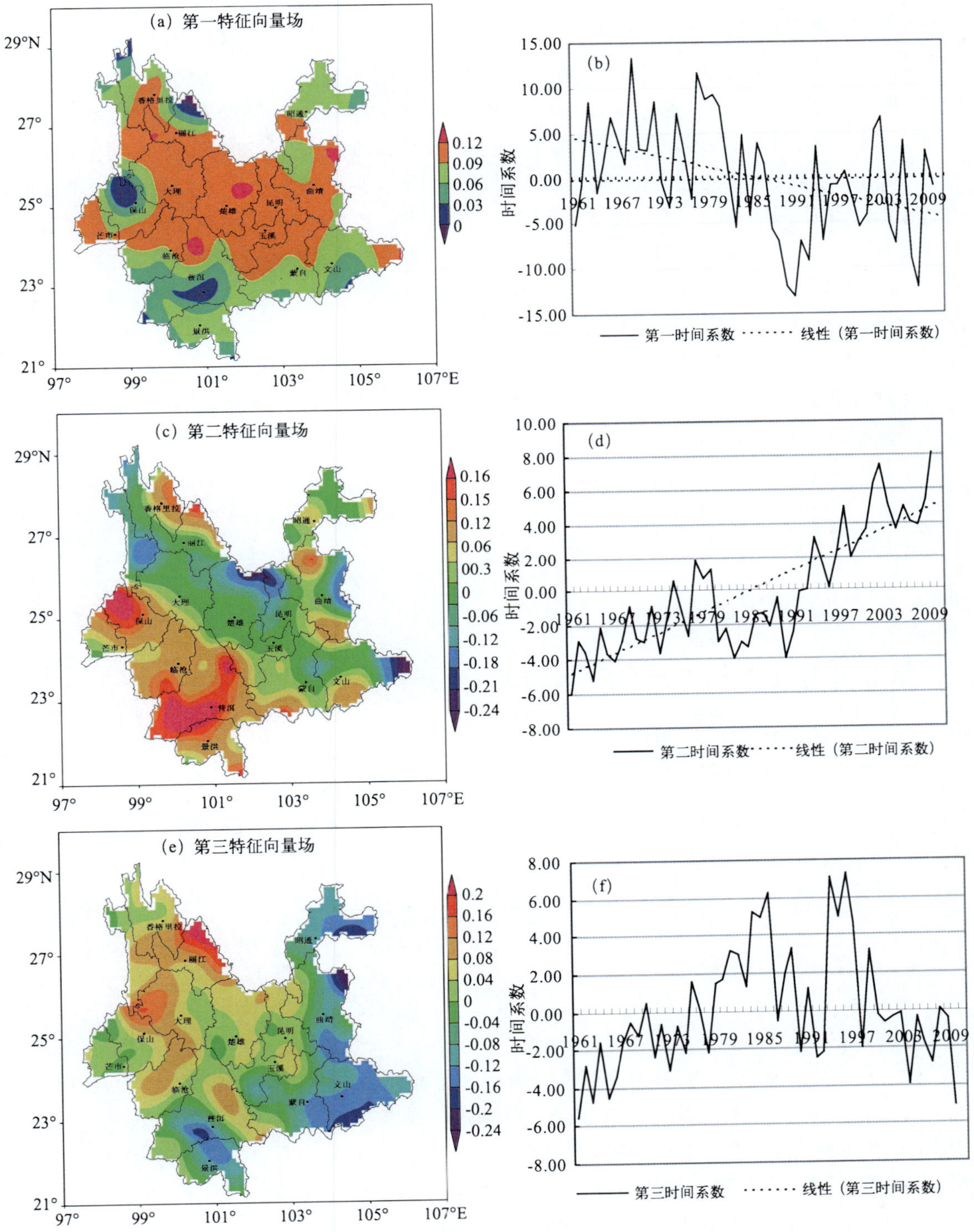

图 2.22　云南日照时数的前三个特征向量场分布及年际演变

第三特征向量场大致为东西向相反的分布型(图 2.22e)，即当西部为正值时，东部则为负值区，反之亦然。正值区主要分布在云南西部、滇中的大部地区，而滇中昆明及其以东地区、滇东南、滇南及滇东北为负值区。第三特征向量的方差占总体方差的 8.34%，反映了云南日照的第三种分布型。

2.6.2.2 日照时数的年代际变化

图 2.22b 是云南日照时数第一模态的年际变化，由图可见，云南日照时数总体上呈下降趋势，每 10 a 的减少 1.79，通过 0.01 的显著性检验，具有明显的年际及年代际变化特征，其中在 20 世纪 80 年代前日照时间相对偏多，历史上日照时间异常偏多的年份大多出现在这一时期，从 80 年代中期开始，日照时数进入明显减少期。采用离散功率谱方法，寻找到日照时数模态变化的周期，并利用 F 统计量进行显著性检验，表明日照第一模态的功率谱有 3 个主要谱峰（图 2.23a），主要周期为 50a、16.7a、8.3a 和 3.1a，其中 50a、16.7a 和 3.1a 周期均通过 0.05 显著性检验，而 8.3a 周期没有通过显著性检验，表明云南日照时数具有明显的 3.1a 年际变化，同时还存在显著的 16.7a 的年代际变化周期。Wang 等（1995）认为任一气候系统都有一个慢变的气候平均值，并将时间尺度大于 30 年的变化称为"气候基本态"，年际和年代际变化都是在此背景下的快变过程。这表明云南日照时数第一模态以气候基本态、年际及年代际变化为主，并代表了云南日照时数的整体变化趋势。

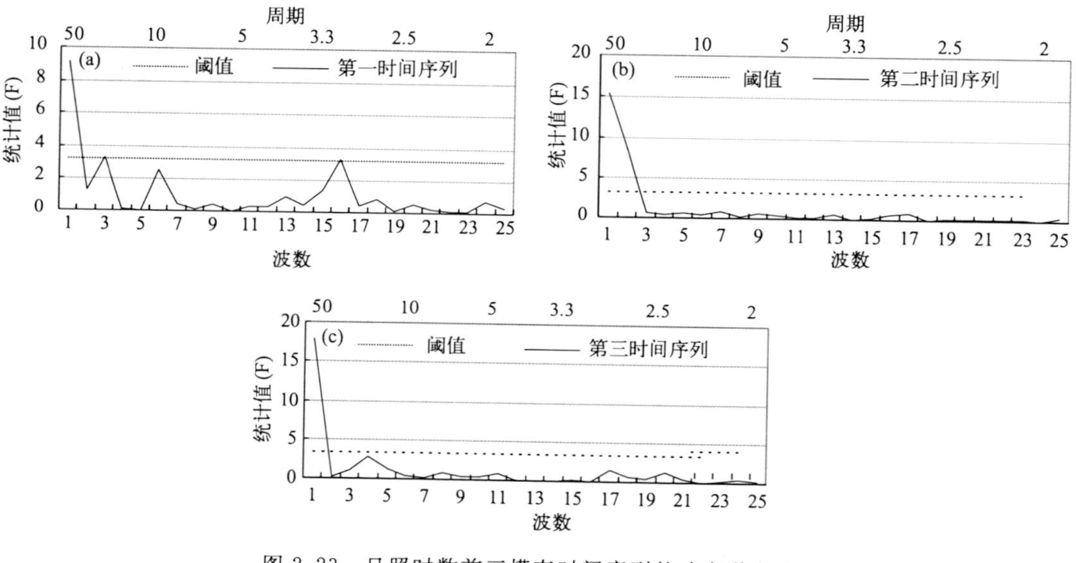

图 2.23 日照时数前三模态时间序列的功率谱变化

（折线为日照时间的功率谱）

从图 2.22d 可知，日照时数的第二模态整体上呈增加趋势，每 10 a 的增加 1.99，并通过 0.01 的显著性检验。在 1990 年代前日照时数基本上是两头多，中间少，即滇西北、大理、滇中到滇东南为负值，其他为增加趋势，而从 1990 年代后转为两头少，中间多，具有明显的年代际变化特征。从第二模态日照时数的功率谱图 2.23b 上可以看出，云南日照时数具有 50 a 和 25 a 的周期，并通过了 0.05 显著性检验。这说明云南第二模态的日照变化主要以气候基本态、年代际变化为主，而年际变化不明显。

从日照时数的第三模态变化上可看出（图 2.22f），在 1970 年代末期以前主要是西多东少，从 1980 年代至 1999 年末期转为东多西少，而 2000 年代初开始又转入西多东少，具有明显的年代际变化特征。另外，功率谱检验表明（图 2.23c），50 a 的气候基本态较显著。另外，日照时数的第三模态呈增加趋势，每 10 a 增加 0.51，仅通过 0.1 的显著性检验。

2.6.2.3　日照时数的突变检验

在全球变化背景下，地球环境的许多要素也发生了变化，从 1990 年代以来，云南西双版纳及思茅等地已成为云南省大风、冰雹等气象灾害发生频率最高的地区，年降水日数由 1950 年代的每年 270 d 锐减到目前年降水日数仅有约 150 d，年雾日数由 180 d 减少到 30 d。研究表明昆明(郑建萌等，2010)从 1951 至 2007 年平均温度在 1988 年发生了由偏低到相对偏高的突变；而降水则经历了几次突变，最明显是从 1995 年以来昆明进入了降水偏少期。由于气候系统是非线性的，在其变化过程中可能存在着不连续性。

为了检验 50 年来云南日照时数是否发生了突变，用气候突变检测中最常用的曼－肯德尔(Mann-Kendall)法对云南 50 年来日照时间进行检验。从图 2.24a 中可看出，日照时数第一模态在 1985 年发生了突变，从 1985 年开始，云南日照时数进入相对偏少期，这与图 2.22b 的变化比较一致。在第二模态的检验中(图 2.24b)，自 20 世纪 60 年代以来，日照时间有明显的增加趋势，70 年代中前期后这种增加趋势超过显著性水平 0.05 的临界线，但到了 80 年代中期又回落到显著性水平以下，直到 90 年代初期后才超过显著性水平，这说明日照时间从 90 年代后趋势显著。因此根据 UF 和 UB 曲线相交的位置，可以判断出 20 世纪 90 年代中期的日照增加是一突变过程，具体突变开始时间为 1995 年，这与图 2.22d 的变化比较吻合。可见，云南日照时数的突变发生时间与云南温度、降水发生的时间一致(郑建萌等，2010)。

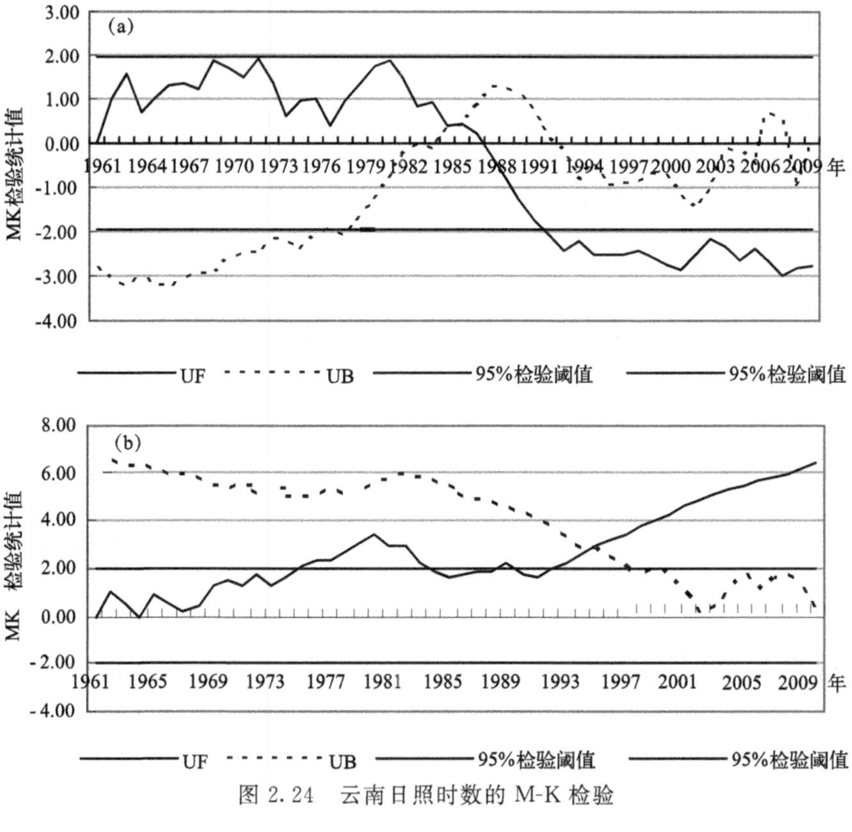

图 2.24　云南日照时数的 M-K 检验

2.6.3 四季日照时数的空间分布和年际变化

2.6.3.1 空间分布

从云南春季日照时间的多年平均空间分布图可以看出(图 2.25a),春季日照时间具有中部多四周少的分布即云南中部多,而北部、南部以及东部和西部相对较少的特点,整体上日照时数在 400～760 h。最少区域位于云南东部地区,主要是文山、红河东部和曲靖东部以及滇东北的昭通,其中又以滇东北地区北部的绥江、威信和水富等金沙江流域的日照时间最少,其日照时间不到 300 h,平均每天日照时间在 3.3 h 左右;其次是滇西北地区的迪庆州西部、怒江州的西部,日照时间低于 400 h。日照最大区域位于滇中和丽江至楚雄的金沙江流域,最大中心分别在永仁、南华、双柏、元谋、宾川等干热河谷区,日照时间为 760 h,平均每天日照时间在 8.3 h 左右。另外从图中还可以看出,在滇西北和云南东部地区日照时数等值

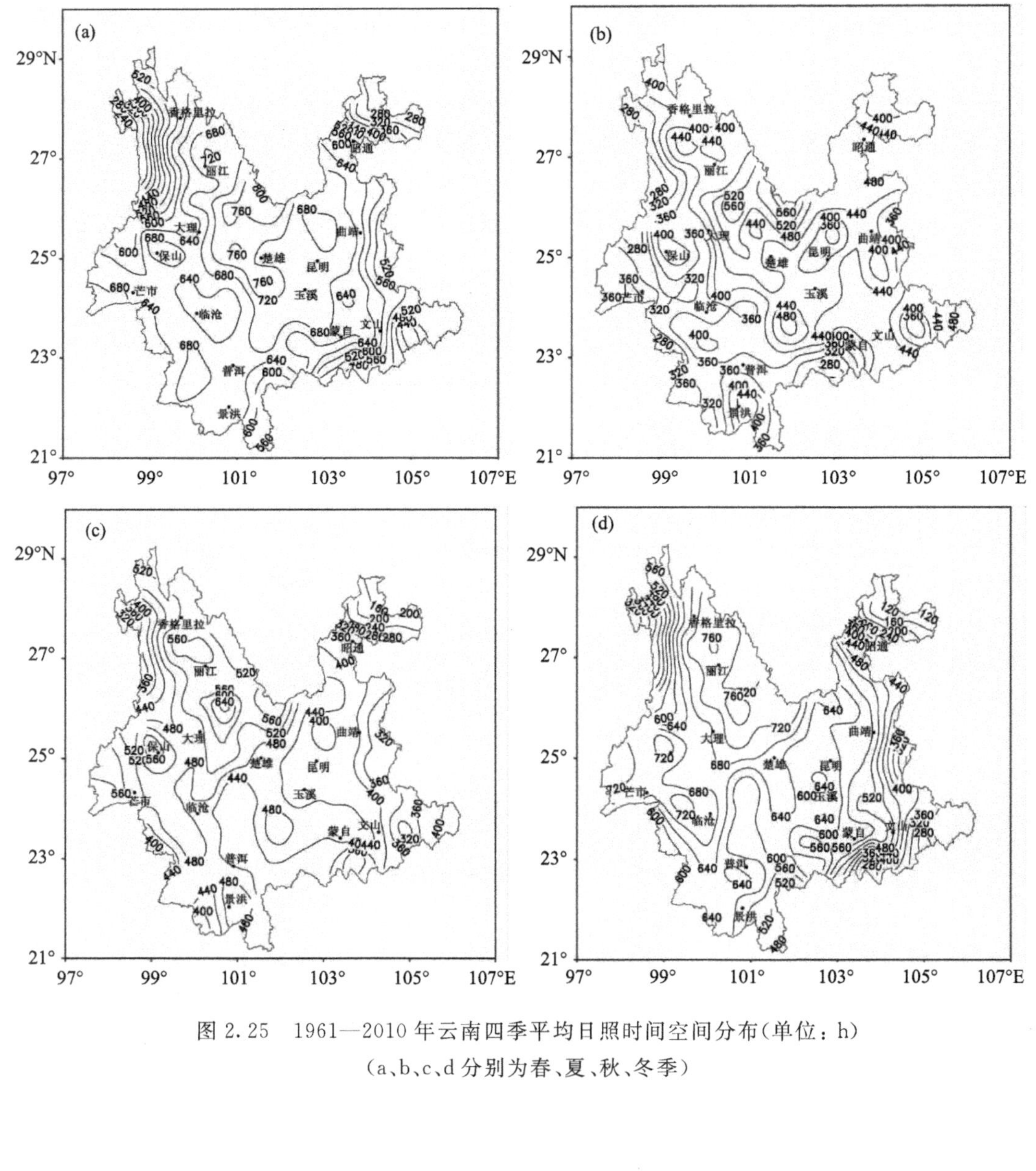

图 2.25　1961—2010 年云南四季平均日照时间空间分布(单位: h)
(a、b、c、d 分别为春、夏、秋、冬季)

线很密集，并以滇东北地区昭通一线等值线最为密集，说明这一地区日照时间变化梯度很大，这可能与这一区域受昆明静止锋影响有关。有趣的是在滇西北迪庆、怒江州，以及滇东曲靖市和文山州部分地区的日照时数均呈现出明显的经向分布形势，这可能与纵向岭谷区的地形有关。

云南夏季日照时间在 280～550 h 左右(图 2.25b)，除云南南部、西部边缘地区外，大部分地区日照时间在 400 h 以上，大致具有二个高值区(宾川和永仁)和三个低值区。日照时间低值中心主要分布在澜沧江以西的德宏州、临沧地区，以及怒江州一带，日照时间在 320 h 以下，最小值位于临沧的沧源、怒江的贡山和泸水均为 280 h 左右，其每天平均日照时间仅为 3 h 左右；其次是红河州西南部金平附近存在低值中心为 280 h 左右，并且日照时数等值线比较密集，表明这一地区夏季日照时间变化最剧烈；而另外一个低值中心位于昆明附近的寻甸，日照时间大约为 360 h，同时可以看出，夏季昆明的日照时间相对较短，可能与城市发展，高大建筑物的建盖影响对日照的观测有关。夏季日照时间最长的区域是楚雄北部即金沙江流域经过的永仁、元谋等河谷区，达到 520 h 以上，其每天平均日照时间达到 5.6 h，另外一个日照大值区位于大理东北角的宾川，中心最大值也达到了 560 h。

从图 2.25c 可以看出，云南秋季日照时间呈现出西高东低的分布形势，除滇东北北部外，日照时数都在 320～600 h 左右，大部分地区日照时间都在 400 h 以上。总体来看，日照最大区域在保山、德宏、大理、丽江、迪庆、楚雄等滇中和滇西地区，其中心分别在保山的隆阳，大理的宾川，楚雄的永仁，日照时间均达 560 h，这些地区平均每天日照时间在 6.2 h 左右。而日照时数最小区域位于云南东部地区，分别是滇东北地区、滇东曲靖和滇东南的文山，其中昭通北部日照时间最短为 200 h 左右，这一区域平均每天日照时间在 2.2 h 左右，另外文山州南部的西畴也有 320 h 的相对低中心。从图中还可以看出，云南秋季日照时数等值线相对密集的地区是滇东北和滇西北，说明昭通和怒江一带的日照时数变化梯度较大。

从云南冬季日照时数的总体分布来看(图 2.25d)，冬季日照时数除滇东北北部外，其余区域在 320～720 h 左右，总的呈现出西高东低的分布形势，大部分地区日照时间均在 600 h 以上。日照时数最大的区域位于楚雄西北部、大理北部、丽江和滇西南局部，其中心分别是金沙江流域河谷地区的元谋为 720 h、宾川为 760 h、而丽江日照时数几乎都在 720 h 以上、德宏的盈江以及景谷日照时数也为 720 h，这些区域的日照时间可达到 720 h，平均每天日照时间在 8 h 左右。最小区域主要是滇东北、滇东、滇东南的文山和红河东南部，并以滇东北昭通北部日照时间最少，日照时间为 120 h，平均每天日照时间在 1.3 h 左右，其次是河口 3.5 h、罗平 3.5 h，另外滇西北西部仅有 3.5 h 左右。从图中还可以看出，云南冬季日照时间差距很大，大小中心差值在 600 h 以上。日照时数在云南东部地区和滇西北地区等值线均很密集，并以滇东北昭通一带最为密集，说明该地区日照时间变化梯度很大。另外，在滇西北、大理西部以及滇东和滇东南地区日照时间呈现出明显的经向分布，这与这些区域的地形有关。

可见，整体上云南的春季日照时间最多，其次是冬季，夏季相对较少，这主要是由于云南冬春季处于干季，天气晴朗干燥，日照时间较多，而夏秋季正处于云南的雨季，其降水占到了全年降水的 80%以上，故日照时间自然要比冬春季少。另外，冬、春季的日照分布差异最明显，冬季日照时数最大与最小的差值最大在 600 h 以上，春季次之为 400 h 以上。

2.6.3.2　年际变化

从图 2.26a 中可以看出，近 50 a 来，云南春季日照时数总体上呈明显减少趋势，每十年大约减少 9 h，这种变化趋势通过 0.05 的显著性检验，说明春季日照时间减少的非常显著。由 5 a 滑动平均来看（见图 2.26a 中的带星线，下同），日照时间在 1980 年代前整体上呈现出平稳的变化，变化幅度并不大，1980 年代后，变化幅度加大，到 1990 年代初为日照时间减少的阶段，1990 年代后分别经历了增加、减少、增加的三个阶段。其日照时间最长的年份出现在 1969 年达到 722 h，该年全省日照时间大约为每天 7.8 h 左右，与这年云南出现极端干旱是对应的；日照时间最短的年份则出现在 1990 年，仅为 521 h，其全省日照时间大约每天 5.7 h 左右，春季日照最长年和日照最短年份的日照时间相差 201 h。

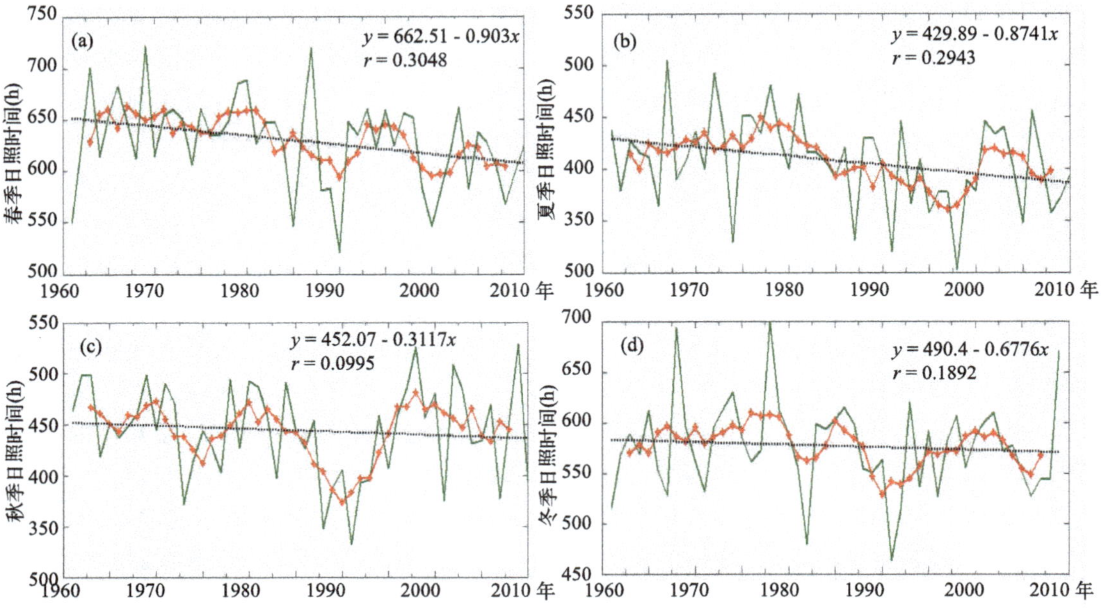

图 2.26　1961—2010 年日照时间变化及其 5 a 滑动平均（单位：h）
（a、b、c、d 分别为春、夏、秋、冬季）

从图 2.26b 中可以看出，云南夏季日照时间呈现出明显减少趋势，大约每 10 a 减少 8.7 h，变化趋势通过 0.05 的显著性检验，表明夏季日照时间减少的非常显著。从 5 a 滑动平均结果可以看出，在 1970 年代中期以前呈现一个增加的趋势，1970 年代中期到 21 世纪初为日照时间减少的时段，1990 年代中后期日照达到了最低值时期，在 2000 年后为一个波动的过程。夏季日照时间最长年是 1967 年，日照时间达到 505.4 h，平均每天为 5.5 h，日照时间最短年是 1998 年，仅为 302.5 h，平均每天为 3.3 h，夏季日照最长年和最短年相差 203 h。

云南秋季日照时数整体上呈现出减少趋势（图 2.26c），大约每 10 a 减少 3.1 h，但没有通过 0.05 的显著性检验，说明秋季日照时间的变化并不显著。从滑动平均可看出（图 2.26c），在 1980 年代中期以前变化幅度不大，处于平稳变化阶段，1980 年代中期后日照时间明显减少，到 1990 年达到日照时间的最低值。秋季日照时间最长的年是 2009 年，日照时间达到 528.9 h，这与 2009 年云南秋季降水特少出现历史上罕见的极端干旱是对应的（张万诚等，2013b）；日照时间最短的年是 1991 年，仅为 332.2 h，两者相差 196.7 h 左右。

近 50 a 来云南冬季日照时间表现为减少趋势(图 2.26d),大约每 10 a 减少 6.8 h,但没有通过 0.05 的显著性检验,说明冬季日照时间变化不显著。从滑动平均结果可以看出,在 1980 年代中期以前变化幅度不大,处于平稳上升变化阶段,1980 年代中期后日照时间明显减少,到 1990 年代达到日照时间的最低值,进入新世纪后从弱的上升转为下降趋势。冬季日照时间最长年是 1978 年,达到 699.7 h,平均每天日照 7.8 h,与这年云南出现极端干旱是一致的;日照时间最短的年是 1991 年,仅为 463.1 h,每天平均日照 5.1 h,日照最长和最短年相差 236.6 h 左右。

可见云南春、夏、秋、冬四季日照时数具有明显的年际变化特征,均呈减少趋势,但减少的速率并不相同,其中春季、夏季日照时间变化最大,二者均通过 0.05 显著性检验;秋季、冬季变化则相对较小,二者均没有通过 0.05 的显著性检验。

2.6.3.3　四季日照时数变化的空间分布

从图 2.27a 可以看出,春季云南日照时数变化总体上除滇西南、滇西北呈增加趋势外,大部地区呈现减少趋势,减少区域位于云南东部的滇东北,滇东、滇中、滇东南以及滇西西部的部分地区,其速率在每年 1～3 h,并且大多通过 0.05 的显著性检验;日照时数增加区域在滇西南的普洱西部、临沧、保山和德宏的大部,其速率为每年 1～2 h,滇西南地区大多通过 0.05 的显著性检验。从图中还可看出,春季日照时间减少趋势最明显的地区位于金沙江流域河的元谋、永仁以及楚雄市、滇东南文山的东部、曲靖东部,减少速率为 3 h/a,均通过 0.001 的显著性检验;而日照时数增加中心位于保山西部、曲靖北部的会泽、昭通的巧家、普洱的宁洱等地,为 2 h/a,均通过 0.05 以上的显著性检验。总体上全省日照时间减少的速率要比增加趋势的高,并且范围较大。

夏季云南日照时数的变化趋势整体上除滇西南、滇南和滇西北为增加外,其他地区为减少趋势(图 2.27b),与春季变化趋势相比滇西南增加趋势的范围基本连成一片并略有扩大,大致以哀牢山为界表现为南北变化相反的趋势,具体为滇西南和滇南的普洱、临沧、保山、德宏和西双版纳呈增加趋势,最大中心分别为保山市的隆阳区、宁洱、沧源,大约每年增加 2 h 左右,均通过 0.01 的显著性检验;而滇东南、滇东北,滇东、滇中以及滇西大部为减少趋势,其最小中心位于昆明以北的元谋一带每年减少 4 h,并通过 0.001 的显著性检验。从图中还可看出,西双版纳州日照时数变为增加趋势,而滇东北以北区域的日照时间减少趋势也明显,并通过 0.001 的显著性检验。

秋季日照时间的变化趋势总体上呈现南增北少型(图 2.27c),与夏季基本相似,但变化的速率没有夏季的大、增加的范围有所扩大,通过显著性检验的区域减少。减少区域最大中心也是元谋、永仁一带为每年减少 3 h,且通过 0.001 的显著性检验;增加的大值中心位于普洱市为每年增加 2 h,并通过 0.01 的显著性检验。另外,与夏季相比,滇东北地区则变为增加趋势,其速率为 0～1 h/a,但通过 0.05 显著性检验的区域不多。

冬季日照时数的变化趋势大体呈东西型,表现为西部增加东部减少趋势(图 2.27d)。增加和减少趋势的范围大体相当,但变化速率与其他季节相比不明显。减少趋势最明显的区域位于昆明北部,每年减少 2 h,并通过 0.001 的显著性检验;增加趋势最明显的区域位于滇东的会泽,每年 1～2 h,以及西双版纳南部,大约每年增加 3 h 左右,另外,普洱西南部则为 1～2 h/a,均通过 0.001 的显著性检验。

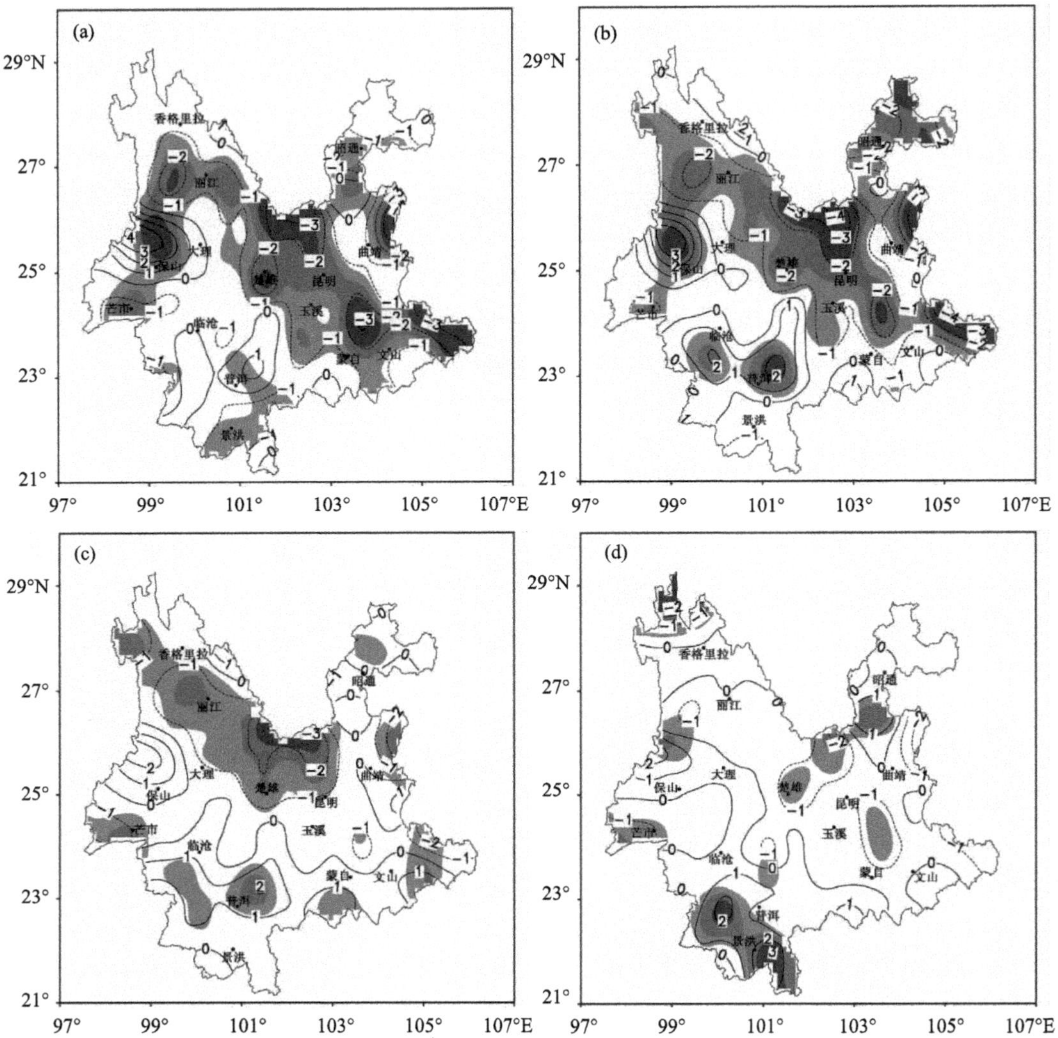

图 2.27 四季日照时间线性倾向和相关系数图(单位：h/a)
(a、b、c、d 分别为春、夏、秋、冬，阴影由浅到深为通过
0.05,0.01,0.001 的显著性检验)

可见，云南四季日照时数变化的空间分布基本一致，整体上表现为减少趋势，并且春季与夏季的变化趋势基本相当，明显高于秋冬季，而秋季则大于冬季。四季日照时数减少最大的区域主要集中在滇中以北金沙江流域的永仁、元谋一带；增加趋势主要分布在滇西南的保山和滇南等，存在明显的高值中心。

2.6.4 结论

(1)低纬高原地日照时数在干季(11—4 月)最多，雨季(5—10 月)最少，其中 3 月份最长，7 月份最短，这与云南的气候特征一致。春季的日照时数在四季最长，冬季次之，秋季大于夏季；并且冬季日照时数最大与最小的差值最大在 600 h 以上，春季次之为 400 h 以上。

(2)云南大部地区日照时间在 2000 h 以上，而在区域分布上具有西边多、东边相对较少，而南部比北部多的特点，最大中心位于金沙江流域的河谷地区。最少中心位于滇东北以北地区，每天日照时间为 2.7 h 左右，这与该区域受昆明静止锋影响多阴天有关。

(3)云南年日照时数的变化表现出局地变化的差异性及不同步性，大致表现为北部减少，南部增加的趋势，并基本上以哀牢山为界，哀牢山以东以北为减少，以西以南则呈增加。昆明及其以北地区日照时数减少最多，而日照时间增加最大的区域位于腾冲、普洱。

(4)云南日照时数最主要的分布类型具有整体性，容易出现一致偏多或者一致偏少；第二种分布为西北一东南向，大致呈两头多，中间少的分布。四季日照时数第一模态的方差贡献较高，都是全省一致偏多或一致偏少特征。

(5)云南春、夏、秋、冬季日照时间均呈减少趋势，但减少的速率并不一致。云南四季日照时数的空间分布基本一致均为减少趋势，其中春季减少最快，夏季次之，并且明显高于秋冬季，秋季减少趋势则大于冬季，减少最大的区域主要集中在滇中以北金沙江流域一带；四季日照时数增加趋势明显主要分布在滇西南、滇西北。

(6)日照时数的整体性分布具有明显的气候基本态、年际及年代际变化，有 50 a、16.7 a、3 a 左右的周期，总体上呈下降趋势，并在 1985 年发生突变；而第二种分布以气候基本态、年代际变化为主，具有 50 a 和 25 a 的周期，整体上呈增加趋势，在 1995 年发生突变。云南日照时间的变化与云南降水和温度的变化一致。

第 3 章　气候变化对低纬高原地区降水的影响

3.1　低纬高原地区降水变化特征

3.1.1　年降水量的变化

从低纬高原地区 1961—2012 年多年平均的年降水总量分布图上可以看出(图 3.1),低纬高原地区年降雨量大致表现为南部与西部边缘多、中部和北部相对较少的分布,其变化幅度比较大,降雨量在 568～2539 mm 之间(取 1981—2010 年平均时为 564～2452 mm,下同),区域年降雨量最少的站为宾川站,全年降雨量仅为 568 mm(1981—2010 年时即新 30 年平均为 564 mm,下同),而区域年降雨量最多的是西盟站为 2568 mm(2452 mm),由于西盟站在 2000 年 1 月迁入现址,考虑迁站前后气候差异明显以及观测时间短,因此对西盟站不作具体分析,仅作参考(下同),显然宾川的年降雨量仅为西盟的五分之一左右。从图中还可以看出,低纬高原地区的年降雨量还表现出明显的地区差异,大致以哀牢山为界,哀牢山以西以南地区年降水丰沛,以东以北地区年降水相对较少,基本呈现出迎风坡降雨量丰沛,背风坡降雨量少的特点,这可能与横断山地形有关。但地形也只是影响因素之一,影响降水的原因比较复杂,如滇东北罗平的年雨量在云南省也是属于比较多的站。

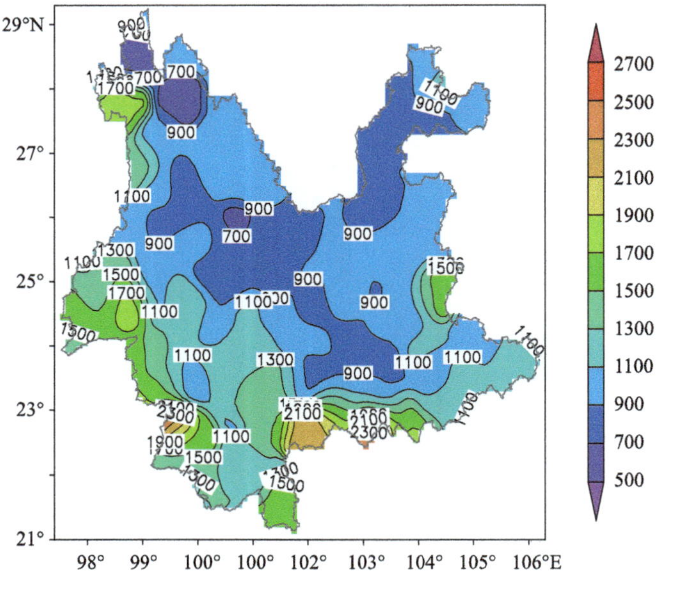

图 3.1　1961—2012 年低纬高原地区年降水总量平均分布(单位:mm)

从空间分布来看(图 3.1),低纬高原地区存在着几个相对多雨区域,年降水最大中心是位于滇西南的西盟为 2568 mm(2452 mm),其次是云南南部的金平和江城的降雨中心,年降雨总量分别为 2304 mm(2359 mm)和 2237 mm(2251 mm),另外,还有滇西区域的龙陵降水量为 2094 mm(2112.6 mm),也为大值中心,滇西北西部怒江流域的贡山、福贡存在年雨量分别为 1729.8 mm(1778.5 mm)和 1438.2 mm(1470.4 mm)的大值区,以及滇西北部的华坪也有年雨量达 1070.4 mm(1087.8 mm)的中心。值得关注的是,在滇东地区也有一个年降雨量相对比较大的区域,即曲靖市罗平的年降雨量为 1658 mm(1595.6 mm)。而年降雨量最少的地区在滇西、滇西北以及干热河谷地区,最少中心为大理的宾川县,年降雨量只有 568 mm(564 mm),其次是迪庆州的香格里拉和德钦县,雨量仅为 635 mm(651 mm)、641 mm(640 mm)。金沙江干热河谷地区的元谋、永善、昭通年雨量也较少,年降雨量分别为 643 mm(657 mm)、669 mm(685 mm)、689 mm(674 mm)。另外,元江流域的建水仅为 788 mm(793 mm),而南盘江流域开远的年降雨量也仅为 782 mm(770 mm)。整体来看,年降雨量最多的区域在南部以及西部边缘地区;年降雨量最少的区域在高海拔地区(香格里拉、德钦)以及干热河谷地区(主要包括金沙江、元江、南盘江等河谷流域)。

3.1.2　四季降水量的变化

低纬高原地区春季降雨变化幅度较大(图 3.2a),降雨量在 51～582 mm(1981—2010 年多年气候平均为 58～630 mm,下同)之间。另一方面,春季降水地区差异也较明显,西北部的迪庆和怒江地区为东少西多的经向分布,其余地区大致表现为自北向南雨量逐渐增加的分布特征。从图中可以看出,春季降水量最大值中心并没有出现在南部地区,而是出现在了西北部怒江州的贡山和福贡,雨量分别为 582 mm(630 mm)和 576 mm(606 mm),这是由于春汛降水(桃花汛)引起的,其成因将在第 5 章进行研究。南部地区也是春季雨量较大的一个区域,其中大值中心位于红河南部地区的金平、绿春和河口,雨量为 497 mm(542 mm)、389 mm(416 mm)和 384 mm(409 mm),这可能和春季副高的变化有关。低纬高原地区春季降水量最小中心位于宾川、华坪和元谋,雨量分别为 51.5 mm、72.5 mm和 72.5 mm(对于1981—2010 年平均而言,最小中心位于宾川、鹤庆和华坪,雨量分别为 58.5 mm、79.8 mm和 80.3 mm),这些地区均位于金沙江流域干热河谷地区。另外就云南省各站降水量而言,春季降雨量在 100 mm 以下的站占全省 124 站的 14.5%(8.1%),250 mm 以上的占 12.1%(16.1%),其降水量在 100～250 mm 之间的站占全省总站数的 73.4%(75.8%)。

由图 3.2b 可以看出,低纬高原地区夏季降水量变化幅度在 313～1605 mm(297～1511 mm)之间。夏季降雨量地域分布差别较大,大致表现为东北至西南雨量逐渐增加,滇西北较少的特征,雨量最多的地区在西部至西南一线,这可能和夏季西南季风和东亚季风活跃等因素有关。夏季降水最少的地区为高海拔地区的德钦、金沙江干热河谷地区的宾川以及元谋,雨量分别为 313 mm(298 mm),354.6 mm(341 mm)以及 380 mm(378 mm)。低纬高原夏季降水量最大中心位于西盟,雨量为 1605 mm(1981—2010 年气候平均为1511 mm),次大值中心位于江城和金平,雨量分别为 1259 mm 和 1254 mm(金平 1981—2010 年气候平均为 1255.7 mm,江城为 1252 mm)。值得注意的是,在曲靖的罗平夏季降雨量也较大,降雨量为 959 mm(920 mm),也是一个大值中心。另外就全省各站降水量而言,夏季降雨量在 400 mm 以下的站点占全省 124 站的 8.1%(9.7%),700 mm 以上的站占

22.6%(20.2%),降水量在400—700 mm之间的站占全省总站数的69.4%(70.2%)。总的来说,高海拔地区(德钦)以及干热河谷地区(金沙江、元江等河谷流域)是夏季降雨量最少的区域。

由图3.2c可以看出,低纬高原地区秋季降水量的变化幅度在130～565 mm(1981—2010年气候平均为125～569 mm)之间,秋季雨量空间分布不均匀,哀牢山以东地区秋季降雨相对较少,以西以南地区雨量较多。秋季雨量最少的地区在滇西北高海拔地区的德钦和香格里拉,雨量仅为130 mm(137 mm)和130 mm(139 mm)。但1981—2010年近30年秋季平均雨量最少的地区不在滇西北,而在滇东北的永善,为125 mm。对1961—2012年多年气候平均而言,位于金沙江河谷地区的永善为133 mm(125 mm)、宾川153 mm(154 mm)、昭通161 mm(152 mm)、彝良162 mm(155 mm)以及红河州的建水176 mm(178 mm)、开远179 mm(178 mm)、蒙自183 mm(195 mm)等站的秋季雨量也相对较少。但罗平秋季降水量也较大,1961—2012年多年平均秋季雨量为376 mm(347 mm)。秋季降水最多的地区在西南部的西盟,雨量为565 mm(569 mm),次大中心在江城和龙陵,多年平均雨量为502 mm(506 mm)和490 mm(503 mm)。这可能和秋季副高的进退以及孟加拉湾低压的活动有关。另外,沧源、金平、绿春、澜沧等地的秋季降水也较多,雨量在417～450 mm(414～458 mm)之间。值得注意的是,在雨量较少的哀牢山以东地区也有一个秋季降雨量相对较多的地区,即曲靖的罗平,1961—2012年多年平均秋季雨量为376 mm,秋季雨量仅次于镇康,但近30 a平均雨量仅为347 mm。总体来说,秋季降雨量最少的地区在高海拔地区以及金沙江流域、元江流域等干热河谷地区。就全省各站降水量而言,秋季降雨量在200 mm以下的站占全省124站的17.7%(17.7%),400 mm以上的站占6.5%(6.5%),降水量在200～400 mm之间的站占75.8%(75.8%)。

低纬高原地区冬季降水基本为南多北少的分布(图3.2d),冬季降雨量最少的区域集中在金沙江河谷地区。低纬高原地区冬季雨量变化幅度在9～218 mm之间(10～221 mm),冬季最大降雨量中心没有出现在雨量较多的南部地区,而是出现在了怒江流域的怒江州,这和每年2—4月这个地区的"桃花汛"有关,冬季降雨量最大中心位于贡山和福贡,雨量分别为219 mm(221 mm)和210 mm(211 mm)。次大中心在滇东南的金平和绿春,降水量为122和96 mm,但1981—2010年近30年气候平均的次大中心有所不同,分别在金平和江城,降水量为117 mm和96 mm。另外,还有几个冬季雨量相对大的地区,分别在凤庆、罗平、龙陵、西盟、腾冲及永德,雨量分别为81 mm(91 mm)、79 mm(81 mm)、70 mm(79 mm)、66 mm(58 mm)、66 mm(72 mm)和63 mm(65 mm)。冬季降水量最小的区域在金沙江流域的鹤庆、宾川、华坪、宁蒗及彝良,降水量分别为9 mm(11 mm)、10 mm(10.5 mm)、10 mm(12 mm)、11 mm(11.8 mm)、11 mm(11.9 mm)。值得注意的是在雨量相对较多的西部地区,也有一个冬季降雨较少的区域,即德宏的芒市,雨量仅为48 mm(53 mm)。就云南各站降水量而言,冬季降雨量在20 mm以下的站占全省124站的10.5%(8.9%),60～200 mm的站占16.9%(20.2%),降水量在20～60 mm之间的站占72.6%(70.9%)。

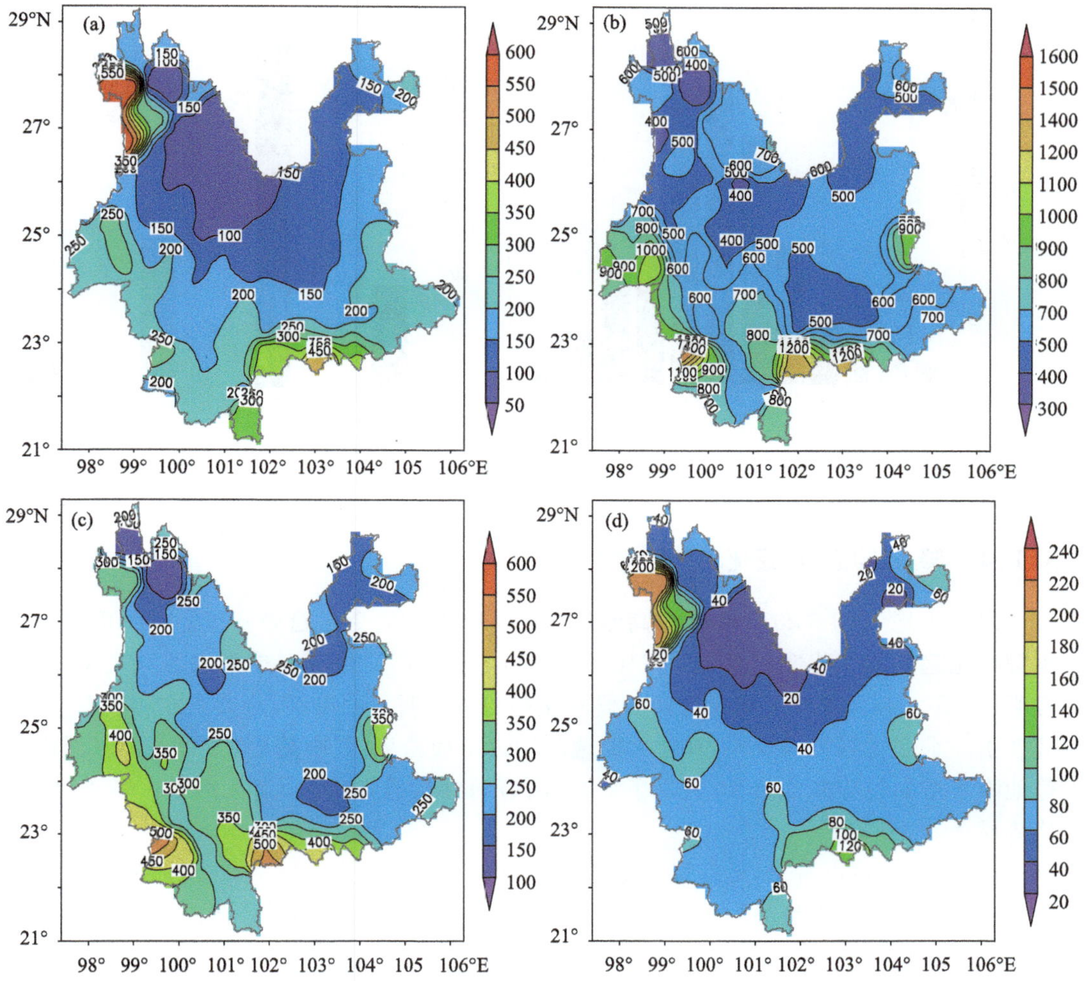

图 3.2　低纬高原地区四季降水量 1961—2012 年多年平均
(a. 春季；b. 夏季；c. 秋季；d. 冬季)(单位：mm)

3.1.3　降水的月际变化

对低纬高原地区降雨量进行平均，并计算 1—12 月降雨量分别占年降雨量的百分比。可以看到(图 3.3a)，百分率分布表现为以 7 月为中心向两端减少的正态分布，7 月为一年中雨量最多的月份，其次是 8 月，6 月第三，9 月第四，最少的是 12 月和 1 月。就季节降水而言(图 3.3b)，主汛期 6—8 月雨量为一年中雨量最多的季节，占年降雨量的 55%左右，7 月为夏季降水最多的月份；其次是秋季降水，占年降雨量的 24%左右，9 月降水为秋季降雨量最多的月份；再次是春季，占年降雨量的 16%左右，5 月降水为春季降水中最多的月份；降水最少的季节是冬季，仅占了不到 5%，其中 12 月为冬季降水最少的月份。

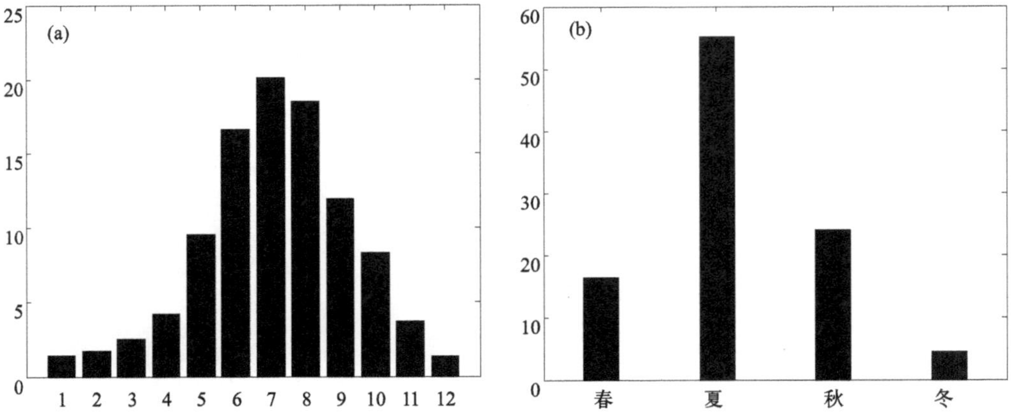

图 3.3　低纬高原地区多年平均月雨量(a)和季节(b)雨量占年降水总量的百分率(%)

3.1.4　降水的趋势变化

图 3.4 是 1961—2012 年低纬高原地区四季降水量的变化趋势分布。由图可以看出，降雨量变化趋势的季节性和区域性差异比较明显。低纬高原地区春季降水的气候变化趋势非常明显(图 3.4a)，并且不同地区的气候变化趋势具有明显的差别，除滇东北和滇东南局部地区春季降水变化趋势减少外，其他大部地区均为增加趋势，其中楚雄、大理、德宏、保山、临沧等地降水增加趋势非常明显，通过了 0.05 的显著性检验，表明云南大部地区春季降水增多趋势显著。

从图 3.4b 可以看出，低纬高原地区夏季降水变化大致为一致的减少趋势，说明近 50 多年来夏季降水以减少趋势为主，其中曲靖北部、曲靖南部、红河北部、文山北部、临沧等地区降水减少趋势显著，均通过了 0.05 的显著性检验。

低纬高原地区秋季降水变化趋势分布主要是滇中及以东地区主要以减少趋势为主(图 3.4c)，其中滇东降水减少趋势显著，并通过了 0.05 显著性检验，而云南西部地区自北向南大致呈“＋－”分布，即滇西北北部地区和滇西降水以增加为主，滇西北南部和滇西南的降水变化趋势为减少。

由图 3.4d 可以看出，低纬高原地区冬季降水的变化趋势分布大致为滇西和滇西南与其余地区的反向变化，其中滇西和滇西南冬季降水有减少的变化趋势，其余大部地区冬季降水的变化呈增加趋势，但都没有通过 0.05 的显著性检验。

低纬高原地区的年雨量变化趋势与秋季降水有基本相似(图 3.4e)，在昆明及以东地区年降水量的变化主要呈减少趋势，其中滇东及临沧西部的年降水量变化趋势为明显增多，且通过了 0.05 显著性检验。而在大理南部至楚雄西部、保山、德宏、怒江、迪庆等地年降水量的变化趋势为增多，其余地区年降雨量变化呈减少趋势。

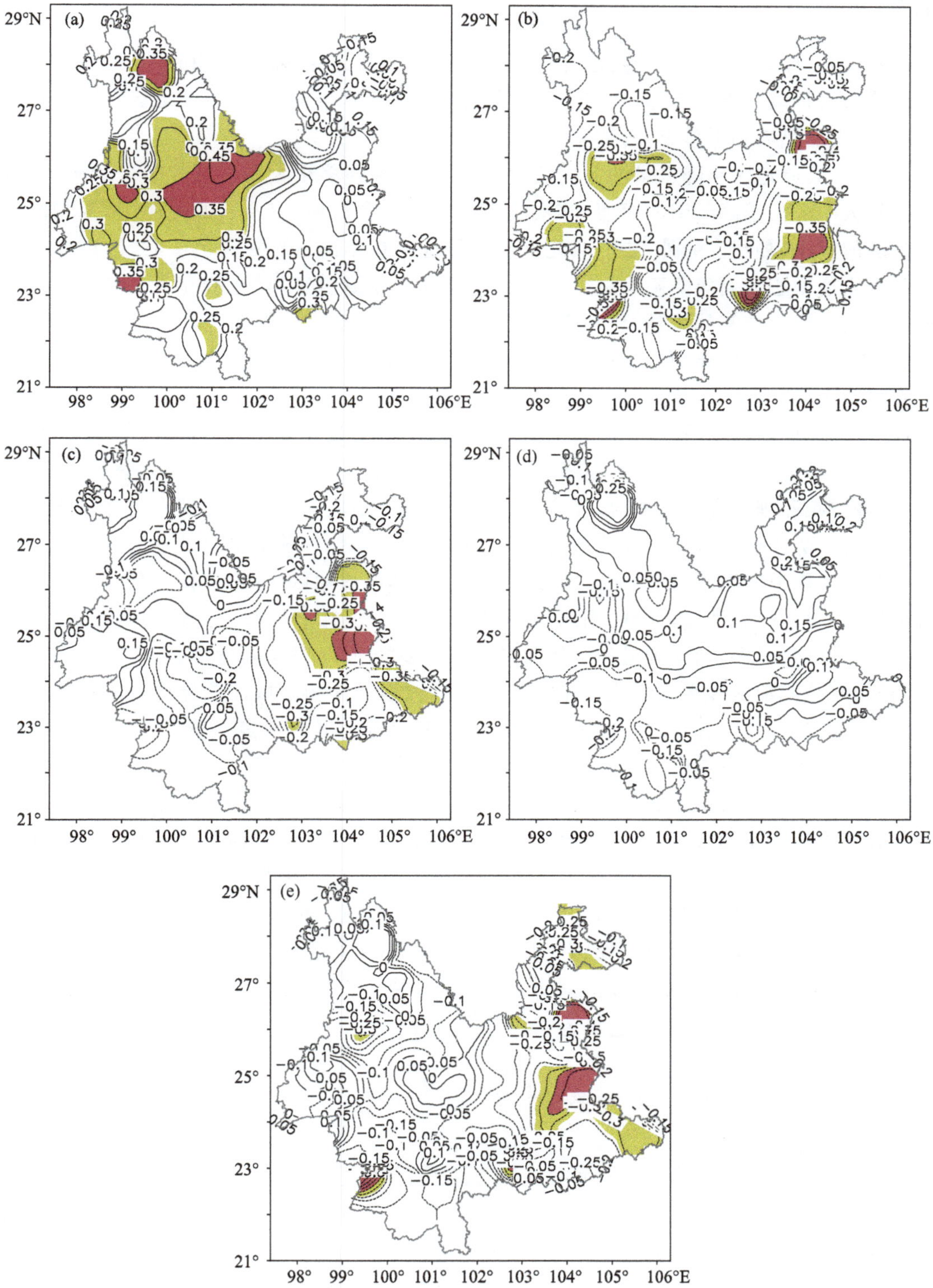

图 3.4　低纬高原地区春(a)、夏(b)、秋(c)、冬(d)、年(e)降雨量的变化趋势分布

(阴影区为通过 0.05 和 0.01 显著性检验的区域)

3.1.5 小结

(1)低纬高原地区年降水量的总体分布呈南部与西部边缘多、中部和北部相对较少,降水量的分布大致以哀牢山为界,哀牢山以西以南地区年降水丰沛,以东以北地区年降水相对较少,表现出迎风坡降雨量丰沛,背风坡降雨量少的特征。

(2)低纬高原地区年降水量的空间变化非常明显,存在多个大雨区域和多个少雨中心,年降水最大中心位于滇西南的西盟,其次是南部的金平和江城,以及滇西龙陵、滇西北西部怒江流域的贡山、福贡。另外,在滇西北部的华坪也存在年雨量相对大值中心,滇东罗平也有年降水大值中心。而年降雨量最少的区域主要分布在滇西宾川(在 600 mm 以下)、滇西北迪庆州的香格里拉和德钦县(均在 700 mm 以下),以及干热河谷地区,如:金沙江流经的元谋、永善、昭通等地的年雨量相对较少,基本在 700 mm 以下,另外,元江等干热河谷地区也存在少雨中心。

(3)低纬高原地区四季降水分布具有显著的差异,降雨量在夏季最多,其次是秋季,再次是春季,冬季最少。但在青藏高原东南部的怒江流域则有所不同:春季最多,夏季其次,再次是秋季,最后是冬季。春季除滇西北的怒江流域外,其余地区降水量自北向南呈逐渐增加的趋势。而夏季降雨量大致表现为从东北至西南雨量逐渐增加。冬季降水基本为南多北少的分布。对不同季节而言,降雨量最少的区域基本位于高海拔地区(香格里拉、德钦)以及干热河谷地区(主要包括金沙江、元江、南盘江等河谷流域)。低纬高原地区主汛期雨量最多,其中以 7—8 月雨量最多,秋季雨量为全年雨量中第二多的季节,冬季雨量最少。

(4)低纬高原地区降水的变化速率及变化趋势的季节性和区域性差异比较明显。滇东北和滇东南的局部地区春季降水的变化呈减少趋势,其他地区为增多趋势,其中楚雄、大理、德宏、保山、临沧等地春季降雨量变化增加明显。夏季降水以减少趋势为主,其中曲靖北部与南部、红河州北部、文山州北部、临沧等地区夏季降雨量显著减少。秋季降水在滇中及以东地区有减少的变化趋势,其中滇东地区秋季降水减少趋势显著;滇西北北部和滇西地区则秋季降水呈增多趋势,滇西北的南部和滇西南地区秋季降水变化为减少趋势。滇西和滇西南地区的冬季降水为减少趋势,其余大部地区冬季降水呈增加的变化趋势。

(5)除大理南部至楚雄西部、保山、德宏、怒江、迪庆等地的年降雨量变化呈增多的趋势外,其余大部地区年降雨量呈减少的趋势,并且以滇东地区的年降水量减少趋势最显著,另外,临沧西部的年雨量减少趋势也显著。

3.2 低纬高原地区降水的时空分布特征

为了解低纬高原地区降水的空间分布模态,对年、春、夏、秋、冬季降水资料进行 EOF 分析,表 3.1 给出前四个主分量的解释方差及累计方差贡献,可以看出,冬季方差贡献率最大,第二是春季的方差贡献率,其次是秋季的方差贡献率,再次是年降水量的方差贡献率,夏季的方差贡献率最少,说明在选取同样多的主分量前提下,冬季和春季能够提取的降水量场变化的信息比秋季及夏季能够提取的信息要多。这可能是由于冬春季影响云南降水变化的系统较单一,降水分布具有大尺度特征,较少的特征向量就能描述降水的大部分信息;而夏季和秋季降水原因比较复杂,中、小尺度系统影响较大,降水分布呈多样性,较多的特征向量才能描述降水的分布特征。

表 3.1　不同季节降雨量 EOF 分析前 4 个主分量的解释

分量	1	2	3	4	前 4 个方差
年降水量(%)	36.23	8.55	5.42	5.22	55.42
春季降水量(%)	50.10	7.55	6.44	4.25	68.34
夏季降水量(%)	33.86	6.74	5.99	4.83	51.42
秋季降水量(%)	36.42	14.78	5.88	4.84	61.92
冬季降水量(%)	52.5	13.05	6.15	5.20	76.90

3.2.1　冬季

低纬高原地区冬季降水第一特征向量表现为一致性同相变化,也就是一致偏多或一致偏少的变化。但在这种一致性分布下,也存在明显的差别,特征向量最小值位于滇西北和滇东北,而最大值在滇中一带。中部数值较大,边缘地区数值较小,特征向量的数值由四周逐渐向中部地区逐渐增加。从第一特征向量对应的时间系数来看,该时间系数具有明显的年际变化特征,离散谱分析表明该模态具有 5 a 左右的显著周期;从时间系数的 11 a 滑动平均看,年代际变化特征也较明显,20 世纪 70 年代中后期以前、1980—1985 年、1988—1990 年、1998—2000 年以及 2003 年以后以负位相分布为主,云南冬季降水一致偏少,云南冬季干旱明显。在这种一致偏少的分布下,边缘地区降水比中部地区略多,中部比边缘地区干旱明显。其他时段则以正位相分布为主,全省冬季降水一致偏多,且中部地区降水比边缘地区降水略多。

低纬高原地区冬季降水第二特征向量分布与第一特征向量分布具有明显的差别,主要表现为西北一东南向的反向振荡分布模态,即冬季降水西北地区多(少)时,东南地区少(多)。从其对应的时间系数看,年际变化特征比较明显,功率谱分析表明具有 3 a 左右的显著周期。从其 11 年滑动平均曲线看,年代际变化特征明显,大致经历了两个正位相时期和一个负位相时期,20 世纪 70 年代末期以前以及 20 世纪 90 年代中期以后,以正位相为主,即云南冬季降水西北少而东南多。雨量最少的地区位于怒江南部一大理西部一保山一线,雨量最多的地区位于红河及西双版纳。20 世纪 80 年代初至 90 年代中期以负位相为主,云南冬季降水西北多东南少。

低纬高原地区冬季降水第三特征向量分布主要表现为中部及以东以北与其他地区反向振荡分布的特点。其中在东部地区,大致表现为纬向分布特征;而在西部地区,大致表现为经向分布特征。该模态对应的时间系数没有通过检验的显著周期,但从其 11 a 滑动平均曲线看,具有一定的年代际变化特征,大致经历了一个正位相和一个负位相变化时期:20 世纪 90 年代中期以前为正位相分布,滇中、滇东北和滇东降水少,其中曲靖北部降水最少;其他地区降水多,其中文山南部、红河南部、西双版纳及临沧西部降水最多。20 世纪 90 年代中期之后转为负位相分布,滇中、滇东北和滇东降水多,其中曲靖北部降水最多;其他地区降水少,其中文山南部、红河南部、西双版纳及临沧西部降水最少。但从 2005 年开始,又转为正位相分布,滇中、滇东北和滇东降水少,其他地区降水多。

低纬高原地区冬季降水第四特征向量的分布表现为滇东和滇西北地区与其余地区反向振荡分布模态,大致为经向分布。第四特征向量对应的时间系数的离散功率谱分析显示,该系列具有显著的 2.5 a 和 4 a 左右的周期变化，年际变化显著。从时间系数的 11 a 滑动平均曲线看，该模态对应的时间序列具有一定的年代际变化特征：20 世纪 80 年代中后期以前为正位相分布，低纬高原西北部以及东部地区降水偏少，其他地区降水偏多，降水最少的地区在怒江以及文山东部，降水最多的地区在临沧附近以及丽江东部。之后转为负位相分布，低纬高原西北部以及东部地区降水偏多，其他地区降水偏少。降水最多的地区在怒江以及文山东部，降水最少的地区在临沧附近以及丽江东部。

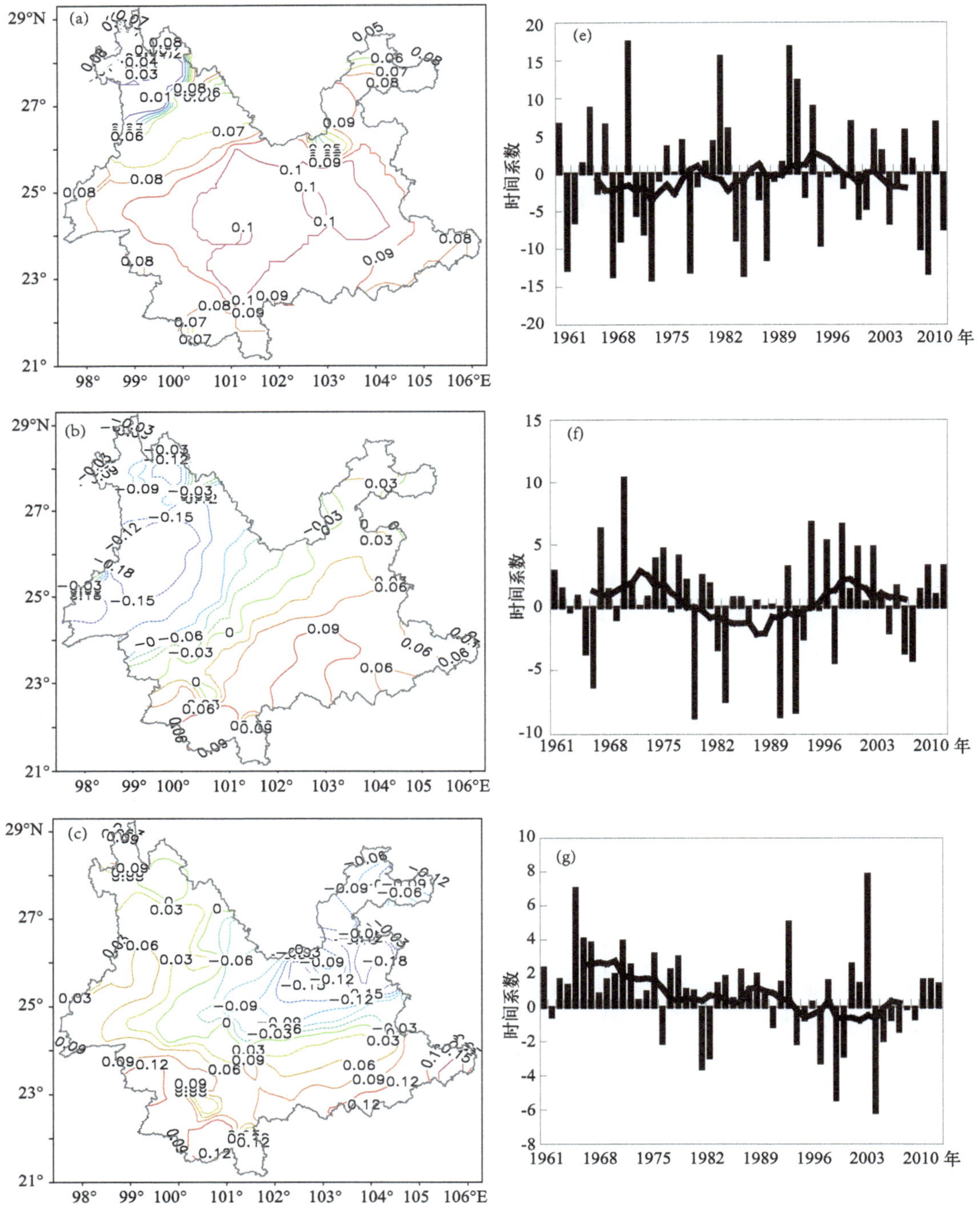

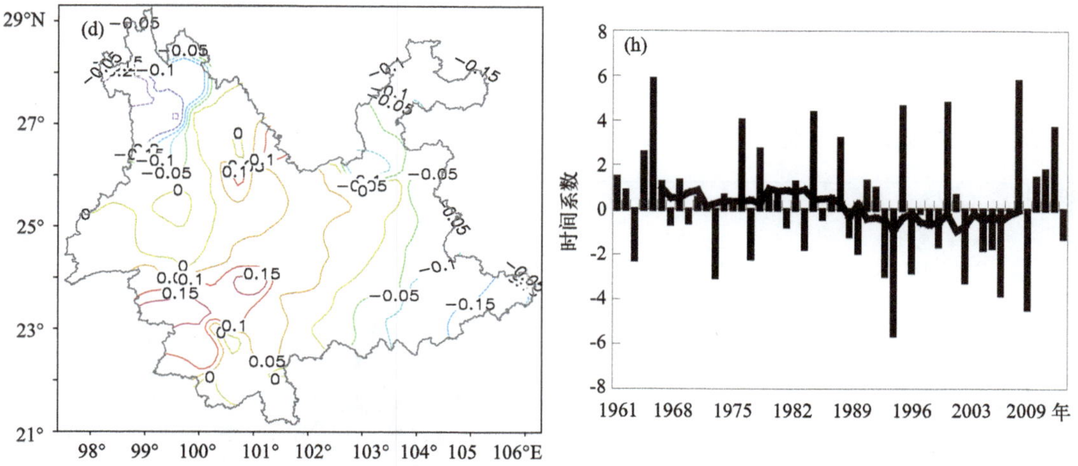

图 3.5　低纬高原地区冬季降水量的 EOF 前四个特征向量(a、b、c、d)和对应时间序列
(e、f、g、h,直方图为时间序列,曲线为 11 a 滑动平均,下同)

3.2.2　春季

低纬高原地区春季降水第一特征向量的分布与冬季第一特征向量比较相似,也是一致性同相变化。不同之处在于最大值的范围比冬季略偏西偏北。对应时间系数的离散功率谱分析显示其具有 2.8 a 左右的显著周期,年际变化显著。从时间系数的 11 a 滑动平均曲线可以看出年代际变化特征明显:20 世纪 90 年代中后期之前以负位相分布为主,低纬高原地区春季降水一致偏少,春旱明显,之后转为正位相分布为主,低纬高原地区春季降水一致偏多,但自 2009 年至今,一直以负位相分布为主,低纬高原地区春季降水持续偏少。

低纬高原地区春季降水第二特征向量表现为滇西北北部、滇西、滇西南与其余地区的反向振荡分布模态,在这种分布下,还存在明显的不同,26°N 以南地区大致为东西反向分布,而滇西北地区则为南北反向分布特征。第二特征向量对应的时间系数的离散功率谱结果显示该模态有 2.7 a 左右的显著周期,年际变化特征明显。时间系数的 11 a 滑动平均曲线说明该模态也具有年代际变化特征,自 1961 年以来大约经历了一个正位相和一个负位相时期:20 世纪 90 年代初期以前为正位相分布,滇西北北部、滇西、滇西南春季降水偏少,其他地区春季降水偏多;20 世纪 90 年代初期之后转为负位相分布为主,滇西北北部、滇西、滇西南春季降水偏多,其他地区春季降水偏少,其中尤以东部边缘地区春季降水最少。

低纬高原地区春季降水第三模态表现为南北反向的纬向分布模态,特征值等值线随纬度增加而减少。对应的时间系数的功率谱分析结果表明该模态具有 2.5 a 左右的显著周期,具有明显的年际变化。时间系数的 11 a 滑动平均曲线显示年代际变化特征明显,大致经历了一个正位相和一个负位相变化时期,20 世纪 90 年代中期之前以正位相分布为主,低纬高原地区春季降水量北少南多,降雨最多在红河的南部以及西双版纳,随着纬度的增加降雨也逐渐减少,滇西北和滇东北最少,中部以北地区干旱明显;20 世纪 90 年代中期之后转为负位相分布,低纬高原地区春季降水北多南少,南部地区干旱明显。

春季降水第四模态表现为滇东北、滇东、昆明、楚雄、大理、丽江以及西双版纳与省内其余地区的反向振荡分布模态。对应的时间系数的功率谱分析显示年际变化显著,具有 2 a

左右和 7.2 a 的显著周期。11 a 滑动平均曲线表明年代际特征明显：20 世纪 90 年代中期之前以负位相变化为主，滇东北、滇东、昆明、楚雄、大理、丽江以及西双版纳春季降水偏少，干旱明显，其他地区降水偏多；之后转为正位相分布，滇东北、滇东、昆明、楚雄、大理、丽江以及西双版纳降水偏多，其他地区春降水偏少。

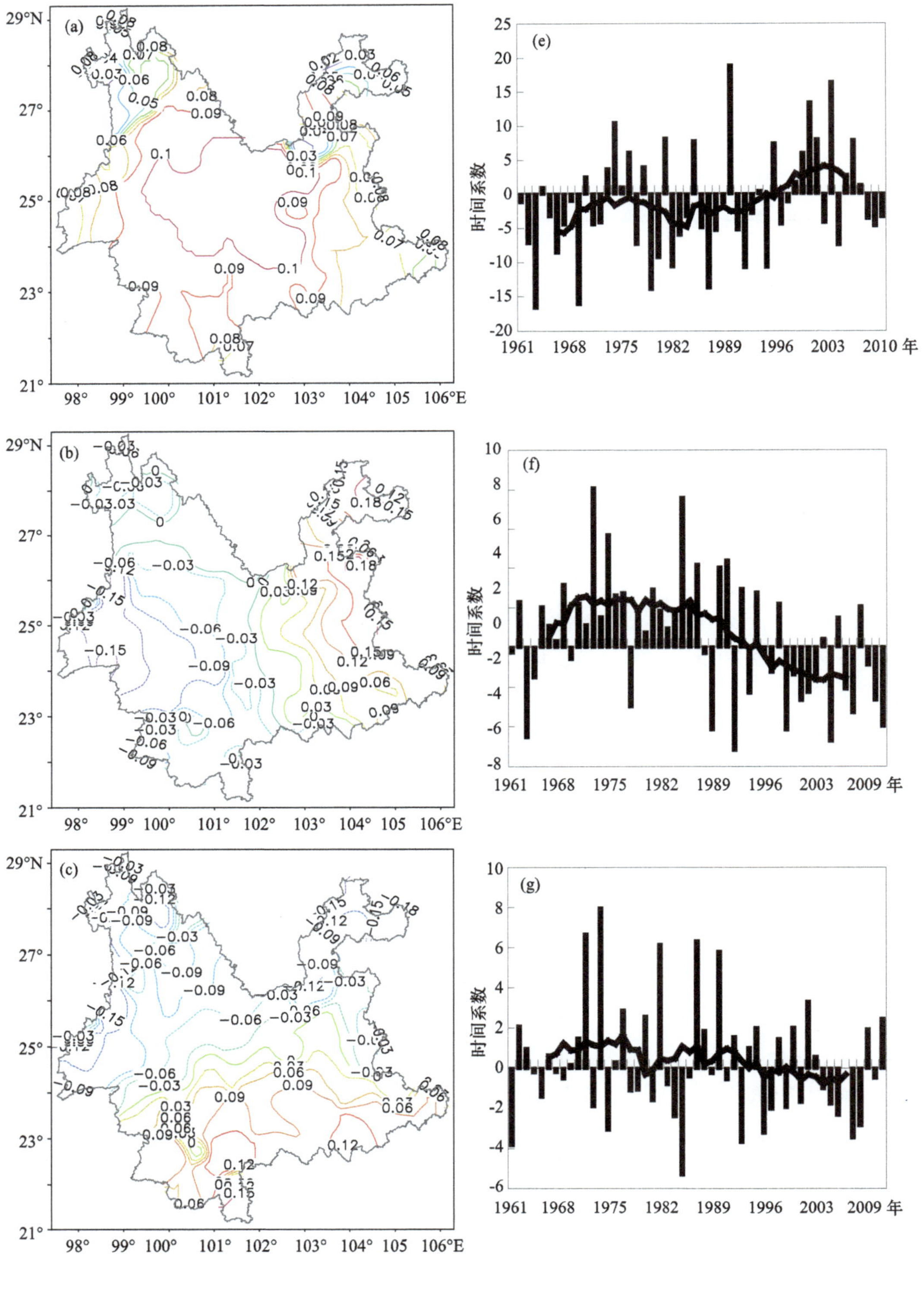

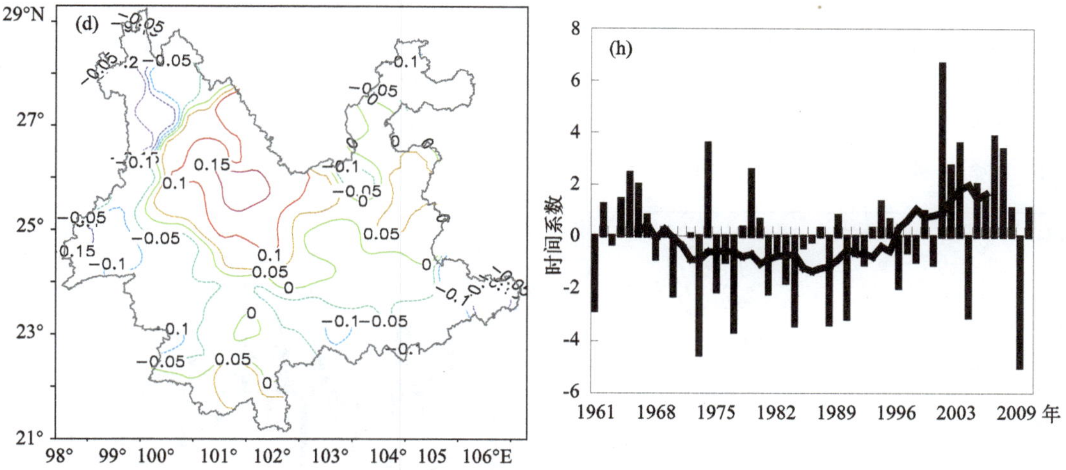

图 3.6　低纬高原地区春季降水量的 EOF 前四个特征向量

(a、b、c、d)和对应时间序列(e、f、g、h)

3.2.3　秋季

低纬高原地区秋季降水第一特征向量也是一致性同相变化，等值线最大值中心位于滇中一带，最小值中心位于滇西北。对应的时间系数序列功率谱分析表明年际变化特征显著，具有显著的 2.1 a 的周期变化；从时间系数的 11 a 滑动平均曲线来看，年代际变化明显：大约有两个正位相和两个负位相时期：20 世纪 70 年代初以前为正位相分布，云南秋季降水一致偏多，其中尤以滇中一带降水丰沛。20 世纪 70 年代初之后至 20 世纪 80 年代初转为负位相，全省秋季降水一致偏少，之后 20 世纪 80 年代初至 20 世纪 90 年代末期又转为正位相分布，云南秋季降水偏多，20 世纪 90 年代末期后至今转为负位相分布，云南秋季降水偏少，秋季干旱明显。

低纬高原地区秋季降水的第二模态为西北和东南反向振荡分布模态。对应的时间系数的离散功率谱分析具有显著的 3 a 左右的周期，年际变化特征明显；时间系数的 11 a 滑动平均曲线表明该模态具有一定的年代际变化特征：20 世纪 80 年代中后期之前为负位相变化，低纬高原中部及以东以南地区秋季降水偏多，以西以北地区秋季降水偏少；20 世纪 80 年代中后期之后位相发生了变化，转为正位相分布，云南秋季降水中部以西以北地区偏多，以东以南地区偏少。

低纬高原地区秋季降水第三模态表现为滇中及以西以南地区与其余地区的反向振荡分布模态，滇东地区等值线数值自东向西逐渐增大，为西高东低的经向分布，而在西部地区则为南北反向分布。对应的时间系数的 11 a 滑动滑动平均曲线表现出了一定的年代际变化特征：20 世纪 80 年代后期之前为负位相分布，滇中及以西以南地区秋季降水偏少，其中尤以楚雄南部、普洱中部以及临沧西南部降水最少，其余地区秋季降水偏多。具体在滇东，东部降水比西部少，而在滇西北则是北少南多。20 世纪 80 年代后期之后发生了位相变化，转为正位相分布，秋季降水滇中及以西以南地区偏多，其余地区偏少，其中尤以滇东北和滇东南秋季干旱明显。

低纬高原地区秋季降水第四特征向量大致表现滇中及以东以北地区与其余地区的反向

振荡分布模态。对应的时间系数的离散谱分析具有 3.6 a 左右的显著周期，年际变化特征较明显；时间系数的 11 a 滑动平均曲线具有一定的年代际变化特征：20 世纪 70 年代末期之前以及 20 世纪 80 年代末期之后为负位相变化，滇中及以东以北秋季降水偏多，其他地区秋季降水偏少；20 世纪 70 年代末期至 20 世纪 80 年代末期为正位相分布时期，滇中及以东以北地区秋季降水偏少，其余地区秋季降水偏多。

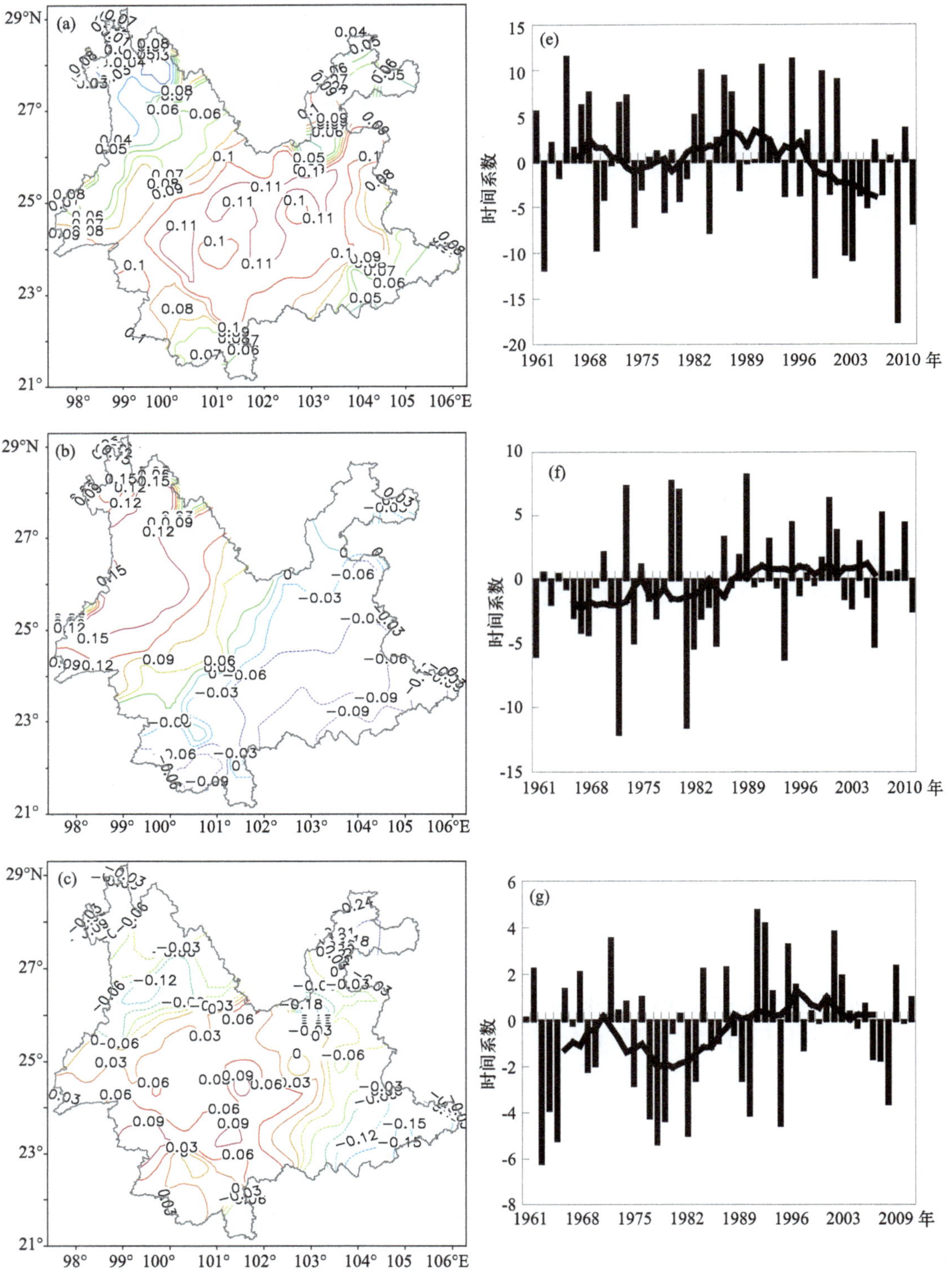

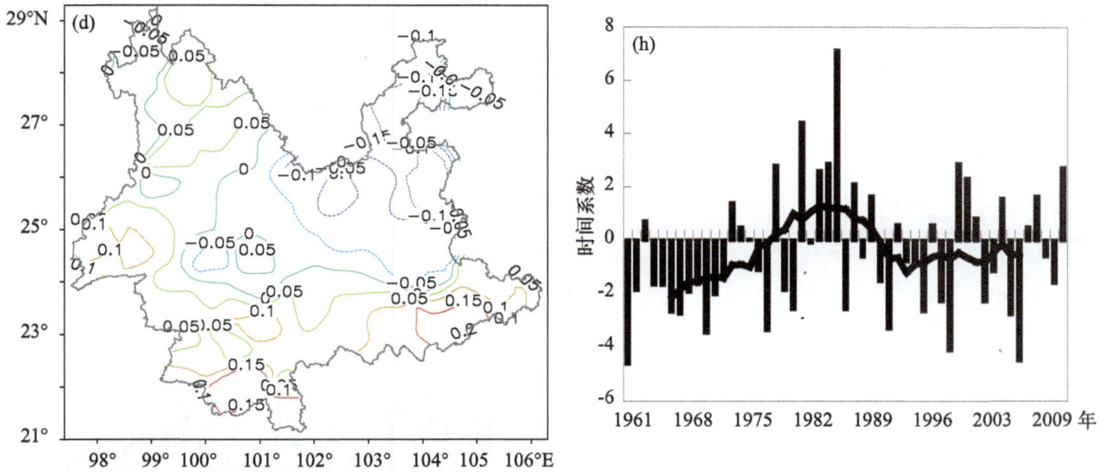

图 3.7　低纬高原地区秋季降水量的 EOF 前四个特征向量(a、b、c、d)和对应时间序列(e、f、g、h)

3.2.4　夏季

低纬高原地区夏季降雨量第一特征向量也是一致偏多或一致偏少的同相分布。该模态对应的时间系数序列功率谱分析表明该模态有 2.4 a 和 17 a 周期显著,年际和年代际变化特征明显。时间系数的 11 a 滑动平均曲线显示在 20 世纪 80 年代初以前为正位相分布,云南夏季降水一致偏多,且中部地区比边缘地区多;20 世纪 80 年代初之后至 20 世纪 90 年代中期转为负位相,全省夏季降水一致偏少,20 世纪 90 年代中期至本世纪 2000 年代中期又转为正位相分布,云南夏季降水偏多,本世纪 00 年代中期之后转为负位相分布,云南夏季降水偏少,尤其是 2010 年以来均处于负位相,夏季降水持续偏少。

低纬高原地区夏季降水第二模态表现为东西反向的分布模态,特征向量等值线自西北逐渐向东南增加,在等值线为正值的区域,等值线数值自北向南逐渐增加,大致为纬向分布;在等值线为负值的区域,北部地区大致表现为经向分布,等值线自西向东逐渐增加,南部地区则表现为纬向分布,等值线数值逐渐向南增加。对应的时间系数的离散功率谱分析具有 2.4 a 和 17 a 的显著周期,年际和年代际变化特征显著。从时间系数的 11 a 滑动平均曲线上可以看出,自 1961 年以来大致经历了一个正位相和一个负位相时期,20 世纪 90 年代后期之前为负位相分布,云南夏季降水西多东少;之后转为正位相分布,云南夏季降水西少东多。

低纬高原地区夏季降水第三模态表现为东北—西南向反向振荡的分布模态。对应的时间序列的功率谱表明年际变化特征显著,具有 3 a 左右的显著周期;时间系数的 11 a 滑动平均曲线可以看出年代际变化特征明显,大致经历了两个正位相和一个负位相变化时期,20 世纪 70 年代中期以前以及 20 世纪 80 年代末期之后为正位相分布,为"—＋—"波状分布,东部、东北部和西部降水少,其他地区降水偏多;20 世纪 70 年代周期至 20 世纪 80 年代后期为负位相分布,为"＋—＋"波状分布,东部、东北部和西部降水偏多,其他地区为降水偏少。

低纬高原地区夏季降水第四模态表现为昭通、昆明、楚雄、大理、丽江等地与省内其余地区的反向振荡分布模态。对应的时间系数的离散功率谱分析显示该模态具有显著的 6 a 左右的显著周期,年际变化特征明显。时间系数的 11 a 滑动平均曲线也反映了一定的年代际变化特征：20 世纪 90 年代初期以前，以正位相分布为主，昭通、昆明、楚雄、大理、丽江夏季降水偏少，降水最少的区域在丽江大理一带，省内其他地区降水偏多，雨量最大的地区在临沧。20 世纪 90 年代初之后转为负位相分布，昭通、昆明、楚雄、大理、丽江夏季降水偏多，其他地区降水偏少。

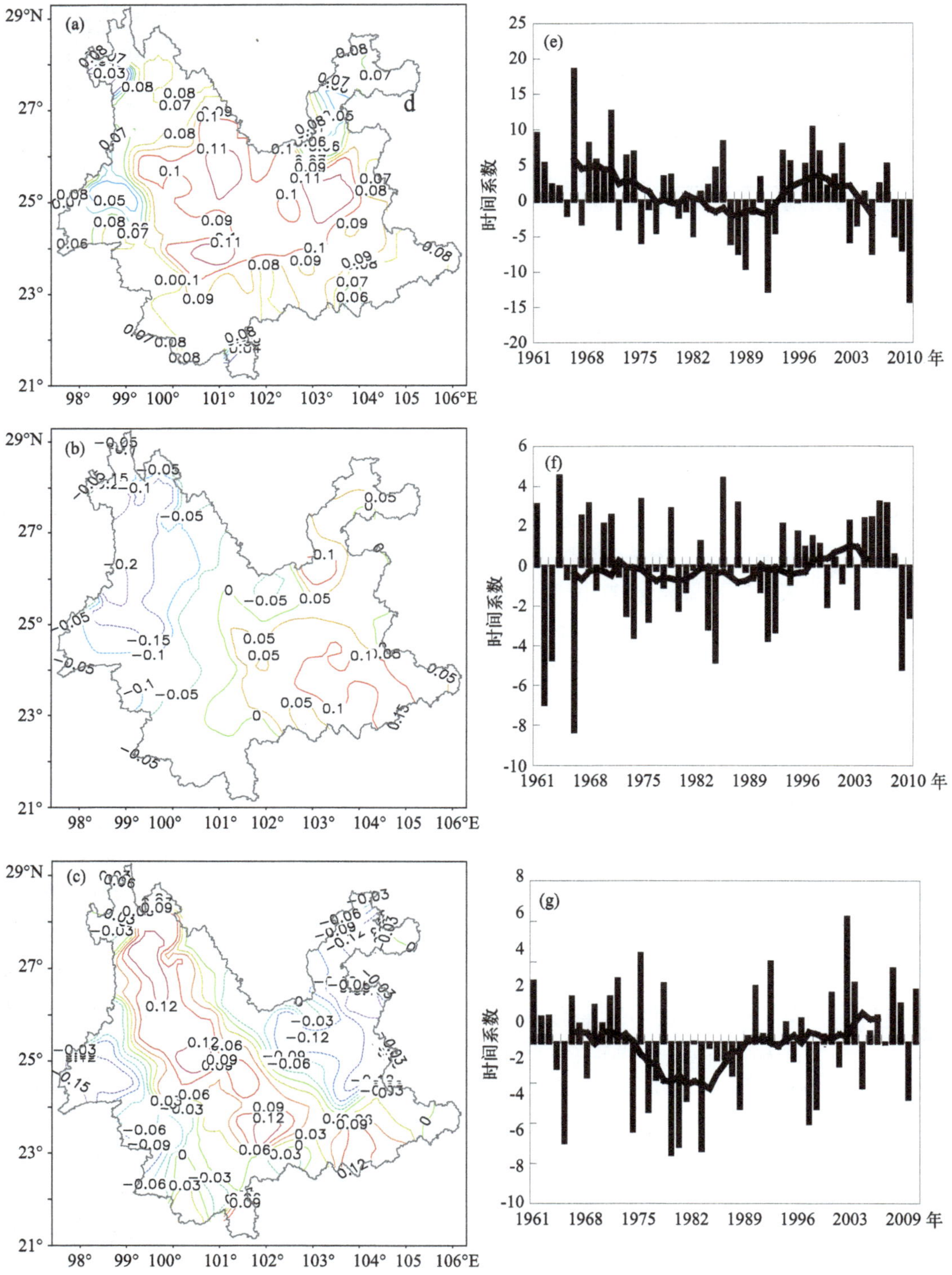

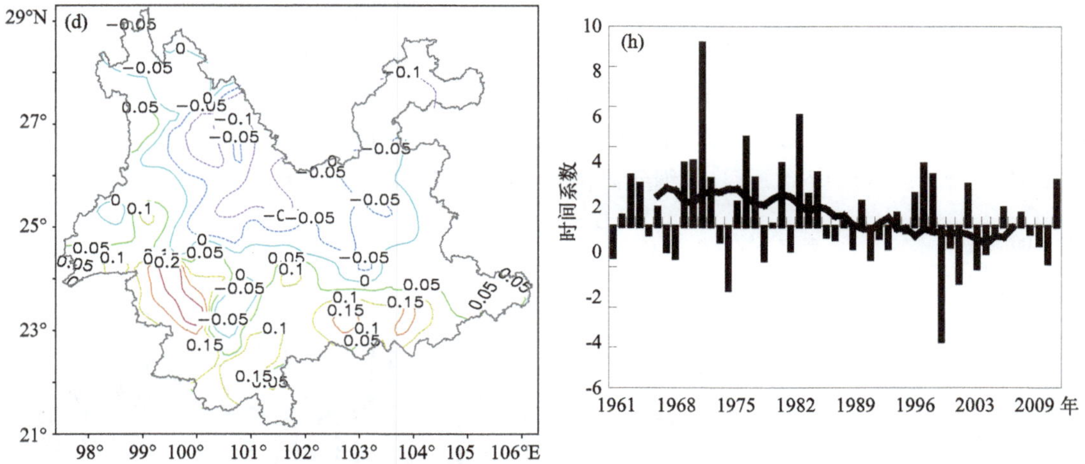

图 3.8　低纬高原地区夏季降水量的 EOF 前四个特征向量(a、b、c、d)和对应时间序列(e、f、g、h)

3.2.5　年降水量

低纬高原地区年降雨量第一特征向量表现为一致性变化。但在这种一致性分布下，存在明显的差别，特征向量等值线数值最小值位于滇西北，中部地区特征向量等值线数值较大，边缘地区数值较小，特征向量的数值由四周逐渐向中部地区逐渐增加。第一特征向量对应的时间系数的 11 a 滑动平均曲线具有一定的年代际变化特征，20 世纪 70 年代中期以前、20 世纪 90 年中前期至本世纪 2000 年代中期以正位相分布为主，全省年降水量一致偏多，且中部地区降水比边缘地区降水略多；20 世纪 70 年代中期至 20 世纪 90 年代初以及本世纪 2000 年代以后以负位相分布为主，全省年降水量一致偏少，中部地区降水比边缘地区降水略少，尤其是 2009 年以来，一直持续负位相分布，年降水持续偏少，低纬高原地区干旱非常明显。

年降水量的第二模态大致表现为西北一东南反向振荡分布模态。从该模态对应的时间系数及其 11 a 滑动平均曲线看，年代际变化特征较明显：20 世纪 80 年代中后期之前为正位相分布，西部和西北部年降水量偏少，干旱明显，其他地区降水偏多，其中滇东南地区降水更丰沛；20 世纪 80 年代中后期之后转为负位相分布，西部和西北部年降水量有偏多趋势，省内其他地区降水偏少，干旱明显。

年降水量的第三模态分布表现为滇中以西以南地区与其余地区反向振荡分布模态。特征向量等值线数值最大值中心在滇东，最小值中心在普洱北部至楚雄南部一带。该模态对应的时间系数的离散功率谱分析表明年际变化特征明显，具有 3 a 左右的显著周期；时间系数的 11 a 滑动平均曲线表明该模态经历了一个正位相变化时期和一个负位相变化时期：20 世纪 90 年代中期之前为正位相分布，滇中以西以南地区降水偏少，其余地区降水偏多。20 世纪 90 年代中期之后转为负位相分布，滇中以西以南地区降水偏多，其余地区降水偏少。

年降水量的第四模态大致表现为迪庆、丽江、大理、滇东南南部、西双版纳与省内其余地区的反向振荡分布模态。特征向量等值线最大正值中心位于德宏和临沧西部，最大负值中心位于大理。在这种分布模态下，还存在显著的差异，在昆明以东地区，大致为经向分布，东部正值区西部负值区；在昆明以西地区，北部地区为经向分布，东部为正值区西部为负值区，在南部地区为南北反向的分布。该模态对应的时间系数的离散功率谱分析表明，年际变化特征明显，具有 5.6 a 左右的显著周期；时间系数的 11 a 滑动平均曲线表现出了明显的年代际变化特征，大致经历了一个正位相和两个负位相变化时期：20 世纪 70 年代中期之前以及 20 世纪 90 年代中期之后为负位相变化时期，迪庆、丽江、大理、滇东南南部、西双版纳年降雨量偏多，省内其余地区降水偏少；20 世纪 70 年代中期至 90 年代中期为正位相分布时期，迪庆、丽江、大理、滇东南南部、西双版纳年降雨量偏少，省内其余地区偏多。

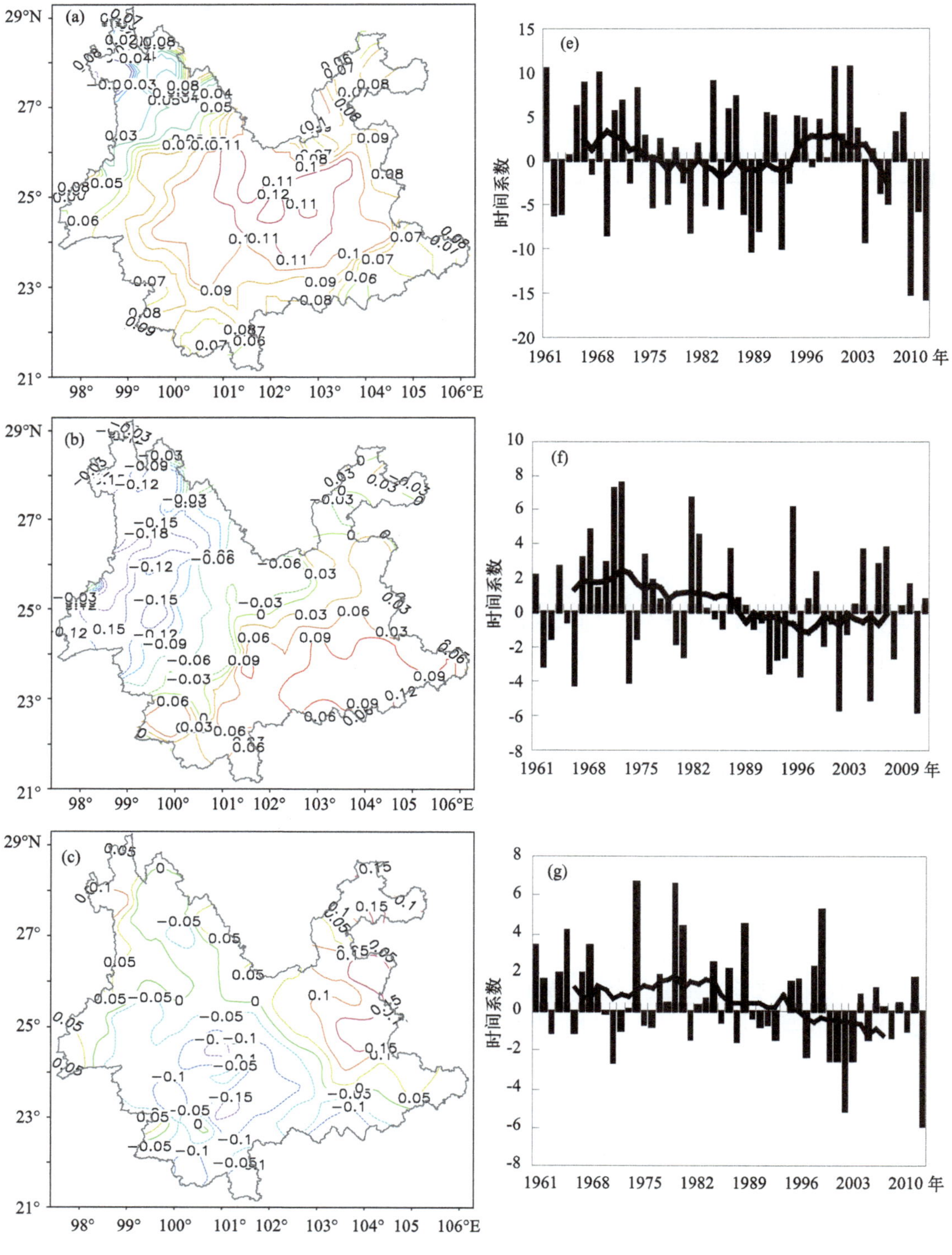

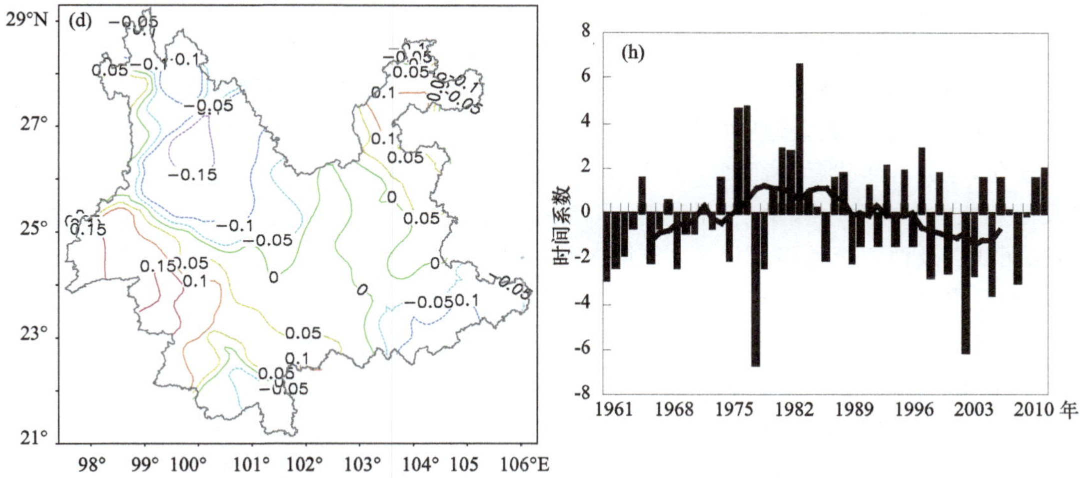

图 3.9　低纬高原地区年降水量的 EOF 前四个特征向量(a、b、c、d)和对应时间序列(e、f、g、h)

3.2.6　小结

(1)低纬高原地区年降水量第一模态反映了降水变化的一致性,第一模态具有明显的年代际变化特征。在 20 世纪 70 年代中期以前、20 世纪 90 年中前期至本世纪 2000 年代中期全省年降水量一致偏多,20 世纪 70 年代中期至 20 世纪 90 年代初、本世纪 2000 年代以后云南年降水量一致偏少,尤其是 2009 年以来,年降水量持续偏少,低纬高原地区干旱非常明显。年降水量的第二模态大致表现为西北与东南反向振荡分布模态。其年代际变化特征较明显,在 20 世纪 80 年代中后期之前为正位相分布,西部和西北部年降水量偏少,干旱明显,其他地区降水偏多,其中滇东南地区降水更丰沛;20 世纪 80 年代中后期之后转为负位相分布,西部和西北部年降水量有偏多趋势,省内其他地区降水偏少,干旱明显。年降水量的第三模态分布则表现为滇中以西以南地区与其他地区的反向振荡分布模态,这一模态具有 3 a 左右的显著周期,并具有年代际变化特征;在 20 世纪 90 年代中期之前滇中以西以南地区降水偏少,其余地区降水偏多;之后滇中以西以南地区降水偏多,其余地区降水偏少。年降水量的第四模态大致表现为迪庆、丽江、大理、滇东南南部、西双版纳与省内其余地区的反向振荡分布模态。该模态具有 5.6 a 左右的显著周期,年代际变化特征也很明显:20 世纪 70 年代中期之前以及 20 世纪 90 年代中期之后迪庆、丽江、大理、滇东南南部、西双版纳年降水总量偏多,其他地区降水偏少;在 20 世纪 70 年代中期至 90 年代中期迪庆、丽江、大理、滇东南南部、西双版纳年降雨量偏少,其余地区降水偏多。

(2)春季降水量第一模态反映了降水的一致性,该模态具有明显的年际和年代际变化特征。在 20 世纪 90 年代中后期之前低纬高原地区春季降水一致偏少,20 世纪 90 年代中后期之后低纬高原地区春季降水一致偏多,但从 2009 年至今,低纬高原地区春季降水持续偏少。春季降雨量第二模态为滇西北北部、滇西、滇西南与其余地区的反向振荡分布模态,该模态有 2.7 a 左右的显著周期,年代际变化特征明显。在 20 世纪 90 年代初期以前滇西北北部、滇西、滇西南春季降水偏少,其他地区春季降水偏多;20 世纪 90 年代初期以之后滇西北北部、滇西、滇西南春季降水偏多,其他地区春季降水偏少。第三模态为南北反向的纬向分布，该模态具有 2.5 a 左右的显著周期并具有明显的年代际变化特征，20 世纪 90 年代中期之前以正位相分布为主，低纬高原地区春季降水量呈北少南多的形势；在 20 世纪 90 年代中期之后春季降水北多南少，南部地区干旱明显。第四模态为滇东北、滇东、昆明、楚雄、大理、丽江以及版纳与省内其余地区的反向振荡分布模态。该模态具有显著的 2 a 左右和 7.2 a 周期变化，也具有年代际特征：20 世纪 90 年代中期之前滇东北、滇东、昆明、楚雄、大理、丽江以及西双版纳春季降水偏少，干旱明显，其他地区降水偏多；之后滇东北、滇东、昆明、楚雄、大理、丽江以及西双版纳降水偏多，其他地区春降水偏少。

(3)夏季降水量第一模态反映了降水的一致性。该模态有 2.4 a 和 17 a 周期显著，年代际变化特征明显：20 世纪 80 年代初以前以及 20 世纪 90 年代中期至本世纪 2000 年代中期云南夏季降水一致偏多，20 世纪 80 年代初之后至 20 世纪 90 年代中期、本世纪 2000 年代中期之后全省夏季降水一致偏少，尤其是 2010 年以来夏季降水持续偏少。夏季降雨量第二模态为东西反向振荡分布模态；该模态也具有 2.4 a 和 17 a 的显著周期，年代际变化特征显著：20 世纪 90 年代后期之前云南夏季降水西多东少；之后云南夏季降水西少东多。第三模态为东北一西南向的波形分布模态。该模态具有 3 a 左右的显著周期，也具有年代际变化特征：20 世纪 70 年代中期以前以及 20 世纪 80 年代末期之后东部、东北部和西部降水少，其他地区降水偏多；20 世纪 70 年代周期至 20 世纪 80 年代后期东部、东北部和西部降水偏多，其他地区为降水偏少。第四模态为昭通、昆明、楚雄、大理、丽江等地与其他地区的反向振荡分布模态。该模态具有 6 a 左右的显著周期，并具有一定的年代际变化特征：20 世纪 90 年代初期以前昭通、昆明、楚雄、大理、丽江夏季降水偏少，其他地区降水偏多；之后昭通、昆明、楚雄、大理、丽江夏季降水偏多，其他地区降水偏少。

(4)秋季降水量第一模态反映了降水的一致性，该模态具有 2.1 a 的显著周期，年代际变化特征也较明显：20 世纪 70 年代初以前、20 世纪 80 年代初至 20 世纪 90 年代末期云南秋季降水一致偏多；20 世纪 70 年代初后至 20 世纪 80 年代初、20 世纪 90 年代末期后至今低纬高原地区秋季干旱明显。秋季降雨量第二模态为西北和东南反向振荡分布模态；该模态具有 3 a 左右的显著周期，并具有一定的年代际变化特征：20 世纪 80 年代中后期之前低纬高原中部及以东以南地区秋季降水偏多，以西以北地区秋季降水偏少；20 世纪 80 年代中后期之后云南秋季降水中部以西以北地区偏多，以东以南地区偏少。第三模态为滇中及以西以南地区与其余地区的反向振荡分布模态；该模态的年代际变化特征显著：20 世纪 80 年代后期之前滇中及以西以南地区秋季降水偏少，其余地区偏多；20 世纪 80 年代后期之后秋季降水滇中及以西以南地区偏多，其余地区偏少。第四模态为滇中及以东以北地区与其余地区反向振荡分布模态。该模态具有 3.6 a 左右的显著周期，也具有一定的年代际变化特征：20 世纪 70 年代末期之前以及 20 世纪 80 年代末期之后滇中及以东以北秋季降水有偏多趋势，其他地区秋季降水有偏少趋势；20 世纪 70 年代末期至 20 世纪 80 年代末期滇中及以东以北地区秋季降水偏少，其余地区降水偏多。

(5)冬季降水量第一模态反映了降水的一致性，并具有年际和年代际变化特征。在 20 世纪 70 年代中后期以前、1980—1985 年、1988—1990 年、1998—2000 年以及 2003 年以后云南冬季降水一致偏少，云南冬季干旱明显。其他时段全省冬季降水一致偏多。冬季降雨量第二模态为西北一东南向的反向振荡分布模态，此模态具有 3 年左右的显著周期，年代际变化特征明显。在 20 世纪 70 年代末期以前以及 20 世纪 90 年代中期以后，低纬高原地区冬季降水呈西北少而东南多的特征；在 20 世纪 80 年代初至 90 年代中期低纬高原地区冬季降水西北多东南少。第三模态为中部及以东以北与其他地区反向振荡分布模态，这一模态在 20 世纪 90 年代中期以前以及 2005 年以后，滇中、滇东北和滇东降水少；其他地区降水多。从 20 世纪 90 年代中期之后，滇中、滇东北和滇东降水多，其他地区降水少。第四模态为滇东和滇西北地区与其他地区呈反向分布，这一模态具有明显的年代际变化特征，在 20 世纪 80 年代中后期以前为正位相分布，低纬高原西北部以及东部地区降水偏少，其他地区降水偏多；从 20 世纪 80 年代中后期之后滇西北部以及滇东部地区降水偏多，其他地区则降水偏少。

3.3　低纬高原地区平均降雨量的变化特征

由 3.2 节的分析可知，不同季节低纬高原地区降水的空间分布模态第一特征向量为一致性同位相变化，表明低纬高原地区降雨量的多(少)主要表现为全省一致性变化。因此，将全省平均降水作为低纬高原降水指数，并对其变化特征进行分析。

从低纬高原地区年降水总量距平变化和 11 a 滑动图上可以看出(图 3.10 a)，年降水总量具有明显的年际及年代际变化特征，20 世纪 70 年代中期以前全省平均年降雨量基本处于偏多时期，之后至 20 世纪 90 年代中前期年降雨总量相对偏少，20 世纪 90 年代中前期至本世纪 2000 年代中前期年降雨总量相对偏多，之后至今年降雨总量又转入一个相对偏少的时期。对年降雨量距平进行趋势分析，总趋势是减少的，减少率为 18.13 mm/10 a。

从低纬高原春季平均降雨总量年际变化和 11 a 滑动平均图(图 3.10b)可以看出，20 世纪 90 年代中期之前低纬高原地区春季降水处于偏少时期，20 世纪 90 年代中期之后春季降水进入偏多时期，但从 2009 年又转入偏少期。自 1961 年以来，低纬高原春季降水的趋势是增加的，增加率为 6.67 mm/10 a。对于夏季降水而言(图 3.10c)，20 世纪 80 年代中前期之前，低纬高原地区夏季降水处于偏多时期，之后至 20 世纪 90 年代中前期夏季降水进入相对偏少时期，20 世纪 90 年代中前期至本世纪 2000 年代中期低纬高原地区夏季降水又进入了一个相对偏多的时期，从本世纪 2000 年代中期之后夏季降水进入偏少时期。对夏季降雨量距平进行趋势分析发现，总趋势是减少的，减少率为 16.91 mm/10 a。低纬高原地区秋季降水(图 3.10d)在 20 世纪 70 年代初前相对偏多，20 世纪 70 年代秋季降水偏少，20 世纪 80 年代初期至 90 年代中期，低纬高原地区秋季降水又进入了相对偏多的时期，从 20 世纪 90 年代中期之后，低纬高原秋季降水持续偏少。自 1961 年以来，低纬高原秋季降水的总趋势是减少的，减少率为 7.25 mm/10 a。低纬高原地区冬季降水(图 3.10e)在 20 世纪 80 年代中期以前处于相对偏少的时期，20 世纪 80 年代中期之后至 20 世纪 90 年代末期低纬高原地区冬季降水相对偏多，1990 年代末期后冬季雨量又进入相对偏少的时期。自 1961 年以来，低纬高原冬季降水的总趋势是减少的，减少率为 0.99 mm/10 a。

从图 3.10 a—e 可以看出，自 2009 年以来，低纬高原地区年降水总量、春季降水、夏季降水均持续偏少，秋季、冬季降水除 2010 年相对多一些外，2009、2011—2012 年均偏少，低纬高原地区干旱突出。

为进一步了解低纬高原区域降雨的年代际变化情况，表 3.2 给出了低纬高原地区不同季节每 10 a 的降雨距平(气候平均取 1981—2010 年)。由表 3.2 可以看出，年降雨总量和夏

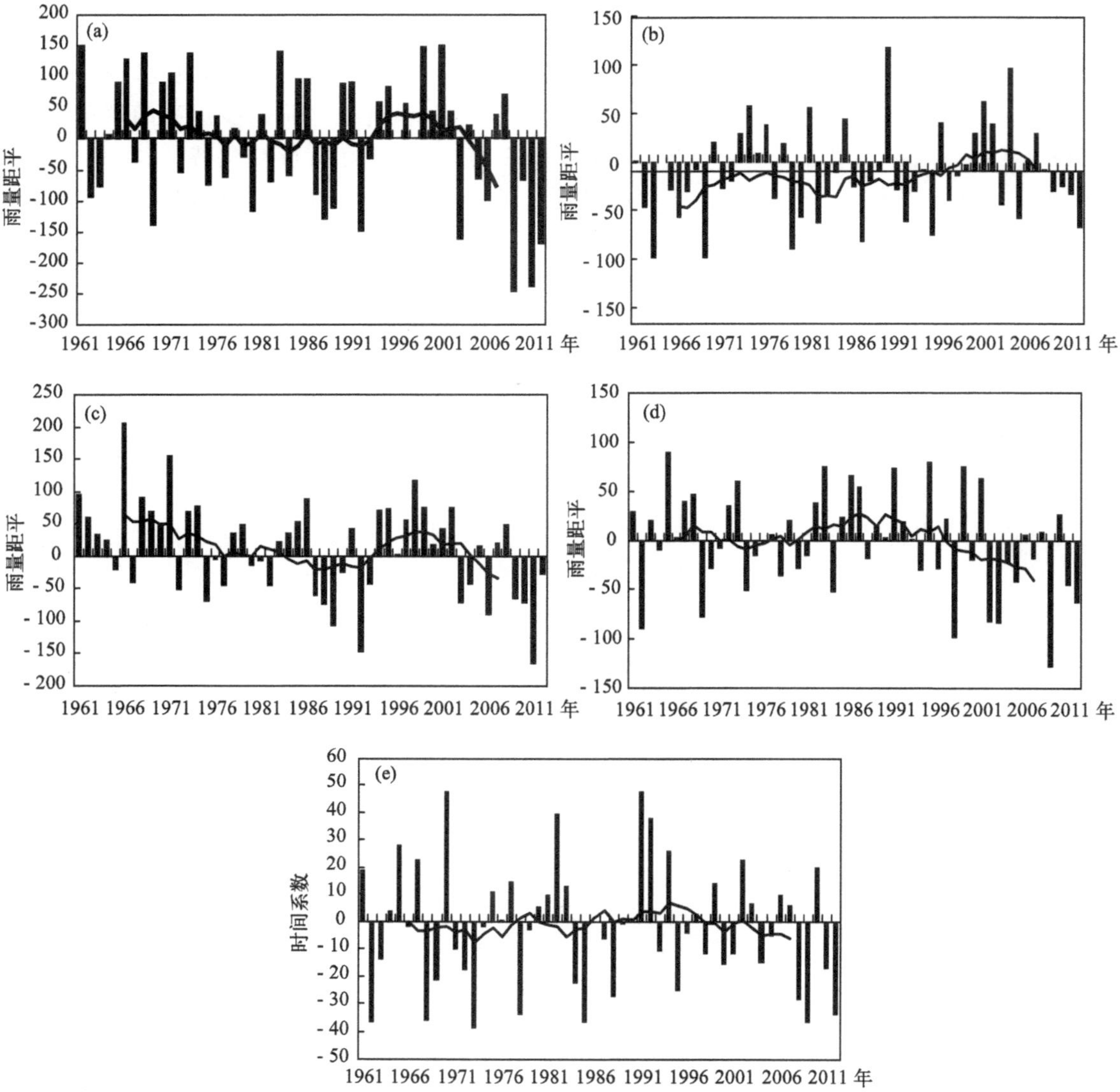

图 3.10　低纬高原地区平均年(a)、春(b)、夏(c)、秋(d)、冬季(e)降水总量的年际变化(单位:mm)及 11 a 滑动平均

季降雨总量的变化趋势是比较一致的,在 20 世纪的 60 年代、70 年代和 90 年代,年降雨总量和夏季降雨量都是相对增多的;20 世纪 80 年代以及本世纪 2000 年代年降雨量和夏季降雨量是减少的,尤其是 2010 年至 2012 年三年来减少最为显著,达到了 156 mm。对于春季而言,除本世纪 2000 年代降雨略有增多外,其余年代春季降水均是减少的,其中以 20 世纪 60 年代减少最明显,减少了 40 mm 左右。2010 年至 2012 年减少次之,也达到了 31 mm。秋季降水在 20 世纪的 60 年代、80 年代和 90 年代是增加的,其余年代秋季降雨是减少的,其中以本世纪 2000 年代减少最明显,为 32 mm,2010—2012 年减少次之,为 27 mm。低纬高原地区冬季降水在 20 世纪 90 年代略有增加,但其余年代均是减少的,其中以 2010—2012 年减少最多,为 10 mm 左右。由表还可以看出,从 20 世纪 60 年代至本世纪 2000 年代,不同季节

降雨的变化是不太一致的，但2010—2012年以来，四季的降雨均是处于一个减少的状态，其中以夏季减少最为显著。

表3.2 低纬高原地区每十年的雨量距平(单位:mm)

年份	1961—1969	1970—1979	1980—1989	1990—1999	2000—2009	2010—2012
年	19.09	21.23	−20.02	34.87	−19.96	−156.94
春季	−40.68	−0.30	−20.24	−3.66	19.74	−31.28
夏季	56.84	26.42	−11.14	21.85	−5.10	−86.84
秋季	5.53	−2.35	15.43	11.23	−32.05	−27.65
冬季	−4.07	−3.05	−2.59	7.80	−6.65	−10.11

接下来对低纬高原区域降雨每十年的趋势变化情况进行分析，由表3.3可以看出，对于年降水量，在20世纪90年代，年降雨量以6.38 mm/a的趋势增加的；其余年代则是减少的趋势，2010—2012年减少趋势最显著，其次是本世纪2000年代，第三是20世纪70年代。低纬高原地区春季降雨趋势比较一致，不同年代均是减少的。低纬高原地区夏季雨量在20世纪的60年代、90年代以增加趋势为主，其中以90年代增加趋势明显，以每年15.57 mm增加；而在20世纪70年代和80年代以及本世纪2000年代，夏季降水是减少的趋势。值得注意的一点是2010—2012年趋势变化是增加的，这是由于2010至2012年各年降雨均是偏少的，尤以2011年最少，减少了163 mm，2012年减少了26 mm，可见，虽然夏季降水趋势是增加的，但总体雨量与多年平均相比是偏少的。低纬高原地区秋季降水在20世纪的60年代和80年代是增多的趋势，其中80年代增多明显，以每年3 mm的速度增加；其余年代低纬高原地区秋季降水是减少的趋势，本世纪以来减少趋势更为明显。低纬高原地区冬季降水的变化趋势与春季比较相似，基本以减少趋势为主。

表3.3 低纬高原地区每十年的雨量变化趋势(单位:mm/a)

年份	1961—1969	1970—1979	1980—1989	1990—1999	2000—2009	2010—2012
年	−4.41	−13.08	−7.26	6.38	−18.77	−51.09
春季	−3.37	−4.64	−0.70	−3.22	−6.24	−19.88
夏季	0.29	−7.32	−6.91	15.57	−5.86	22.01
秋季	0.61	−0.36	3.02	−3.13	−4.81	−44.10
冬季	−1.50	−2.02	−3.61	−3.05	−2.24	−26.73

图3.11a给出了1961—2012年低纬高原地区区域平均年降水量距平百分率及其变化趋势。可以看出1961—2012年区域平均年降水量变化总体上呈现出减少趋势，52 a来年降水量减少了83.8 mm，减少速率为1.48%/10 a，这一变化与1961—2012年中国年降水量无明显增加或减少的趋势有所不同。值得注意的是，在20世纪90年代降水是增加的，而自2000年以后降水下降十分显著。低纬高原地区降水量年际振荡较大，降水量最多的2001年(1258 mm)和最少的2009年(852 mm)相差超过400 mm。2000—2012年是1961—2012年低纬高原地区降水最少的时段，年降水量最少的3年(2009、2011和2012年)均出现在这一时段。

图 3.11b 给出了 1961 年以来低纬高原地区区域平均年降水量的十年尺度年代变化。1961—1970 年、1991—2000 年为低纬高原地区降水相对较多的年代，其余年代降水相对较少，其中进入 21 世纪后的时段年降水较多年平均明显偏少，偏少幅度接近 8%。

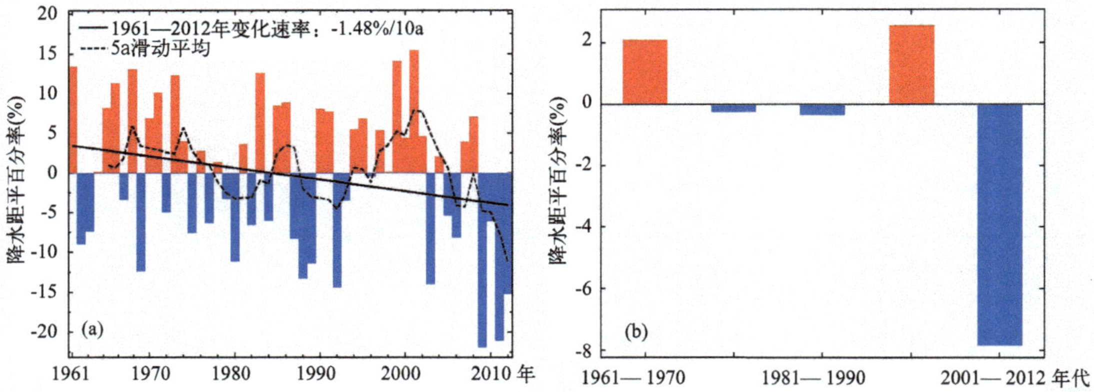

图 3.11　1961—2012 年低纬高原地区年降水距平百分率变化(a)及十年尺度年代变化(b)(单位：%)

图 3.12 给出了低纬高原地区 1961—2012 年四季降水量距平百分率及其变化趋势。可以看出低纬高原地区各季节的降水量变化不尽相同，除春季降水量呈略微增加趋势外，其余季节降水量均呈减少趋势，其中夏、秋季降水量减少趋势最为明显，冬季降水量略有减少。总体来说，1961 年以来低纬高原地区干季(11—4 月)降水量略有增加，雨季(5—10 月)降水量明显减少。

春季降水量整体呈增加趋势，增加速率为 3.65%/10 a(图 3.12a)。春季降水量年代尺度变化显著，1970 年代、2000 年代为偏多时段，其余时段为偏少。2004 年、1990 年和 2001 年春季为近 52 a 降水量最多的三个春季；1963 年、1969 年 1979 年春季为近 52 a 降水量最少的三个春季。

夏季降水量整体呈减少趋势，减少速率为 2.60%/10 a(图 3.12b)。夏季降水量年代尺度变化显著，1980 年代中期至 1990 年代初和 2000 年代为降水量偏少时段，其余时段偏多为主。1966 年、1971 年和 1998 年夏季为近 52 a 降水量最多的三个夏季；2011 年、1992 年和 1989 年夏季为近 52 a 降水量最少的三个夏季。

秋季降水量整体呈减少趋势，减少速率为 2.63%/10 a(图 3.12c)。秋季降水量年代尺度变化显著，2000—2012 年是 1961 年以来低纬高原地区降水量少的时段。1965 年、1995 年和 1983 年秋季为近 52 a 降水量最多的三个秋季；2009 年、1998 年和 1962 年秋季为近 52 a 降水量最少的三个秋季。

冬季降水量整体呈略微减少趋势，减少速率为 0.29%/10 a(图 3.12d)。冬季降水年际变化显著，2000—2012 年是 1961—2012 年低纬高原地区降水量相对较少的时段。1970 年、1982 年和 1991 年冬季为近 52 a 降水最多的三个冬季；1962 年、1968 年和 1973 年冬季为近 52 a 降水最少的 3 个冬季。

由上述分析可见，1961—2012 年间低纬高原地区年降水量的减少趋势主要是由夏、秋季降水的减少造成的。

综上所述，低纬高原地区四季降水具有明显的年际及年代际变化特征。春季降雨变化

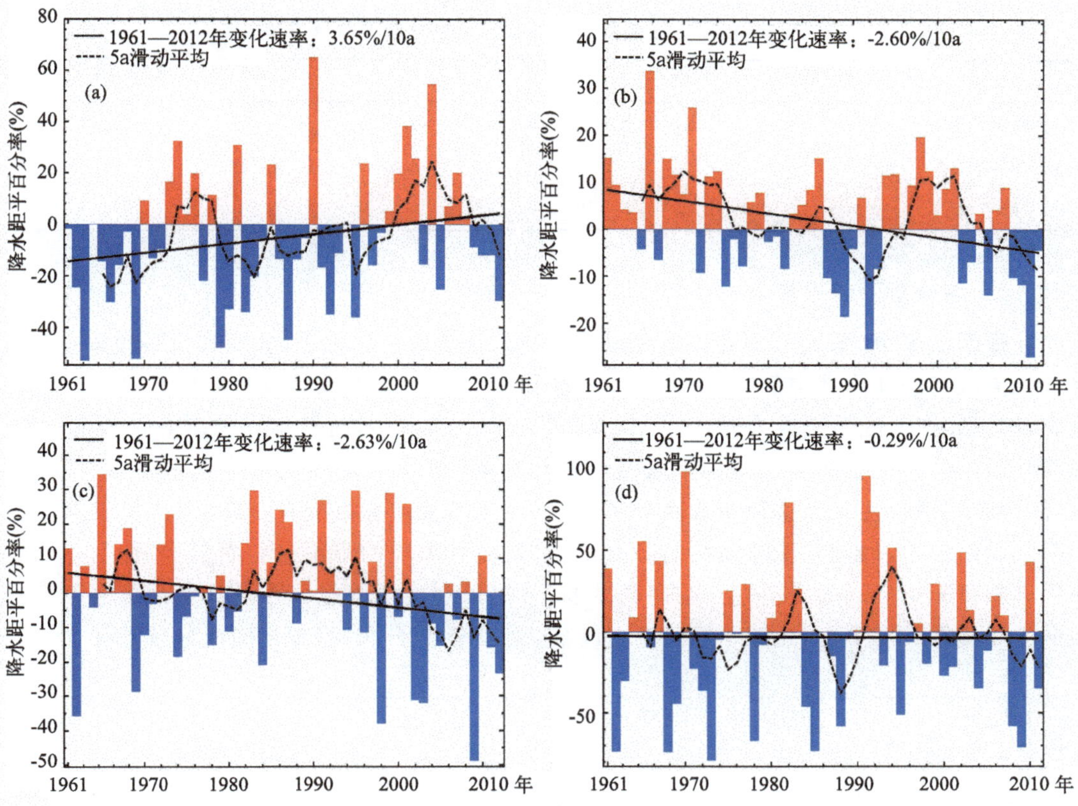

图 3.12　1961—2012 年低纬高原地区四季降水距平百分率变化(单位:%)

(a)春季;(b)夏季;(c)秋季;(d)冬季

趋势在不同年代均是减少的,而春季降水的变化呈增加趋势,可能与进入 21 世纪初春季雨量持续为正距平,特别是与 2001 年、2004 年春季降水最多有关,但从 2009 年开始春季降水转入偏少期(见图 3.10b)。总体来讲,从 1961 年以来,低纬高原地区夏季、秋季和冬季都为减少变化趋势,并且夏季和秋季降水的减少量级基本一致,并且从进入 21 世纪以来,低纬高原地区四季降水均呈减少趋势。而低纬高原地区年降水量减少的变化趋势主要是由于夏、秋季降水的减少趋势造成的。

3.4　横断山区域降水变化特征

本节中有关横断山区域的具体描述见本书第 1.1 节和第 4.2 节的有关说明。

3.4.1　近百年横断山区域降水的空间变化特征

对近百年横断山区域 13 个站点降水资料用 EOF 方法进行分析,年降水量和夏季降水量(6—8 月)资料时间取为 1901—2002 年,冬季降水量(上年 12 至当年 2 月)资料的时间段为 1902—2002 年。表 3.4 给出前五个主分量的解释方差及累计方差贡献,可以看出夏季、冬季和年降水量的前二个主分量已占总方差的 54%以上,特别是从第二主分量到第三分量有一个突变,前 2 个分量已浓缩夏季、冬季和年降水分布的大部分信息。因此,取第一、二主分量作为显著分量进行分析。

表 3.4　横断山区域降雨量的前五个主分量的解释方差

分量	1	2	3	4	5	前2个方差
年降水量(%)	37.29	20.70	8.55	6.91	5.96	57.99
夏季降水量(%)	39.06	15.38	8.70	7.85	6.70	54.44
冬季降水量(%)	55.16	23.67	5.02	4.07	3.60	78.83

3.4.1.1　年降水量的空间分布特征

在横断山区域(图 3.13),年降水量表现出一致偏多或一致偏少的分布特征,最大中心在澜沧江流域与怒江流域中部摆动,横断山地区年雨量等值线大致具有从西向东递减的梯次分布,即以元江—红河流域为界,向东年降水量空间分布减小,向西年降水量空间分布增加,表明横断山区域多受冷空气与偏南气流的共同影响,年降水量表现出一致偏多(反之则偏少)的分布特征;另外,在这种一致性分布中,仍存在明显差异,说明一方面水汽输送因受地形阻隔及地形抬升影响,使迎风坡的降雨量较多,而背风坡的降雨量相对较少;而另一方面使得影响横断山区域的冷空气自东向西减弱,造成该地区年雨量分布形势表现为怒江流域与澜沧江流域有高中心,元江一红河流域以东减小的趋势分布,呈现出经向分布特征。

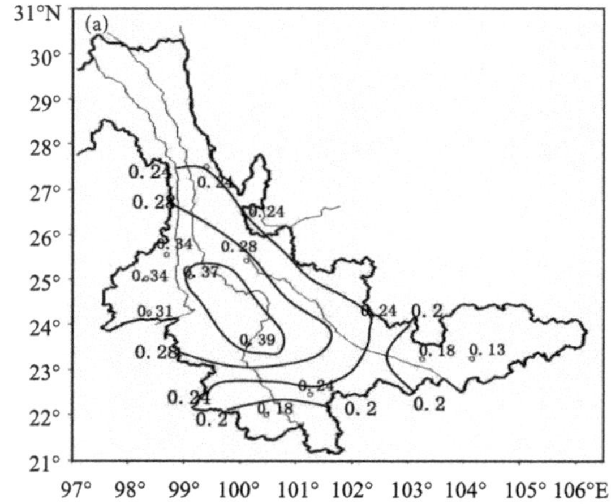

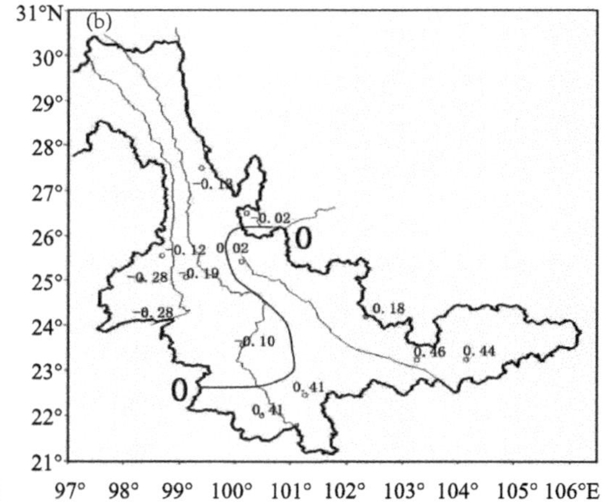

图 3.13　横断山区域年降水量第一(a)、第二特征向量(b)空间分布图

年降水量的第二主分量空间表现出西北部少,东南部多的分布特征,呈西北一东南向分布,反之亦然。这样的分布形式可能与影响横断山区域的天气系统不同有关,一方面在低纬地区,多受低纬天气系统(如登陆的热带低压等)影响,另一方面在横断山区域的高纬地区,多受高原天气系统影响,因地形或其他原因造成南北天气系统配合不好,使南部和北部降水量呈现偏多或偏少的空间分布。

3.4.1.2　夏季降水量的空间变化特征

夏季降水量第一主分量表现出一致偏多或偏少的分布特征(图 3.14a),其中心位于临沧、中甸附近,这种分布在澜沧江、怒江流域摆动。与年雨量分布相似,横断山区域年雨量等值线具有从西向东递减的趋势,即以元江—红河流域为界,向东夏季降水量空间分布减小,向西降水量空间分布增加,最大中心在澜沧江流域上,分布的一致性表明横断山区域夏季受天气系统影响是一致的，如多受冷空气与偏南气流的共同影响，使降水量表现出一致偏多（反之则偏少）的分布特征，但这种分布下仍存在着差异，可能因受地形阻隔、通道及地形抬升影响，使迎风坡的降雨量较多，而背风坡的降雨量相对较少，造成夏季雨量分布形势表现为在澜沧江流域有高中心，呈经向分布特征。

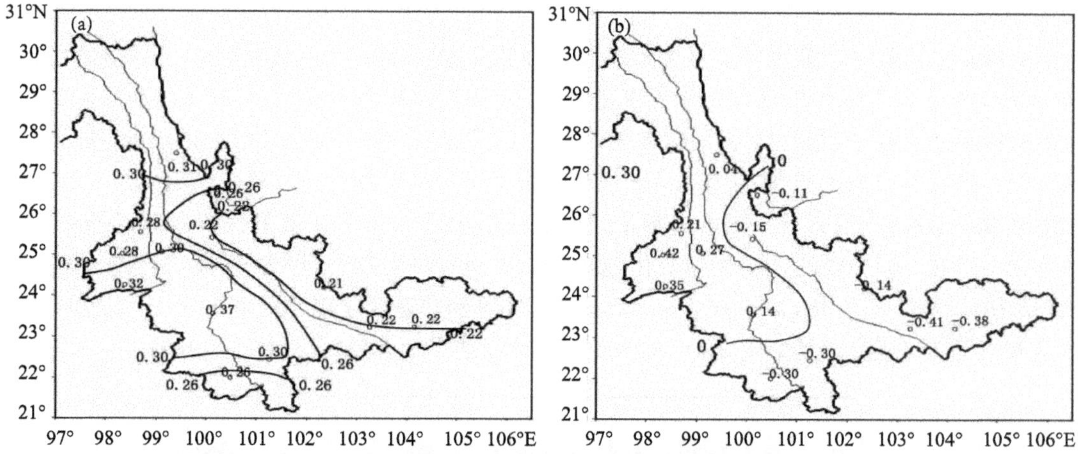

图 3.14　横断山区域夏季降水总量第一(a)、第二特征向量(b)空间分布图

第二主分量表现出西北部多（少），东南部少（多）的分布特征（图 3.14b），这可能与影响横断山区域的天气系统不同有关，也可能是由于季风爆发偏晚，云南雨季来得晚，而高原上的天气系统活跃，造成西北部多，东南部少的分布特征，反之亦然。

3.4.1.3　冬季降水量的空间变化特征

冬季降水量第一主分量表现出一致偏多或偏少的分布特征（图 3.15a），其中心位于怒江、腾冲附近，与夏季雨量分布相比，中心分布从澜沧江流域向怒江流域摆动。横断山区域雨量分布趋势从元江—红河流域向西从澜沧江流域向怒江流域中部增加，表明横断山区域冬季受天气系统影响比较单一、一致，使降水量表现出一致偏多的分布趋势（反之则偏少），呈现出纬向分布特征。

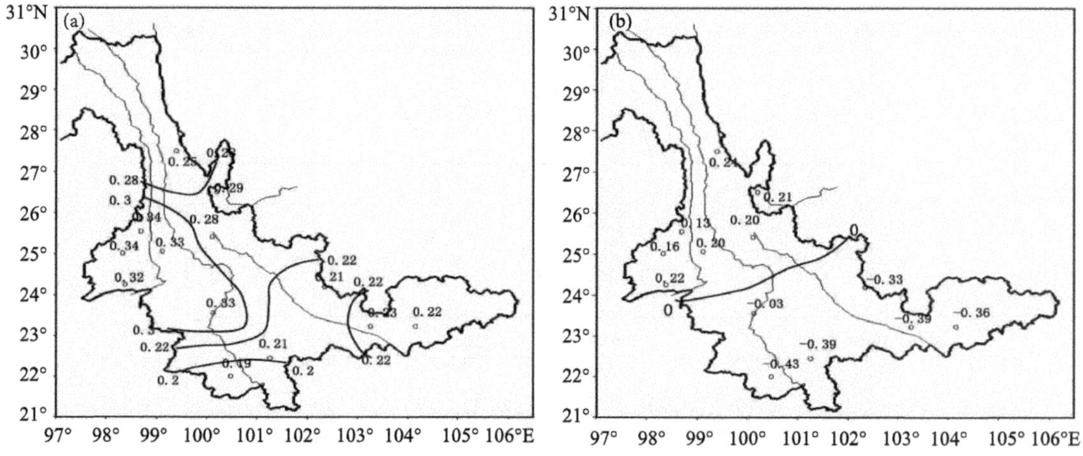

图 3.15　横断山区域冬季降水总量第一(a)、第二特征向量(b)空间分布图

第二主分量表现出西北部多(少),东南部少(多)的分布特征(图 3.15b),这种分布可能与冬季横断山区域主要受北部冷空气频繁影响有关,造成西北部多,东南部少的分布,呈现出纬向分布特征,反之亦然。

3.4.2 横断山区域近百年降水的时间变化特征

3.4.2.1 年降水量的时间变化特征

用 DB16 正交小波对年降水量第一特征向量的时间系数进行分析,102 a 的资料分解为 6 个频带,包括 5 个高频成分和一个平滑信息。从表 3.5 和图 3.16 可以看到,在 56 a 以下的变化中,第一特征向量时间系数的方差贡献率的变化基本是随时间尺度的增长而趋于减小。方差贡献率最大的是周期为 3.5 a 以下的年份,方差贡献为 57.35%,其次是 3.5~7 a 周期,可解释 19.6%的方差。这两个频带组成了横断山区域年降水量第一特征向量的年际变化,占总方差的 76.95%的。年代际变化包含 7~28 a 的两个频带,可解释 17.34%的方差,其中主要为 7~14 a 的变化,方差贡献为 13.03%。气候基本态变化包含周期大于 28 a 的两个年份,解释方差为 5.72%,其中主要为 56 年以上的长周期变化,可解释 4.9%的方差。

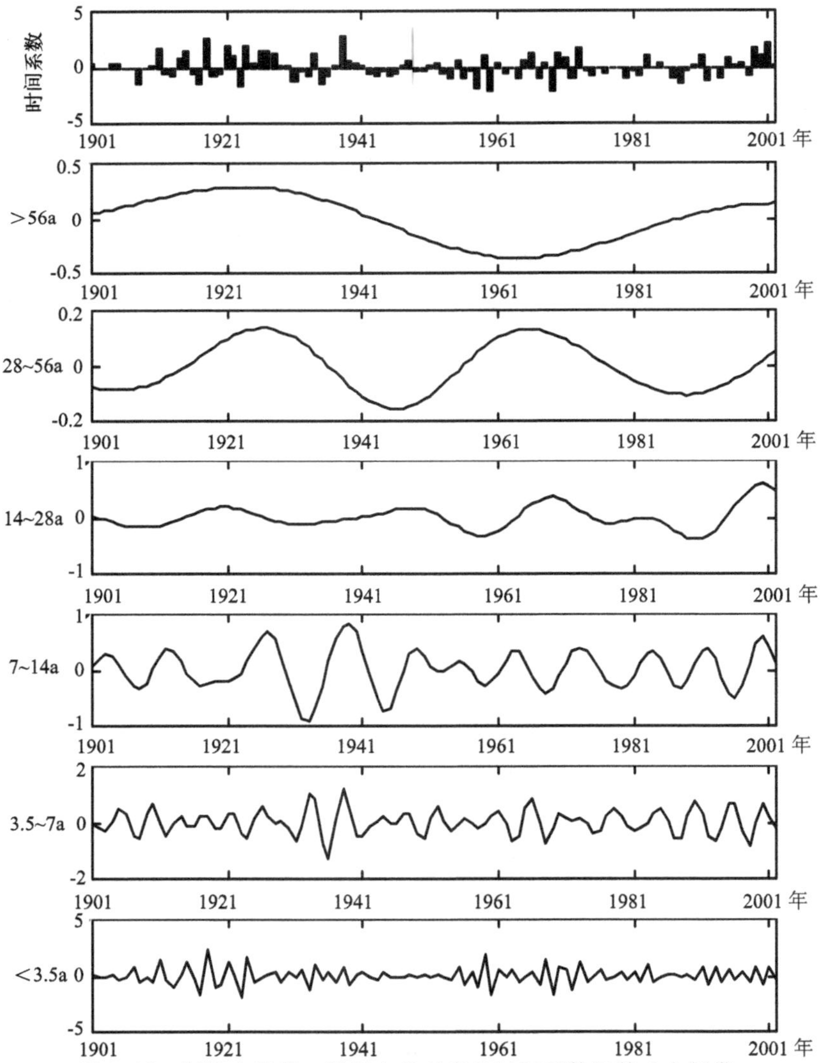

图 3.16 年降水量第一特征向量对应的时间系数及其 6 个频带

运用正交小波的重构公式,可在原函数空间建立起相互正交的各尺度年份,对这些年份进行线性组合可得到气候基本态、年代际变化和年际变化的演变曲线(见图 3.17)。年际变化中,标准化值大于 1.0 的峰值年份基本与多雨年相对应,标准化值小于 1.0 的谷值年份基本与少雨年相对应。年代际变率有两个相对较大的时期,分别在 20 世纪 20 年代中期至 40 年代初期和 90 年代末期以后,其余时段年代际变率相对较弱。气候基本态的变化在 20 世纪 40 年代以前是一个相对湿润期,40 年代至 90 年代中后期是一个相对干旱期。

表 3.5　年、夏季、冬季降水量第一、二特征向量对应时间系数的正交小波分析结果

分辨尺度	2^0	2^1	2^2	2^3	2^4	2^5
周期(a)	<3.5	3.5～7	7～14	14～28	28～56	>56
第一时间系数(年,%)	57.35	19.60	13.03	4.31	0.82	4.90
第二时间系数(年,%)	46.69	21.43	12.77	6.53	3.62	8.96
第一时间系数(夏季,%)	47.99	23.08	7.87	11.97	3.17	5.92
第二时间系数(夏季,%)	54.63	16.55	7.62	9.82	0.91	10.47
第一时间系数(冬季,%)	42.95	31.59	20.39	4.39	0.43	0.25
第二时间系数(冬季,%)	71.14	18.28	5.83	3.60	0.39	0.76

对第二特征向量的时间系数而言,方差贡献率最大的仍是年际变化,其中以小于 3.5 a 的短周期变化为主。其次是年代际变化,其中以 7～14 a 的变化为主。最后是气候态变化,其中以大于 56 a 的长周期变化为主。对第二特征向量的时间系数的气候基本态、年代际变化和年际变化进行组合(图略),可以看到,气候基本态的变化在 20 世纪 40 年代中期以前为正位相分布,即西北少东南多型;之后为负位相分布,即西北多东南少型。年代际的变率在 40 年代至 70 年代相对较大,其余时段相对较小。年际变化中,标准化值大于 1.0 的峰值年份基本对应西北少东南多的分布形式,标准化值小于 1.0 的谷值年份基本相对应西北多东南少的分布型。

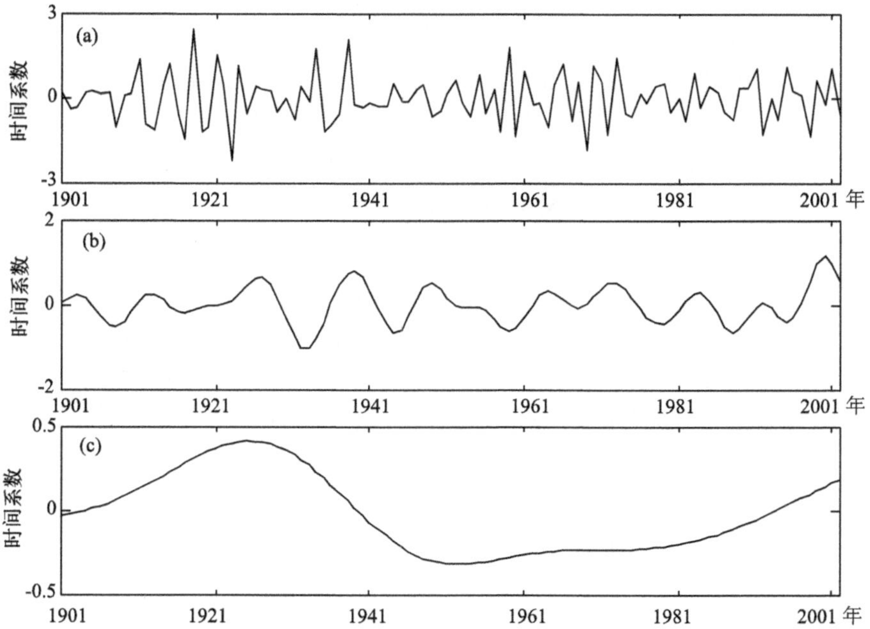

图 3.17　年降水量第一时间系数的年际变化(a)、年代际(b)、气候基本态(c)成分

3.4.2.2 夏季降水量的时间变化特征

从夏季第一特征向量对应的时间系数的方差贡献可知(见表 3.5,图略),方差贡献率最大的是年际变化,并以小于 3.5 a 的变化为主。其次是年代际变化,其中主要为 14～28 a 的变化。气候基本态的变化解释方差仅为 9.09%,主要为 56 a 以上的长周期变化。说明横断山区域夏季降水第一特征向量对应的时间系数具有年际和年代际变化特征,并以年际变化为主。

从各尺度成分进行线性组合的演变曲线看(图略)。年际变化中,标准化值大于 1.0 的峰值年份基本与夏季雨量偏多年相对应,标准化值小于 1.0 的谷值年份基本与夏季雨量偏少年相对应。年代际变率在 20 世纪 20 年代至 30 年代变率较明显,其余时段年代际变率相对较弱。气候基本态的变化在 20 世纪 40 年代以前是一个相对多雨期,60 年代至本世纪初是一个相对少雨期。

对第二特征向量对应的时间系数而言(图略),它的变化与第一特征向量时间系数相似,最显著的变化仍是年际变化,其次是年代际变化,最后是气候基本态的变化。

从各尺度成分进行线性组合的演变曲线看(图略),气候基本态的变化在 20 世纪 40 年代中期以前为正位相分布,即西北多东南少型;之后为负位相分布,即西北少东南多型。年代际的变率在 40 年代中后期至 70 年代初相对较大,其余时段相对较小。年际变化中,标准化值大于 1.0 的峰值年份基本对应西北多东南少分布型,标准化值小于 1.0 的谷值年份基本对应西北少东南多分布型。

3.4.2.3 冬季降水量的时间变化特征

由表 3.5 可知冬季第一特征向量对应的时间系数(图略)的方差贡献率的变化是随时间尺度的增长而趋于减小的。年际变化是最明显的,并以小于 3.5 a 的变化为主。年代际变化的方差贡献率为 24.78%,其中主要为 7～14 a 的变化。气候基本态变化的解释方差为 0.68%,其中主要为 28～56 a 的长周期变化。

从各尺度成分演变曲线(图略)可看出,年际变化中,标准化值大于 1.0 的峰值年份基本与冬季雨量偏多年相对应,标准化值小于 1.0 的谷值年份基本与冬季雨量偏少年相对应。年代际变率在 20 世纪 20 年代至 30 年代末期以及 90 年代以后变率较明显,其余时段年代际变率相对较弱。气候基本态的变化经历了两个多雨期和两个少雨期:20 世纪 20 年代中期以前是一个比较干旱期,50 年代末期至 80 年代初期是一个相对干旱期;20 年代中期以后至 50 年代中期、80 年代中期至本世纪初是一个相对多雨期。

第二特征向量对应的时间系数的方差贡献率最大的仍是年际变化(见表 3.5),共解释 89.42%的方差,其中以小于 3.5 a 的变化为主。年代际变化的方差贡献率为 9.43%,其中以 7～14 a 的变化为主。气候态变化的方差解释率为 1.15%,其中以大于 56 a 的长周期变化为主。第二特征向量对应的时间系数气候基本态的变化在 20 世纪 50 年代中期以前以及 80 年代末以后为正位相分布,即北多南少型;50 年代中期后至 80 年代初为负位相分布(图略),即北少南多型。年代际的变率在 20 年代中后期至 80 年代中期相对较大,其余时段相对较小。年际变化中,标准化值大于 1.0 的峰值年份基本对应北多南少型,标准化值小于 1.0 的谷值年份基本对应北少南多型。

3.4.3　小结

横断山区域年降水量、夏季降水量和冬季降水量第一主分量存在着一致偏多(或偏少)的特征,这种分布特征因受地形阻隔、通道及地形抬升影响,各个季节降水量存在明显差异,年和夏季降水量具有经向分布,其中心分布在澜沧江、怒江流域摆动。冬季具有纬向分布特征。年、夏季和冬季降水量第 2 主分量表现出西北部少,东南部多的分布特征,呈西北一东南向分布,反之亦然,形成这种分布可能与地形的阻隔及通道影响有关。在横断山区域近百年的年、夏季、冬季降水量的变化中,年际变化是最显著的,周期变化主要集中在3.5 a 以下的高频振荡时域内,其次是年代际变化,最后是气候态的变化,但冬季的气候态变化并不明显(这可能说明横断山区域冬季气候变化差异不大)。另外还可看出,年降水分布第二种模态的气候态变化是年、夏季、冬季三个不同时段中最明显的,其次是夏季降水分布的第二种模态;冬季降水分布第二种模态的年际变化是 3 个时段中最明显的,其次是年降水分布的第一种模态。

3.5　低纬高原地区暴雨天气的变化特征

低纬高原受东亚、南亚两支季风共同作用,具有独特的天气气候特征,从而具有鲜明的气象灾害特点,有“无灾不成年”之说。暴雨是低纬高原地区主要灾害性天气之一,了解暴雨的变化特征对于防灾减灾具有一定的指导意义。根据中国气象局灾害天气标准,将日降雨量≥50 mm 作为筛选暴雨的标准。图 3.18a 是暴雨频数的气候变化趋势,可以看出,低纬高原大部分地区的年暴雨频数以小幅增加为主,滇中以西地区增加较明显。其中在保山、德宏、临沧西部、大理北部和楚雄的南部,暴雨频数趋势系数超过 0.37,通过了 0.05 的显著性检验。同时,暴雨频数减少的地区分散在昭通、昆明东南处、文山西部、红河北部、西双版纳,普洱西部及大理西南部等地,但是仅有普洱西部边缘地区较显著,通过了 0.05 的显著性检验。

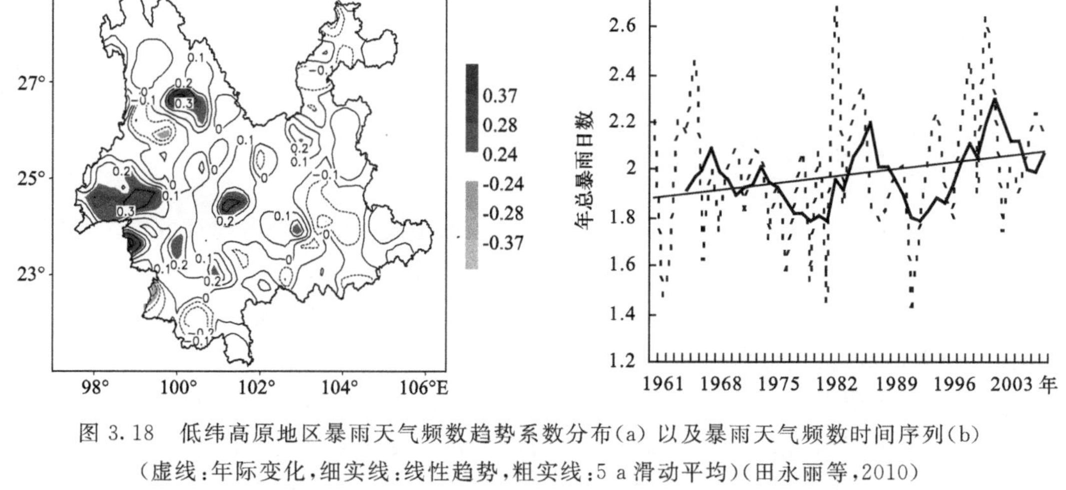

图 3.18　低纬高原地区暴雨天气频数趋势系数分布(a) 以及暴雨天气频数时间序列(b)
(虚线:年际变化,细实线:线性趋势,粗实线:5 a 滑动平均)(田永丽等,2010)

从低纬高原地区暴雨天气频数趋势系数分布图中可以发现(图 3.18b),暴雨天气频数在全省范围大致具有较一致的气候变化趋势,因此用全省 123 站的算术平均值来分析暴雨天气事件频数的时间演变特征。低纬高原年暴雨频数总体上在缓慢地增加,但是增幅不明显,每 10 a 仅增加 0.04 d。这与云南大雨及以上量级降水增加的趋势较为一致(彭贵芬等,2009)。在逐渐增加的背景下,云南暴雨频数具有比较明显的年代际特征。大致在上个世纪 60 年代中、80 年代中和本世纪初为暴雨多发期,而 20 世纪 70 年代中和 90 年代初为暴雨偏少时期,也就是说具有准 15 a 的年代际变化。

暴雨频数变化周期主要出现在中低频区(图 3.19),主周期 15 a,次周期 6 a。其中 1970 年代中期次周期信号减弱并逐渐缩短,1980 年代中期至 1990 年代初期次周期变为 5 a,1990 年代中期开始 6 a 周期再次出现信号增强,而在此同时在高频区又出现了一个 3 a 的弱周期。

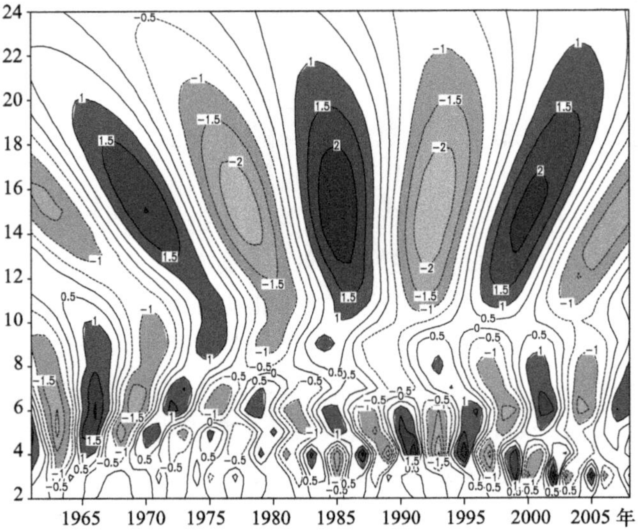

3.19 暴雨天气频数 Morlet 小波变换系数图(田永丽等,2010)

综上所述,低纬高原地区暴雨频数以小幅增加为主,滇中以西地区增加较明显。年暴雨频数呈缓慢增加,线性倾向率仅 0.04 d/10 a,但却具有较明显的年代际特征。云南暴雨频数有显著的 15 a 和 6 a 的周期。

3.6 低纬高原地区雨日的变化特征

旱涝、地质灾害的发生常常与降水的多少相关,而不同级别降雨出现日数决定了降水的多少。了解各级雨日的气候变化特征对于防灾减灾具有重要的意义。

符传博等(2011)对低纬高原地区 30 个测站雨日资料的研究发现,年降雨总日数最大值出现在滇西南地区,最大值可达 200 d 以上,年雨日最多的为贡山,其次是屏边和江城。滇中地区最少,最小值在 120 d 以下,最少的是元谋。年雨日数近 50 年来主要呈现出显著的减少趋势变化,其中滇西南和 102°E 以东地区的减少趋势变化显著。从四季雨日的趋势系数来看,除春季外,其他季节雨日仍是大范围的减少趋势,夏季雨日是大范围明显减少最多的,其次是秋季和冬季，最后是春季。秋、冬季明显减少的地区与年雨日变化较相似。对于不同的月份，雨日的趋势变化也是不同的。1月份雨日25°N以北雨日有显著增多趋势，以南有减少趋势；2月份雨日大部地区为减少趋势；3月份雨日为增加趋势，但较弱，没有通过显著性检验；4、5月份雨日出现大范围的增加趋势；6月份雨日以大范围的减少趋势为主，在滇西地区减少趋势较强；7月份雨日以减少趋势为主，但趋势较弱；8月份雨日以减少趋势为主，雨日在滇西南和滇东地区趋势较强；9月份雨日为呈减少趋势，103°E以东减少趋势较明显；10月份雨日大部分为减少趋势，雨日在滇西南和滇东地区变化趋势较大；11月份雨日为减少趋势变化，其中滇西南减少趋势较强；12月份雨日为减少趋势变化，在滇西南和滇东南减少趋势较大。也就是说，全年12个月中有9个月是减少趋势且测站超过一半以上的，其中以6、8、9和10月最为明显。总的来说，云南省月雨日呈减少趋势。

彭贵芬等(2009)对低纬高原地区各量级雨日的气候特征进行研究后发现，各量级强降水日最大值出现在7月，其次是8月和6月，年变化表现为以7月为中心向两端减少的正态分布。云南省中雨以上量级的强降雨日有明显的干、雨季之分。雨季中雨日、大雨日、暴雨日、大暴雨日分别占全年中雨日、大雨日、暴雨日、大暴雨日的84%、90%、94%、99%。自1959年以来，云南大雨、暴雨、大暴雨日在增多，其中暴雨日、大暴雨日增多的趋势较明显。云南大雨日每10 a增多6.9 d，暴雨日每10 a增多4.3 d，大暴雨日每10 a增多约1 d。暴雨日和大暴雨日增多的数字不大，但到2005年，云南一年中暴雨日已比20世纪50年代末增加了近21次，大暴雨日增加了大约4次。另一方面，云南的雨日和中雨日明显减少，雨日平均每10 a每站减少7.6 d，中雨日平均每10 a全省减少75.4 d，特别是雨季的减少幅度大。

3.7　昆明静止锋的变化特征及其与降水的联系

昆明静止锋是低纬地区的重要天气系统。昆明静止锋是樊平(1956)首次提出，昆明静止锋是影响云贵高原的一个重要的天气系统，尤其在冬春季表现得最为突出，在冬季，昆明静止锋锋前天气晴朗，锋后阴雨绵绵，常伴有凝冻、低温雨雪等天气，一旦有中高层系统引导或冷锋合并静止锋常会造成暴雪、低温寒潮等灾害天气。陶祖钰等(2008)认为在中国1月份地面锋面频率的气候分布图上，除了天山地形静止锋外，气候频率最高的就是南海北部的准静止锋，其西端转变为南北走向的昆明准静止锋，以及与其相邻的南岭准静止锋是地面锋高频率带，两者构成了冬季东亚最主要的气候锋，并认为准静止锋的三维空间配合在2008年低温雨雪冰冻的极端天气中产生持续性降水。

可见，昆明静止锋是低纬高原地区重要天气系统。在全球气候变暖背景下，静止锋的活动规律、强度变化特征及趋势如何并不清楚。因此，本节研究1970年以来冬季静止锋的活动规律，分析气候变化背景下，昆明静止锋影响区域的主要气象要素变化。

3.7.1　冬季昆明静止锋的变化特征

为了便于对昆明准止锋进行统计，根据定义并结合实际预报经验两方面来规定昆明静止锋的判定标准是：选取昆明、沾益、贵阳三个点来划分昆明静止锋的移动位置(图3.20)，将昆明准静止锋分为三类：a为锋面过沾益、会泽影响到昆明；b表示锋面在沾益、会泽与昆明之间;c 表示锋面在沾益与贵阳之间。同时规定:连续影响 3 d 以上定义为一个过程次数,每次过程次数的累计天数为静止锋影响日数。

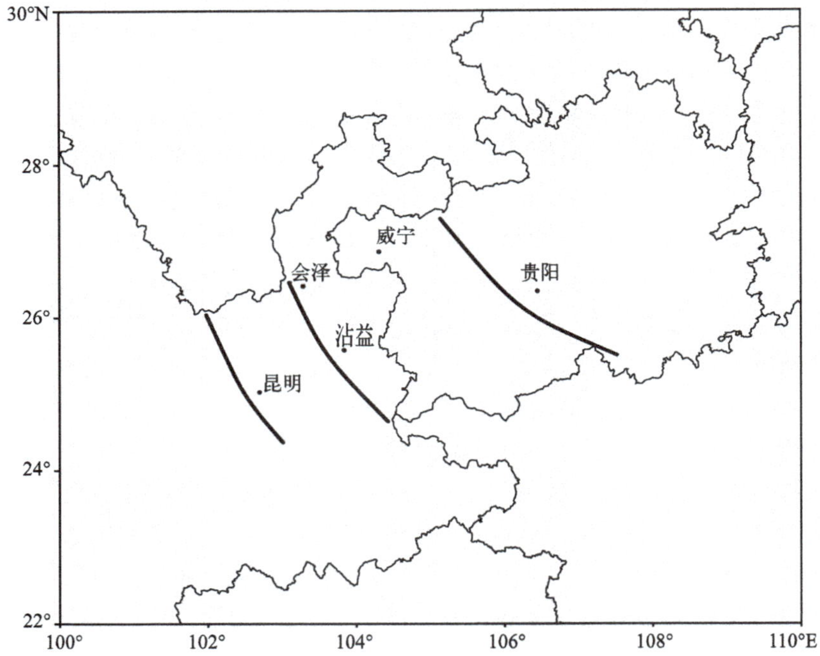

图 3.20　昆明静止锋位置类型结构分布

对 1970—2009 年昆明静止锋出现的统计情况说明,c 类静止锋出现最多占 50%,其次是 b 类为 38.5%,最少的是 a 类仅占总数的 11.5%(图 3.21),这样的分布说明锋面位于沾益与贵阳之间(即 c 类静止锋)最为频繁,这与昆明静止锋平均地理位置一般在沾益、威宁以西是一致的(秦剑等,1997)。从昆明静止锋的月分布可看出(图 3.22),1 月 c 类静止锋的影响日数最多,平均影响日数在 6 d 以上,这与冬季贵州天气多阴雨是一致的;2 月 b 类静止锋即锋面在沾益、会泽与昆明之间的影响日数最多,平均为 5 d;a 类静止锋 12 月多于 1 月和 2 月。总的来说,在 1 月份中 b、c 类静止锋影响次数较多,2 月份则是 b 类静止锋影响多。

图 3.21　1970—2009 年冬季昆明静止锋不同类型的月分布

从图 3.23 可以看出,40 a 来冬季三类静止锋具有明显的年际及年代际变化特征。总体呈减少的趋势,其中 a 类静止锋减少趋势显著,其减少速度为 1.62 d/10 a,并通过 0.01 的显著性检验。b 类和 c 类静止锋呈略减少的趋势,但没有通过显著性检验。a 类静止锋年平均

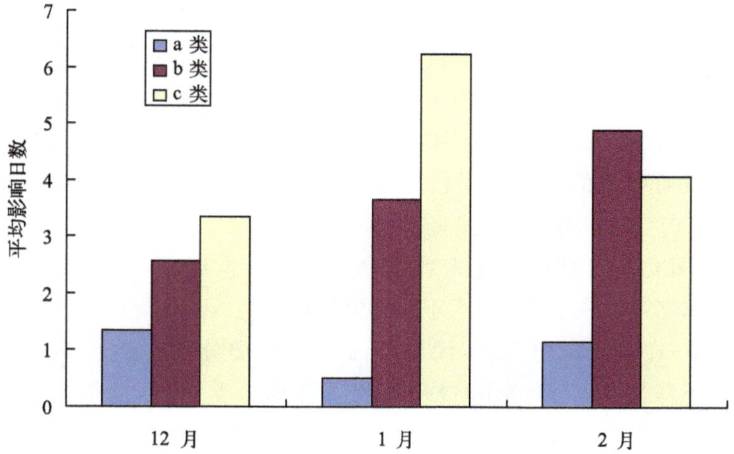

图 3.22　1970—2009 年冬季昆明静止锋不同类型的月分布

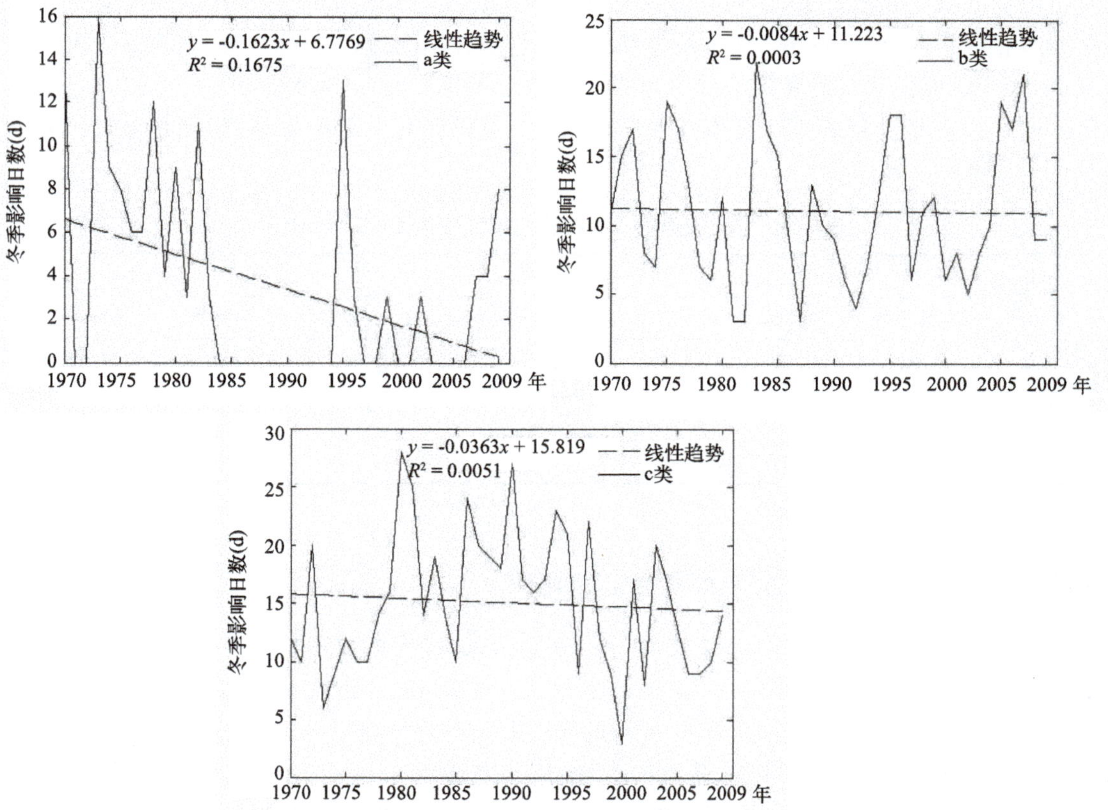

图 3.23　1970—2009 年三类静止锋影响日数的年际变化

出现 3.5 次，在 20 世纪 80 年代中期以前出现日数较多，80 年代中期以后呈减少趋势，在 80 年代中期至 90 年代中期前静止锋出现次数最少或基本不出现，另外，在 90 年代末期至 21 世纪初静止锋出现也相对较少，总体来看具有年代际变化特征，影响日数最多的是 1973 年为 16 d，其次是 1995 年。

b类静止锋年平均出现11.1次，影响日数略减少趋势，减少速率为0.08 d/10 a，但没有通过0.05的显著性检验，从图中可以看出这类静止锋具有明显的年际及年代际变化特征，影响次数最多的是在1983年有22 d，其次是2007年有21 d。c类静止锋年平均出现15.1次，呈减少趋势，减少速率为0.36 d/10 a，但没有通过0.05的显著性检验，这类静止锋在20世纪70年代末至90年代末期处于最多时期，而在70年代末期前相对较少，进入21世纪以来略有回升趋势，具有明显的年际及年代际变化特征，此类静止锋在1980年最强，影响日数有28 d，其次是1990年，其中最少的是2000年，仅有3 d。

从静止锋出现日数的年代际变化来看(表略)，在20世纪70年代、80年代和90年代静止锋出现日数较多，影响最多的是80年代，最少的是最近10 a。在类型上，影响云南的静止锋类型(a类和b类)在上个世纪70年代最多，a类和b类分别达到了74 d和120 d，进入新世纪以来，b类静止锋出现最多；影响贵州的静止锋即c类是20世纪80年代最多，出现了191 d，最少的是20世纪70年代，仅出现119 d，进入21世纪以来与1970年代相似呈减少趋势。c类和a类静止锋出现的最多日数与最少天数相差最大分别为72 d和55 d，与b类相差最小达31 d，这种变化说明40 a来，锋面在沾益与贵阳之间(c类)、锋面影响昆明(a类)这2类静止锋变化差异大，而锋面在沾益和会泽与昆明之间的天气变化相对较平稳。虽然冬季静止锋总体呈减少(表3.6)，但各月的变化趋势并不一致，a类静止锋在12、1、2月均为减少，说明影响昆明的静止锋呈减少趋势，b类静止锋除1月略增加外，在12月、2月变化趋势不明显，c类静止锋在1、2月为减少趋势，而12月的变化趋势为增加，但增加的速度比减少的速度要小。

表3.6 静止锋影响日数趋势系数和气候倾向率(d/10 a)

类型	冬季		12月		1月		2月	
	趋势系数	倾向率	趋势系数	倾向率	趋势系数	倾向率	趋势系数	倾向率
a型	−0.41**	−1.6	−0.23	−0.5	−0.12	−0.2	−0.20	−0.5
b型	−0.02	−0.1	0.01	0	0.05	0.2	0	0
c型	−0.07	−0.4	0.39*	1.2	−0.20	−0.8	−0.15	−0.6

**表示通过0.01的显著性水平检验，*表示通过0.1的显著性水平检验。

3.7.2 气象要素对昆明静止锋变化的响应

云南与全国主要气象灾害(旱灾、洪涝、冷灾和风雹)受灾面积构成对比表明，全国的构成比例则为57%、28%、5%、10%，而云南旱灾、洪涝、冷灾和风雹4种主要灾害分别占43%、23%，19%、15%，与全国相比，云南的冷灾和风雹灾害强于全国平均水平，而旱涝灾害强度弱于全国平均水平(程建刚等，2009)，但近年来云南冬、春季干旱呈增加趋势(张万诚等，2013b)。冷灾主要发生在冬季，如：2008年1月10日—2月2日期间我国南方发生的严重低温雨雪冰冻灾害天气等。下面主要分析昆明静止锋的变化对气象要素特别是降水的影响。

3.7.2.1　阴天日数变化

选取早晨 08 时总云量≥8 的日数来分析云量变化即阴天日数的变化特征，40 a 来贵阳的平均阴天日数为 68.8 d，远远高于昆明、沾益的阴天日数，两地的阴天日数分别为 17.2 d 和 32.4 d。从图 3.24 中可以明显看出，贵阳的阴天日数总体上比昆明、沾益要多得多，除个别年份如 1999 年冬季最少为 49 d 外，总云量日数≥8 的日数都在 60 d 以上，贵阳冬季阴天日数占了整个冬季的 2/3。从 1970 年以来，昆明和沾益冬季早晨阴天日数的变化非常相似（两者的相关系数为 0.72），具有明显的年际及年代际变化，其阴天数呈增加趋势，其中沾益的增加速率为 0.19 d/a，昆明的变化趋势为 0.1 d/a，分别通过了 0.05 的显著性检验和 0.1 的显著性检验；而贵阳上午的云量具有明显的年际及年代际变化，特别是从 1995 年以来年代际波动较大为略减少趋势，总体上 40 a 来贵阳阴天有弱增加（为 0.01 d/a）但趋势变化不大，并且没有通过 0.1 的显著性检验。

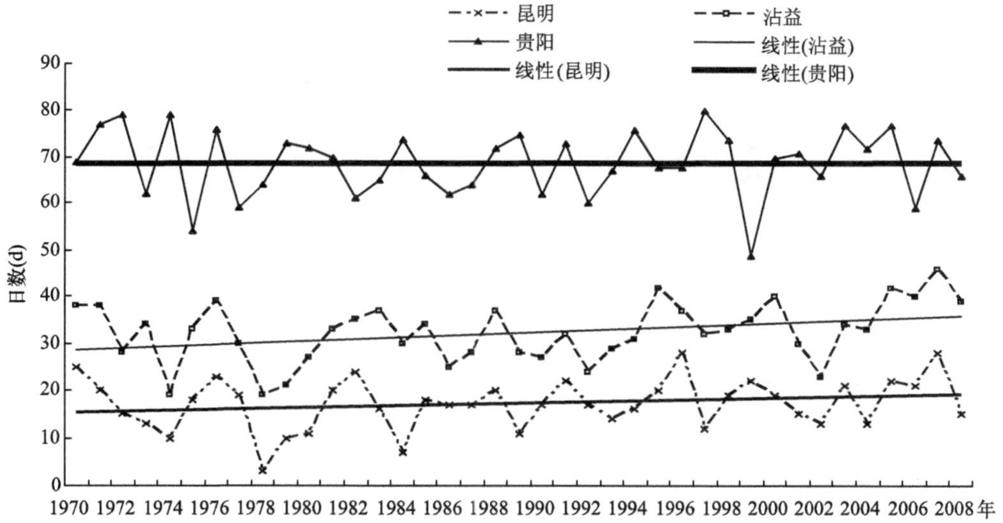

图 3.24　贵阳、昆明和沾益冬季早晨阴天日数的年际变化

3.7.2.2　冷日频数变化

选取以逐日最低气温 $T_{min}\leqslant 0$ 为冷日标准，统计了近四十年来的静止锋影响区域下的冷日频数并分析其变化特征（图 3.25）。图中可见，冬季马龙、沾益、宣威的冷日出现频数均呈现减少的趋势，其中宣威的冷日频数的减少趋势（趋势系数 $r=-0.55$）和马龙冷日频数的减少趋势（趋势系数 $r=-0.42$）极其显著，分别以 5 d/10 a 和 3 d/10 a 的倾向率显著减少（显著性水平在 0.01 以上）。沾益冷日数减少趋势（趋势系数 $r=-0.30$）不如昆明显著。这种冷日数的减少与静止锋减少的趋势是一致的。另外分析了昆明、贵阳冷日频繁的趋势特征（图略），昆明减少的趋势显著，贵阳减少趋势显著，通过计算趋势系数（$r=0.13$）和倾向率，发现其只是略增加的，冬季平均冷日数为 12 d，其中在 2004 年和 2007 年冬季冷日数最多，多达 32 d 和 33 d。这可能与 2004/2005 年的全国性低温事件和 2008 年南方低温雨雪天气极其相关。图中显示，a、b、c 类静止锋影响区域下站点的冷日数多的时段多集中在 20 世纪 80 年代中期以前，其中 a 类和 b 类在 70 年代冷日数表现较多。

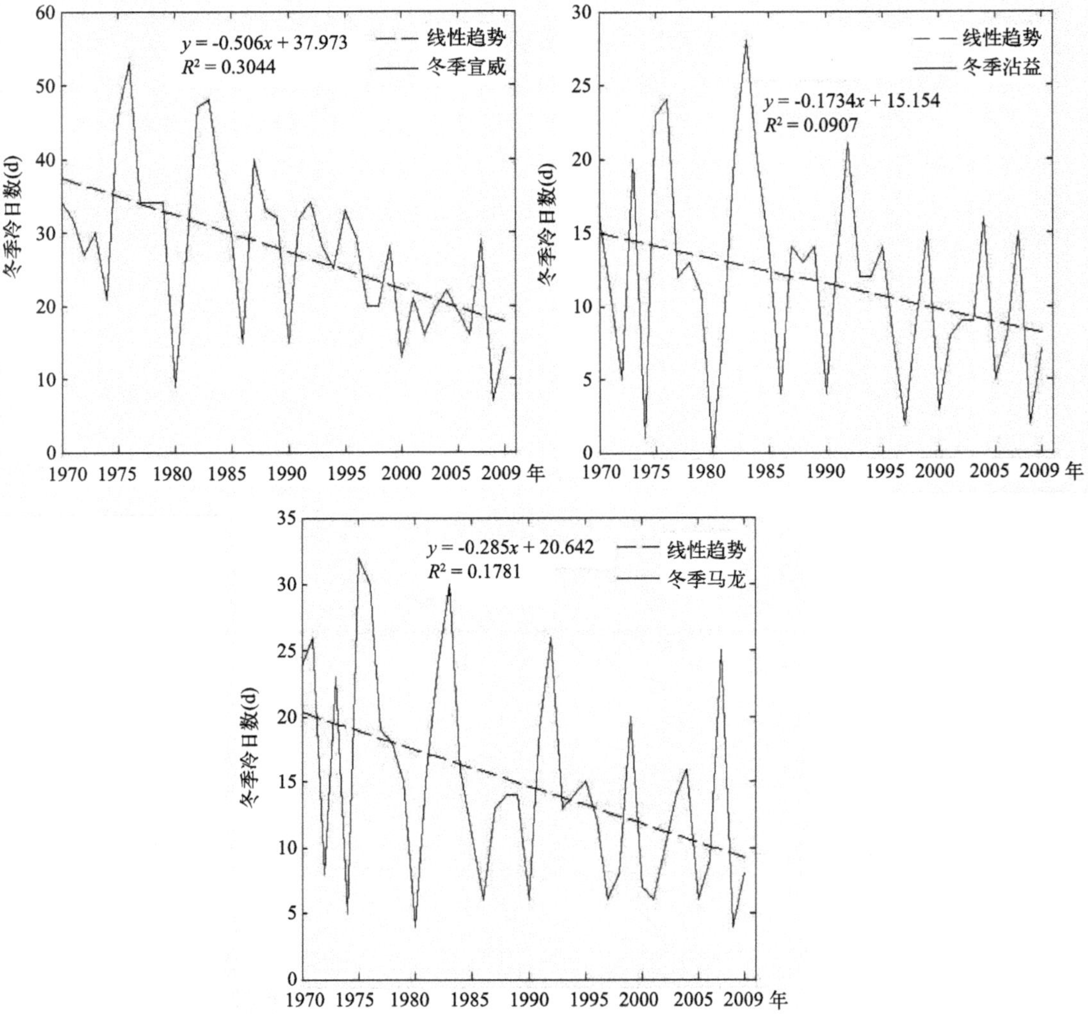

图 3.25　静止锋影响区域冷日频数变化

3.7.2.3　雨日数变化

由于受昆明静止锋影响，冬季贵阳降雨比较频繁，下面仅对 a 类和 b 类静止锋影响区域代表站昆明和沾益作讨论，分析冬季降雨和雨日的变化。其中雨日定义为日降水量(包括降雪)大于 0 的日数。

从统计分析来看，冬季沾益降雨数最多的是 1991 年达到 40 d，其次是 1982 年降雨日数也较多，而降雨日数最少的是在 1978 年仅出现了 14 d。昆明冬季降雨数最多的是 1992 年，其次是 1971 年冬季。计算静止锋影响日数与降雨量的相关表明，静止锋影响日数与雨量呈正相关。从昆明和沾益的雨日变化可看出(图 3.26)，昆明冬季的降雨日数呈减少的趋势，仅通过了 0.1 的显著性检验，这与前面得出的静止锋呈减少趋势是对应的。而沾益的雨日呈增加趋势，这说明冷空气只是形成降雨的条件之一，还有水汽等条件，尤其在冬季水汽的影响就非常重要。

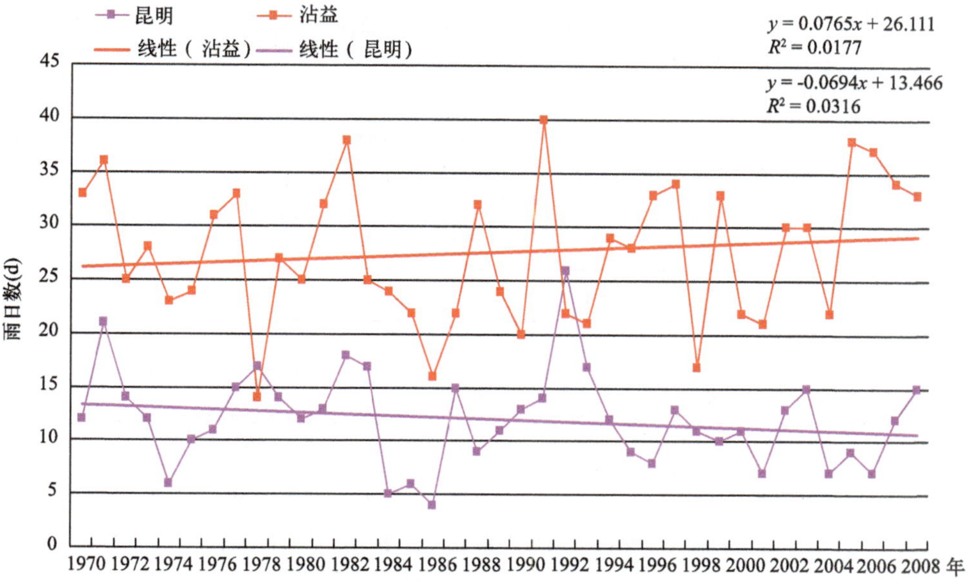

图 3.26　昆明和沾益(1970—2008 年)冬季雨日变化

3.7.2.4　干旱日数与静止锋的联系

图 3.27 是静止锋影响下沾益的干旱持续日数与 b 类静止锋天数，从图中可以看出，沾益的干旱日数与静止锋天数基本呈反相变化，从 1970 年以来两者的变化趋势相反，沾益每年干旱日数的变化呈增加趋势为 5.3 d/10 a，而其静止锋影响日数则为弱的降低趋势为 0.1 d/10 a，而静止锋影响区域的干旱持续日数与静止锋影响日数基本呈反相变化，其干旱日数的变化呈增加趋势为 5.4 d/10 a，而其静止锋影响日数则为弱的降低趋势为 1.7 d/10 a。虽然两者没有通过 0.05 的显著性检验，但由于冷空气活动是产生降水的必要条件之一，并且两者的年际变化趋势也说明静止锋影响对区域降水的重要作用不可忽视。

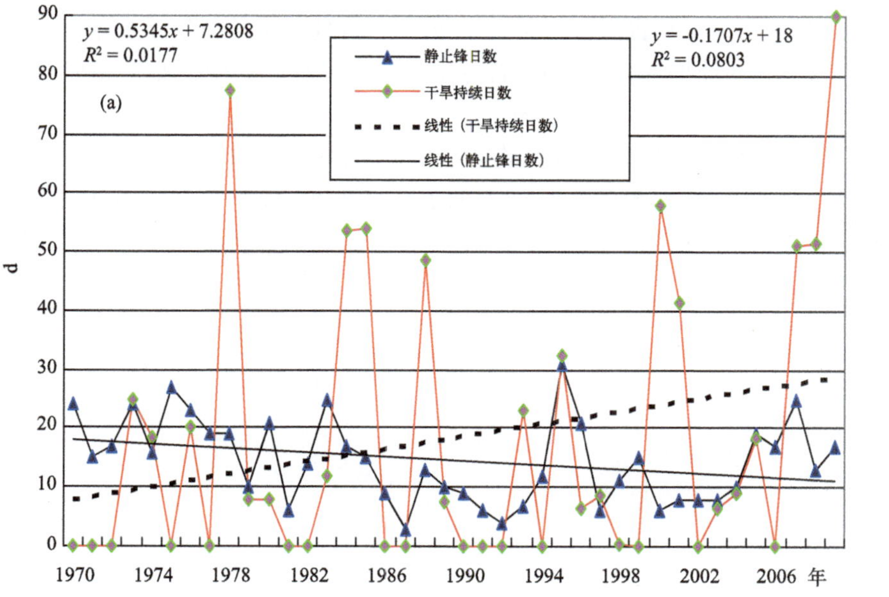

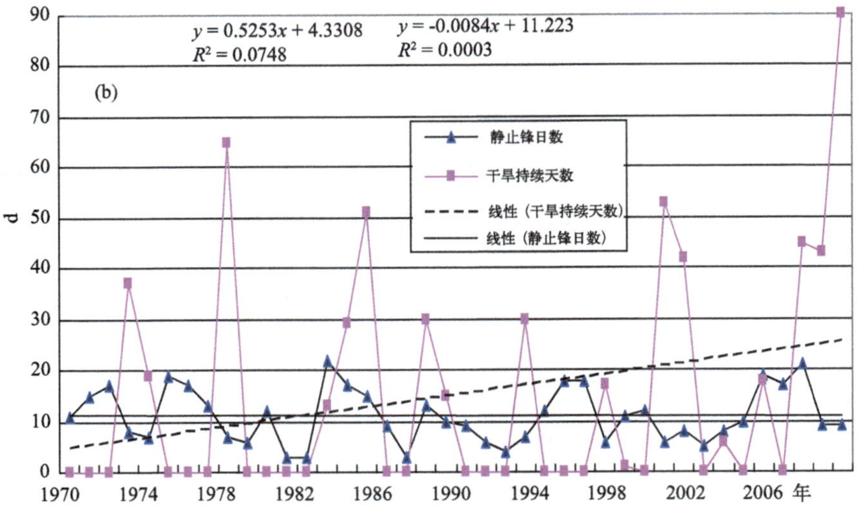

图 3.27 干旱持续时间与静止锋影响天数的年际变化

（a. 区域；b. 沾益）

3.7.3 小结与讨论

（1）冬季位于沾益与贵阳之间（c 类）的静止锋常年发生，平均每年达到 15 d，最多达 28 d；其次是 b 类（锋面在沾益、昆明之间），平均每年达到 12 d，最多为 1983 年和 2007 年冬季，分别达到 22 d 左右；a 类静止锋（锋面影响到昆明）最少，多年平均仅有 3 d。

（2）在月际分布上，昆明静止锋 1 月份出现较多。在类型分布上，a 类在 12 月份最多，b 类在 2 月最多，c 类在 1 月份最多。从过程次数来看，c 类静止锋影响过程数次数最多共计 147 次，比 a 类和 b 类多，后 2 类静止锋影响次数接近。

（3）昆明静止锋的变化具有明显的年际及年代际变化特征。从 1970 年以来，冬季静止锋呈减趋势。

（4）贵阳冬季阴天日数占了整个冬季日数的 2/3，具有明显的年际及年代际变化特征，总体上贵阳的阴天有弱的增加；昆明和沾益冬季早晨阴天日数的变化非常相似，具有明显的年际及年代际变化，其阴天数呈增加趋势。

静止锋影响日数与雨日数同降水量呈正相关，说明静止锋活动次数多，则阴冷日数多，反之则相反。总体上，随着冬季影响云南的静止锋减少，降水日数呈减少趋势，温度升高。特别是近年来滇中及其以东地区冬季干旱非常明显，这与低纬高原地区冬春季干旱频繁是一致的。

第 4 章　低纬高原地区可降水量的分布及变化趋势

4.1　可降水量的空间分布及变化特征

4.1.1　年可降水量的分布

从多年平均(1948—2012 年,下同)的整层气柱的大气可降水量分布图上可看出(图 4.1),整体上可降水量表现为北低南高的分布形式,400 mm 的水汽源区位于 20°N 以南、40°E 以东的洋面上,在东印度洋至西太平洋的大范围区域为 500 mm 以上的水汽区,其中在南海南部、马来群岛附近存在 600 mm 以上的高中心;整个孟加拉湾至中南半岛、北部湾为 450 mm 以上的等值线控制。可降水量在 150 mm 以下的区域位于 30°—40°N、100°E 以西,即青藏高原地区为低值区,其可降水量最低值为 50 mm 以下。在 17°—30°N、95°—108°E 的区域可降水量大致呈“U”字形分布,即低纬高原地区的上空基本呈“U”字形,从滇西北向南增加,大气可降水量大致在 100～350 mm 或 400 mm 间;另外,在 25°—30°N,70°—100°E 的地区可降水量基本呈纬向分布,这可能与高原地形影响有关。

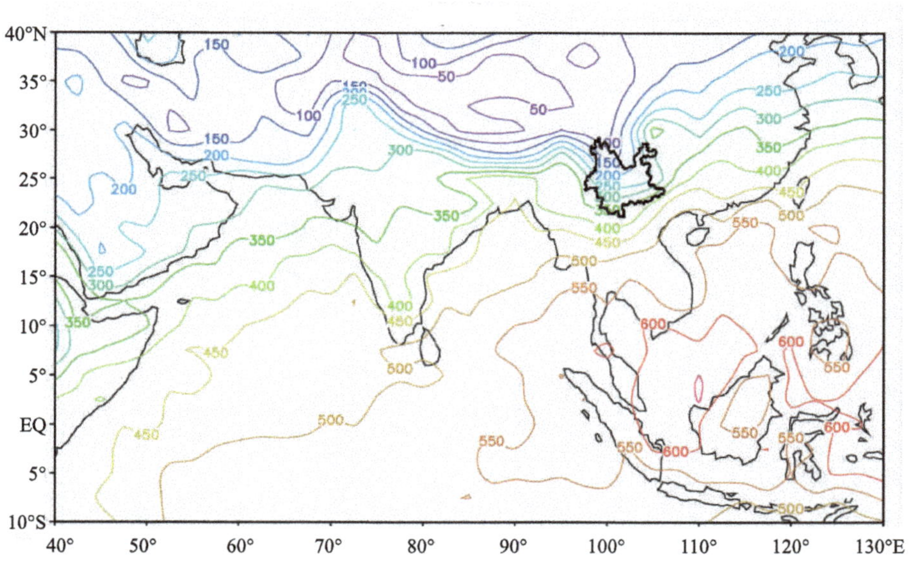

图 4.1　1948—2012 多年平均的大气可降水量(单位:mm)

4.1.2 四季可降水量的分布

从图 4.2a 可以看出，春季的大气可降水量大致表现为北低南高的分布，40 mm 大值区范围主要在东印度洋的安达曼海以南，其等值线向北延伸到中南半岛和北部湾，即 20°N 以南、40°E 以东的地区可降水量为 40 mm 以上，45 mm 线从赤道印度洋经安达曼海、中南半岛延伸到北部湾附近，高值中心在南海南部至苏门答腊岛附近为 50 mm 以上，在 20°—30°N、95°—110°E 范围的可降水量大致呈“U”字形分布；在 25°—30°N，75°—95°E 的地区可降水量呈纬向分布。低纬高原地区春季的大气可降水量大致在 10～30 mm 间。

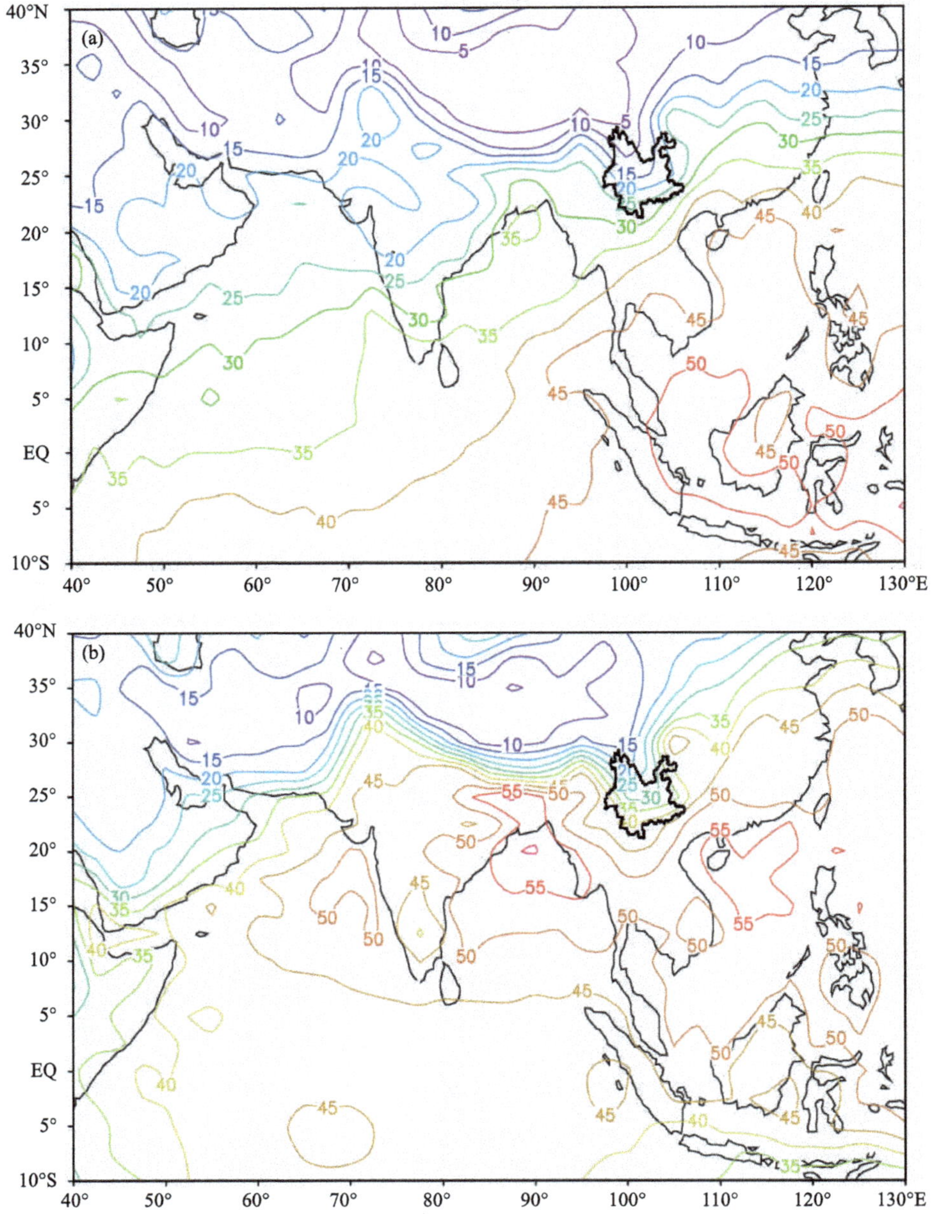

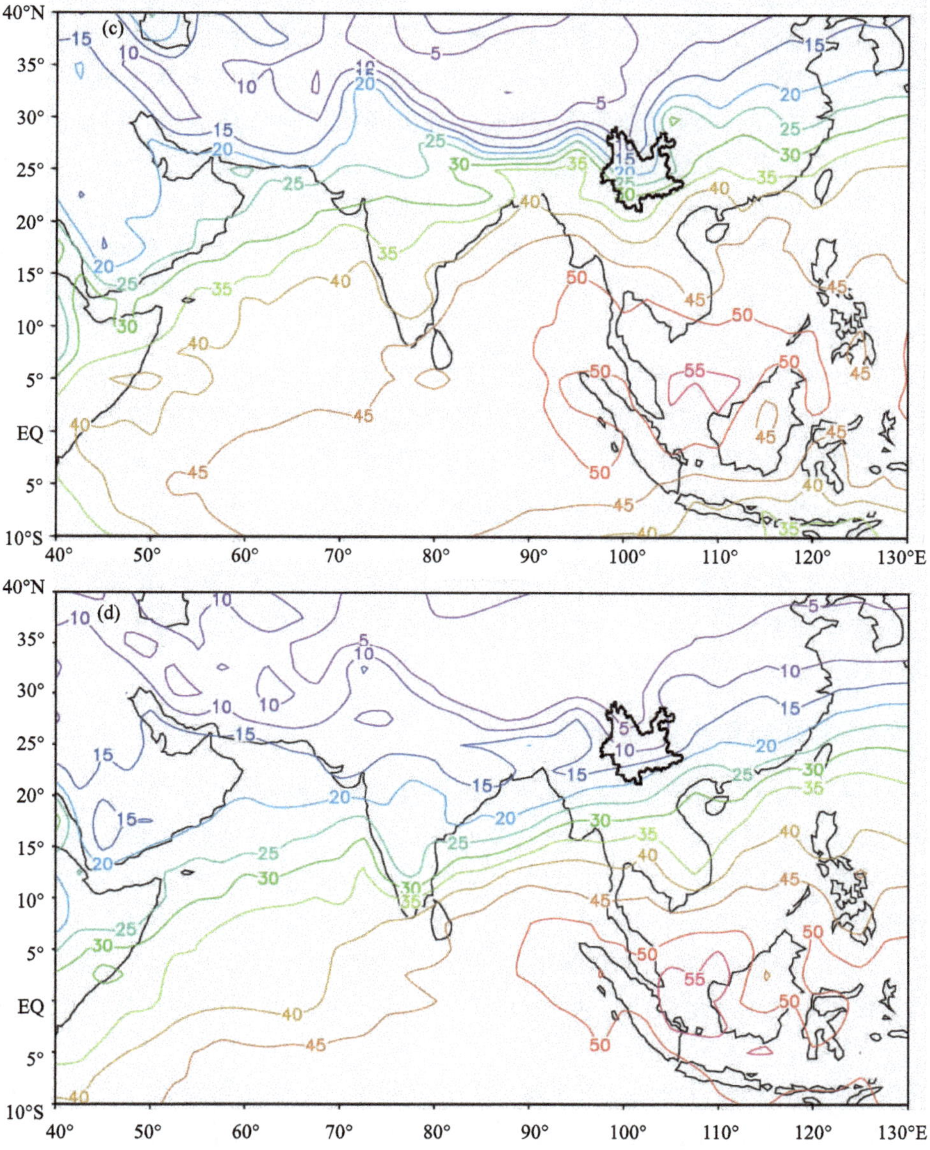

图 4.2　1948—2012 四季季平均大气可降水量分布(单位:mm)

(a)春季;(b)夏季;(c)秋季;(d)冬季

夏季的大气可降水量分布总体上与春季相似,都表现为北低南高的分布,但大气可降水量值的大小及分布、最大中心的强度与分布均与春季不同(图 4.2b)。从图中可看出,40 mm 等值线范围向北扩展到 30°N 附近,向西伸到 50°E 附近;而 45 mm 的等值线则越过赤道向北扩展到 25°N 以北,110°E 以西的地区(110°E 以东则超过 30°N),向西伸到 60°E 附近,在春季出现的 50 mm 最高中心的范围也向北、向西延伸至阿拉伯海、孟加拉湾、中南半岛至云南南部,以及我国东部地区;夏季的可降水量最高值达 55 mm 以上,主要分布在高原南部至孟加拉湾、北部湾附近;在 17°－30°N、95°—108°E 范围的可降水量大致呈“U”字形分布,低纬高原地区基本处于 U 形控制;在 25°—30°N,70°—95°E 的地区可降水量呈纬向分布。低纬高原地区夏季的大气可降水量大致在 20～45 mm。从图中还可看出,夏季的可降水量等值线比较密集，特别是30°N以南，110°E以西的地区，这可能与高原地形影响有关。

从图4.2c可以看出，秋季大气可降水量也为北低南高分布，与夏季相比，40 mm等值线范围缩小并南退到到20°N以南，而45 mm等值线除控制中南半岛南部外则基本上收缩到孟加拉湾、中东印度洋、南海等洋面上，50 mm高值线的范围与夏季相比明显缩小，向南、向东收缩，主要位于孟加拉湾东部安达曼海、马来半岛、南海附近，最大中心位于南海南部为55 mm。在17°—30°N、95°—108°E范围的可降水量大致呈“U”字形分布；在25°—30°N，75°—95°E的地区可降水量呈纬向分布。低纬高原地区夏季的大气可降水量大致在10～35 mm。从图中还可看出，秋季的可降水量等值线在30°N以南，110°E以西的地区比较密集区，而以北比较稀疏。

冬季40 mm的气柱水汽含量等值线范围缩小(图4.2d)，40 mm等值线在110°E以西且维持在10°N以南，45 mm的大值区范围缩小并向东、向南撤退到孟加拉湾南部、南海附近；50 mm等值线的范围与秋季相比明显缩小，向南收缩，主要位于苏门答腊岛、南海南部、马来群岛南部附近。最低值在青藏高原及以北地区，中心大致位于30°—40°N、70°—100°E，为5 mm以下。在25°N以北，30°N以南，80°—95°E的地区可降水量基本呈纬向分布，在高原南部地区的可降水量等值线分布相对比较密集，但没有春季明显。从图中还可看出，可降水量分布随纬度增加而减少，在25°—30°N、95°—105°E的范围，可降水量大致呈“U”字形分布。低纬高原地区冬季可降水量在5～20 mm间。

4.1.3 可降水量的年代际变化

选取20°—30°N，95°—105°E区域的大气可降水量并分析其年代际变化。

从低纬高原地区春季(3—4月)大气可降水量的11 a滑动平均曲线来看(图4.3)，1980年代中期以前低纬高原地区空气中的含水量偏少，20世纪80年代中期到至1990年代初水汽量呈增多趋势，1990年代初以后到21世纪初大气中的水汽含水量为下降趋势，而从21世纪初以来，低纬高原地区的可降水量处于上升趋势。从图中还可看出，大气可降水量具有明显的年际变化和年代际变化特征。从1961年以来，春季可降水量的变化呈增加趋势，其上升速率为0.09 mm/10 a。

从图4.3可看出初夏5月的大气可降水量具有明显的年际变化特征。从11 a滑动平均曲线看，水汽含量偏多时期主要在20世纪70年代中期前，1970年代中期后至1990年代中期，水汽含量整体上基本处于相对偏少期，从1990年代中期以后至今，低纬高原地区的大气可降水量进入了弱上升趋势，而这种增加趋势又伴随着较小的波动变化。从1961年以来低纬高原地区初夏可降水量变化呈弱增加趋势，其上升速度为0.06 mm/10 a。整体上来看，大气可降水量具有年代际变化特征。

从图4.3可看出夏季(6—8月)的大气可降水量在1970年代末期前，区域平均的水汽含量整体上处于偏少时期，从1980年代至1990年代初水汽含量为偏多时期，从1990年代初以后至2010年，大气中的水汽含量整体上处于偏少时期，2010年以后，大气中的水汽含量转入上升时期。从1961年以来低纬高原地区夏季平均可降水量变化呈弱增加趋势，其上升速率为每10 a增加0.07 mm。整体上来看，大气可降水量具有年代际变化特征。

在秋季(9—10月)的大气可降水量图上(图4.3)，可降水量具有明显的年际变化特征，从图中可看出，在1960年代中期前，区域平均的水汽含量处于偏多时期，从1960年代中期后至 1980 年代中期前，区域平均的水汽含量整体上处于偏少时期，1980 年代中期后至 1990 年代中期前水汽含量处于偏多时期，而从 1990 年代中期以后至 2005 年前，大气中的水汽含量整体上处于偏少时期，2005 年以后，大气水汽含量转入上升时期。从 1961 年以来低纬高原地区秋季平均可降水量变化呈弱增加趋势，其上升速率为每 10 a 增加 0.07 mm。整体上来看，大气可降水量具有明显的年际和年代际变化特征。

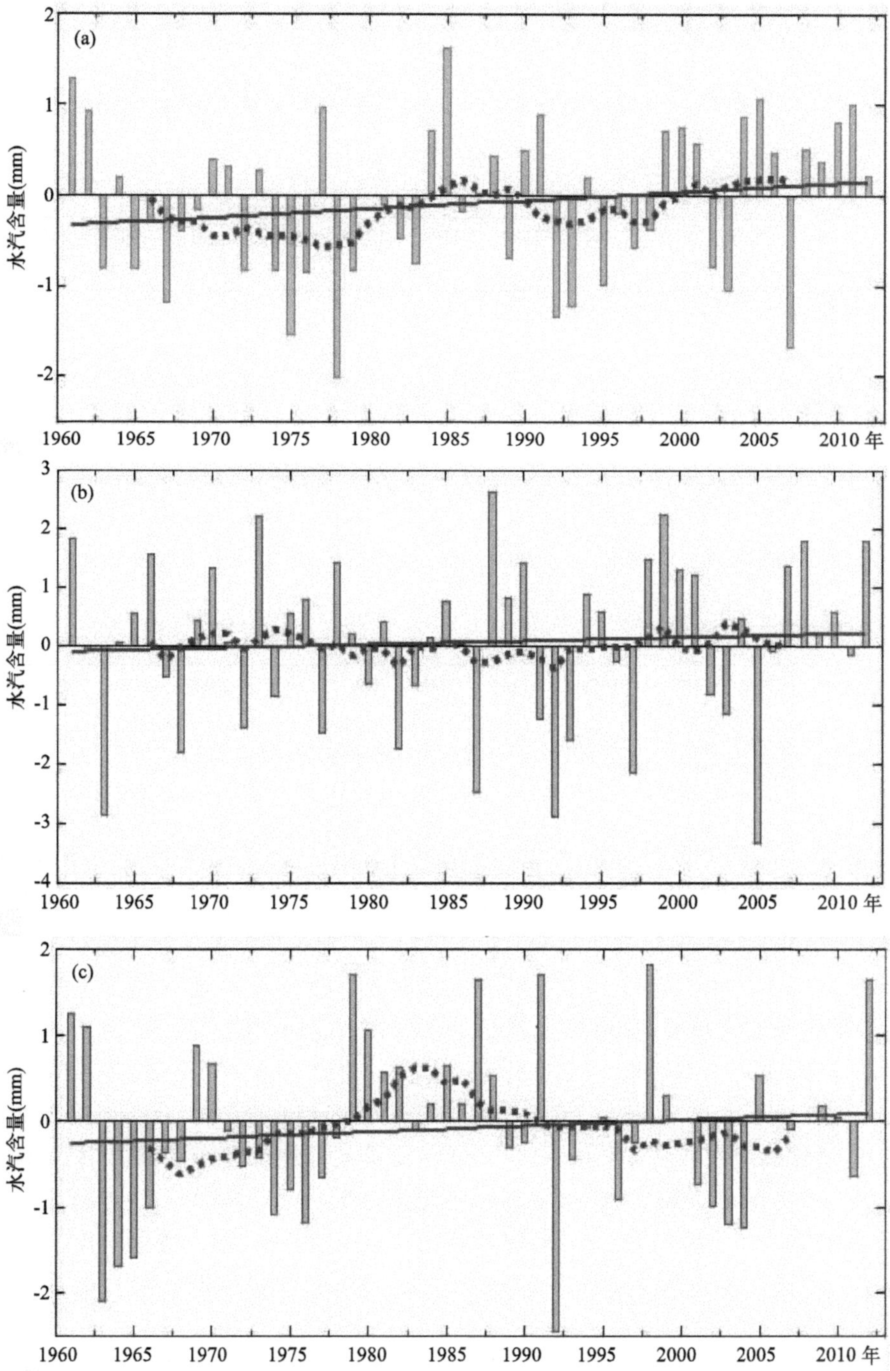

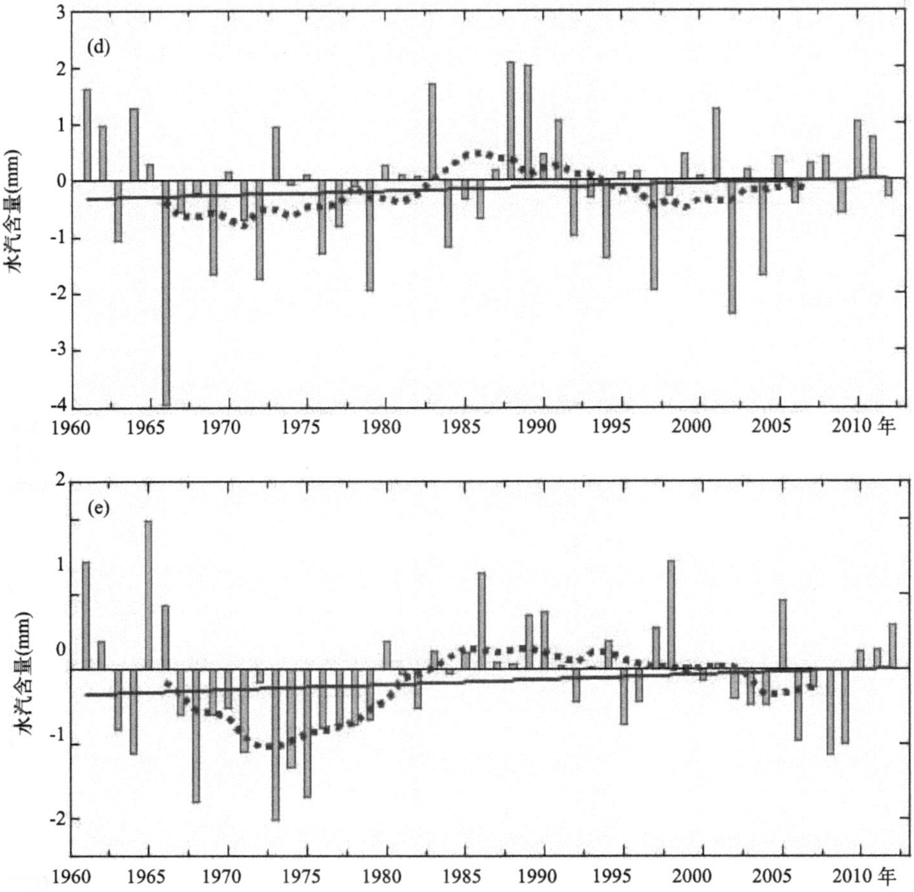

图 4.3　四季大气含水量的年际变化趋势(单位:mm)

(a)春季(3—4 月);(b)初夏 5 月;(c)夏季(6—8 月);(d)秋季(9—10 月);(e)冬季(12 月—次年 2 月)

从冬季(12—2 月)大气可降水量年际变化图可看出(图 4.3),在 1960 年代中期前,区域平均的水汽含量处于偏多时期,从 1960 年代中期后至 1980 年代初,区域平均的水汽含量整体上处于偏少时期,1980 年代初以后至 21 世纪初,水汽含量整体上处于偏多时期,而从 21 世纪初以来,大气中的水汽含量整体上转入偏少时期。低纬高原地区冬季可降水量具有明显的年际和年代际变化特征,其可降水量变化总趋势呈增加,其变化速率为 0.07 mm/10 a。

可见,水汽含量除春季增加相对明显为 0.09 mm/10 a,夏季、秋季、冬季的水汽含量略有增加但变化幅度不大在 0.066～0.069 mm/10 a 间。在降水方面,春季大部分地区降水为增加的趋势,变化趋势在 1～3.7 mm/10 a 之间,夏季大部地区则降水偏少,并且减少趋势明显,其范围在 1～4 mm/10 a 之间,秋季降水的变化趋势为西多东少,而冬季降水变化幅度不大,其变化幅度都小于 1 mm/10 a(资料时段均为 1961—2006。陶云等,2008)。这说明低纬高原地区水汽含量的多少与降水的多少总体上是一致的。另外,四季降水的变化趋势可能与资料年限有关。

4.1.4　大气可降水量的垂直分布

为了分析低纬高原地区上空水汽含量的垂直分布特征，选取图 4.4 的范围用 20CR 再分析资料计算其上空可降水量的变化情况。

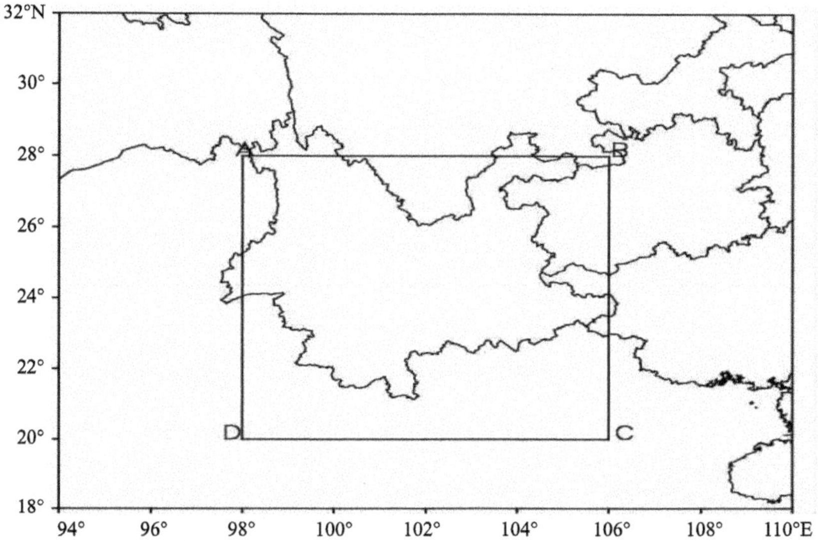

图 4.4　低纬高原地区可降水量的计算范围

表 4.1 是低纬高原地区对流层可降水量的垂直变化情况及所占比例。从表 4.1 可看出，低纬高原地区整层可降水量具有夏季最大为 43 mm，秋季次之为 29.83 mm，春季为 26.8 mm，冬季最小。除夏季水汽含量在对流层中层(地面—500 hPa)占 86%外，春季、秋季、冬季水汽在对流层中层占 90%以上，其中冬季所占比例最大为 95.16%，其次是春季。从表中还可看出，对流层低层(地面—700 hPa)所占比例最大，除夏季接近 50%外，其他季节含水量占整层(地面—100 hPa)可降水量的 50%以上，其中冬季所占比例最大为 68.63%，夏季最小为 49.35%，春、秋基本相当均在 57%以上。这说明低纬高原地区的可降水量主要集中在对流层中低层，夏季可降水量在对流层中低层中所占的比例小于其他季节表明影响夏季降水的天气系统比较复杂。

可见，影响低纬高原地区降水的可降水量主要集中在对流层中低层，并以对流层低层最多。

表 4.1　低纬高原地区对流层可降水量的垂直分布及所占的比例

季节	对流层	水汽含量(mm)	所占比例(%)
春季	地面—700 hPa	15.49	57.80
	地面—500 hPa	24.47	91.31
	地面—300 hPa	26.62	99.33
	地面—100 hPa	26.80	100
夏季	地面—700 hPa	21.22	49.35
	地面—500 hPa	37.01	86.07
	地面—300 hPa	42.48	98.79

续表

季节	对流层	水汽含量(mm)	所占比例(%)
	地面—100 hPa	43.00	100
秋季	地面—700 hPa	17.07	57.22
	地面—500 hPa	26.94	90.31
	地面—300 hPa	29.61	99.26
	地面—100 hPa	29.83	100
冬季	地面—700 hPa	11.05	68.63
	地面—500 hPa	15.32	95.16
	地面—300 hPa	16.03	99.57
	地面—100 hPa	16.10	100

4.1.5 小结

(1)低纬高原地区多年整层气柱的大气可降水量整体上具有北少南多的分布形式，400 mm 的水汽源区位于 20°N 以南、40°E 以东的洋面上，赤道印度洋和赤道太平洋附近的大范围区域存在高中心。可降水量在 50 mm 以下的区域位于青藏高原地区上空即水汽含量最低值在青藏高原中北部。低纬高原地区的上空基本呈"U"字形，从滇西北向南增加，大气可降水量大致在 150～350 mm 间(如果按年累计则为 4500～12000 mm)；另外，在 25°—30°N，95°E 以东的地区可降水量基本呈纬向分布，这可能与受高原地形影响有关。

(2)夏季、秋季的水汽含量是一年中最多的，秋季比春季多，而冬季是全年水汽含量最少的季节。就低纬高原地区而言，夏季、秋季的可降水量等值线比较密集，梯度变化也大，春季次之，而冬季大气可降水量等值线数值变化较平稳。

(3)低纬高原地区四季可降水量的变化趋势是一致的，总体上略有增加，除春季水汽含量相对明显外，夏季、秋季、冬季变化幅度均不大。

(4)低纬高原地区的大气含水量主要集中在对流层中低层，并且在对流层低层所占的比例最大。另外，夏季可降水量在对流层中低层所占的比例小于其他季节。从整层的情况来看夏季的含水量最大，秋季次之，春季第三，冬季最小。

4.2 横断山区域可降水量的变化及监测

低纬高原地区地势是北高、南低，西北最高，东南最低，呈西北一东南阶梯状下降。最高点在西北部德钦县梅里雪山的主峰卡瓦格博峰，海拔 6740 m，最低点在东南部河口县元江出境处，海拔 76.4 m，相对高差达 6664 m，南北直线距离不足 1000 km。其东部高原绵延，西部山川纵横，东部、西部地貌形态差异极大。东部波状起伏的山原为云贵高原的西部，又称为滇东高原或云南高原；西部山地属横断山系纵谷区，这里山川纵横，山谷相间，大致可分为北部横断山脉区(或称为滇西北、或称青藏高原东南部)和横断山地东脉或南延部分(或称南部与东南部纵谷区)，北部纵谷区属横断山脉南段，自西向东由高黎贡山、怒江、怒山(碧罗雪山)、澜沧江、云岭、金沙江三大山系与三条大江相互挟持而成。这一带地势最高，平均高度在海拔 3000 m 以上，有最大的山系—云岭山系、最高的山地—怒山、最高的山峰—卡瓦格博峰；南部与东南部纵谷区为横断山地东脉或南延部分，主要有哀牢山、无量山、大雪山、邦马山等，与澜沧江、元江及其支流相间排列，虽然也具有山高谷深、山川并列的特点，但与北部有明显的差异，首先是山体的高度降低，平均高度在海拔 2000～2500 m 之间，最高山峰在海拔 3000 m 以上。

由于低纬高原地区自南向北逐步抬高的地形，使得横断山区随着纬度的增加，温度、降水总体呈递减分布；纵谷地区南北走向的岭、谷地形，对自东而来的回流冷空气具有阻挡作用，同时也阻碍了部分西南暖湿气流的东北输送，因而使得这一地区温度和降水大致表现出自西向东递减的趋势。特殊地形的作用使区域内最大降水高度大约在海拔 3700 m 到 3800 m，如：最大降雨中心位于盈江县昔马一带，其多年平均年降水量 4014 mm（最多年的 1998 年降水量达 5146 mm），是我国大陆上降水量最大的地区（王宇，2006），这说明横断山区的最大降水高度与其他地区不同，它不是出现在迎风坡，而是在背风坡上部，因而在其北部山系的东坡仍有较大降水量（王宇，2006）。何大明等（2005）将纵谷区称为纵向岭谷区（范围为 21°6′24″—30°26′24″N，95°41′42″—106°11′16″E）。因此，为方便讨论将北部和南部纵谷区统称为横断山区域或纵谷区（纵谷区西北部称青藏高原东南部），本节主要分析纵谷区可降水的变化特征。

4.2.1　横断山区域大气可降水量的月变化

为了研究横断山地形对大气含水量的影响，将大气可降水量沿 25°N 作时间—经度剖面图，如图 4.5a 所示。整体上看，1 至 12 月可降水量表现出“低高低”的分布，干季空气中的水汽含量在 110°E 以东的地区为 10～20 mm 间，其值相对较低，且在冬季最少，雨季大气中的水汽含量最大为 45 mm 以上，尤其是在主汛期 6—8 月可降水量较大，并在 7、8 月达到最大。这与前面的分析是比较一致的。从图中还可以看出，在 100°E 以西以及 105°E 以东地区分别为水汽最大中心，中心分别为 60 mm 和 45 mm，表明低纬高原地区水汽输送分别来自于印度洋与孟加拉湾以及西太平洋与南海，以印度洋与孟加拉湾水汽的影响最大，其次是西太平洋与南海；并且相对高湿区从 5 月至 10 月份持续在 35 mm 以上。有趣的是在 100°—105°E 间存在一个水汽相对低值区，这可能与横断山地形对季风水汽输送阻挡的影响有关，从而在山脉间形成了一个相对低湿区，这反映了特殊地形东西向的阻隔作用和屏障效应（万云霞等，2008）。

图 4.5b 是沿 100°E 所做的时间—纬度剖面图，从图中可以看出，1 月至 12 月，表现出的仍是北干南湿的分布，这与可降水量季节的分布变化一致。从 15 mm 可降水量等值线可以看出，1 月时 15 mm 线在 25°N 以南地区，之后逐渐向北抬，7 月达到 30°N，以后逐渐南退。从图中还可以看出，可降水量等值线在 4 月有突增、而在 11 月有突减的现象，并且 5—10 月可降水量等值线比较密集，其区域主要分布在 20°—30°N 间，30°N 以北则减少。这样的分布说明，空气中的含水量从 1 月至 7 月逐渐增加并向北输送，并且在 6—8 月达最大，之后空气中的含水量逐渐减少并南撤，表现了横断山区域南北向通道作用和扩散效应（万云霞等，2008）。

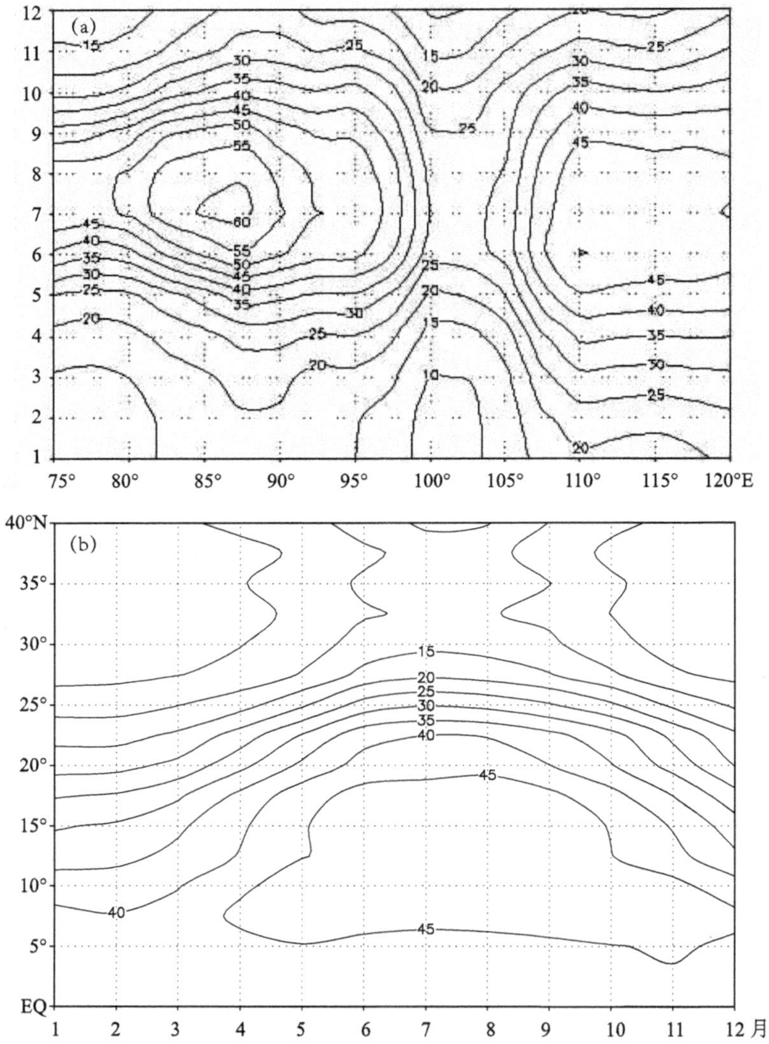

图 4.5 沿 25°N 和纵向岭谷区可降水量的时间(月)—经度(°E)剖面图(a)和
沿 100°E 纵向岭谷区可降水量的时间(月)—纬度(°N)剖面图(b)

4.2.2 横断山区域主汛期大气可降水量的经纬向变化

从 4.1 节的分析可知,不同季节大气含水量从南到北大致呈现出由多到少的分布,且夏季主汛期的可降水量含量最大,下面进一步分析大气含水量的经、纬向变化。

将夏季(6—8 月)多年平均的可降水量沿 20°—30°N 做纬向平均,得到区域内各个经度上的平均值,再用区域内每个格点上的值减去平均值,可得到不同格点上的距平值。在此基础上,对 6—8 月的可降水量距平场沿 100°E 做剖面图(图 4.6),图中三条线为 6 月至 8 月逐月的变化曲线,从图中可以看出,夏季可降水量变化趋势基本是一致的,在 20°N 以南可降水量距平维持在 10 mm 以上,22°N 以北可降水量距平从 10 mm 逐渐减少,直到 35°N 附近降到最低为－20～－15 mm 间,40°N 以后可降水量略有回升,其距平为－15 mm 但仍比常年偏少，总体上可降水量呈下降趋势，表现出随纬度升高，大气中的含水量相对较少。另外从图中还可以看出，在 25°N 附近，大气含水量发生了激烈变化，自南向北由正距平变为负距平，空气中的含水量由多到少发生了转折变化，这样的分布变化在一定程度上反映了横断山区南北向的通道作用。

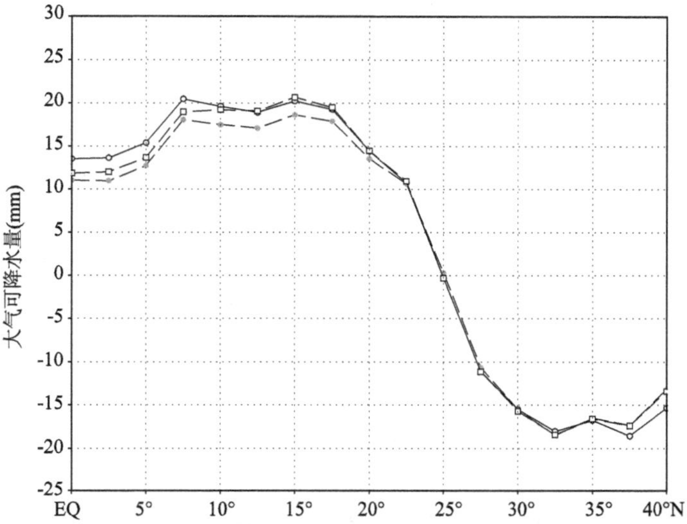

图 4.6　20°—30°N 区域内 6—8 月大气可降水量距平沿 100°E 的垂直变化

把多年平均的 6—8 月可降水量沿 95°—105°E 做经向平均，得到区域内各个纬度上的平均值，再用区域内不同格点上的值减去平均值，可得到不同格点上的距平值。在此基础上，沿 25°N 做剖面图（如图 4.7 所示），可以看出，主汛期 6—8 月的曲线变化趋势基本是一致的，有两个正距平区和一个负距平区，大约在 98.5°E 附近及以西地区为正距平，在 106°E 附近及以东的区域为正距平，而 98.5°—106°E 的区域为负距平区，即 98.5°E 附近的以西地区以及 106°E 附近的以东地区大气含水量比较丰富，而在 98.5°—105°E 的区域内大气含水量比较少，表明在 98.5°E 以西大气可降水量发生了由多到少的激烈变化，而在 105°E 以东的大气可降水量发生了由少到多的突变。98.5°E 以东的区域正是低纬高原西部，这样的分布一定程度上表现了横断山东西向的阻隔作用。

综上所述，气柱含水量在 25°N 附近发生明显变化，而横断山脉在 25°—29°N 之间基本是南北走向，25°N 以南则向东南撒开，在 25°N 附近山脉的走向发生了变化，这表明随着 25°N 附近横断山脉的走向发生变化，大气中的含水量也发生了变化。另外，在 98.5°E 和 105°E 附近气柱含水量也发生了明显的变化，这可能是由于高黎贡山、哀牢山等山脉东西向的阻挡影响了季风水汽的输送，使得 98.5°E 以西地区以及 105°E 以东地区气柱中的含水量相对丰沛，98.5°—105°E 区域内气柱含水量相对较少，而 25°N 以南、100°E 以东为哀牢山。6—8 月气柱含水量在 98.5°E 和 106°E 附近的变化可能与孟加拉湾和西太平洋水汽的交汇边界有关，研究（曹杰等，2009）认为在 6—8 月太平洋和印度洋的水汽交汇区西至 97.5°E，东至 142.5°E 的地区。

图 4.7　95°—105°E 区域内 6—8 月大气可降水量沿 25°N 的变化

4.2.3　高空探测对横断山区可降水量的监测分析

4.2.3.1　用高空探测资料计算可降水量

图 4.8 是用横断山 8 个探空站计算的 1980—2006 年逐日大气可降水量的多年四季平均，从图 4.8 和图 4.9 中可明显看出，无论是年际变化还是四季变化，大气可降水量具有从低纬向高纬减少的特点，如思茅(22°47′N，100°58′E，海拔高度 1302.1 m)、蒙自(23°23′N，103°23′E，海拔 1300.7 m)、昆明(25°00′N，102°39′E，海拔 1888.1 m)、腾冲(25°01′N，98°30′E，海拔 1654.6 m)明显高于甘孜(31°37′N、100°00′E，海拔 3393.5 m)、昌都(31°09′N，97°10′E，海拔 3306 m)、巴塘(30°00′N，99° 06′E，海拔 2589.2m)、林芝(29°40′N，94°20′E、29918)、丽江(26°51′N，100°13′E，海拔 2380.9 m)；另外，从图 4.8 中还可看出横断山区同纬度的探空站点的大气含水量西部明显大于东部，如同纬度的腾冲站的可降水量明显大于昆明站，思茅站和蒙自站纬度和海拔高度基本一致，但可降水量并不一致。

为了探讨分析横断山脉对水汽的阻隔以及河谷地区南北向的水汽通道对大气可降水量的影响，首先选取昌都(31°09′N，97°10′E，海拔 3306 m)和德钦(28°29N、98°55′E，海拔 3319 m)、巴塘(30°00′N，99°06′E，海拔 2589.2 m)和丽江(26°51′N，100°13′E，海拔 2380.9 m)以及勐腊(21°29′N，101°34′E，海拔 631.9 m)和临沧(23°53′N，100°05′E，海拔 1502.4 m)的可降水量来讨论澜沧江和金沙江的通道作用。由于实测资料的限制，德钦、勐腊和临沧站的水汽含量采用 GPS/MET 探测的可降水量(见本章第 4 节)，其他站的可降水量应用探空站资料计算得到。

从图 4.10 中可看出，澜沧江上游的昌都站和德钦站虽然海拔高度基本一致，但纬度却相差了 2 度以上，昌都站和德钦站的年可降水量基本接近(相差 574 mm)，而澜沧江下游的勐腊和临沧站纬度相差也在 2 度以上，但勐腊的海拔是 631.9 m，临沧的海拔为 1502.4 m，两站海拔高度相差大,造成可降水量相差达 4299.5 mm,这可能与横断山脉的阻挡有关,临沧站属于纵谷区南段,为横断山东脉或南延部分,山体的高度降低,平均高度在海拔 2000~2500 m 之间,临沧站东边有大雪山(海拔 3504 m)、邦马山;而勐腊站地处低山宽谷中的河谷平原,属于山间盆地或称"坝子",又属于低纬高原地区的最南部,西南水汽不受纵谷区的阻挡,使勐腊站的水汽含量最多。

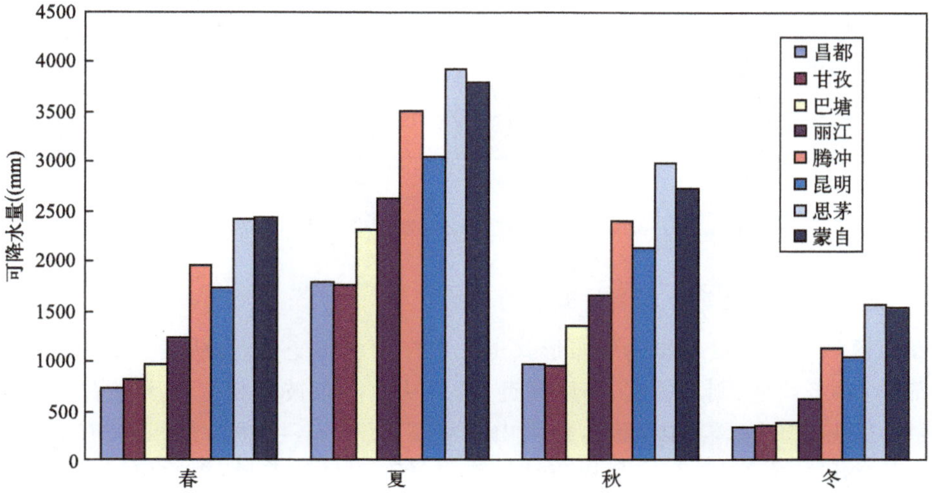

图 4.8　用八个探空资料计算的大气可降水量多年四季平均(单位:mm)

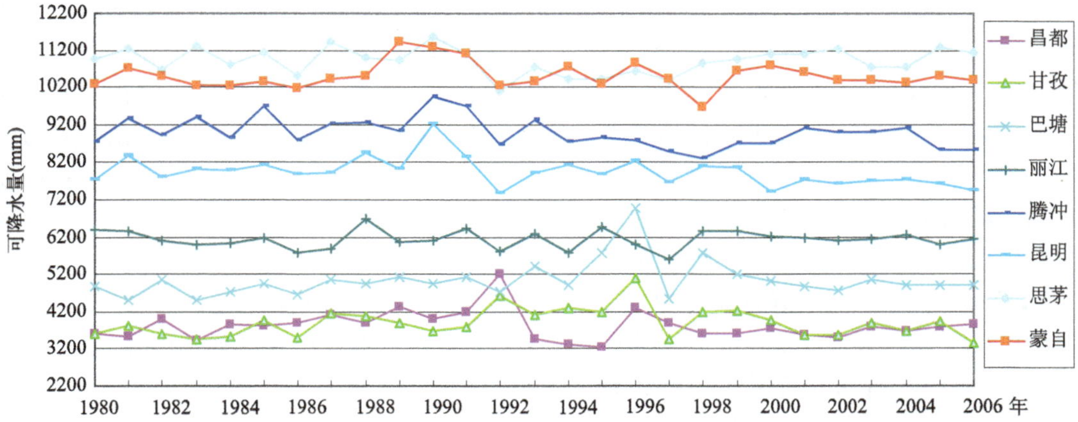

图 4.9　用八个探空资料计算的大气可降水量年际变化(单位:mm)

从金沙江流域的巴塘站和丽江站的水汽含量来看(图 4.10),巴塘站和丽江站纬度相差 3 度,海拔相差 200 mm 巴塘和丽江两站的年平均水汽含量相差 1092.7 mm,应该说与同纬度的其它站相比这种差值并不大,因为虽然巴塘站位于横断山的西边,与基本在同一纬度的林芝站相比(29°40′N、94°20′E,海拔 29918 m),林芝站位于雅鲁藏布江东岸,水汽不受横断山东西向的阻隔,其年水汽较丰富 5265.838 mm,而巴塘站虽然有横断山的影响但水汽含量为 5054.614 mm,两站的水汽含量非常接近,表明河谷的南北向通道作用非常明显。从图 4.9 还可看出,巴塘和丽江水汽含量的年际变化趋势一致。

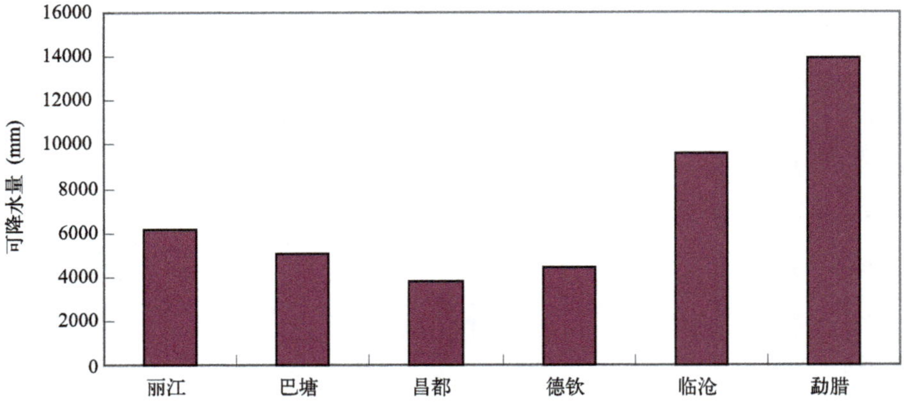

图 4.10　澜沧江、金沙江流域可降水量变化(单位:mm)

4.2.3.2　复杂地形下大气含水量对降水的影响

横断山区域大气含量水量的分布形式也反应在降水的变化上,从表 4.2 中可看出,在纵谷区北部的福贡、兰坪、剑川站点,纬度相近,经度从西向东彼此相差半度左右(表 4.2)。因福贡、兰坪之间有怒山、雪盘山相隔,碧罗山主峰高 4379 m,兰坪、剑川间又有云岭、清水朗山相间,老君山主峰高 4247 m,所以三地的降雨量有明显的差异:福贡位于怒山西侧,处于西南暖湿气流的迎风坡,经常受南支西风水汽的影响,一年有二个雨季,即 2—4 月的春汛或桃花汛(郑建萌等,2010),以及 6—10 月的雨季。形成福贡多年平均降雨量为 1470.4 mm,均大于其东侧的兰坪年降水为 981.5 mm、剑川为 749.2 mm,显示出纵向山岭对水汽阻隔作用。而剑川和鹤庆二个站几乎处于同一纬度、同一海拔,经度彼此相差不到半度,但因之间有雪山、玉龙山向南延伸的余脉相隔;虽然在雨季两站都受季风影响,但是水汽在从西南向东北的输送过程中,处于横断山间河谷地区的鹤庆正好处于水汽通道,使得鹤庆雨季降水量明显比剑川大,导致两站年降雨量相差达 248.1 mm。另外,用彼此纬度位置相近、海拔高度相近的两组高黎贡山东、西气象站点的降雨量进行对比分析(见表 4.2),腾冲和保山之间,龙陵和施甸之间,虽然它们相距不远但由于有高黎贡山(主峰高为 3374 m)对水汽的阻挡作用,导致东西站点之间降雨量差异显著,腾冲、龙陵位于西南气流的迎风坡,年降雨量分别为 1532.4 mm 和 2112.6 mm,分别大于处于背风坡东侧的保山和施甸,其年降水分别为 992.2 mm、1002.3 mm,显示了地形对水汽的阻隔效应。

横断山河谷地区南北向的水汽通道对降水的影响特别明显,从表 4.2 可看出,澜沧江边的昌都站和德钦站虽然海拔高度基本一致,昌都站的年降水量为 480.2 mm,德钦的年降水量为 696.7 mm,其下游的临沧年雨量是 1148.9 mm,澜沧江出境的勐腊年雨量为 1512.9 mm;元江出境的河口站(103°57′E,22°30′N,海拔为 137.8 m)年降水为 1770.1 mm,其上游的红河站(102°26′E,23°22′N,海拔为 974.5 m)年降水为 909.1 mm,这说明同属于准南北走向的江河,纬度低的地区降水大于纬度高的地区;而从表 4.2 中还可看出,福贡站和丽江站的纬度分别是 26°54′E 和 26°51′N,处于同一纬度,丽江年降水则为 980.3 mm,虽然一个位于怒江边,另一个处于金沙江旁,但两站降水量相差达 490.1 mm,这与丽江的西边有云岭(碧罗雪山),而福贡则处于马蹄形口的迎风面有关;宁浪和维西几乎处于同一纬度,两站海拔高度相差不大(表 4.2),宁浪年降水为 936.1 mm,维西年降水则为 971.5 mm;而香格里拉的纬度为(27°50′N、99°42′E,海拔 3276.7 m)和贡山(27°45′N,98°40′ E,海拔 1591.3 m)的纬度几乎一致,但降水量相差较大,贡山位于怒江边,年雨量是 1778.5 mm,香格里拉则为 651.1 mm。另外,从表 4.2 中还可看出,腾冲和龙陵、保山与施甸之间基本处于同一经度,而下游的龙陵和施甸的降水大于上游的降雨量。这表明,一方面横断山对水汽有阻挡作用,另一方面河谷南北向的通道对水汽又有输送作用。这说明在低纬高原地区,复杂地形的影响造成降水的差异非常明显。

另外,由于横断山在东西方向上的阻隔,降水量总体上西部要比东部多,主要受西南暖湿气流影响,西坡为迎风坡,东坡为背风坡,降水量一般情况下西坡多于东坡,如表 4.2 中普洱(思茅)和蒙自基本处于同一纬度,同一海拔高度,多年平均雨量(1981—2010 年,下同)普洱为 1487.5 mm。而蒙自则为 855 mm,这是由于普洱位于哀牢山的西边,而蒙自处于哀牢山的东部。

表 4.2　横断山区域站点多年平均降雨量比较(单位:mm)

站名	福贡	兰坪	剑川	鹤庆	腾冲	龙陵	保山	施甸	思茅	蒙自	昌都	德钦	宁浪	维西	丽江
经度	98°52′	99°25′	99°55′	100°11′	98°30′	98°41′	99°11′	99°11′	100°58′	103°23′	97°10′	98°55′	100°51′	99°17′	100°13′
纬度	26°54′	26°25′	26°32′	26 °35′	25°01′	24°36′	25°07′	24°44′	22°47′	23°23′	31°09′	28°29′	27°18′	27°10′	26°51′
海拔(m)	1189.7	2344.9	2191.1	2195.4	1654.6	1528.0	1652.2	1471.2	1302.1	1300.7	3306	3319	2240.5	2326.1	2380.9
年雨量	1470.4	981.5	749.2	997.3	1532.4	2112.6	992.2	1002.3	1487.5	855	480.2	696.7	936.1	971.5	980.3

由于横断山脉地势由南到北逐渐升高,来自孟加拉湾、南海的水汽主要集中在对流层低层。在地形的动力抬升和强迫作用下,水汽沿途被不断消耗掉,水汽含量逐渐减少,降水量也随之减少,从而形成降水量由南到北逐渐减少的特征。但河谷对降水的影响在这一区域表现也很复杂,如:怒江河谷的福贡、贡山年降水分别为 1470.4 mm、1778.5 mm,而元江河谷的元江站年降水为 804.3 mm,而且元江纬度比福贡、贡山低;同样,处于元江下游的红河(102°26′E,23°22′N,974.5 m)和元阳(102°50′E,23°14′N,232 m),两站相距非常近(大约 40 km 以内),红河年降水量为 909.1 mm,而元阳站虽处于红河的下游,其年降水则为 876.3 mm。说明纵谷区独特的下垫面条件同时起着东西向的阻隔作用和南北向的通道作用(吴绍洪等,2009)。

综上所述,大气可降水具有从低纬向高纬减少的特点,横断山区域同纬度的大气含水量西部明显大于东部,如同纬度的腾冲站的可降水量明显大于昆明站,思茅站和蒙自站的可降水量也类似。另外,准南北走向的河谷地区呈现出水汽通道效应,如澜沧江、怒江、金沙江、元江等具有水汽通道的作用。横断山区地形对水汽一方面有阻挡效应,另一方面又具有通道作用,这种影响直接表现在这一区域降水的分布上:总体上西部区域的降水量明显大于东部地区,而南部降水多于北部;河谷区域的降水相对较少。

4.2.4　小结与讨论

(1)横断山区域同纬度的大气含水量西部明显大于东部,如同纬度的腾冲站的可降水量明显大于昆明站,思茅站和蒙自站的可降水量也类似。研究表明随着 25°N 附近横断山脉的走向变化,大气中的含水量也发生变化。气柱含水量在 98.5°E 以西地区以及 105°E 以东地区气柱中的含水量相对丰沛，98.5°—105°E 区域内气柱含水量相对较少，这可能与高黎贡山、哀牢山等山脉东西向的阻挡水汽有关。另外，夏季气柱含水量在 98.5°E 和 106°E 附近的变化可能与孟加拉湾与西太平洋水汽的影响边界有关。

(2)横断山区域的山岭对西南气流具有阻隔效应，而其准南北走向的河谷对水汽有通道作用。澜沧江上游的昌都站和德钦站海拔高度基本一致，而纬度相差 2°以上，两站的可降水量基本接近；澜沧江下游的勐腊和临沧站纬度相差也在 2°以上，由于两站海拔高度相差达 870 m，造成可降水量相差达 4299.5 mm，这可能与横断山脉的阻挡有关。金沙江流域的巴塘站和丽江站纬度相差 3°，巴塘和丽江两站的年平均水汽含量相差 1092.7 mm，与同纬度的其它站相比这种差值并不大，因为虽然巴塘站位于横断山的西边，与基本在同一纬度位于雅鲁藏布江东岸的林芝站相比，水汽不受横断山东西向的阻隔，林芝年水汽为 5265.8 mm，而巴塘站虽然有横断山的影响但水汽含量为 5054.6 mm，两站的水汽含量非常接近，表明河谷的南北向通道作用非常明显。

(3)横断山区对大气含水量的作用直接表现在区域降水的分布上，由于纵谷区河谷对水汽有“通道”效应，而山脉对水汽有“阻隔”作用，因此，横断山对东西方向上气流的阻挡，降水量总体上西部要比东部多。总体上西部区域的降水量明显大于东部地区，而南部降水多于北部；河谷区域的降水相对较少。但河谷区域的降水表现也很复杂，如：怒江河谷的福贡、贡山年降水差异就非常大；元江河谷的元江站、红河站与元阳站的降水差异也非常明显。

4.3 低纬高原地区可降水量与降水的联系

为了探讨影响低纬高原地区降水的水汽源，用这一区域 122 站的降水量来分析可降水量的季节变化与降水的关系。

4.3.1 雨季可降水量与降水的关系

从图 4.11a 可以看出，低纬高原地区初夏 5 月雨季开始期降水和 5 月大气含水量正相关最好的区域位于孟加拉湾、缅甸到云南、阿拉伯海至印度半岛北部、巴基斯坦至青藏高原南部上空附近，以及南海至菲律宾以东洋面均通过 0.05 的显著性检验(见图 4.11 中的阴影区，下同)，其中青藏高原东南部、阿拉伯海、中南半岛、孟加拉湾到云南的大片区域则通过 0.01 的显著性检验，并且青藏高原东南部、阿拉伯海、孟加拉湾到云南的区域相关系数达 0.4 以上，而孟加拉湾到云南的相关系数达 0.5 以上，且云南相关系数最大为 0.6 以上；与春季相比阿拉伯海、孟加拉湾到云南的正相关范围及显著区域扩大。负相关通过 0.05 显著性检验的区域主要在赤道东印度洋、索马里海域至阿拉伯半岛以及长江中下游地区，其中相关最好并且通过 0.01 显著性检验的是阿拉伯半岛、长江中下游地区。这表明影响低纬高原地区 5 月雨季开始期降水的水汽源主要是孟加拉湾、阿拉伯海和南海的水汽含量，并且与低纬高原地区上空可降水量的多少最为密切。这反映了孟加拉湾季风活动强弱、西太平洋副热带高压强弱对低纬高原地区初夏降水的影响。

低纬高原地区汛期(6—8 月)降水和同期可降水量正相关最好的区域位于孟加拉湾北部、缅甸到云南，以及蒙古至我国东北地区以及日本附近，并通过 0.05 的显著性检验(图 4.11b)。负相关通过 0.05 显著性检验的区域主要在南海至菲律宾以东洋面、四川盆地北部地区。与初夏降水相比，汛期降水和可降水量的相关分布表明，影响低纬高原地区降水多少的原因比较复杂，说明大气可降水量仅是低纬高原地区夏季降水的一个重要因子。

从秋季降水(9—10 月)与同期大气可降水量的相关分布图上可看出(图 4.11c)，正相关最好的区域主要位于低纬高原地区上空、伊朗高原至阿拉伯高原、中印度洋，相关系数达 0.3 以上，并通过 0.05 的显著性检验(图 4.11c)。负相关区在阿拉伯海至印度半岛中部、马来群岛至菲律宾以东洋面即 110°E 以东的太平洋附近，阴影区表示通过 0.05 的显著性检验的区域。这表明云南上空空气中的水汽含量增加时，有利于降水的产生，同时也表明云南秋季降水的多(少)还和伊朗高原上空水汽含量的多(少)以及菲律宾以东的西太平洋附近的水汽含量有关。一定程度上也说明当伊朗高压增强，南支槽活跃，而副热带高压较弱且偏东时，有利于低纬高原地区上空的可降水量增加，则其秋季降水量增多(张万诚等，2011)。

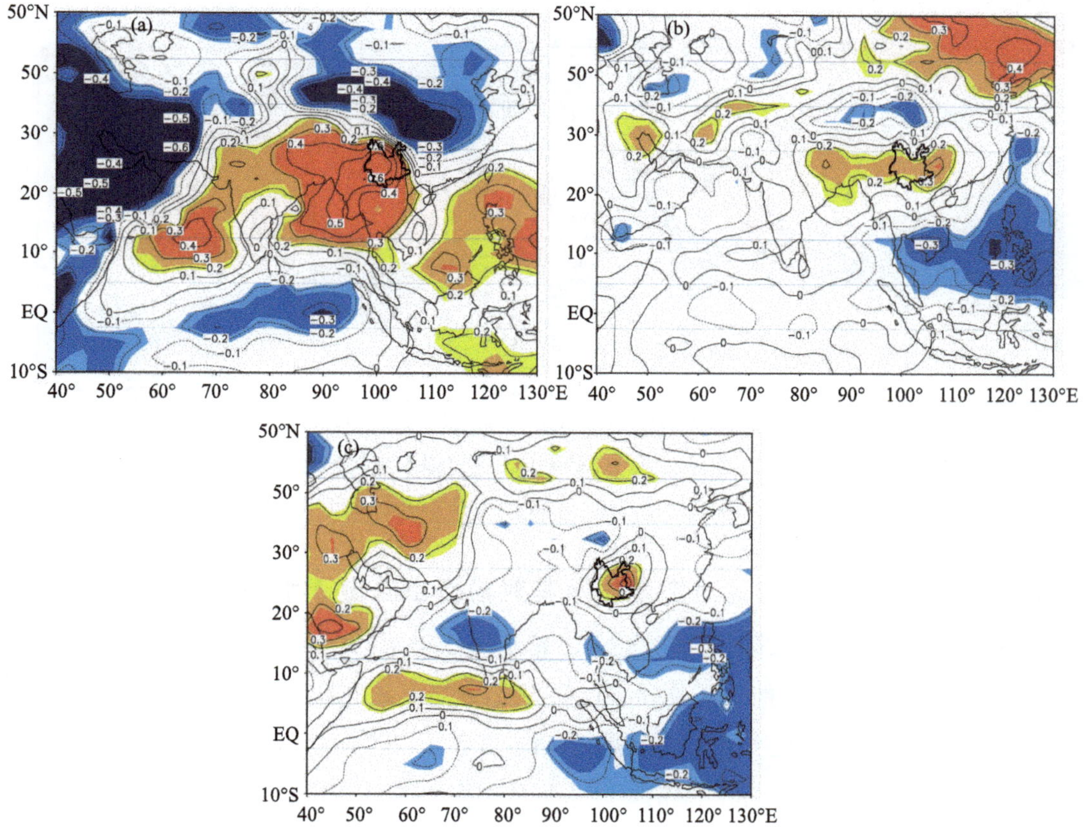

图 4.11　低纬高原地区降水与大气可降水量的相关分布

(阴影分别是显著性检验通过 0.1、0.05、0.01 的区域；a、b、c 分别是初夏、汛期和秋季)

4.3.2　干季可降水量与降水的关系

从图 4.12a 可以看出，春季(3—4 月)大气含水量和同期低纬高原地区降水正相关最好的区域位于孟加拉湾至青藏高原东南部、缅甸到云南、阿拉伯海以及巴尔喀什湖上空附近，均通过 0.05 的显著性检验，其中孟加拉湾到云南的大片区域相关系数达 0.4 以上，并通过 0.01 的显著性检验。而负相关区域主要是中南半岛中南部至北部湾、我国东部地区、里海附近，其中相关最好并且通过 0.05 显著性检验的是中南半岛中南部至北部湾，以及里海地区。这表明当孟加拉湾至低纬高原地区上空的水汽含量增加时，有利于低纬高原地区降水增加，同时也说明春季降水的多(少)还和阿拉伯海、巴尔喀什湖附近水汽含量的多(少)以及中南半岛中南部附近的水汽含量有关。这在一定程度上也印证了南支槽活跃，西太平洋副热带高压较弱且偏东时，有利于低纬高原地区春季降水量增多(郑建萌等，2013)。

对冬季(12 月—次年 2 月)降水与可降水量的关系进行分析表明，低纬高原地区冬季降水与同期大气含水量通过 0.05 显著性检验的相关区主要是低纬高原地区上空、伊朗高原至阿拉伯高原、阿拉伯海至印度半岛西部以及蒙古至我国东北地区附近(图 4.12b)，正相关区有孟加拉湾到低纬高原地区、巴尔喀什湖经蒙古至我国东北地区附近，其余为负相关。表明低纬高原地区降水与其上空的水汽量有关。一定程度上说明云南冬季降水除了与南支槽的活动有关外，还与北方冷空气的强度有关(张万诚等，2011)。

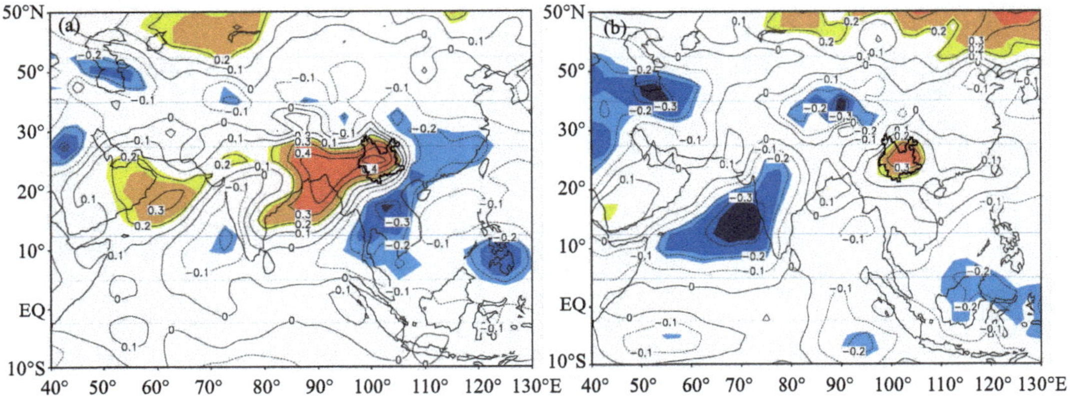

图 4.12　低纬高原地区降水与大气可降水量的相关分布

(阴影分别是显著性检验通过 0.1、0.05、0.01 的区域；a、b 分别是春季和冬季)

4.3.3　干湿季可降水量的时空变化及其对横断山区域降水的影响

选取 15°—35°N，90°—115°E 的区域对多年平均的干季(11 月至次年 4 月)和雨季(5—10 月)的整层水汽，以及横断山区域(取 76 个站)的月降水量资料进行分析。

4.3.3.1　干季和雨季大气可降水量的空间分布

对所选区域各月的干季和雨季的可降水量分别作 EOF 分解，干季和雨季可降水量的第一主成分的解释方差分别为 32.7%和 38.8%，第一和第二主成分的累积方差贡献分别为 47.2%和 60.9%，均通过了 0.05 的显著性检验，基本可以描述干季和雨季可降水量的分布特征。另外，根据 North 等(1982)的检验方法，计算干季和雨季前两个特征值之间的样本误差分别为：$\delta\lambda_{\text{干}} \cong 6.06$　$\delta\lambda_{\text{雨}} \cong 7.33$，而干季和雨季中前两个特征值之间的误差分别为 18.2 和 16.75，均远大于样本误差 $\delta\lambda_{\text{干}}$ 和 $\delta\lambda_{\text{雨}}$。这说明干季和雨季中第二特征向量独立于第一特征向量，具有物理意义。为此，下面主要分析干季和雨季的前两个模态。

从干季第一主分量的空间分布可看出(图 4.13a)，可降水量的分布基本为负值，说明可降水量的第一主分量为一致偏少的特征，其中低于－8 的中心在贵州与云南东北部临近区域，而在 25°N 以北地区可降水量呈纬向分布变化，且变化梯度比以南地区明显。图 4.13b

是对应第一主分量空间分布的时间变化序列，曲线为 11 a 滑动平均，直方条为年际变化。从 11 a 滑动平均曲线可以看出，20 世纪 50 年代到 60 年代末为负位相，之后为正位相，在 90 年代末期可降水量有逐渐向负位相转变的趋势。结合空间分布特征表现为在 60 年代末之前，整个区域可降水量一致偏多，而且 25°N 以北地区较南部增加明显，在贵州与云南东北部临近区域存在最大值；60 年代末之后可降水量整体明显减少，北部比南部减少的更为剧烈。

图 4.13c 是第二主分量的空间分布，与第一主分量空间场分布类似，在 25°N 以北地区可降水量的空间变化梯度比南部地区显著。图中在 25°N 以北即青藏高原东南部至横断山区域，可降水量呈东南向西北逐渐增加(减少)的纬向分布特征，并在青藏高原东南角即西藏东南部至滇西北有数值为 7 的大值中心，大值区与这一区域出现的“桃花汛”或春汛(早雨季)对应(鲁亚斌等，2008；郑建萌等，2010)；另外，在东北部可降水量呈现由南向北逐渐增加(减少)的分布，并在长江中下游形成范围较大的大值区，3—4 月份的江南春雨(Tian *et al.*，1998；万日金等，2006)可能与此有关；而在 25°N 以南地区，可降水量无明显变化。与第二模态对应的时间系数分布图(图 4.13d)可以看出，该模态在 1973 年前后发生了明显的年代际变化。1973 年以前基本均为正位相，空间分布上表现为在青藏高原东南部、横断山区域可降水量一致偏多的形势，1973 年以后基本为负位相，其空间分布特征转为相反的特征。

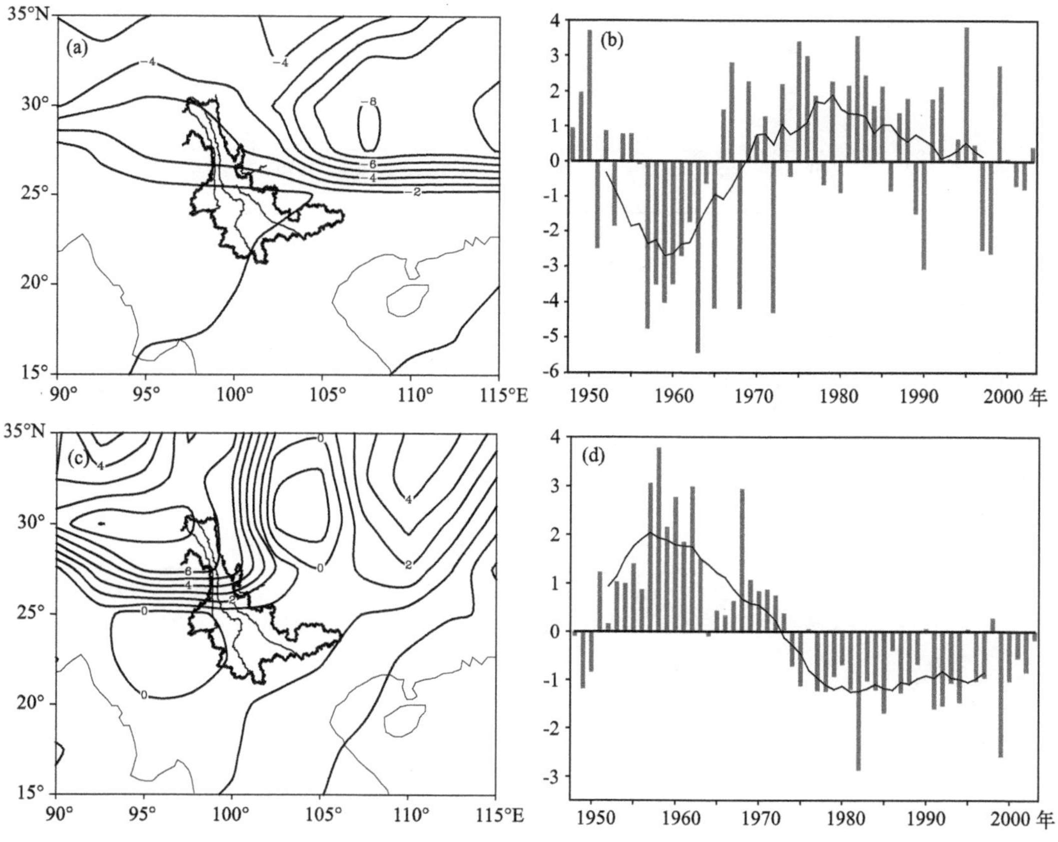

图 4.13 干季大气可降水量前两个主分量场(扩大 10 倍后的值)的空间分布特征(a、c)及时间变化(b、d)，曲线为 11 a 滑动平均

图 4.14a 是雨季第一主分量的空间分布，从图中可看出大气含水量基本为由西南向东北逐渐减少(增加)的分布特征，中心在西南地区摆动。这种分布特征主要与西南暖湿气流活动有关。与其对应的时间序列见图 4.14b，其在 20 世纪 60 年代末发生的年代际变化明显，前期基本为负位相，后期正位相占据主导地位。在负位相期间，哀劳山以西以南区域可降水量空间分布减少，其他区域可降水量空间分布增加。正位相期间，则是相反的分布特征。

图 4.14c 是第二主分量的空间分布，图中可降水量基本均为正值区，正值分布由南向北逐渐增大，特别是在横断山即纵谷区的中北部具有明显的纬向分布，长江中下游有最大值为 8 的中心，另外在“三江并流”区附近有一个次大值中心为 7。与其对应的时间序列图 4.14d 中，可以看到 20 世纪 60 年代末由正位相转为负位相，发生了明显的年代际变化。在正位相期间，雨季可降水量一致偏多，且横断山北部地区较南部增加显著，而在负位相期间，可降水量的分布则相反为一致偏少。

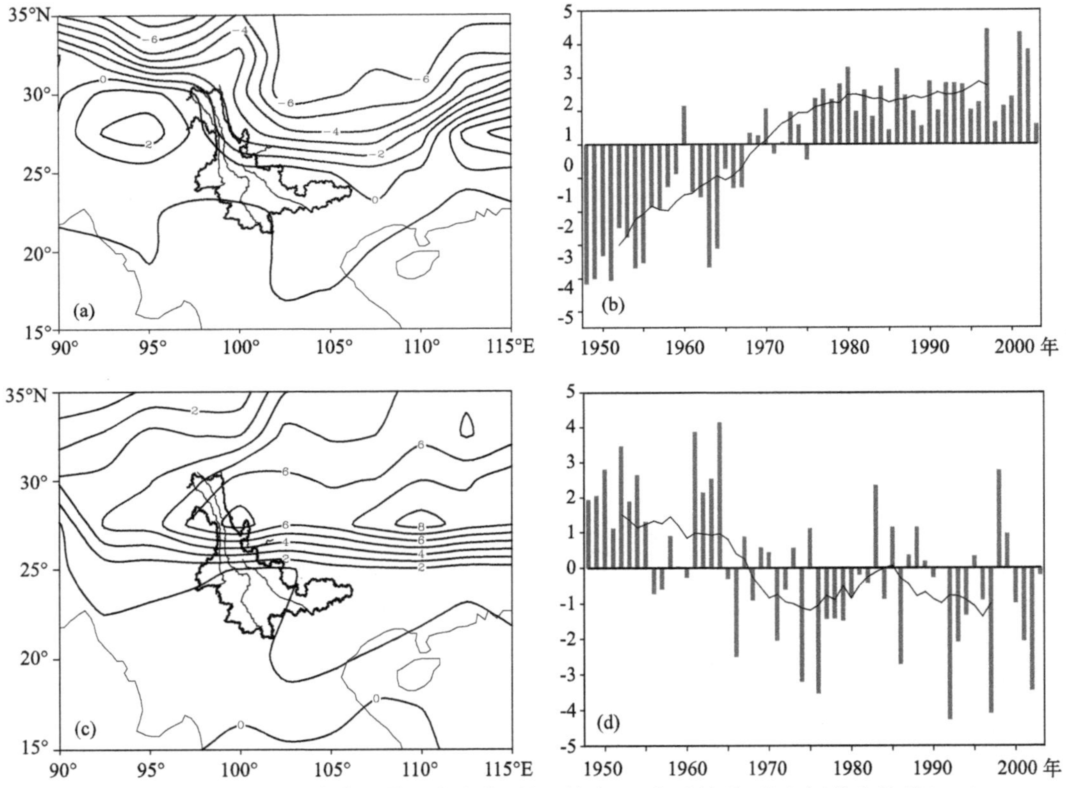

图 4.14　雨季大气可降水量前两个主分量场(扩大 10 倍后的值)的空间分布特征(a、c)及时间变化(b、d)，曲线为 11 a 滑动平均

综上所述，雨季前两个主分量模态在 20 世纪 60 年代末之后，哀劳山以北及以东区域可降水量空间分布一致减少。干季前两个主分量模态在 1973 年以后，25°N 以北地区可降水量一致减少。在横断山区域的北部雨季和干季都具有明显的纬向分布特征，干季可降水量的分布特征与青藏高原东南即横断山区域北部的春汛或“桃花汛”(早雨季)有关。

4.3.3.2　可降水量与横断山区域降雨量的联系

干季和雨季可降水量的这种分布变化与横断山区域降水有怎样的联系，下面分别讨论干湿季中，多雨年与少雨年可降水量与降水的关系。图 4.15 是干季和雨季横断山区域降水量的距平变化，曲线为 11 年滑动平均。

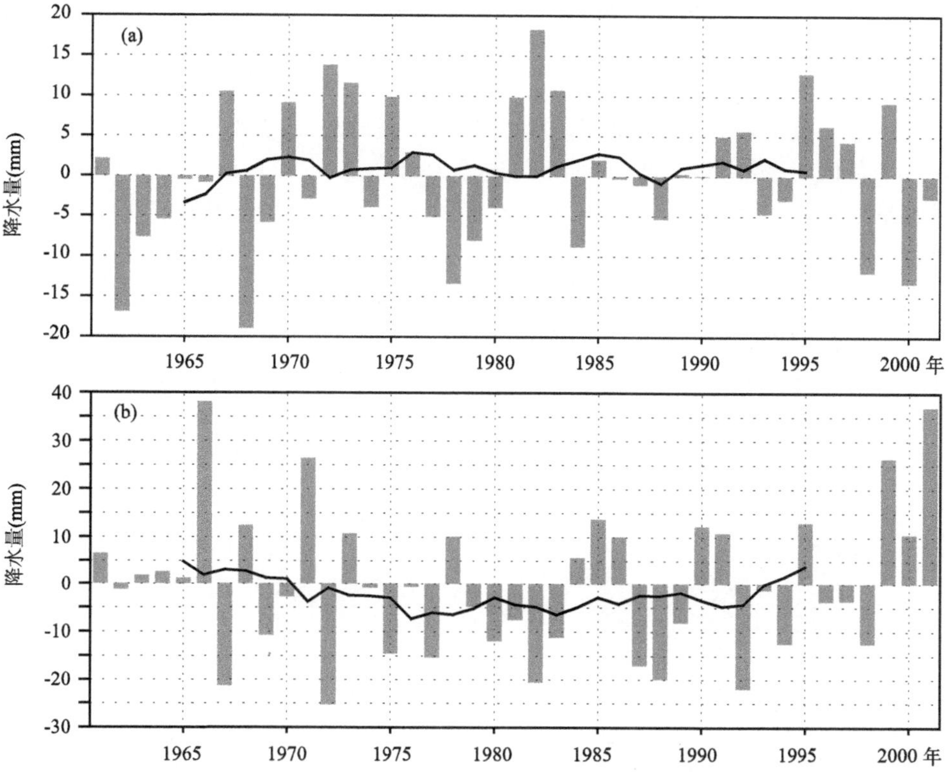

图 4.15　横断山区域干季(a)和雨季(b)实际降水量距平变化和 11 a 滑动平均曲线(单位:mm)

从图 4.15 可知，横断山区域干季降水量在 60 年代末发生了年代际变化，降水距平分布由负距平转为正距平。横断山区域雨季降水量则在 70 年代初期发生了年代际变化，降水距平分布由正距平转为负距平。总的来说，70 年代初期之后，干季降水呈现增加趋势，雨季降水出现减少趋势。无论干季还是雨季，与可降水量具有明显的年代际变化相似，降水也具有年际及年代际变化特征，并且年际变化更清晰。

计算可降水量前两个模态的时间序列与降水的相关系数说明干季的第一模态与降水的相关系数为 0.44，通过 0.05 的显著性检验，第二模态与降水相关系数为 −0.35，也通过 0.05 的显著性检验，这表明可降水量的变化与干季降水量关系密切。而雨季可降水量的前两个模态与实际降水的相关均没有通过 0.05 的显著性检验，这说明横断山区域雨季可降水量的分布模态并不直接影响降水量的分布，水汽对降水的贡献受地形的影响。

4.3.3.3　可降水量对横断山区域降水量分布的影响

由上面可知，应用 EOF 得出的可降水量型对雨季降水的分布影响并不密切，为了进一步研究大气可降水量与横断山区域降水之间的关系，选取多雨年和少雨年进行合成对比分析。

对于横断山区域干季，取区域降水距平百分率超过 20%的年份为多雨年，共有 1968、1971、1973、1974、1976、1982、1983、1984、1996、2000 年共 10 年，而低于 −20%的年份为少雨年，共有 8 年主要是 1963、1964、1969、1970、1980、1985、1999、2001 年；雨季则取平均降水距平百分率超过 10%的年份为多雨年，共有 1966、1971、1999、2001 年共 4 a，低于－10%的年为少雨年，共有 5 a 主要为 1967、1972、1982、1988、1992 年。

对可降水量及横断山区域降水百分率进行合成检验分析（图略），结果显示横断山区域大部分区域均通过 0.05 的显著性检验，说明干季和雨季选取的合成年份均较合理。图 4.16a 为干季多雨年和少雨年可降水量的合成差值，从图中可知，除滇东南部分地区外，多雨年比少雨年可降水量丰富，中心超过 4 g/cm^3，在低纬高原地区的南部边沿至中南半岛北地区则存在一个负值，且多雨年要低于少雨年，中心为－4 g/cm^3。总体上，干季多雨年和少雨年的可降水量存在着明显差异，并且南北差值梯度大。图 4.16b 是干季多雨年和少雨年降水的合成差值情况，整个横断山区域的降水差异非常明显，降水距平百分率差值普遍在 60%以上，尤其是澜沧江和红河流域差值高达 90%，部分地区超过了 110%。与图 4.16a 相比说明在可降水量差值梯度大的区域范围，降水量的差异也越大。这表明干季可降水量与横断山区域降水间有直接的联系，而且在可降水量变化梯度大的区域，降水差异越大。

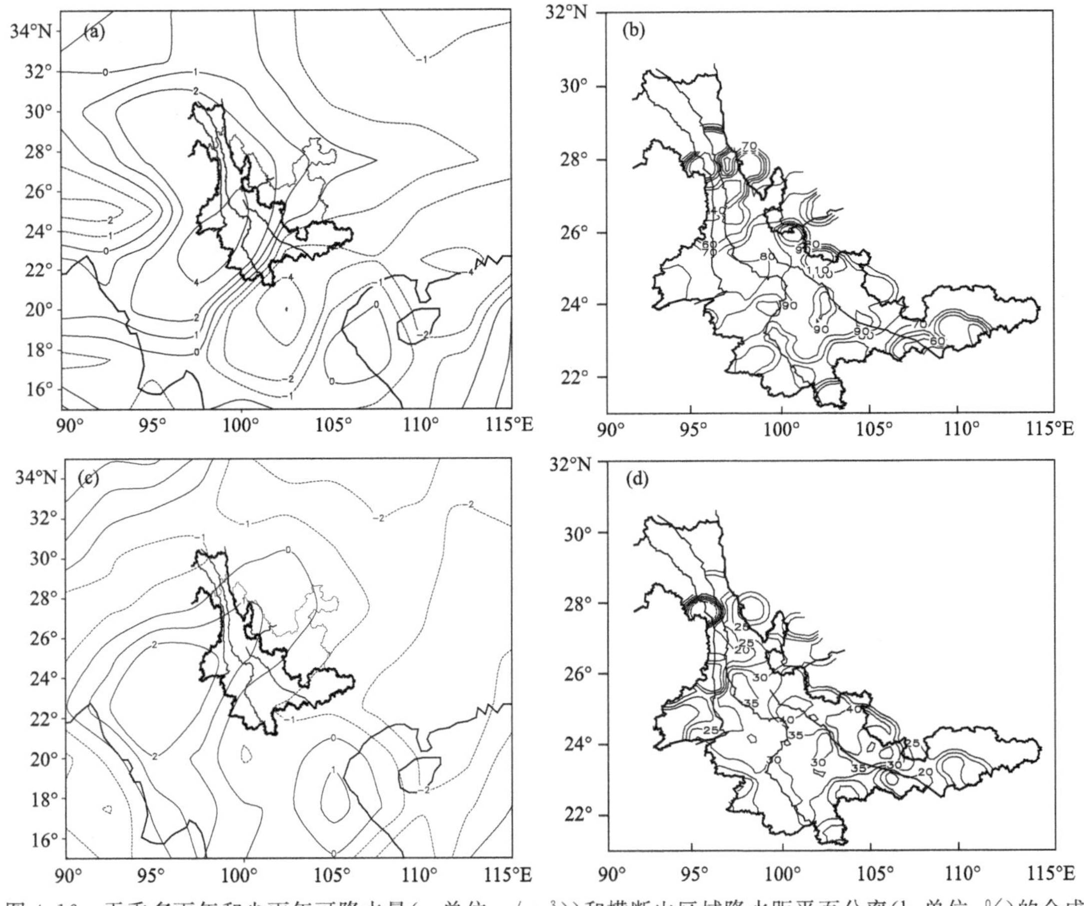

图 4.16　干季多雨年和少雨年可降水量(a，单位：g/cm^3))和横断山区域降水距平百分率(b，单位：%)的合成差值及雨季多雨年和少雨年可降水量(c，单位：g/cm^3)和横断山区域降水距平百分率(d，单位：%)的合成差值

图 4.16c 是雨季多雨年和少雨年的可降水量合成差值图，图中显示出纵谷区可降水量的分布多雨年要比少雨年多，但差值并没有干季的大，在横断山西部即腾冲附近可降水量差

值较大为 2 g/cm³，总体上看可降水量分布基本上没有太大的区别，这与华北多雨年和少雨年间长江以南及孟加拉湾地区的可降水量几乎无差别的情况极为相似(蔡英等，2004)。在多雨年和少雨年的降水距平百分率差值图 4.16d 上，多雨年和少雨年的降水差异比较明显，但多雨年和少雨年的差值比干季的差值要小，整个区域的多雨年和少雨年间的降水百分率差值基本为 30%左右，最大差值 40%出现在红河上游地区。这说明影响夏季降水多少的原因比较复杂，降水除受横断山特殊地形的影响外，还与影响的天气系统的位置、强弱有关。

在雨季多雨年和少雨年 700 hPa 风场的合成差值图上(图 4.17a)，贝加尔湖附近有反气旋差值环流，低纬高原地区北部北风异常，同时在孟加拉湾有异常气旋环流，低纬高原地区南部受偏南气流影响，有利于暖湿气流北上，说明多雨年冷空气活动频繁，孟浪低压活跃，低纬高原地区雨季降水偏多。当暖湿气流北上遇到横断山地形东西向的阻隔时，在 25°N 附近与南下冷空气汇合，使得高原地区南部的怒江、澜沧江、红河流域下游的区域降水增加。从图中还可以看出，西太平洋副热带高压加强西伸，有利于副高边缘的东南气流向北输送，造成对流性降水增加。另外，从水汽通量散度差值图中图 4.17b 可以看出，横断山纵谷区多雨年水汽辐合较少雨年有显著增加。

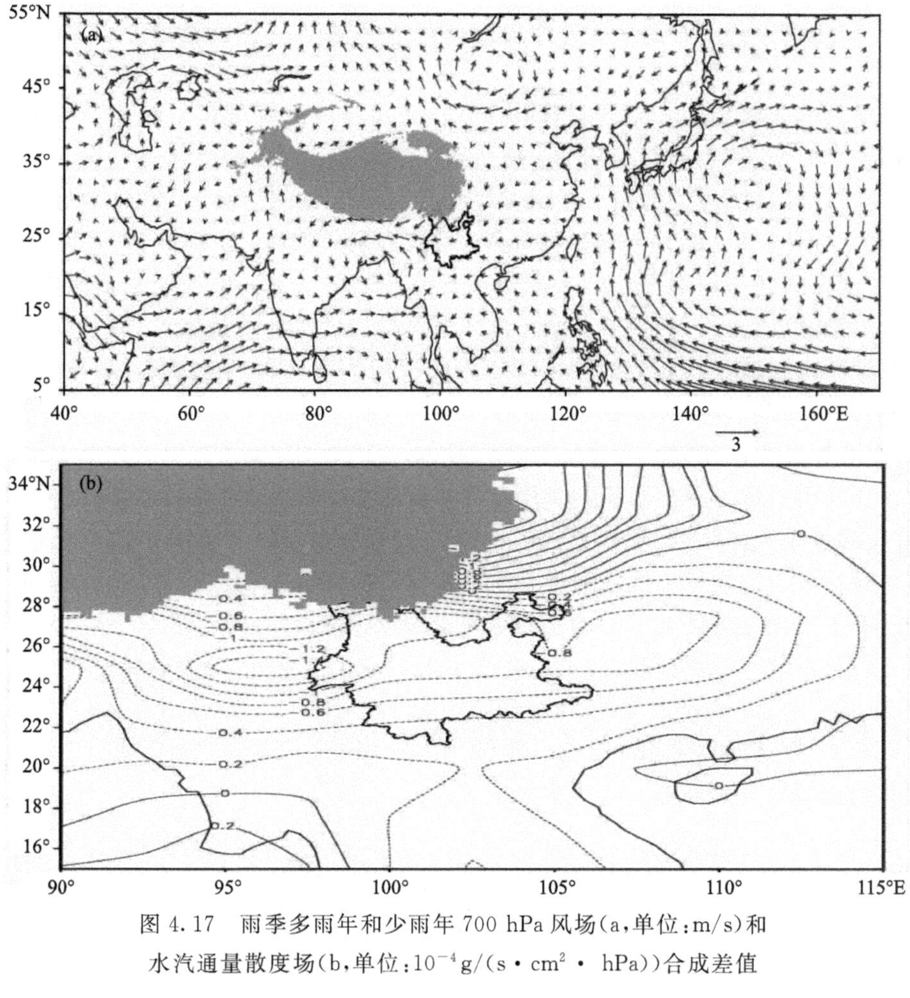

图 4.17　雨季多雨年和少雨年 700 hPa 风场(a，单位：m/s)和水汽通量散度场(b，单位：10^{-4} g/(s · cm² · hPa))合成差值

综上所述，在横断山区域干季可降水量基本只有夏季可降水量的一半，影响可降水量转化为降水的天气系统并不复杂；而在雨季可降水量充沛，降水更多地受到天气系统的移动位置和强弱如：副高进退、季风强弱、冷空气活动和水汽辐合等的影响。这使得可降水量与降水的关系在在雨季表现得比较复杂，而干季则表现得更单一密切。

4.3.4 小结

(1)影响低纬高原地区的水汽源地分别位于印度洋和南海。低纬高原地区5月雨季开始期降水的水汽源主要是孟加拉湾、阿拉伯海和南海的水汽含量，并且与低纬高原地区上空可降水量的多少最为密切。这反映了孟加拉湾季风活动强弱、西太平洋副热带高压强弱对低纬高原地区初夏降水的影响。汛期降水和可降水量相关最好的区域位于孟加拉湾、缅甸到云南，以及南海至菲律宾以东洋面。这表明影响夏季降水的原因比较复杂，大气可降水量只是低纬高原地区夏季降水的一个重要因子。

(2)秋季降水和可降水量的显著相关区表明伊朗高压增强，南支槽活跃，而副热带高压较弱且偏东时，有利于低纬高原地区上空的可降水量增加，秋季降水量增多。冬季降水与可降水量通过0.05显著性检验的正相关区主要是孟加拉湾到低纬高原地区、巴尔喀什湖地区附近。一定程度上说明云南冬季降水除了与南支槽的活动有关外，还与北方冷空气的强弱有关。

(3)春季大气含水量和低纬高原地区降水正相关最好的区域位于孟加拉湾至青藏高原东南部、缅甸到云南、阿拉伯海以及巴尔喀什湖上空附近。而负相关区域主要是中南半岛中南部至北部湾。这表明当孟加拉湾至低纬高原地区上空的水汽含量增加时，有利于低纬高原地区降水增加，同时也说明春季降水的多(少)还和阿拉伯海、巴尔喀什湖附近水汽含量的多(少)以及中南半岛中南部附近的水汽含量有关。这在一定程度上证明了南支槽活跃，西太平洋副热带高压较弱且偏东时，有利于低纬高原地区春季降水量增多。

(4)对横断山区域及其周边地区可降水量的分析表明：无论在干季还是雨季，可降水量的前两个主分量在25°N以北地区呈纬向分布，其时间序列均有显著的年际及年代际变化，并且横断山区域降水的年际及年代际变化也显著。

(5)在横断山区域干季多雨年和少雨年的可降水量与降水量均存在显著差异，并且在可降水量变化梯度越大的区域，降水差异越明显。而雨季多雨年和少雨年的可降水量差别不大，但降水存在显著的差异。这说明干季可降水量与实际降水的关系更为直接，而雨季可降水量充沛，降水更多地受到天气系统的位置和强弱的影响，如：副高进退、季风强弱、冷空气活动等。这使得可降水量与降水的关系在雨季表现得比较复杂，而干季则表现得更单一。

4.4 GPS/MET 地基遥感低纬高原地区的水汽含量及与降水量的联系

全球定位系统(Global Positioning System，简称 GPS)最初的目的是为定位、导航或授时等领域应用。由于 GPS 的定位准确度受到大气层，包括电离层和对流层大气的影响，对大气影响的订正成为控制 GPS 测量精度的关键，通常总是将大气影响作为噪声予以改正和消除。从20世纪90年代起，随着 GPS 应用和探测精度的提高，这种噪声已成为探测可降水量的有用信号，由此形成了一门新兴的学科—GPS 气象，其主要由卫星动力学、大地测量学、地球物理学和气象学交叉派生出的学科，目前 GPS 气象学主要包括三方面的内容：一是利用 GPS 的空间定位能力测量高空风的分布，并发展为 GPS 探空设备，二是利用地基 GPS 接收机测量整层大气的水汽含量；三是利用低轨卫星上的 GPS 接收机探测大气折射率廓线，并进一步计算温度或湿度的垂直分布（盛裴轩等，2003 年）。由于 GPS 卫星信号传输经过大气层时，要受到大气的折射而延迟，将该延迟量作为待定参数引入到观测方案和解算模型中，并逐项考虑误差的来源和消除的办法，精密的大气延迟量（毫米级）可以与定位参数一同求解出来；而大气延迟量可划分为电离层延迟、静力延迟和湿项延迟。通过采用双频技术，可以将电离层延迟订正到毫米量级；静力延迟与地面观测量（气压）具有很好的相关，也可以订正到毫米量级，这样就得到毫米量级的湿项延迟。湿项延迟与水汽总量（PW）可建立严格的正比关系，精确的水汽总量就可以求解出来。

本节主要以地基 GPS 遥感监测的 2003 年、2007 年、2009 年水汽含量进行分析，并与探空站资料、再分析资料计算的可降水量进行对比分析，探讨其监测的水汽在这一地区的应用情况。

4.4.1　地基 GPS/MET 遥感的水汽含量

自 2003 年开始，低纬高原地区已先后在昆明、蒙自、腾冲、思茅站开展双频高精度地基 GPS 水汽探测试验，至 2008 年已先后建立了丽江、大理、德钦、临沧、勐腊等站。

4.4.1.1　GPS/MET 水汽含量的季节变化

图 4.18 是用 GPS/MET 遥感监测的昆明、蒙自、腾冲、丽江、大理、临沧、勐腊、德钦等 8 个站四季整层的水汽含量分布情况，从图中可看出，低纬高原地区四季可降水量的分布具有北部小于南部，西南小于东部的特点，从水汽含量的时间变化上来看，夏季最大、秋季次之、春季第三而冬季最小，年最大值位于南部的勐腊为 13918.8 mm，地处北部的德钦全年水汽含量相对最小为 4405.28 mm。水汽含量的这种分布及变化与低纬高原地区的降水量分布变化相一致。

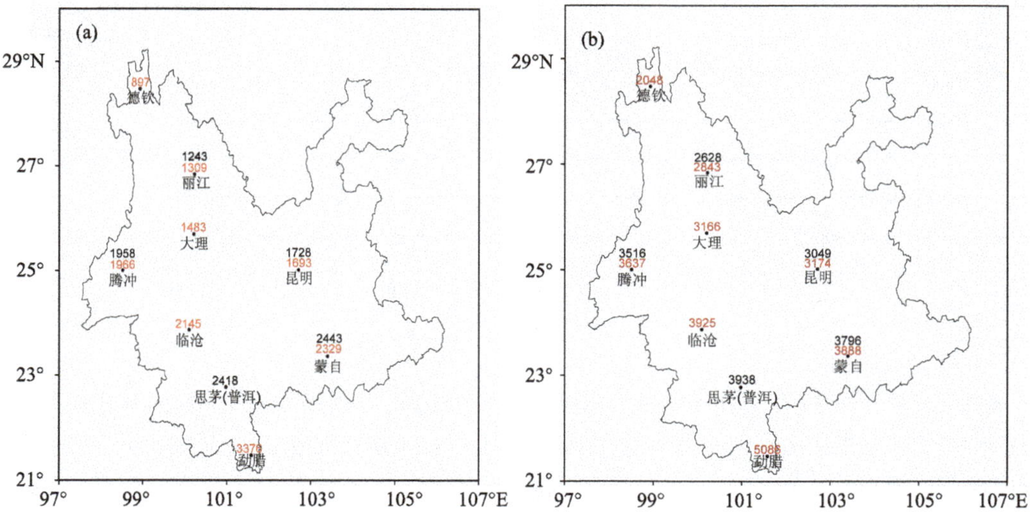

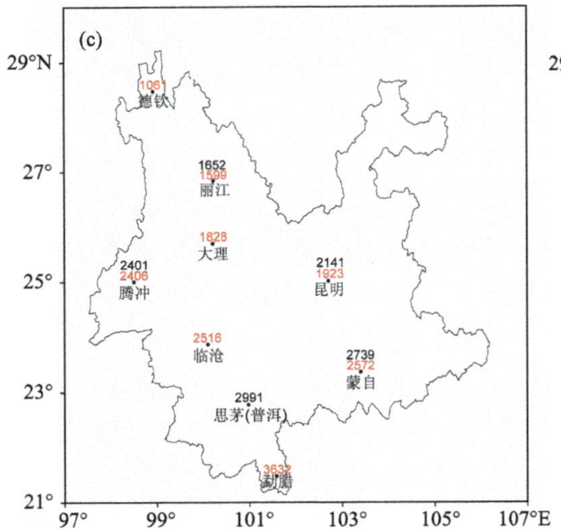

图 4.18　GPS 站遥感监测的四季整层大气含水量(红色)与探空站计算的大气可降水量(单位:mm)
(a、b、c、d 分别代表春、夏、秋、冬)

图 4.19 是 2009 年 1—12 月德钦、丽江、大理、昆明、临沧、蒙自、勐腊 7 个测站逐月的整层大气可降水量值。由图可见,7 站的月可降水量值变化的总趋势一致,从 3 月到 7 月可降水量 PW 值逐渐增加,8 月到 12 月 PW 逐渐减小。最大峰值均在 7 月。从图中还可看出,可降水量在 4—5 月有突增的现象,而在 10—11 月又有突降现象,这与云南受西南季风和东亚季风共同影响有关,低纬高原地区雨季一般在 5 月开始,雨季为 5 月到 10 月,水汽含量的逐月变化反映了这一地区干季向雨季、雨季向干季转换的季节特征,并且雨季的水汽总量大于干季。

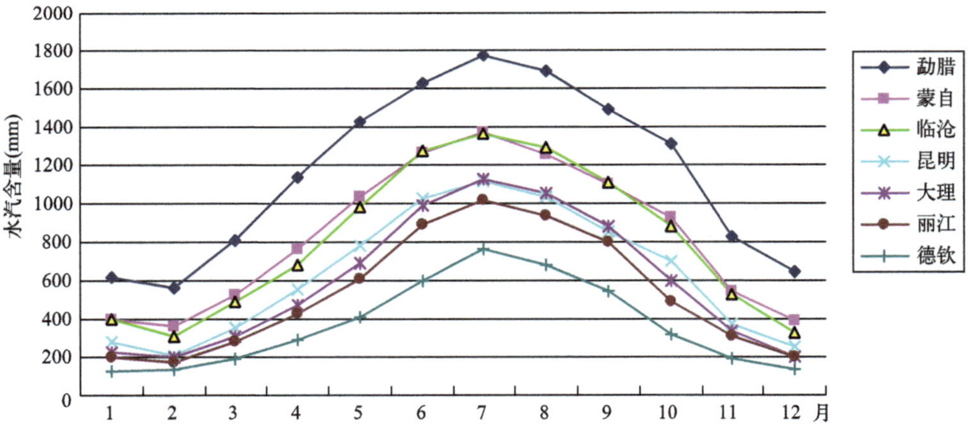

图 4.19　2009 年 7 个测站逐月水汽含量变化

此外,勐腊的水汽含量在所有站中是最高的,而德钦在雨季的水汽含量相对最低,这与前面得出的大气可降水量随纬度增加呈递减分布一致,并且海拔较高地区的总水汽量要低于海拔较低地区的总水汽量。

4.4.1.2 GPS/MET 水汽与降水量的关系

图 4.20 为蒙自 2003 年 2 月 14 日至 6 月 30 日地基 GPS 测量水汽的逐时整层大气水汽总量的时间变化(张万诚等,2005),图中黑色线为 GPS 测量的整层大气水汽量,每小时提供一个测量值;红色柱型为每小时一次的自动站雨量(微量降水视为 0)。从图中可以看出,蒙自在 2248 h(对应时间是 5 月 18 日 0 时)的整层水汽量开始出现较大值 43.3 mm,其雨量为 3.7 mm,2249 h(即 5 月 19 日 1 时)的整层可降水量为 43.1 mm,小时降水是 9.7 mm,5 月 18—19 日 21—08 时(2245～2256 h)的累计降雨量为 54.8 mm,水汽含量和降水量二者的变化趋势非常一致,到 2530 h 即 5 月 30 日 18 时降雨量为 18.2 mm 等,从图中可直接看出,当地面开始有降水时,其水汽含量都基本处于这段时间的最大值。另外,从图中还可以看出,进入 5 月中旬以来,从 2158 h 开始有降水为 0.1 mm,可降水量是 43.1 mm,其前 1 h 水汽含量达最大为 43.8 mm,一直到 3204 h(6 月 27 号)可降水量是 45.7 mm,降雨为 0.4 mm,到 3205 h 即 6 月 28 日 0 时降雨结束(无降水),水汽含量为 44.3 mm,图中红色柱型与折线的变化趋势对应很好,这期间在 2822 h(6 月 12 日)降水达到最大为 20.5 mm(即 1 时雨量),可降水量则为 45.1 mm。

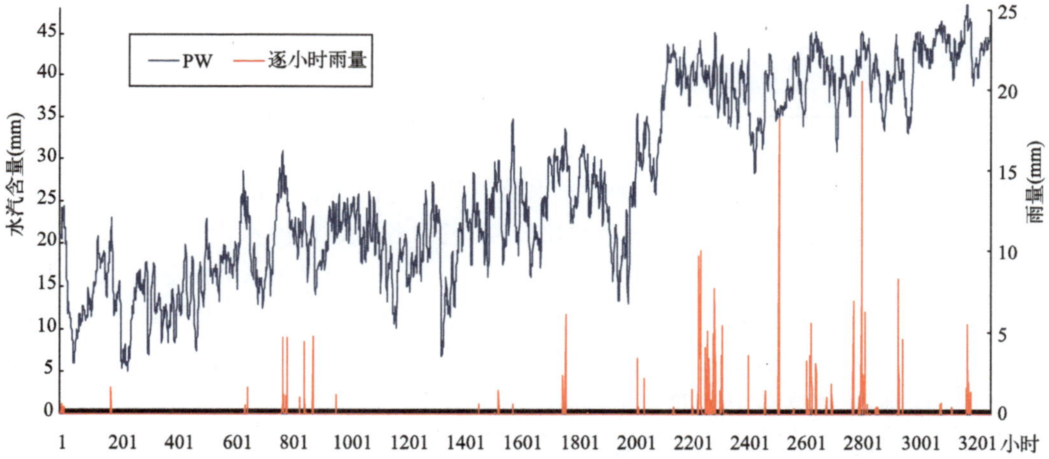

图 4.20 2003 年 2 月 14 日至 6 月 30 日逐时蒙自地基 GPS 遥测的大气水汽总量与降水变化(单位:mm)

有趣的是在干季向雨季的转变过程中,整层水汽量的逐日变化可以作为监测雨季开始期的指标,从 5 月初开始蒙自整层水汽含量的变化经历了从 13 mm 至 20 mm 再到 30 多毫米的变化,最后达到最大 40 mm 以上的变化,再持续增加直到最高 43.3 mm(第 2248 h)时,首次出现进入 5 月以来的降雨最大值 3.7 mm,并在第 2249 h 降水达 9.7 mm,这是整个降雨过程中的小时最大值。从这次雨季开始的降雨过程来看,在第 2224 h 的时候,整层水汽含量为 41.5 mm,为进入 5 月以来的第一个最高峰,此时地面开始出现 0.2 mm 的降雨,之后至 2241 h,整层水汽含量的变化在 38.9～41 mm 之间,到第 2242 h 整层水汽含量达到 41.8 mm,并在 2243 h 整层水汽含量上升到 42.5 mm 时出现 0.2 mm 的降雨,降雨过程使蒙自在 5 月 19 日达到雨季开始标准。总体上看,降水和水汽含量逐小时变化曲线变化趋势对应得很好,地面有降水时其对应的整层水汽量必然出现高值,在干季向雨季的转变过程中,特别是在 5 月雨季开始的监测中当整层水汽含量上升到 40 mm 以上时,蒙自进入雨季的可能性大。从图 4.20 中还可看出，GPS 的动态监测资料提供了许多变化的细节，对中小尺度天气过程的分析和预报会有很大的帮助。

4.4.1.3　GPS/MET 水汽监测降水的临界值探讨

根据以上的分析，可以寻找非降水时段的水汽总量作为降水临界值（或基值），来监测判断降水是否出现。符睿等(2010)分别统计 2007 年大理、昆明、临沧、蒙自、腾冲等 5 个站非降水时段水汽含量平均值作为临界值。表 4.3 给出了 5 站各月统计的水汽含量基值，这些站具有两个特点：一是各站水汽含量基值与月降水量大小有关，雨季各月水汽含量基值均大于干季；二是与海拔高度有关，临沧、蒙自、腾冲等海拔相对低（分别为 1502.4 m、1302 m、1649 m）的站点各月的水汽含量基值均大于大理、昆明等海拔相对高（分别为 1992 m、1893 m）的站点。

表 4.3　各 GPS 站降水临界值（单位：mm）（符睿等，2010）

	1月	2月	3月	4月	5月	6月	7月	8月	9月	10月	11月	12月
腾冲	10.0	11.0	11.7	20.8	29.1	30.0	42.2	39.1	33.1	26.4	16.5	11.1
大理	—	—	8.7	16.9	24.3	30.4	36.5	33.7	29.1	22.8	14.2	9.2
昆明	10.3	9.2	10.0	18.7	27.1	32.6	37.0	32.8	28.9	23.6	16.0	10.3
临沧	12.4	12.5	13.1	22.9	33.5	39.6	45.0	41.7	36.9	30.1	21.9	13.5
蒙自	14.0	13.7	15.7	24.7	33.7	40.8	45.4	40.0	35.2	29.8	19.6	15.3

注："—"为缺测

表 4.4 为 2007 年各站高于临界值的降水数以及占总降水次数的比例，从统计值看，高于临界值降水次数占总降水次数的比例均比较高，说明各月各站的水汽含量临界值能够较好地指示降水的可能性，可在短时天气预报业务时参考。由于水汽含量只表示大气中的水汽的多少，而产生降水的因素除大气中具有充沛的水汽外，至少还包括大气垂直上升运动、层结不稳定扰动等。因此，水汽含量高于临界值并不能完全认为一定有降水，低于临界值也不能确定无降水，水汽含量值只能作为降水出现概率较高的判据。

从表 4.4 中还可看出，高于临界值降水次数占总降水次数的比例各月不尽相同，除了总降水发生次数为 1 次所占比例较低外，最高的月份可到达 100%，较低的月份也为 44.7%，临界值指示效果最好的站是临沧、腾冲、蒙自，高于临界值降水数所占的比例为 81%以上，大理由于没有考虑 1—2 月的降水所占比例也在 81%以上，昆明的临界值代表性也比较好为 78.2%。

总体上看，用临界值来监测降水情况最好的时段主要是雨季开始期、秋季、冬季，除昆明稍差外，大部分站的成功率均在 90%以上，特别是对 5 月雨季开始期的预报检验除昆明为 83.6%外，其他站都在 93%以上。对于汛期 6—8 月水汽含量的监测表明不同的站差异比较明显，对 8 月降水的监测降水出现在临界值以上所占比例总体上要高于 6—7 月，并且临沧、昆明的 GPS 监测要好于腾冲、蒙自、大理，出现这种现象的可能原因主要是低纬高原地区进入雨季后，季风水汽输送已达到正常状态（见图 4.19）。GPS/MET 反演得到的大气中的气柱水汽含量对降水的发生，不仅取决于大气中水汽含量的多寡，更重要的是还与水汽辐合量的大小有关。此外，水汽梯度值、水汽辐合辐散及天气系统等也对降水的大小和维持的时间有重要影响（杨光林等，2002）。

表 4.4　水汽含量高于临界值的降水次数统计(单位:次)(符睿等,2010)

月	总降水数					高于临界值的降水数					所占比例(%)					
	腾冲	大理	昆明	临沧	蒙自	腾冲	大理	昆明	临沧	蒙自	腾冲	大理	昆明	临沧	蒙自	区域
1	7	—	32	14	25	7	—	23	13	25	100	—	71.9	92.9	100	87
2	80	—	37	62	46	75	—	31	55	46	93.8	—	83.8	88.7	100	92
3	8	5	0	1	1	8	5	0	0	1	100	100	100	0	100	93
4	88	59	47	50	42	67	37	21	36	32	76.1	62.7	44.7	72.0	76.2	68
5	173	136	73	130	66	170	132	61	121	60	98.3	97.1	83.6	93.1	98.4	94
6	128	43	66	90	58	103	25	44	62	45	80.5	58.1	66.7	68.9	77.6	73
7	229	149	167	206	137	137	116	121	124	64	59.8	77.9	72.5	60.2	46.7	63
8	127	127	105	146	104	101	100	94	118	97	79.5	78.7	89.5	80.8	93.3	84
9	157	146	85	127	71	155	138	74	125	71	98.7	94.5	87.1	98.4	100	96
10	108	125	76	90	17	100	110	69	87	14	92.6	88.0	90.8	96.7	82.4	91
11	89	67	9	17	44	88	60	8	17	44	98.9	89.6	88.9	100	100	96
12	3	8	1	0	1	3	8	0	0	0	100	100	0	100	0	85
年	1197	865	698	933	612	1014	731	546	758	498	84.7	84.5	78.2	81.2	81.4	82

注:“—”为缺测

4.4.1.4　GPS/MET 水汽对低纬高原地区雨季开始的监测

2007 年 4 月底在孟加拉湾有热带低压云团生成,5 月初热带低压云团主体活动于安达曼洋面上空,8 日热带低压主体云系向西北移动越过安达曼群岛到达孟加拉湾中部,11 日孟加拉湾低压云系出现螺旋状结构,13 日涡旋中心外围的对流云区呈准对称状态,14 日热带低压发展成为风暴,15 日在孟加拉国吉大港南侧登陆,16 日后风暴低压解体后并入西风槽东移。与此同时北方冷空气南下影响云南,受这两个主要天气系统的共同影响,8—19 日,云南出现了几个降水比较集中的时段。选取 2007 年 5 月 5 个 GPS/MET 站监测的水汽含量和实际降水量进行分析(符睿等,2010)。

GPS/MET 反演的水汽含量逐时变化过程与实际降水发生的过程或周期基本相同,从水汽含量的分布来看(图略),不同地区监测的水汽含量变化并不相同,并且整层水汽含量的变化与天气系统影响有关,如腾冲在 5 月 8 日 1 时出现水汽含量的激烈上升变化,从月初水汽含量的低值上升到 30.9 mm,一直持续上升到 5 月 10 日的最大值 41.2 mm,5 月 10 日的 24 h 累计降水量为 18.6 mm,5 月 11 日的 24 h 降水量为 36.6 mm,腾冲于 5 月 10 日进入雨季;而大理水汽含量由 5 月 7 日的 10 mm 上升到 5 月 11 日的最大 36.6 mm,24 h 降雨为 10.4 mm(在 5 月 7 日的 07 时超过基准值),到 5 月 12 日的 24 h 降雨为 60.2 mm,大理雨季于 5 月 12 日开始;中部的昆明则是在 5 月 8 日 01 时出现水汽含量的低值 12.7 mm,至 5 月 9 日超过水汽含量的临界值 27.1 mm,一直持续上升到 5 月 11 日的最大值 37.1 mm,其24 h 降水 13.1 mm,5 月 12 日的水汽含量维持在临界值以上,24 h 降水 15.4 mm,雨季开始期于 12 日开始;处于西南部的临沧在 5 月 7 日出现水汽含量的激烈上升变化,从 7 日的12 mm 上升到 5 月 8 日的最大值 38.2 mm,一直持续到 10 日进入 5 月以来的最高值47.8 mm,并维持在 40 mm 以上,10 日 24 h 降水量为 9.6 mm,5 月 11 日的 24 h 降水量为 27.8 mm,临沧从 5 月 11 日进入雨季;而东南部的蒙自在5月8日水汽含量出现激烈的上升,从15 mm上升到5月16日的最大值47.2 mm,16日的24 h降水量为13.7 mm,17日的24 h降水量为43.9 mm,除19日水汽含量降低于临界值33.7 mm外,其余时段一直维持在临界值以上。

降水大多发生在可降水量(PWV)大于基值的时段,且大多为PWV值连续增加达到峰值(或峰值开始下降)后降水开始。PWV值与降水量的大小之间的关系比较复杂,并不是一种简单的正比关系,两者无明显的相关。有时PWV不高却有降水,相反有时PWV值高却无降水,这除了因为降水来自云中的液态水,GPS/MET测得的是大气中的总的水汽含量,研究表明作为一种全天候的观测方法,它对云中的液态水是不敏感的(Solheim F S,1999)。可见,用水汽含量变化曲线来预报降水应综合考虑前期水汽的平均水平、峰值大小和增幅等条件。

4.4.1.5 GPS/MET水汽与实际降水过程

用2007年逐时的5个GPS/MET站水汽含量值进行平均来代表区域平均水汽含量(图略),从中选取水汽含量幅度较大的12过程,并寻找其与云南124个站降水的关系。

表4.5是出现可降水量峰值时,发生强降水天气过程的情况,从表中可看出,12个水汽量峰值对应的降水分别有5个暴雨过程、4个大雨过程、4个中到大雨过程、1个中雨过程、2个小到中雨过程和1个小雨过程。从过程强度来看,大雨和暴雨过程完全集中于雨季,小雨和中雨则主要在干季,显然与水汽峰值的大小密切相关,也就是说水汽峰值(特别是在变化幅度较大的)对应降水过程,而水汽大值期间对应降水过程强度。从时间上看,在12个降水过程中有9个过程出现在峰值以后(1~36 h)、2个过程同步出现、1个过程提前了10 h,这说明水汽峰值超前于降水过程出现,对预报有参考价值。

表4.5 大峰值水汽含量与强降水过程(符睿等,2010)

峰值出现时间	强降水出现时间(20时)	小雨站数	中雨站数	大雨站数	暴雨站数	降水等级
2月14日16时	2月15日	55	57	5	0	中雨过程
4月21日19时	4月22日	92	13	5	0	小一中雨过程
5月15日13时	5月16日	30	54	37	3	大雨过程
	5月17日	33	44	31	16	暴雨过程
	5月18日	51	27	16	14	暴雨过程
6月20日08时	6月20日	82	22	12	0	中一大雨过程
7月18日17时	7月19日	32	37	39	15	暴雨过程
	7月20日	37	28	37	20	暴雨过程
	7月21日	75	23	23	2	大雨过程
8月11日16时	8月11日	64	29	22	5	大雨过程
	8月12日	36	45	30	12	暴雨过程
8月24日14时	8月25日	45	43	32	4	大雨过程
9月28日10时	9月29日	68	24	17	2	中一大雨过程
10月9日08时	10月11日	97	11	9	1	中一大雨过程
11月2日06时	11月1日	38	20	12	6	中一大雨过程
11月15日07时	11月15日	76	10	4	1	小一中雨过程
12月17日07时	12月18日	43	0	0	0	小雨过程

注:"降水等级"依据云南省气象台标准

5 月 15 日 13 时和 7 月 18 日 17 时的二个水汽峰值非常值得关注(图略),前者是上升幅度最大的 PWV 峰值,后者则是 2007 年全年 PWV 的峰值。从表 4.5 的降水过程来看,两次天气过程都分别出现了连续 3 d 的大到暴雨过程,是 2007 年降水最多最集中的时段。这表明水汽量上升幅度较大或位于大值期高位时可作为预报连续性强降水过程出现的指标。

而 8 月 11 日 16 时为水汽含量高位上升幅度较大的第二峰值,也出现了连续 2 d 的大到暴雨过程。9 月 28 日 10 时为全年上升幅度第二位的水汽含量峰值,与 5 月 15 日 13 时的水汽峰值比较,也应出现较强的降水过程,但仅出现了 1 d 的中等强度的降水过程。这主要是云南初夏 5 月由干季向雨季转换,热带系统北上强度不断增强,强降水所需要的能量充足;而秋季是雨季向干季转换,热带系统南退、副热带系统减弱,夏季风活动减弱,强降水所需要的能量往往不足。因此,使用 PWV 峰值作预报指标时,还应考虑季节因素。

4.4.2　小结

(1)与前面得出的大气可降水量随纬度增加呈减少分布一致,并且海拔较高地区的总水汽量要低于海拔较低地区的总水汽量。在已布点的 GPS/MET 监测站中,勐腊的水汽含量在所有站中是最高的,而德钦的水汽含量相对最少。

(2)低纬高原地区可降水量在 4—5 月有突增的现象,而在 10—11 月又有突降现象,这与这一地区受西南季风和东亚季风共同影响有关,低纬高原地区雨季一般从 5 月开始,雨季为 5 月到 10 月,水汽含量的逐月变化反映了这一地区干季向雨季、雨季向干季转换的特征,并且雨季的水汽总量大于干季。

(3)GPS/MET 对水汽的动态监测提供了天气变化的变化细节。这在干季向雨季的转变过程中非常重要,由于各监测站在 5 月的整层水汽含量最大值并不一致,因此可根据各站的情况建立可降水量逐日(有条件时可建立逐时)临界值作为监测雨季降水的动态指标,这对中小尺度天气过程的分析和预报会有很大的帮助。

(4)研究表明用 GPS 监测的可降水量临界值来监测降水最好的时段主要是雨季开始期、秋季、夏季、冬季,并且大部分站的成功率均在 90%以上。特别是对 5 月雨季开始期的动态监测检验除昆明为 83.6%外,其他站都在 93%以上。而对于汛期 6—8 月降水的监测,则表现为不同的 GPS 站点差异比较明显,如:对 8 月降水的监测在临界值以上出现降水所占比例总体上要高于 6—7 月,并且临沧、昆明的 GPS 监测要好于腾冲、蒙自、大理,出现这种差异的原因主要是低纬高原地区进入雨季后,水汽已达到常态。

(5)研究表明高于可降水量临界值发生降水次数占总降水次数的比例各月不尽相同,出现较低的月份仅为 44.7%,临界值指标效果最好的是临沧站、腾冲站、大理站、蒙自和昆明站,除昆明略低为 78.2%外,其他站成功率均在高于临界值降水数所占的比例在 81%以上。这说明使用可降水量临界值(或峰值)作预报指标时,还应考虑季节变化因素。

(6)虽然逐日可降水量可作为监测降水的指标,但降水的发生及大小不仅取决于大气中水汽含量的多寡,更重要的还与水汽辐合量的大小有关。

随着 GPS 监测水汽量应用的深入,在应用中可综合考虑前期水汽的平均状况、峰值大小和增幅等条件,以及结合水汽梯度值、水汽辐合辐散以及天气系统等情况进行应用。

4.5 GPS/MET地基遥测水汽含量与用高空探测资料和再分析资料估算的可降水对比

4.5.1 GPS/MET遥测资料与探空资料的对比

4.5.1.1 平均资料对比

图4.21是用探空资料计算的昆明、蒙自、腾冲、丽江1980—2006年多年平均的水汽含量和GPS/MET遥感监测的昆明、蒙自、腾冲、丽江的整层的水汽含量(昆明和蒙自是2 a的年平均,而腾冲与丽江是1 a的情形)。从图中可看出,GPS监测的整层水汽含量与实际的水汽量基本一致,除丽江外其他站都是GPS/MET监测的可降水量要小于探空实测的,两者误差值最大的是蒙自为494.7 mm,其次是昆明为232.3 mm,其余的误差均不大于180 mm。

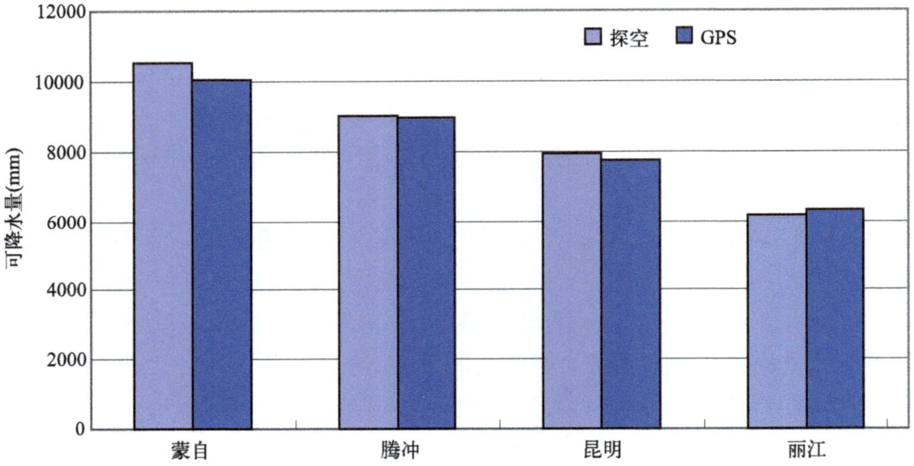

图4.21 GPS站遥感的整层大气含水量与用探空站计算的多年平均大气可降水量(单位:mm)

另外,从低纬高原地区两种方法的可降水量四季分布中也可看出(图4.18),春季GPS的误差除蒙自为114 mm外,其他站均小于100 mm,并且丽江和腾冲GPS监测的可降水量略大于实测的,而昆明和蒙自的则相反;夏季误差最大值是丽江为215 mm外,其次是腾冲、昆明均超过100 mm,总体上夏季两者误差相对最大,这可能与夏季水汽丰富,而探空资料的计算高度往往只达到100 hPa有关,并且都是GPS监测的可降水量要大于实测的;秋季基本上是GPS监测的可降水量要小于探空实测的,两者的最大误差值是昆明为218 mm,其次是蒙自为167 mm,丽江和腾冲的相差不大;冬季基本上是GPS监测的可降水量要小于探空实测的,两者的最大误差值是蒙自为392 mm,其次是昆明为298 mm,腾冲的误差比蒙自和昆明的要小为171 mm,只有丽江的小于100 mm。

综上所述,用GPS/MET监测反演的大气含水量与用探控站监测资料估算的可降水量具有夏季最大、秋季次之、春季第三、而冬季最小,这与低纬高原地区的季节降水变化一致。而两种方法监测的水汽含量误差值则是夏季最大,秋季次之,并且夏季GPS监测的可降水量要大于实测，秋、冬季则 GPS 监测的可降水量要小于探空实测的。总体上看，用 GPS/MET 监测的大气含水量与实际接近可在实际中应用。

4.5.1.2　逐月资料对比

用腾冲、昆明、蒙自的 GPS/MET 遥测水汽含量与探空观测进行逐月对比。可以看出（图略），腾冲、昆明、蒙自的 GPS/MET 整层水汽量与探空水汽量变化趋势基本一致，其相关系数分别为 0.886、0.891 和 0.890，均通过 0.01 的显著性检验。

腾冲（图略）GPS/MET 可降水量与探空可降水量两者的平均值之差为 0.42 mm，误差的均方差为 6.1 mm，GPS 比探空计算结果平均偏高 2%。昆明站（图略）两者平均差为 0.37 mm，偏差的均方差为 5.2 mm，GPS/MET 比探空计算结果平均偏高 2%。蒙自站（图略）两者平均差为 0.96 mm，偏差的均方差为 5.8 mm，PWV 比探空计算结果平均偏低 3%。蒙自站 GPS 反演值低于探空计算值。

可见，GPS/MET 遥测的水汽含量与探空探测资料的逐月变化非常一致，两者的相关系数在 0.89 以上并通过 0.01 的显著性检验，其平均误差较小均小于 1，只有蒙自站的误差略大为 0.96 mm。以上结果说明，GPS/MET 反演可降水值能较好地反映低纬高原地区大气实际水汽含量，且两者平均差值精度高于国外试验的精度为 2 mm。（杨红梅等，2000），这表明低纬高原地区可降水量具有参考价值。

4.5.2　GPS/MET 地基遥测水汽与用再分析资料估算水汽对比

应用勐腊、蒙自、临沧、昆明、大理、丽江、德钦 7 个 GPS 地基遥测站 2009 年逐日可降水量资料，以及用美国 NCEP/NCAR Ⅰ、Ⅱ 再分析资料和日本气象局发布的 JRA-25 再分析逐日资料计算的可降水量，格距均为 2.5°×2.5°。时间长度选用 GPS 观测数据较为完整的 2009 年。

云南 8 个地基 GPS 站于 2008 年完成建设，配置的仪器是美国 Trimble 公司的 NETRS 型双频接收机和天线，设备放置于当地的气象台站，以便于维护。由于再分析资料均为 2.5°×2.5°的格点资料，为避免产生二次误差，没有进行插值比较，而是直接选择应用格点资料与 GPS 站点资料进行比较。主要应用两组样本平均值显著性差异和相关分析等方法，讨论 3 类再分析资料和 GPS 探测资料可降水量的显著性差异。

为此主要选择与 GPS/MET 站点经纬度最近的格点资料进行比较分析。首先对 GPS/MET 遥测站与选取的再分析资料格点的经纬度等参数进行详细说明。图 4.22 是 GPS 站点和再分析资料格点的具体经纬度位置。从图中可以看到，GPS 站点与选取的格点在地理位置上并不完全重合，但两者间在经纬方向上的差距不大。纬度方向上的最大差距在临沧站为 1.09°，其余六个站的差距不足 1°，最小的是昆明站 0.07°；经度方向上的最大差距位于德钦站为 1.1°，其次是勐腊和蒙自站，差距为 0.93°，其余几个站点的在经向上的差距不足 0.3°，最小差距 0.2°位于大理和德钦站。

4.5.2.1　GPS/MET 可降水量与三类再分析资料的相关性分析

应用相关分析的方法，计算 2009 年逐日 GPS 站点可降水量 JRA-25、NCEP/NCAR 和 NCEP/DOE 可降水量的相关场，结果见表 4.6。表中给出的是 2009 年 365 d GPS 探测资料与其他再分析资料可降水量的相关系数，从表中可看出，七个站点的相关系数都在 0.94 以

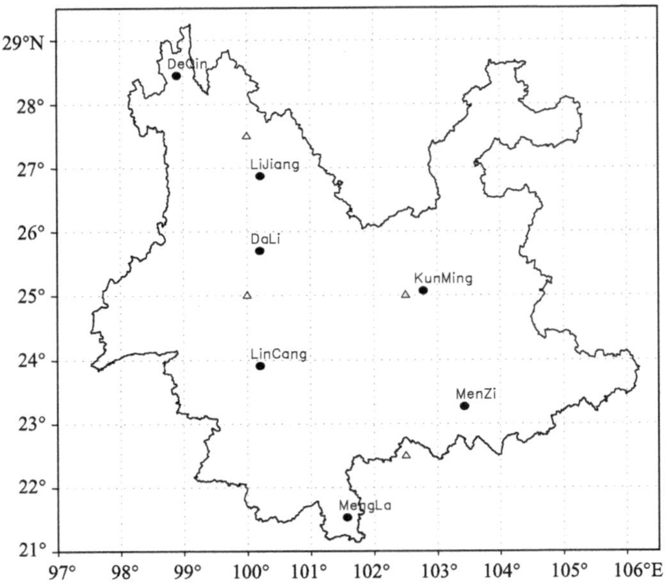

图 4.22　GPS 观测站点与再分析资料网格点位置(单位:度)
(实心圆点为 GPS 观测站点)

上,相关系数最好的是昆明和丽江,七个站点的相关系数都超过了 0.01 的显著性检验。另外,从表中还可看出用 NCEP/DOE 即第 2 套资料估算的临沧和德钦站的可降水量与 GPS 监测的可降水量的相关系数略低为 0.94。这表明用再分析资料计算的可降水量与 GPS 探测的可降水量的逐日变化趋势比较一致。

表 4.6　GPS/MET 探测资料和三类再分析资料可降水量间的相关

站 点	JRA-25	NCEP/NCAR	NCEP/DOE
勐 腊	0.97	0.97	0.96
蒙 自	0.96	0.96	0.95
临 沧	0.95	0.95	0.94
昆 明	0.99	0.98	0.98
大 理	0.97	0.97	0.96
丽 江	0.98	0.97	0.97
德 钦	0.97	0.96	0.94

可见,七个 GPS/MET 站点探测的可降水量与三类再分析资料估算的可降水量的相关均超过了 0.01 的显著性检验,说明再分析资料与 GPS 探测资料对可降水量变化趋势的描述比较一致。

4.5.2.2　年平均可降水量的比较

应用逐日 GPS/MET 可降水量资料和 JRA-25、NCEP/NCAR Ⅰ 和 NCEP/NCAR Ⅱ 再分析资料,计算 7 个站点可降水量的年平均值及 GPS 资料与其他再分析资料间年平均可降水量的差异,结果见图 4.23 和表 4.7。

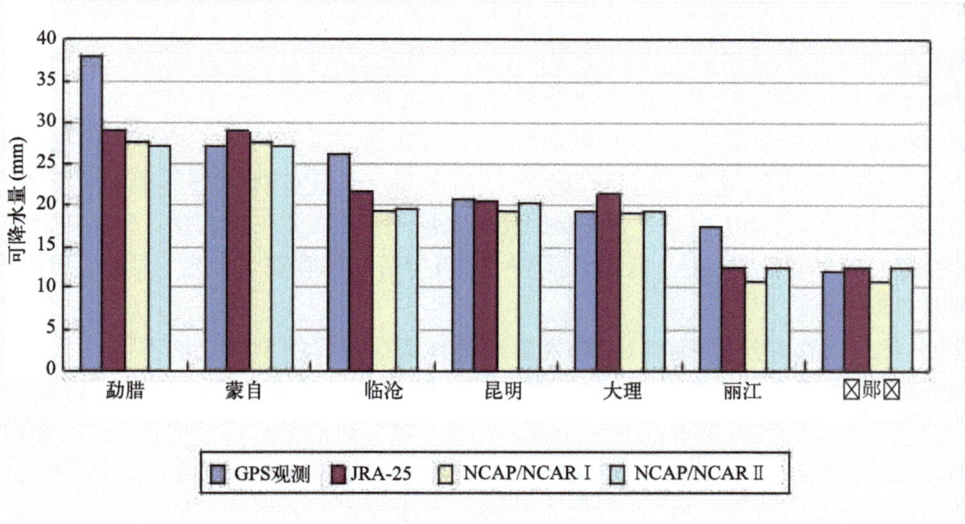

图 4.23　四类资料年平均可降水量的比较(单位:mm)

表 4.7　GPS/MET 观测资料与三类再分析资料间的年平均差值(单位:mm)

站点	GPS－JRA-25	GPS－NCEP/NCAR Ⅰ	GPS－NCEP/NCAR Ⅱ
勐腊	9.05	10.37	10.96
蒙自	－1.85	－0.52	0.06
临沧	4.80	7.01	6.80
昆明	0.21	1.23	0.43
大理	－1.97	0.24	－0.01
丽江	4.83	6.52	4.77
德钦	－0.42	1.27	－0.48

在图 4.23 中,四类资料的结果均显示出可降水量从南向北逐渐减少的变化特征,其中 GPS 观测资料表现为线性递减,而其他三类再分析资料表现为南北的阶梯式减少。这可能与选取的格点仅有四个有些关系,但更多的是与再分析资料对可降水量模拟的不够精细有关。GPS 观测资料中最南边的勐腊站与最北边的德钦站之间,年平均可降水量相差 26 mm,远大于其他 3 类再分析资料的差值。可见,尽管四类资料均能描述出年平均可降水量南多北少的特征,但对可降水量数值的描述并不相同。

为此进一步分析七个观测站点,用再分析资料计算的可降水量与 GPS 观测的可降水量间年平均可降水量的差值,其具体结果见表 4.7。由表可见,在七个观测站点的年平均可降水量的三种差值中,勐腊站具有最大的差值,三种再分析资料绝对差值都超过了 9 mm,其中 GPS 观测资料与 NCEP/NCAR Ⅱ 再分析资料间关于年平均可降水量的差值最大,为 10.96 mm,与 JRA-25 再分析资料的差值最小为 9.05 mm;其次是临沧和丽江两个站,三种资料绝对差值均超过 4 mm;昆明和德钦两个站的绝对差值则低于 1.5 mm。总体来说,青藏高原东麓偏南地区年平均可降水量,GPS 观测到的值较其他 3 类再分析资料得到的值大了接近一个量级,这说明再分析资料对青藏高原东麓偏南地区的可降水量描述不够精确。

逐个分析七个站点上 GPS 观测资料与其他三类再分析资料间年平均可降水量的差值，从表中对比分析得到，JRA-25 资料除蒙自和大理两个站点大于－2 以上外，其余站点上与 GPS 观测资料的年平均可降水量的差异均要小于其他两类再分析资料。NCEP/NCAR Ⅰ 再分析资料除蒙自和大理站点外，其余站点上与 GPS 观测资料间年平均可降水量的差异最大。NCEP/NCAR Ⅱ 再分析资料除勐腊站外，其余站点上与 GPS 观测年平均可降水量的差异介于 JRA-25 与 NCEP/NCAR Ⅰ 再分析资料之间，且误差更接近 JRA-25 与 GPS 观测资料间的差值。另外，从表 4.7 还可看出，JRA-25 再分析资料存在着对蒙自、大理和德钦的可降水量总体偏小。

综上所述，三种再分析资料对可降水量的计算都存在着随着站点的不同误差差异分布明显的特点，三种再分析资料对德钦、昆明、大理、蒙自的可降水量描述最好，其次是临沧和丽江，相对较差的是勐腊，最低误差在 9 mm 以上。对低纬高原地区可降水量描述相对最好的是 JRA-25 再分析资料，其次是 NCEP/NCAR Ⅱ 再分析资料，而 NCEP/NCAR Ⅰ 对可降水量的估算误差相对略大。但 JRA-25 再分析资料还存在着对可降水量的估算偏小。总体来说，3 种再分析资料对可降水量的估算均能描述低纬高原地区的分布特征，并且估算的可降水比较接近实况，JRA-25 再分析资料估算的可降水量误差相对要小，其他二类再分析资料的误差较为接近。

4.5.2.3　月平均可降水量比较

图 4.24a 是 2009 年 GPS 站点观测资料与再分析网格资料的月平均可降水量变化图。在图中，七个站点可降水量呈单峰型分布特征，7 月可降水量达到最大值。总的来说，可降水量从南向北逐渐减少，最南边勐腊站的可降水量最大，冬季可降水量达 20 mm 以上，夏季 7 月可降水量约为 60 mm；北边的德钦站可降水量最小，冬季仅为 5 mm 左右，夏季 7 月可降

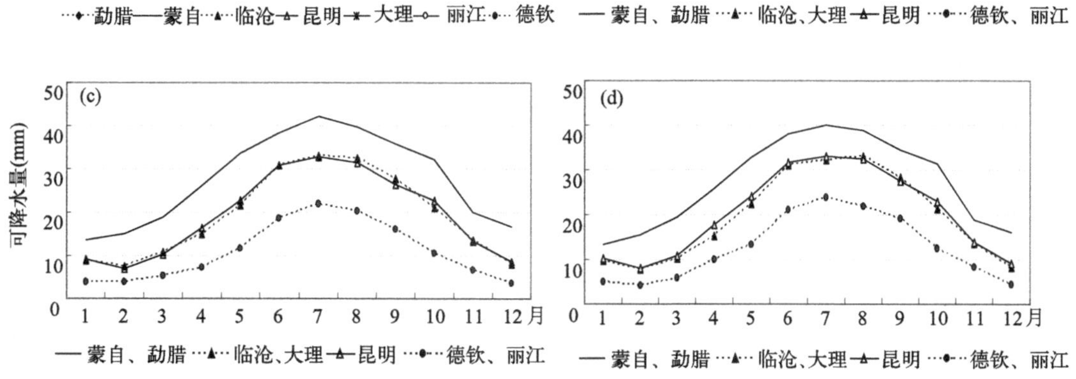

图 4.24　2009 年 GPS 观测站点(a)、JRA-25 格点(b)、NCEP/NCAR Ⅰ 格点(c)和 NCEP/NCAR Ⅱ 格点(d)上月平均可降水量的变化特征(单位：mm)

水量为 23 mm 左右。在夏季(6、7、8 月)，大理与昆明两站的可降水量相当，均为 41 mm 左右；临沧与蒙自两站的可降水量相当，均为 35 mm 左右。但在其他月份大理与昆明两站以及临沧和蒙自两站的可降水量仍有小幅的南北差异。可见，青藏高原东麓地区月平均可降水量具有单峰型年变化特征，4 月开始显著增多，7 月达到最大值。月平均可降水量由南向北逐渐减少，其中 2009 年最南边的勐腊站与最北边的德钦站之间可降水量的差异最大，5 月份差异达到 32.96 mm，其次出现在 8 月和 7 月，差异值分别为 32.58 mm 和 32.52 mm。比较两站的纬度和海拔高度，德钦站与勐腊站纬度相差 6.95°，海拔高度差为 2953.1 m，这说明海拔高度和纬度差异对可降水量在青藏高原东麓地区的空间分布有着影响有关(符睿等，2010)。

图 4.24b—d 是三类再分析资料的月平均可降水量变化。图中蒙自和勐腊 GPS 站点所参考对比的再分析格点是同一个，临沧和大理站点对比的格点也是相同的，丽江和德钦站点所对比的格点也是如此。为此，再分析资料中月平均可降水量主要是 4 个格点上的值。结果显示，再分析格点资料所描述的月平均可降水量分布均为单峰型分布特征，7 月达到最大值。

图 4.25 为 GPS 观测站点与再分析资料格点间的月平均可降水量差值图。比较 3 类再分析资料中七个站点的月平均差值，全年出现正差值的站为勐腊和丽江，全年为负差值的站是德钦。三类再分析资料中各个站点出现最大差值的月份不同，JRA-25 再分析资料与 GPS 资料的月平均差值中，勐腊站最大的差值出现在 8 月份；丽江站的最大差值出现在 7 月份；而德钦站最大的差值出现在 8 月份。其余三个站(昆明、大理和临沧)的月平均差值较小，差值范围在[−8,5]之间，其中大理和临沧两站的绝对最大差值出现在 12 月份，昆明出现在 6 月份。NCEP/NCAR 资料与 GPS 资料的月平均差值中，勐腊和临沧站的最大差值出现在 6 月份，丽江、昆明和大理的最大差值均出现在 7 月份，德钦则出现在 10 月份。NCEP/DOE Ⅱ资料与 GPS 资料的月平均差值中，勐腊、丽江、昆明和大理的最大差值均出现在 7 月份，临沧的最大差值均出现在 6 月份，德钦则出现在 10 月份。

在雨季(5—10 月)，7 个站点的 GPS 探测值与美国的两类再分析资料的月平均差值均比在干季(1—4 月，11，12 月)要大，说明 NCEP/NCAR 的两类再分析资料在雨季期间对可降水量的描述差。但是，日本 JRA-25 资料的月平均差值情况则有所不同，其中大理和临沧两站表现出干季期间月平均差值要大于雨季的，而且雨季的月平均差值也要小于其他两类再分析资料的，说明日本 JRA-25 可降水量资料对大理和临沧两站的描述好于其他两类再分析资料。

综上可见，GPS 探测的可降水量与用 JRA-25 再分析资料、NCEP/NCAR Ⅰ 和 NCEP/NCAR Ⅱ 再分析资料估算的可降水量月变化均具有单峰型。无论是雨季还是干季三种再分析资料对可降水量的估算随着月份的不同差值也不同，而且最大差值出现的月份亦不同。三种再分析资料估算的昆明、大理和临沧可降水量与 GPS 探测的可降水量的月平均差值差值较小，三种再分析资料对勐腊和丽江的估算偏大，对德钦的估算则偏小，误差最大基本分布在雨季各月中。

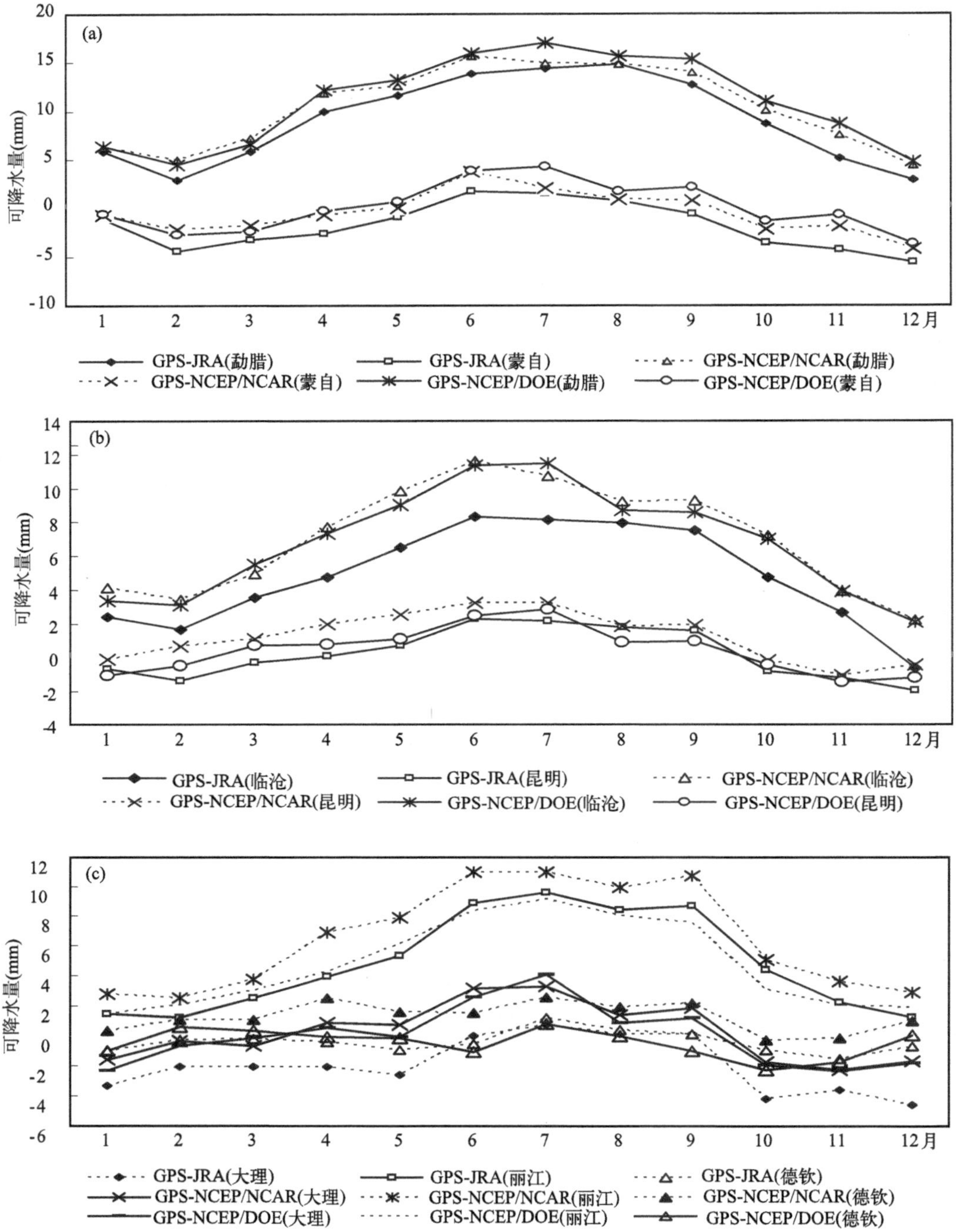

图 4.25　GPS 观测资料与 JRA-25 格点资料(a)、NCEP/NCAR Ⅰ 格点资料(b)、NCEP/NCAR Ⅱ 格点资料(c)间月平均可降水量的差值(单位:mm)

4.5.2.4　逐日可降水量场比较

图 4.26 是 2009 年 GPS 站点观测资料与再分析网格资料可降水量的日变化图。图中空白区域为缺测值,纵坐标为由南向北的站点。从图 4.26a 中可见,2009 年 GPS 观测的可

降水量由南向北的推进以及逐渐向南衰退的过程，充分反映出季风降水的季节变化特征。在 5 月底，除丽江和德钦之外，其他站点的可降水量均超过了 40 mm。此时，青藏高原东麓地区雨季开始。这与符睿(2010)得到的 GPS 观测的可降水量变化与实际降水发生的变化周期一致的结论相符。8—9 月期间，除勐腊站外有 6 个测点可降水量出现三次持续时间较长的低于 40 mm 的中断期。到了 10 月中旬之后，七个测站的可降水量均在 40 mm 以下，预示着季风降水的结束。可见，GPS 观测到的可降水量能够反映出 2009 年夏季降水较多年平均降水要少。

图 4.26b—d 是三类再分析资料可降水量的日变化。图 4.26b 中，JRA-25 再分析资料能够描述出雨季可降水量由南向北地增加，但对雨季开始期(5 月)35 mm 以上可降水量的向北推进过程的描述不足，在汛期(6、7、8 月)可降水量达到 35 mm 以上最北的站为大理站。图 4.26c 和 d 中，NCEP/NCAR 的 2 类再分析资料对可降水量的描述与 JRA-25 类似。对比图 4.26a—d，三类再分析资料可降水量值在雨季均低于 GPS 观测的值，雨季中 GPS 观测值超过 40 mm 量级的站可达北边的大理，勐腊和蒙自在汛期可降水量会超过 50 mm，而其他三类再分析资料中超过 40 mm 可降水量的站只到蒙自一线。可见，再分析资料对雨季可降水量南北分布的量值描述不细致。下面将具体给出 2009 年 GPS 观测值与三类再分析资料间可降水量的差值。

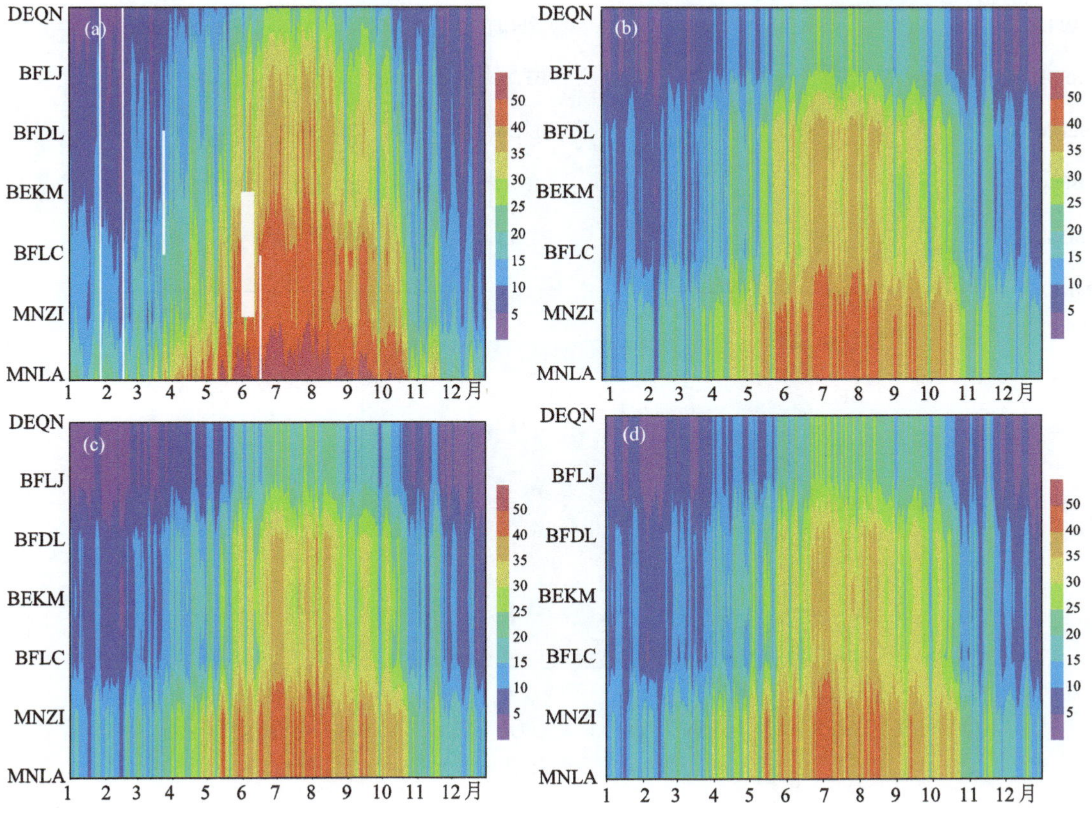

图 4.26　2009 年 GPS 观测站(a)、JRA-25 再分析格点(b)、NCEP/NCAR Ⅰ再分析格点(c)和 NCEP/NCAR Ⅱ再分析格点(d)上可降水量的日变化特征(单位：mm)

应用2009年GPS观测和三类再分析逐日可降水量场资料，进行差值分析，结果见图4.27。从图中可看出，正差值说明GPS观测的可降水量比再分析资料的可降水量值大，负值则相反。

图4.27a为GPS观测资料与JRA-25资料逐日可降水量的差值场。图中，在雨季(5—10月)JRA-25资料对七个站点可降水量的估算偏小，图中差值基本为正值，即GPS观测可降水量的量值大于再分析资料计算的量值。正差值超过5 mm的站点主要在勐腊、临沧和丽江3个站，其中勐腊站的差值基本上全年均在5 mm以上，雨季超过10 mm，是正误差最大的站点；其次，丽江和临沧站的正差值在雨季时基本也都大于5 mm，在7月和8月出现超过10 mm的差值。在干季(1—4月以及11、12月)，除勐腊、丽江和临沧站外，其余站点JRA-25资料对可降水量的估算偏大，即GPS观测可降水量小于再分析资料。尤其在11月和12月，蒙自和大理出现超过−5 mm以上的差值。全年对比，德钦站可降水量的估算偏差在±5 mm之间，雨季为正偏差，干季为负偏差。

图4.27b为GPS观测资料与NCEP/NCARⅠ资料逐日可降水量的差值场。与图4.27a类似，雨季NCEP/NCARⅠ资料对七个观测站点的估算偏小。GPS观测可降水量均大于再分析资料，正差值超过5 mm的站点主要是：勐腊、临沧和丽江。干季中再分析资料的对可降水量的估算误差在±5 mm之间，其中德钦站的可降水量误差全年基本为5 mm。

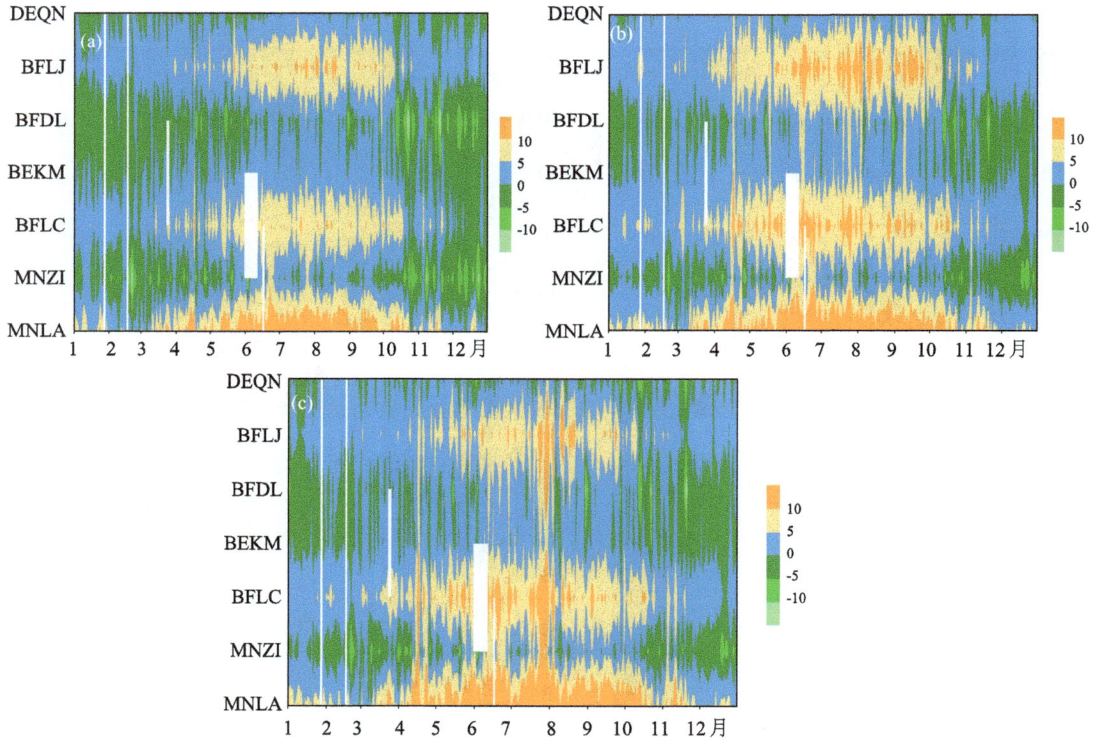

图4.27　GPS站点与JRA-25再分析格点(a)、NCEP/NCARⅠ再分析格点(b)、NCEP/NCARⅡ再分析格点(c)上逐日可降水量的差值(单位：mm)

图4.27c为GPS观测资料与NCEP/NCAR Ⅱ资料逐日可降水量的差值场。与图4.27a比较可见，在雨季，7个站点的差值比图4.27a的要大。与图4.27b比较可知，图4.27c中德钦站在雨季里的差值要小于图4.27b所示的差值；其余月份中七个站点的差值则

介于图 4.27a 与图 4.27b 之间。

可见，GPS 监测的可降水量能够反映出 2009 年夏季降水较多年平均降水要少，而 JRA-25、NCEP/NCAR Ⅰ、NCEP/NCAR Ⅱ 三再分析资料对夏季可降水量的描述与 GPS 相比还是有差异。

4.5.2.5　可降水量与降水过程的比较

2009 年 6 月 20 日—7 月 20 日云南区域先后出现大范围降水过程，选取勐腊、昆明、大理和德钦四个站来讨论四类资料中可降水量和降水在这一时段的变化。图 4.28 中对勐腊、昆明和大理主要分析 24 h 累计降水超过 25 mm 的降水过程，而对德钦主要分析 24 h 累计降水超过 15 mm 的降水过程。在图 4.28a～d 中，各站 GPS 探测的可降水量多数会在降水发生的前 1 d 有突增变化，其他三类再分析资料对这种可降水量突增变化的模拟在不同站的结果不同。在勐腊站，三类再分析资料可降水量值均比 GPS 探测值小 10 mm 以上，但对可降水量的变化趋势以及在降水前的突增变化均有很好的描述。在昆明站，JRA-25 再分析资料对可降水量的变化以及在降水前突增的变化描述要优于其他两类再分析资料的描述。在大理站，三类再分析资料对可降水量的描述不如勐腊和昆明站的描述好，与大理站 GPS 可降水量的变化比较，JRA-25 再分析资料的描述略优于其他两类再分析资料。在德钦站，NCEP/DOE 再分析资料对德钦站可降水量的变化趋势描述最好，其次是 JRA-25 再分析资料的描述，总体看来三类再分析资料对可降水量变化趋势和突增变化的描述是四个站点中

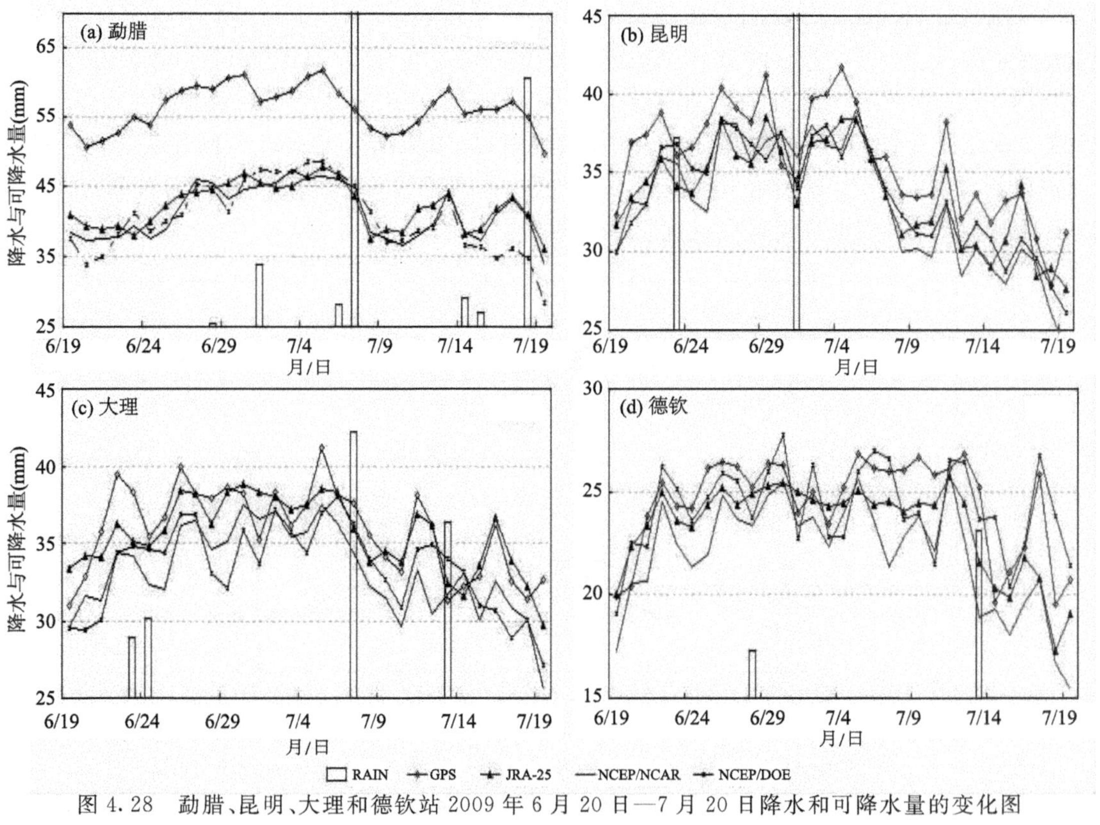

图 4.28　勐腊、昆明、大理和德钦站 2009 年 6 月 20 日—7 月 20 日降水和可降水量的变化图

（降水、GPS 探测资料和三类再分析资料，单位：mm）

最差的。具体分析在 6 月 30 日至 7 月 13 日期间，NCEP/NCAR 和 NCEP/DOE 再分析资料中德钦站可降水量的变化幅度远大于 GPS 的探测值，而 JRA-25 再分析资料中可降水量的变化幅度小于 GPS 的探测值，说明三类再分析资料对于高海拔复杂地形下可降水量变化趋势的描述均不够准确。

综上所述，再分析资料对 4 个站点可降水量变化趋势的描述，南边站点的描述优于北边站点，但是可降水量值的估算差异南边站点大于北边；除了德钦站外，对于降水前可降水的突增变化 JRA-25 再分析资料的描述优于其他两类再分析资料。

以下选择再分析资料对可降水量数值和变化趋势均有较好描述的昆明等站做进一步的分析。

图 4.29 为 2009 年 6 月 21 日至 7 月 3 日勐腊、昆明两站的可降水量和昆明市降水的变化图。6 月 23 日和 7 月 1 日昆明出现两次大到暴雨过程，22 日 20 时至 23 日 20 时 24 h 累计降水为 36.67 mm，6 月 30 日 20 时至 7 月 1 日 20 时 24 h 累计降水为 49.7 mm。在两次过程中昆明站 GPS 资料显示，降水发生前 24 h 可降水量值有突增，降水发生当天可降水量值下降，降水结束后可降水量值增加。三类再分析资料中昆明站的可降水量值与 GPS 资料探测得到的值误差在±5 mm 以内。JRA-25 再分析资料显示两次过程中可降水量值的变化与 GPS 探测得到的变化一致，能够反映出可降水量的突然增加或减少；NCEP/NCAR 和 NCEP/DOE 再分析资料不能很好反映出可降水量的突然变化，甚至有与 GPS 探测资料出现相反变化的情况。勐腊位于云南最南边，是水汽向北输送的重要通道。在勐腊站，GPS 探测的可降水量值远大于三类再分析资料的值，差值基本在 10～20 mm 以内。7 月 1 日昆明站出现暴雨过程，勐腊站的 GPS 探测值显示可降水量从 6 月 25 日超过 55 mm 开始增加到 30 日的 61 mm，说明有充足的水汽从南向北输送。JRA-25 再分析资料模拟出了可降水量的这一变化过程，而其他两类再分析资料没有模拟出类似结果。通过个例分析可知，JRA-25 再分析资料与 GPS 探测值具有较好的一致性，特别是较短时间尺度上的可降水量变化，确实说明 JRA-25 的水汽资料质量优于其他两类。

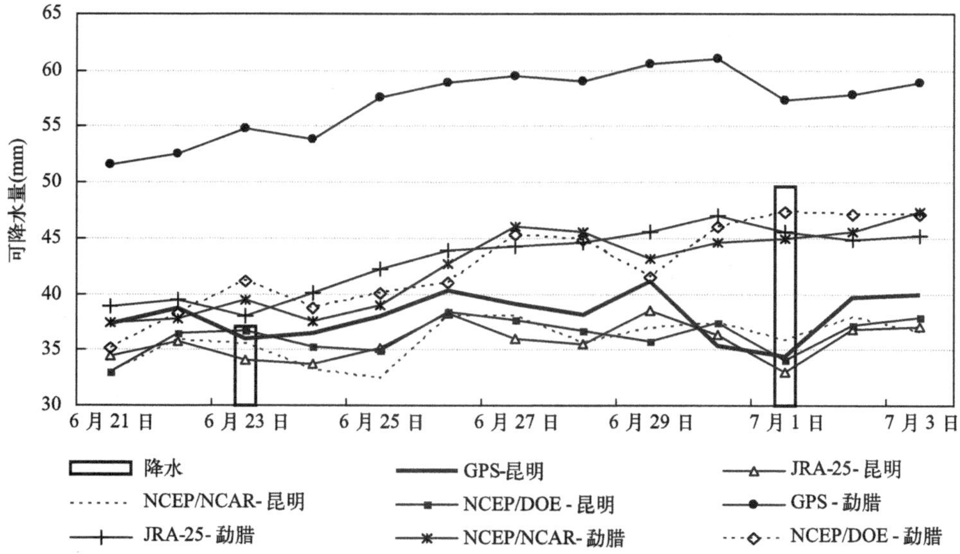

图 4.29　2009 年 6 月 21 日—7 月 3 日昆明站降水和昆明、勐腊站可降水量的变化图

（GPS 探测资料和三类再分析资料，单位：mm）

综上所述，从降水过程的可降水量来看，GPS 逐日可降水量能很好反映降水过程的变化过程，三类再分析资料基本上能反映出四个站点可降水量变化趋势，但还是有差异，JRA-25 再分析资料显示两次降水过程中可降水量值的变化与 GPS 探测的可降水量变化一致，可反映出可降水量的突然增加或降少；NCEP/NCAR 和 NCEP/DOE 再分析资料不能很好反映出可降水量的突然变化。总体来说，再分析资料对可降水量变化的描述，南边站点的描述优于北边站点，但是可降水量的误差值南边站点要比北边站点大。

4.5.3　20 世纪再分析资料对低纬高原地区水汽含量的适用分析

美国能源部(DOE)和美国国家大气海洋局(NOAA)联合发布了 20CR 再分析资料(20 Century Reanalysis Version 2)，其时间长度从 1871 年延续至今。该资料的特点，一是时间跨度长，二是为了避免观测系统变更和资料内部不协调所带来的误差，它仅同化了 100 多年的全球地面和海平面气压资料。这套资料对低纬高原地区水汽的反映如何？能否适合在这一区域应用，下面用 GPS 遥测水汽资料与其进行分析。

从图 4.30 可看出，用 20CR 再分析资料格点计算的各站月平均可降水量的月变化变化分布与 GPS 监测的可降水量一致，昆明、蒙自、大理、临沧(图略)的水汽含量无论是干季还是雨季 20CR 再分析资料均能很好地描述出实际变化，而 20CR 再分析资料对德钦、勐腊、丽江总体上也能描述出雨季、干季水汽量的实际变化，但德钦雨季 5—9 月的水汽量与实况误差相对较大，勐腊和丽江 5 到 9 月模拟与实况则比德钦好，德钦、勐腊、丽江三站的干季可降水量与实况比较接近。

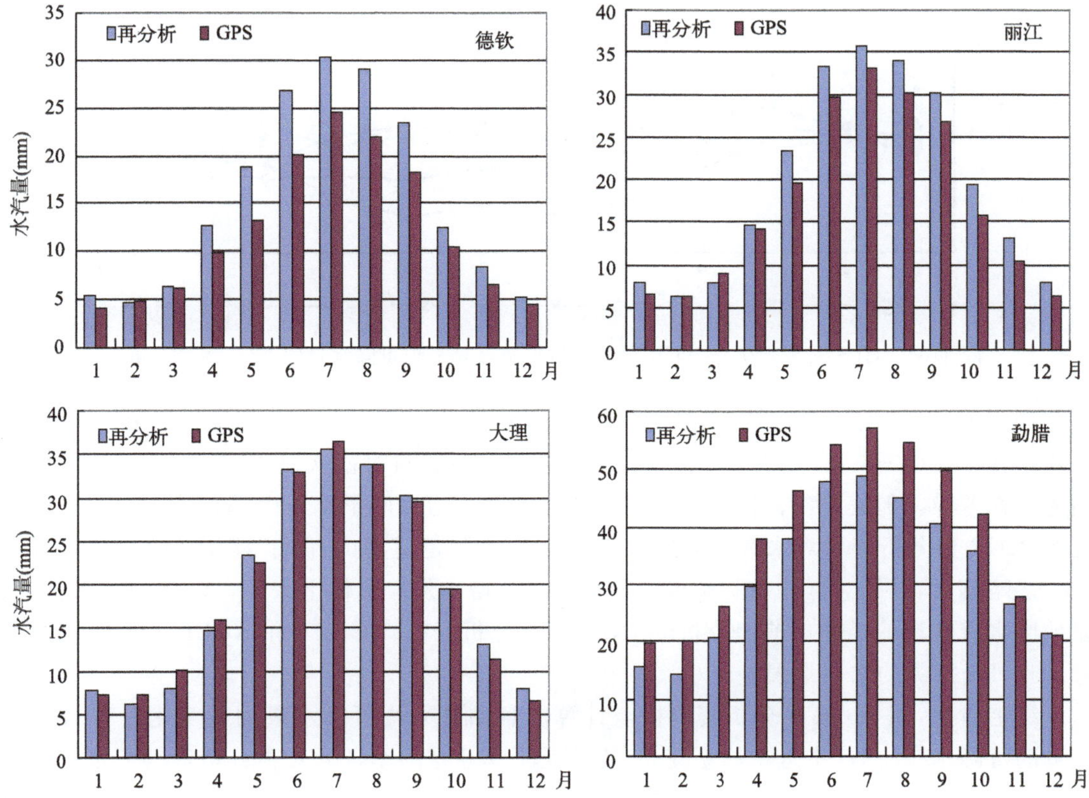

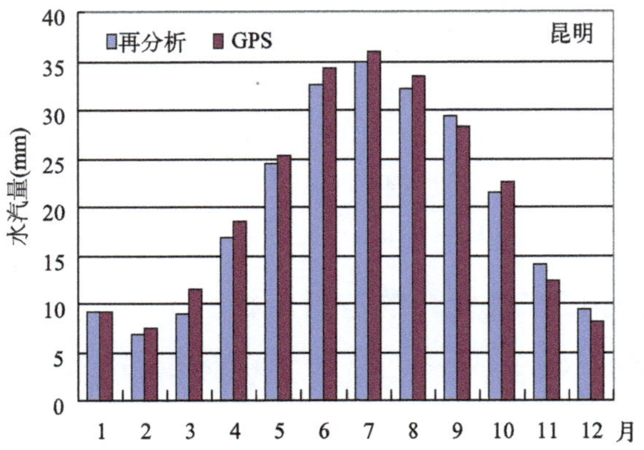

图 4.30　GPS 站水汽量与 20CR 再分析格点水汽量的月平均分布(单位:mm)

从图 4.31 的 7 站月平均差值变化图上可直观看出,全年出现正差值月份的站为勐腊(除 12 月外),说明 20CR 再分析资料对勐腊的水汽含量有偏小的趋势,全年负差值最多的站是德钦(除 3 月外),表明再分析资料对德钦的水汽含量有偏大的趋势。各个站出现最大差值的月份不同,勐腊站最大的差值出现在 8 月份,其次是 9 月;丽江站的最大差值出现在 5 月份;而德钦站最大的差值出现在 8 月份。昆明和大理的差值均相近,蒙自的最大差值出现在 12 月,临沧最大差值出现在 3 月份。

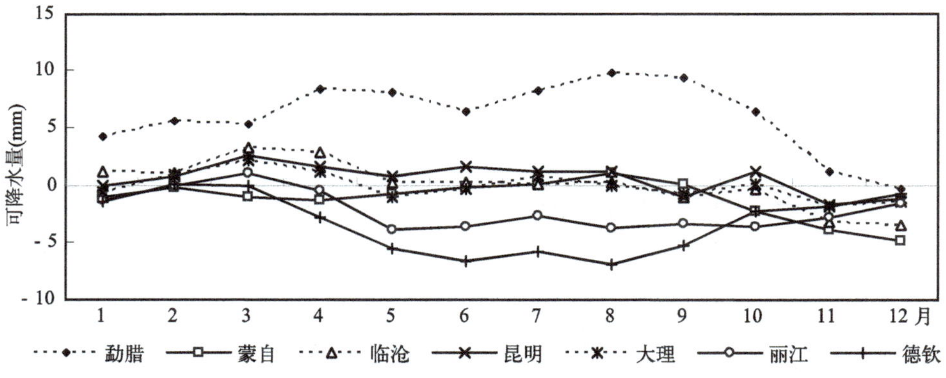

图 4.31　GPS 探测资料与 20CR 再分析格点资料月平均可降水量的差值(单位:mm)

在雨季(5—9 月),对德钦、勐腊、丽江站的 GPS 探测值与 20CR 再分析资料的月平均差值均比在干季(1—4 月,11 月,12 月)要大,说明再分析资料对德钦、勐腊 5—9 月可降水量的描述存在差异。但是,资料对蒙自、昆明和大理的月平均差值干季与雨季相近,并且均不大,说明 20CR 再分析资料对水汽的描述在低纬高原地区是适用的,除了对高纬的德钦可降水量描述略偏大,以及对低纬勐腊站可降水量的计算略小外。整体上来看,这套资料对低纬高原地区水汽含量的描述比前面分析的 JRA-25 再分析资料、NCEP Ⅰ和 NCEP Ⅱ资料相对要好,与 GPS 探测的水汽量误差较小。

综上所述,用 20CR 再分析资料格点计算的各站月平均可降水量的月变化分布与 GPS 监测的可降水量一致,也呈单峰型变化;无论是干季还是雨季,20CR 再分析资料的水汽含量均能很好地描述出实际变化,但再分析资料德钦 5—9 月的描述与实况误差相对较大。各个站出现最大差值的月份并不一致，昆明和大理的差值较接近。20CR再分析资料对可降水量的估算在干季差值最小，而在雨季则有地区差异，对高海拔及低海拔地区则差值略大，其他地区则误差最小，而且最大差值出现的月份亦不同。整体上来看，20CR再分析资料对低纬高原地区水汽含量的描述比前面分析的JRA-25再分析资料、NCEP I和NCEP Ⅱ资料相对要好，与GPS探测的水汽量误差较小。说明这套再分析资料对水汽的描述在低纬高原地区是适用的。

4.5.4　小结与讨论

(1)用GPS/MET监测反演的大气含水量与用探控站监测资料估算的可降水量具有夏季最大、秋季次之、春季第三而冬季最小，而两种方法的误差值是夏季最大，秋季次之，并且夏季GPS监测的可降水量要大于实测，秋、冬季则GPS监测的可降水量要小于探空实测值，且随着站点分布的不同，误差也不同。另外，两者水汽含量逐月变化非常一致，其平均误差均小于1 mm，两者的相关系数通过0.01的显著性检验。总体来讲，两种方法监测的水汽含量基本接近，GPS反演水汽值能较好地反映低纬高原地区大气实际水汽含量，用GPS监测的可降水量具有参考价值。

(2)GPS站点探测的可降水量资料与三类再分析资料估算的可降水量相关系数均超过0.01的显著性检验，说明用再分析资料计算的可降水量与GPS探测的可降水量变化趋势比较一致。

(3)三类再分析资料对可降水量的计算都存在着随着站点的不同误差差异分布明显的特点。对低纬高原地区可降水量描述相对最好的是JRA-25再分析资料，其次是NCEP/NCAR Ⅱ再分析资料，而NCEP/NCAR Ⅰ对可降水量的估算误差略大。但JRA-25再分析资料还存在对可降水量的估算偏小。总体来说，3种再分析资料对可降水量的估算均能反应低纬高原地区的分布特征，并且估算的可降水比较接近实况。

(4)用三种再分析资料估算的可降水量与GPS可降水量的月变化均具有单峰型，7月可降水量值达到最大的特点。无论是雨季还是干季NCEP/NCAR Ⅰ、NCEP/NCAR Ⅱ再分析资料以及JRA-25再分析资料对可降水量的估算随着月份的不同差值也不同，而且最大差值出现的月份亦不同。

(5)从逐日可降水量变化来看，GPS逐日可降水量能很好地反映降水过程的变化过程，三类再分析资料基本上能反映出四个站点可降水量变化趋势，但还是有差异，JRA-25再分析资料显示两次降水过程中可降水量值的变化与GPS探测的可降水量变化一致，可反映出可降水量的突然增加或降少；NCEP/NCAR和NCEP/DOE再分析资料不能很好反映出可降水量的突然变化。总体来说，再分析资料对低纬高原地区逐日可降水量变化的描述，南边站点要优于北边站点，但可降水量值的误差南边站点大于北边。

(6)在可降水量的日变化中，GPS探测资料能够清晰地表现出低纬高原地区雨季开始期可降水量向北爆发式增长的推进过程，以及雨季结束后可降水量逐步向南撤退的过程，而NCEP/NCAR Ⅰ、NCEP/NCAR Ⅱ再分析资料以及JRA-25再分析资料对雨季开始期的描述存在不足，对可降水量向北推进的过程反应不明显。

(7)用20CR再分析资料格点计算的各站月平均可降水量的月变化分布与GPS监测的可降水量一致，也呈单峰型变化；无论是干季还是雨季20CR再分析资料的水汽含量均能很好地描述出实际变化。20CR 再分析资料对可降水量的估算在干季差值最小，而在雨季则有地区差异，对高海拔及低海拔地区则差值相对略大，其他地区则误差最小，而且最大差值出现的月份亦不同。整体上来看，20CR 再分析资料对低纬高原地区水汽含量的描述比前面分析的 JRA-25 再分析资料、NCEP Ⅰ和 NCEP Ⅱ资料相对要好，与 GPS 探测的水汽量误差较小。这说明 20CR 再分析资料在低纬高原地区是适用的。

在低纬高原地区发生大范围强降水期间，用 JRA-25 再分析资料对海拔不高的南部站点水汽含量的描述相对优于 NCEP/NCAR Ⅰ、NCEP/NCAR Ⅱ两类再分析资料，对于高海拔站可降水量的描述则比其他两类再分析资料差。说明三种再分析资料都各有所长，在应用中要具体考虑。与地基 GPS 水汽探测值相比，20CR 再分析资料、NCEP/NCAR Ⅰ、NCEP/NCAR Ⅱ再分析资料以及 JRA-25 再分析资料对大气可降水量的模拟存在一定的缺陷。这与数值模式对复杂地形的再现能力有关。当然，由于模式对小尺度局地地形及植被等边界条件的描述不完全准确，以及在插值过程中没有考虑局地地形影响、台站分布密度不均等因素，也会导致误差的产生。

4.6 低纬高原地区可降水转化率分析

一般而言，在大气可降水量一定的情况下，可降水转化为实际降水的转化率越高，则实际降水越多，本节主要分析低纬高原地区的可降水转化率分布特征。取 1979—2012 年 ERA-Interim 的比湿场、U、V 风场、地面气压场再分析资料，分辨率为 1.5°×1.5°，可降水量的范围为 97.5°—106.5°E、21°—28.5°N，低纬高原地区 122 站降水（西盟、元阳除外）资料进行研究，可降水转化率采用实际降水量与可降水量的比值。

4.6.1 冬季

从图 4.32 中可看出，冬季 1 月的可降水转化率总体偏低，大致在 2%～12%左右，总体上具有西部比东部多、北部比南部略多的特点，最大中心位于青藏高原东南角即滇西北春汛区域，中心达到 12%。这样的分布表明，冬季 1 月的降水情况与影响的天气系统和地形有关，滇西北的可降水转化率高，与冬季主要受来自阿伯海的西风气流影响，并且滇西北处于迎风坡，容易产生降水；而哀牢山东部的大部地区可降水转化率高，主要是冬季多受昆明静止锋活动影响造成的；南部在冬季虽然可降量比北部大，但由于冷空气很难影响这一区域，不易产生降水，使区域可降水转化率相对较低。

4.6.2 春季

图 4.33 给出的是 3 月的可降水转化率分布，与冬季的可降水转化率相比，春季 3 月的可降水转化率的分布总体上与 1 月相似，也呈西部多东部少、北部比南部略多的特点，但量值及范围比 1 月的要大，为 4%～33%间，最大中心位于滇西北春汛区域，中心达到 33%，春季滇西北最大中心的范围与春汛（或“桃花汛”）降水是一致的；云南中东部的可降水转化率相对较低，而在滇东北局部地区的可降水转化率在 6%以上，这可能与静止锋的活动有关。这样的分布表明，低纬高原大部地区春季可降水转化率低，降水偏少易出现春旱，特别是云南中东部地区春季干旱经常发生。

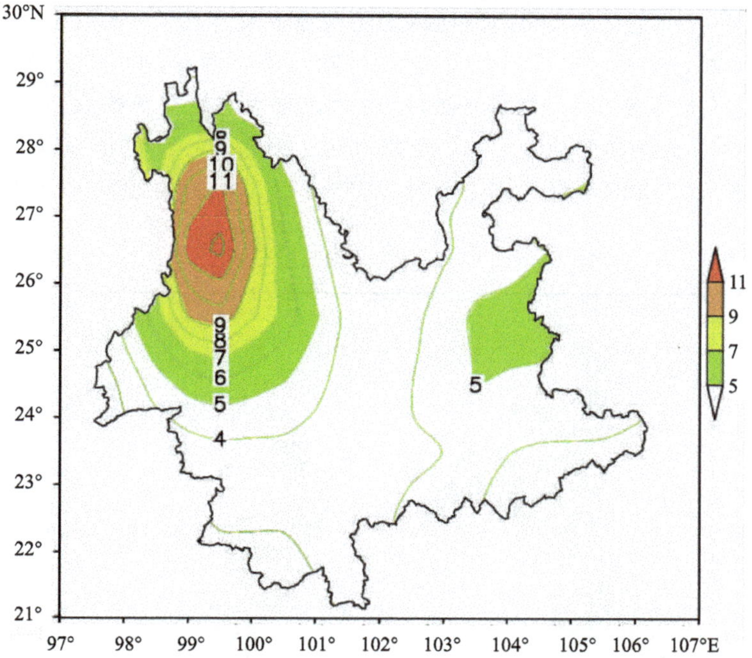

图 4.32　低纬高原地区 1 月降水转化率分布(单位:%)

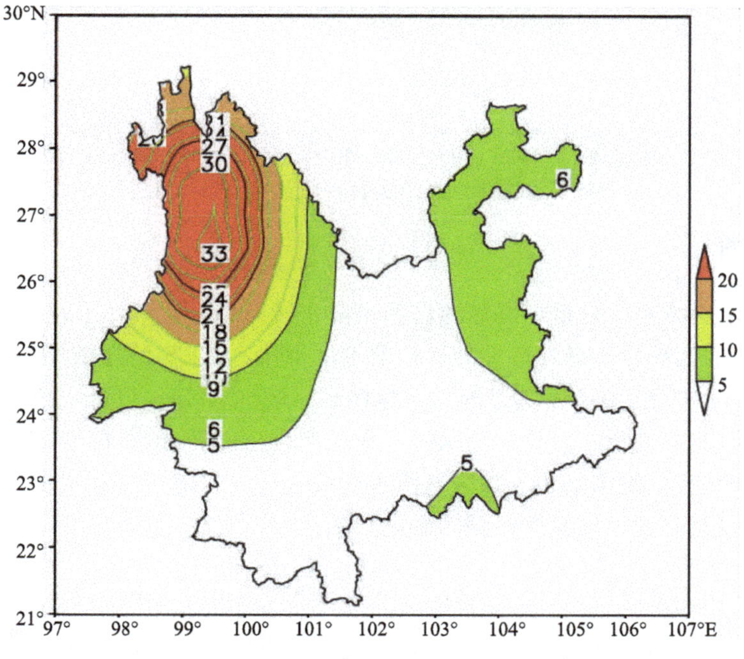

图 4.33　低纬高原地区 3 月降水转化率分布(单位:%)

4.6.3 初夏

图 4.34 显示出初夏 5 月低纬高原地区的可降水转化率分布，从图中可以看出，可降水量转化为降水整体上在 10%～15%之间，说明伴随着季风爆发，雨季的开始，整个低纬高原地区可降水转化率最低值比冬、春季要高，但最大转化率并没有春季大，这说明初夏受大尺度环流系统的影响，低纬高原地区大部的可降水转化率基本一致为 12%以上，只是在滇中及哀牢山山脉区域、滇东北的可降水转化率为 10%～12%，另外，在滇西北北部边缘，可降水转化率超过了 15%以上。

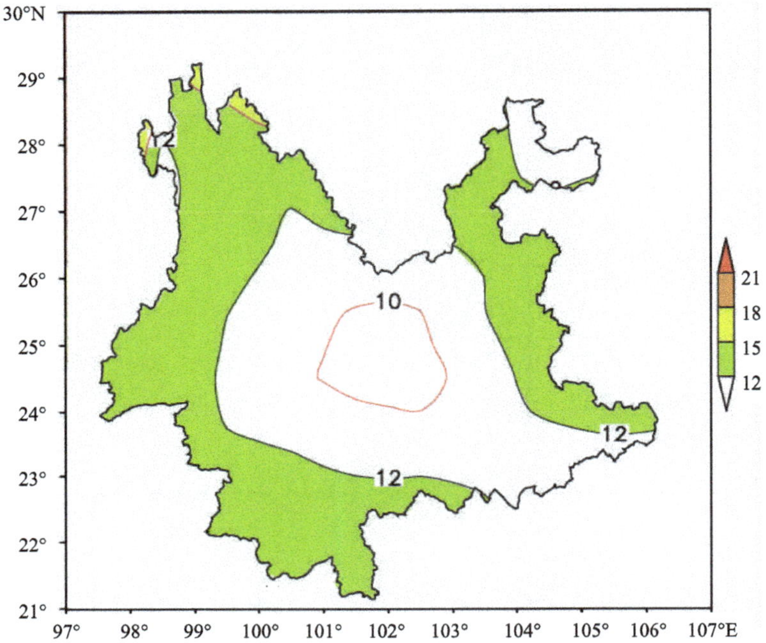

图 4.34 低纬高原地区 5 月降水转化率分布(单位:%)

4.6.4 主汛期

图 4.35 显示出盛夏 7 月低纬高原地区的可降水转化率分布整体上在 15%～28%间，可降水转化率最高的区域位于低纬高原地区西北部的迪庆、丽江等地为 25%～27%间，其次是滇西南地区为 21%以上，滇中及其以南以东地区相对较少为 15%以上，总体上看，可降水转化率中部较南部、北部略低。转化率的这种分布说明，盛夏降水的可降水量并不是主要影响因子，天气系统的活动、影响路径才是区域降水的关键。这与前面分析得出的雨季可降水量充沛，降水更多地是受到天气系统的强弱影响一致。

4.6.5 秋季

图 4.36 给出的是 9 月低纬高原地区可降水转化率的分布特征，可以看出可降水转化率在 10%～21%间，呈西部大东部略小、北部比南部略大，总体上从滇西北向滇东南递减的特点。降水转化率最低值出现在滇东南以及昭通部分地区 12%，而最高值出现在滇西北的迪庆和丽江为 18%～21%，这种分布形式可能与 9 月副高的进退活动有关。

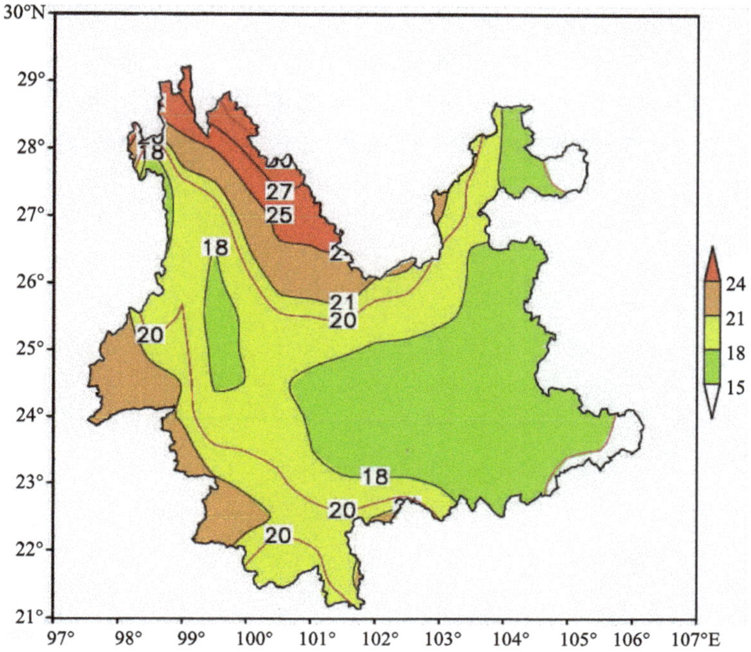

图 4.35　低纬高原地区 7 月降水转化率分布(单位:%)

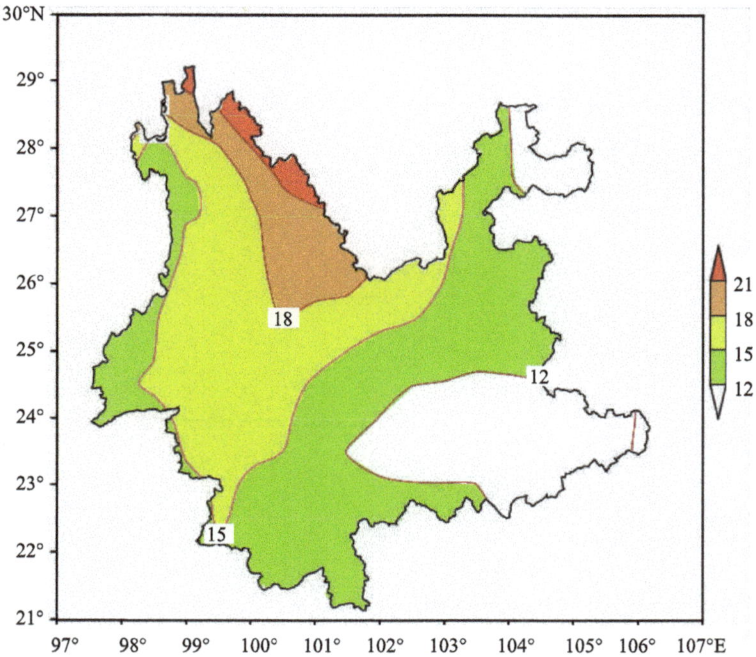

图 4.36　低纬高原地区 9 月降水转化率分布(单位:%)

4.6.6 小结

低纬高原地区可降水转化率雨季(夏、秋季)整体上要大于干季,夏季的转化率最大,冬季的转化率最小,这与实际降水量是一致的。总体来讲,四季中可降水量对降水的最大转化率出现在春季的滇西北春汛(或“桃花汛”)区域,中心达到33%,并且低纬高原地区西部的转化率要大于东部。

第 5 章　低纬高原地区的水汽收支及其变化趋势

水汽通过平流和垂直输送及蒸发凝结过程，影响地面和大气中的水分循环和能量平衡，其异常变化对降水有重要的影响。研究表明(谢安等，2002)孟加拉湾水汽和南海水汽对长江中下游旱涝年有不同贡献；周晓霞等研究发现(周晓霞等，2008)亚洲季风区水汽输送主要来自印度季风，并且在季风爆发后，大量水汽从南半球输送到亚洲季风区，水汽输送的北进与雨带的北推相一致。徐祥德等(2002)通过分析 500 hPa 水汽输送通量，构造了以高原地区为顶端，南海季风与印度季风爆发涉及的低纬活动源区为“底边”的类似“大三角扇形”的水汽输送影响区域与长江流域旱涝异常的关系，指出 1998 年及 1991 年长江流域异常洪涝大部分特大暴雨过程对流云系可追溯到青藏高原及其周边地区。显然，低纬高原地区是孟加拉湾、南海向长江中下游、西北、华北地区输送水汽的通道，其水分收支状况对我国大范围地区气候和水资源有重要影响。本章主要研究低纬高原地区的水汽收支及其变化，几套再分析资料在低纬高原地区的适用分析。

5.1　低纬高原地区水汽收支的气候变化特征

本节将从水汽输送及收支等方面分析低纬高原水汽输送及收支的气候特征，并揭示其主要变化原因。

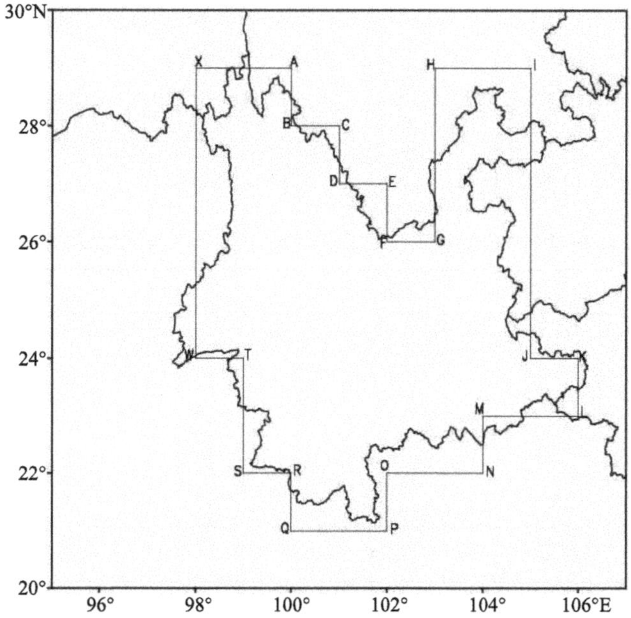

图 5.1　低纬高原地区正多边形水汽输送示意图

某一边界的水汽净输入计算公式见第1章中公式(1.9)。

5.1.1 年水汽输入、输出和净收支

表5.1是低纬高原上空对流层各层1948—2009年年平均各边界水汽输送量和净收支。从表5.1中可以看出,地面至700 hPa每年平均有117.5×10^{10}t水汽从西边界流入,90.6×10^{10}t水汽从东边界流出,有85.9×10^{10}t水汽从南边界流入,44.5×10^{10}t水汽从北边界流出,地面到对流层低层的水汽净输入最大达68.3×10^{10}t,对云南上空水汽净收入贡献最大。700 hPa以下为水汽净流入,这与低纬高原地区北高南低的地形有关,低纬高原地区西北部平均在3000 m以上、中部在2000 m左右,南部在1000 m以下,阻挡了水汽的输出。

对流层中层(700～500 hPa)每年平均有158.6×10^{10}t水汽从西边界流入,174.9×10^{10}t水汽从东边界流出,有21.0×10^{10}t水汽从南边界流入,26.9×10^{10}t水汽从北边界流出,700～500 hPa水汽净输出达22.2×10^{10}t。

对流层高层(500～300 hPa)每年平均有67.9×10^{10}t水汽从西边界流入,76.1×10^{10}t水汽从东边界流出,有8.1×10^{10}t水汽从南边界流入,2.1×10^{10}t水汽从北边界流出,500～300 hPa的水汽净流出有2.1×10^{10}t,这说明水汽净输出主要在对流层中高层,并且以中层700～500 hPa净支出最大。

对地面—300 hPa而言,每年从西边界、南边界流入的水汽分别有344.0×10^{10}t和115.0×10^{10}t,有341.5×10^{10}t和73.5×10^{10}t水汽分别从东边界和北边界流出,表明低纬高原地区上空有丰富的水汽,每年水汽净流入达44.0×10^{10}t。低纬高原地区地处青藏高原东南侧,雨季受西南季风和东亚季风的共同影响,其天气气候受高、中纬环流系统的共同影响,来自北方的冷空气南下与低纬暖湿气流在低纬高原地区上空交汇造成强降水,同时,孟加拉湾、南海在一定的环流条件下也会给这一地区输送丰沛的水汽。

从表5.1中还可看出,地面—700 hPa的水汽输送,无论是西边界和南边界的水汽流入还是东边界和北边界的水汽流出都比地面—500 hPa的水汽流量小,但低纬高原地区地面—700 hPa的水汽净收入要比地面—500 hPa的要大1/3左右,这是因为低纬高原地区地势北高南低,由北向南呈阶梯状下降,西北最高的梅里雪山海拔6740 m,东南最低的河口县红河出境处海拔76.4 m,形成高纬度与高海拔相结合、低纬度与低海拔相一致,使影响云南降水的水汽大部分集中在700 hPa以下。而对流层中层的水汽输送量远大于对流层高层,中层东西边界上的水汽输送量是高层的2倍以上,并且低纬高原地区中高层的水汽均为净输出,

表5.1 1948—2009年年平均各边界水汽输送量和净收支情况(单位:×10^{10}t)

对流层	西界	东界	南界	北界	净收支
地面—700 hPa	117.5	90.6	85.9	44.5	68.3
地面—500 hPa	276.1	265.5	106.9	71.4	46.1
700～500 hPa	158.6	174.9	21.0	26.9	−22.2
500～300 hPa	67.9	76.1	8.1	2.1	−2.1
地面—300 hPa	344.0	341.5	115.0	73.5	44.0

注:西边界为正表示水汽自西向东流入低纬高原,为负指水汽自东向西流出低纬高原;东边界为正表示水汽自西向东流出低纬高原,为负指水汽自东向西流入;南边界为正表示水汽自南向北流入低纬高原,为负指水汽自北向南流出;北边界为正表示水汽自南向北流出低纬高原,为负表示水汽自北向南流入。

表明水汽输送在低纬高原地区以中高层为主要通道向长江流域、中国东部输送水汽，特别是以中层输送最大。

可见，低纬高原地区上空各层及整层的西边界、南边界为主要流入界，以西边界的输入最多，东边界、北边界为主要流出界，东、西边界的水汽输送量大于南、北边界的水汽输送量。水汽输送主要集中在对流层中低层(即地面—500 hPa)，每年西边界的水汽输入占总输送量的 80.3%，但东西边界的输入和输出基本相当，南边界的水汽输送占总输入的 92.3%，而南边界水汽输入大于北边界的水汽输出量，表明经向上的水汽输送对低纬高原地区的降水贡献相对较大，这与横断山区的气候受到沿河谷、山脉南北向的"通道"作用有关。对低纬高原地区水汽净收入贡献最大的是对流层低层，即表明低纬高原地区为水汽汇，水汽净支出集中在对流层中高层，说明低纬高原地区为水汽源，这表明影响低纬高原地区降水的水汽主要集中在对流层低层。

5.1.2　四季水汽输入、输出和净收支

低纬高原地区四季水汽在对流层各层的分布可以从表 5.2 中看出，春季地面至 700 hPa 每年平均有 42.2×10^{10} t 水汽从西边界流入，46.8×10^{10} t 水汽从东边界流出，有 25.7×10^{10} t 水汽从南边界流入，10.9×10^{10} t 水汽从北边界流出，地面至对流层低层的水汽净流入最大为 10.2×10^{10} t 水汽；对流层中层每年平均有 57.5×10^{10} t 水汽从西边界流入，有 65.3×10^{10} t 水汽从东边界流出，有 3.5×10^{10} t 水汽从南边界流入，4.8×10^{10} t 水汽从北边界流出，700～500 hPa 水汽净流出达 9.1×10^{10} t。500～300 hPa 有 24.5×10^{10} t 水汽从西边界流入，有 28.3×10^{10} t 水汽从东边界流出，有 2.9×10^{10} t 水汽从南边界流入，1.1×10^{10} t 水汽从北边界流出，对流层高层水汽净流出为 2.0×10^{10} t。可见，春季对流层低层为水汽净流入，对流层中高层为水汽净流出，对流层低层对低纬高原地区的水汽净收入贡献最大。在地面—300 hPa 上，每年从西边界、南边界流入的水汽分别有 124.2×10^{10} t 和 32.1×10^{10} t，有 140.4×10^{10} t 和 16.8×10^{10} t 水汽分别从东边界和北边界流出，每年水汽净流出为 0.9×10^{10} t。春季是低纬高原地区从干季向雨季转换的季节，西风水汽输送是四季中最大的，但出境量超过入境量；由于低纬高原地区春季多受南支槽影响，使得南风水汽输送仅次于夏季，从表 5.2 中可看出其入境量是出境量的 2 倍左右。虽然春季水汽输送相对较大，但春季是一年中的干季，温度高、风大、蒸发量也大，使得水汽净收支远比秋季的小。

夏季地面至 700 hPa 每年平均有 45.6×10^{10} t 水汽从西边界流入，24.5×10^{10} t 水汽从东边界流出，有 24×10^{10} t 水汽从南边界流入，15.9×10^{10} t 水汽从北边界流出，地面到对流层低层的水汽净流入为 29.1×10^{10} t，对云南上空水汽净收入贡献最大；对流层中层每年平均有 27.2×10^{10} t 水汽从西边界流入，有 24.9×10^{10} t 水汽从东边界流出，有 7.3×10^{10} t 水汽从南边界流入，9.4×10^{10} t 水汽从北边界流出，700～500 hPa 水汽净流入达 0.3×10^{10} t。对流层高层每年平均有 2.4×10^{10} t 水汽从西边界流入，有 4.8×10^{10} t 水汽从东边界流出，有 1.7×10^{10} t 水汽从南边界流入，有 1×10^{10} t 水汽从北边界流入，这说明夏季来自北方的冷空气会带来一部分水汽，500～300 hPa 水汽净流入达 0.3×10^{10} t。可见，夏季对流层中高层均为水汽净流入，与其他三季相反，而对流层低层对整层的水汽净流入贡献最大。整个对流层(地面—300 hPa)每年从西边界、南边界流入的水汽分别有 75.2×10^{10} t 和 33×10^{10} t，有 54.2×10^{10} t 和 24.3×10^{10} t 水汽分别从东边界和北边界流出，每年水汽净流入为 $29.7\times$

10^{10} t，是一年中最大的季节。夏季是低纬高原地区一年中降水最多的季节，其受中高纬环流系统影响比较复杂，加之受多种季风的影响，虽然水汽输送在对流层低、中、高层差异很大，但低、中、高层水汽均为净流入。

表 5.2 1948—2009 年四季平均各边界水汽输送量和净收支情况(单位：$\times10^{10}$ t)

	对流层	西界	东界	南界	北界	净收支
春季	地面—700 hPa	42.2	46.8	25.7	10.9	10.2
	700～500 hPa	57.5	65.3	3.5	4.8	−9.1
	500～300 hPa	24.5	28.3	2.9	1.1	−2.0
	地面—300 hPa	124.2	140.4	32.1	16.8	−0.9
夏季	地面—700 hPa	45.6	24.5	24.0	15.9	29.1
	700～500 hPa	27.2	24.9	7.3	9.4	0.3
	500～300 hPa	2.4	4.8	1.7	−1.0	0.3
	地面—300 hPa	75.2	54.2	33.0	24.3	29.7
秋季	地面—700 hPa	9.2	−5.1	18.5	11.7	21.0
	700～500 hPa	32.6	34.7	7.4	10.2	−4.8
	500～300 hPa	19.3	20.1	2.2	1.6	−0.3
	地面—300 hPa	61.1	49.6	28.1	23.6	16.0
冬季	地面—700 hPa	20.9	24.6	17.7	6.0	8.0
	700～500 hPa	41.1	50.0	2.9	2.5	−8.5
	500～300 hPa	21.6	22.6	1.3	0.4	−0.1
	地面—300 hPa	83.6	97.2	21.9	8.9	−0.6

秋季地面至 700 hPa 每年平均有 9.2×10^{10} t 水汽从西边界流入，有 5.1×10^{10} t 水汽从东边界流入，这与秋季低纬高原地区易受副高外围的偏东气流影响，而偏东气流携带有丰富的水汽有关；有 18.5×10^{10} t 水汽从南边界流入，11.7×10^{10} t 水汽从北边界流出，地面到对流层低层的水汽净流入达 21.0×10^{10} t，仅小于夏季。对流层中层每年平均有 32.6×10^{10} t 水汽从西边界流入，有 34.7×10^{10} t 水汽从东边界流出，有 7.4×10^{10} t 水汽从南边界流入，10.2×10^{10} t 水汽从北边界流出，700～500 hPa 水汽净流出达 4.8×10^{10} t。对流层高层每年平均有 19.3×10^{10} t 水汽从西边界流入，有 20.1×10^{10} t 水汽从东边界流出，有 2.2×10^{10} t 水汽从南边界流入，1.6×10^{10} t 水汽从北边界流出，500～300 hPa 水汽净流出 0.3×10^{10} t。可见，秋季对流层中高层为水汽净流出，而低层对整层的水汽净收入贡献最大。整个对流层(地面—300 hPa)每年从西边界、南边界流入的水汽分别有 61.1×10^{10} t 和 28.1×10^{10} t，有 49.6×10^{10} t 和 23.6×10^{10} t 水汽分别从东边界和北边界流出，每年水汽净流入为 16.0×10^{10} t，是一年中的第二大季节，这与秋季降水仅次于夏季是一致的。

冬季地面至 700 hPa 每年平均有 20.9×10^{10} t 水汽从西边界流入，24.6×10^{10} t 水汽从东边界流出，有 17.7×10^{10} t 水汽从南边界流入，6.0×10^{10} t 水汽从北边界流出，水汽净输入为 8.0×10^{10} t。对流层中层每年平均有 41.1×10^{10} t 水汽从西边界流入，有 50.0×10^{10} t 水汽从东边界流出，有 2.9×10^{10} t 水汽从南边界流入，2.5×10^{10} t 水汽从北边界流出，700～500 hPa

水汽净流出达 8.5×10^{10} t，与春季的净流出基本相当。对流层高层每年平均有 21.6×10^{10} t 水汽从西边界流入，有 22.6×10^{10} t 水汽从东边界流出，有 1.3×10^{10} t 水汽从南边界流入，0.4×10^{10} t 水汽从北边界流出，500～300 hPa 水汽净流出 0.1×10^{10} t。可见，冬季对流层中高层为水汽净输出，低层对整层的水汽净收入贡献最多。冬季整个对流层每年从西边界、南边界流入的水汽分别有 83.6×10^{10} t 和 21.9×10^{10} t，有 97.2×10^{10} t 和 8.9×10^{10} t 水汽分别从东边界和北边界流出，每年水汽净支出为 0.6×10^{10} t，是一年中最小的季节，这与冬季降水最少是对应的。虽然低纬高原地区冬季主要受冬季风影响，但对流层各层的偏南风水汽输送均为净流入，这表明冬季该地区由于经常受南支西风槽影响，会造成一定范围的降水。

可见，低纬高原地区整层的水汽输送以夏季最大、秋季次之，冬季最小，并且夏季水汽输送净收入占全年的 67.5%，与这一地区季节的降水分布是一致的。另外，低纬高原地区的夏季和秋季是水汽汇，而春季和冬季其上空主要是水汽源，除夏季对流层中层、高层为水汽净流入外即水汽源外，其他季节的对流层中层、高层均为水汽汇即水汽净流出。影响低纬高原地区降水的水汽主要集中在对流层低层。

5.1.3 小结

(1)低纬高原地区整层的西边界、南边界水汽为主要流入界，东边界、北边界为主要流出界，以西边界的输入最多，但东西边界的输入和输出基本相当，经向上的水汽输送对低纬高原地区的净水汽流入贡献较大，这与横断山区的地形有关。

(2) 对低纬高原地区水汽净收入贡献最大的是对流层低层。整层的水汽输送以夏季最大、秋季次之，冬季最小，这与四季的降水分布一致，只有夏季对流层中高层均为水汽净流入即水汽源，其他季节是水汽汇。

(3)影响低纬高原地区降水的水汽主要集中在对流层低层。冬季、春季影响低纬高原地区的水汽通量主要是偏南(即经向)水汽输送，并对净水汽收支贡献最大；夏季、秋季的水汽通量主要是纬向水汽输送，并对净水汽收支贡献最大，而经向水汽输送相对较小。冬春季与夏秋季的水汽输送方式的差异与季风强弱及影响天气系统有关。

5.2 水汽输送及收支的变化趋势

5.2.1 年水汽输送及收支的年代际变化

5.2.1.1 年水汽输送和收支

图 5.2 是低纬高原地区 1948—2009 年整层积分的各边界年平均水汽输送量、净收入量的年际变化。从西边界、东边界的年平均水汽通量变化趋势可见(图 5.2a)，低纬高原地区西边界水汽输入量呈增加趋势，每年平均增加 0.252×10^{10} t；东边界水汽输出量呈减少趋势，减少速率为 0.306×10^{10} t/a，但西、东边界的水汽变化趋势均没有通过 0.1 的显著性检验；从年代来看，西边界、东边界的年平均水汽量变化趋势基本一致，其中输入最少的是 1952 年仅为 175×10^{10} t，输入最多的是 1962 年为 507×10^{10} t，在 20 世纪 50 年代中期前西边界输入量偏少，东边界输出量也偏少，50 年代中期以后至 70 年代初期西边界水汽输入量偏多，东边界输出量偏多，从 70 年代初期至 70 年代末期西边界水汽输入和东边界输出呈偏少，70 年代初

期水汽输入、输出量呈 2～3 a 的年际变化，进入 21 世纪初期以后水汽输入呈弱增加趋势，而输出量变化呈减少趋势。

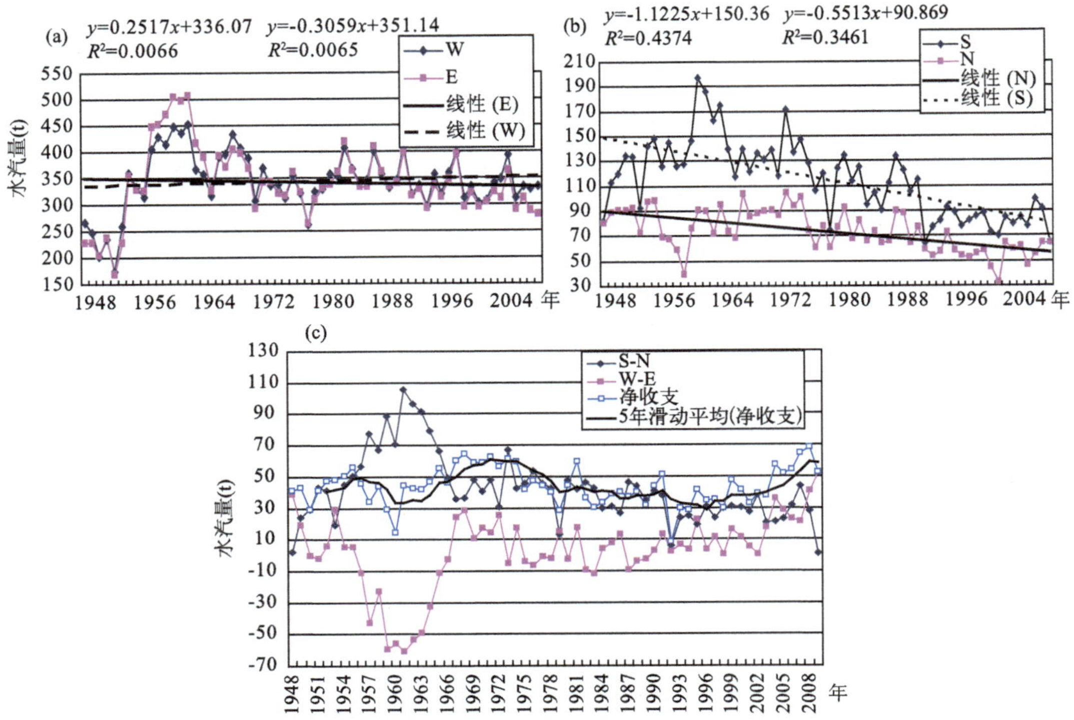

图 5.2 1948—2009 年低纬高原地区整层 4 个边界的净水汽输送量和净收入量变化趋势(单位：$\times 10^{10}$ t/a)

从低纬高原地区南边界、北边界的年平均水汽通量年际变化趋势可见(图 5.2b)，南边界水汽输入呈减少趋势，平均每年减少 1.123×10^{10} t；北边界水汽输出量呈减弱趋势，减少速率为 0.551×10^{10} t/a，南、北边界的减少趋势从 80 年代末期以来尤其明显，南、北边界水汽输送的变化趋势远远通过 0.001 的信度检验；从年际变化来看，低纬高原地区南边界年平均水汽输入从在 20 世纪 40 年代末至 70 年代末处于最多时段，大多数年份输入数值在 120×10^{10} t 以上，其中 62 年中输入最大的是 1961 年为 196.9×10^{10} t，70 年代末期至 90 年代初水汽输入有所回升，但 80 年代末期特别是 90 年代初以后至今水汽输入明显减少，在 100×10^{10} t 以下，2009 年是 1992 年以来水汽输入最低值仅为 65.2×10^{10} t；北边界的年平均水汽输出量在 20 世纪 50 年代中期前输出量偏多，50 年代末以后至 80 年代末期水汽输出量大体处于偏多时期，从 80 年代末特别是 90 年代初期至今水汽输出量处于偏少期，输出数值除 1995 年外均在 65×10^{10} t 以下。

在低纬高原地区东西向和南北向水汽净收支变化趋势上(图 5.2c)，纬向水汽净收入和经向水汽净收入年变化趋势呈反向变化，两者相关系数达到－0.8648，通过 0.001 的显著性检验，说明低纬高原地区纬向水汽输送弱(强)时，经向输送就强(弱)。有研究也表明：印度季风区水汽输送强度和东亚季风区水汽输送强度存在反相关关系(Zhang Renhe，2001)。近 62 a 以来，低纬高原地区纬向水汽净流入呈上升趋势，平均每年增加 0.558×10^{10} t；经向水汽净流入呈下降趋势，平均每年减少 0.571×10^{10} t，纬向和经向水汽的变化趋势均通过 0.001 的显著性检验。因此，总的净水汽量变化呈减少趋势为 0.013×10^{10} t/a，这与低纬高原地区近 50 年来(1961—2007 年)的年降水减少变化趋势是一致的(郑建萌等，2010)，净水汽主要偏多时段在 60 年代初至 70 年代末期前，相对偏少时段从 70 年代末期至 21 世纪初，但应注意到从 20 世纪 90 年代中期以来净水汽呈上升趋势。

5.2.1.2　年水汽输送、收支的突变特征

用 Mann-Kendall 非参数统计方法检测其突变点，并用 t 方法检验所获得突变点的显著性表明(表 5.3)，西边界的水汽输入发生突变在 1998 年，但突变点没有通过 0.1 的显著性检验，东边界的水汽输出在 2007 年发生了突变，也没有通过 0.1 的显著性检验；从图 5.3 可明显看出，南、北边界相继在 1988、1989 年发生突变，突变前后水汽输入、输出距平有着明显差异，突变后南边界的水汽输入量呈明显减少趋势，而北边界水汽输出量呈下降趋势；水汽净收入在 1978 年发生突变，突变点通过 0.05 的显著性检验，且突变前后水汽净收入有明显差异，突变后水汽量呈减少趋势，这与亚洲夏季风在 1970s 年代末减弱有关(周晓霞等，2008；陈际龙等，2008)。

表 5.3　1948—2009 年各边界年平均水汽通量突变检测(单位：$\times10^{10}$ t)

水汽通量	突变年	突变前距平	突变后距平	t-检验显著性值
西边界	1998	2.8	−12.8	0.5
东边界	2007	1.9	−57.2	0.25
南边界	1988	14.8	−28.8	0.01
北边界	1989	7.5	−15.7	0.01
净水汽量	1978	3.0	−3.0	0.05

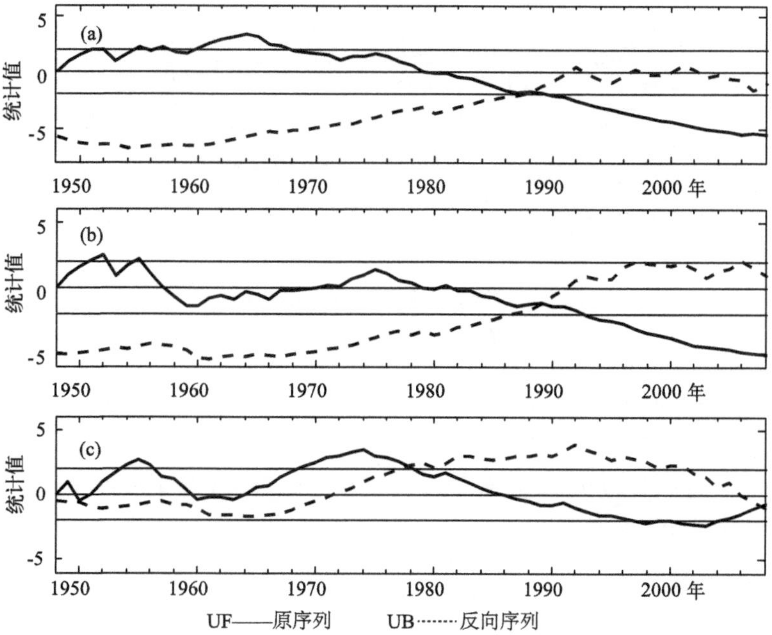

图 5.3　年水汽通量在南(a)、北(b)边界和净水汽(c)的突变检验

用连续小波分析方法对西、东、南、北边界水汽通量和净水汽量作周期分析(图 5.4),结果表明,西边界在 1953 年至 1959 年间存在一个 2～4 a 的周期,1963 年至 1971 年间出现了一个 6～8 a 的周期;此外在 1988—1990 年间有一个准 4 年的周期存在;东边界在 1953 年至 1959 年间也出现了一个 2～4 a 的周期,1967 年至 1971 年间出现了准 7 a 的周期,此外在 1987 至 1989 年间有准 4 a 的周期存在;而南边界上在 1952—1957 有 1～2 a 周期,1972—1982 年间存在 1～2 a 周期;北边界上则在 1955—1960 年间有 1～3 a 周期存在,1965—1968 年间有准 1～3 a 周期;净水汽量在 1954—1960 年间有 1～2 a 周期,1973—1980 年有准 1～2 a 周期。小波分析表明,水汽通量的年际变化非常明显。

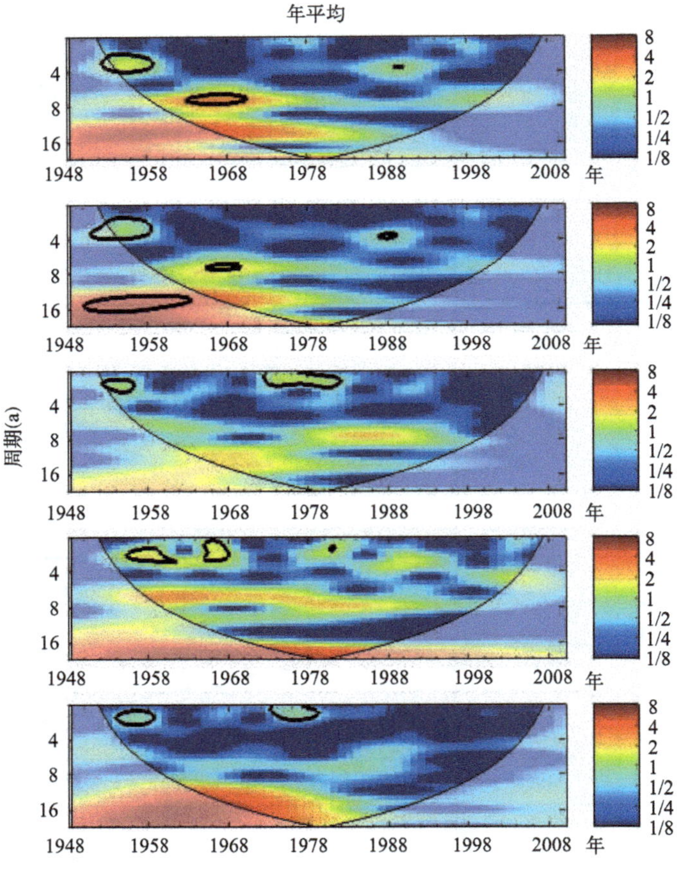

图 5.4　年水汽通量的连续小波功率图

(从上到下依次是西、东、南北边界和净水汽)

综上所述,低纬高原地区近 62 a 来西边界水汽输入量呈增加趋势,东边界水汽输出量呈减少趋势,南、北边界水汽输入、输出呈减少趋势,均在 20 世纪 80 年代末发生突变,突变后南边界的水汽输入量明显减少,北边界的输出量呈下降趋势,而净水汽量呈减少趋势。低纬高原地区水汽净收入在 1978 年发生突变,突变后水汽量呈减少趋势。

5.2.2　四季水汽输送和收支的年代际变化

5.2.2.1　四季水汽输送及收支

(1)春季

图 5.5a 是春季低纬高原地区整层积分的各边界水汽输送、净收入量的年际变化。从图 5.5 中可看出，西边界的水汽流入量呈弱增加趋势，平均每年增加 0.012×10^{10} t；东边界水汽输出量呈减弱趋势，减少速率为 0.035×10^{10} t/a，但没有通过 0.1 的显著性检验；从年变化来看，西边界、东边界的年平均水汽量变化趋势基本一致，在 20 世纪 50 年代中期前西边界流入量偏少，东边界流出量也偏少，50 年代中期以后至 60 年代初西边界水汽输入量偏多，东边界流出量偏多，从 60 年代中期至 80 年初期水汽流入量处于偏少阶段，流出量变化呈减少趋势，80 年代初期后至 90 年代末期西边界水汽流输入量偏多，东边界流出量偏多，进入 21 世纪以来水汽输入量一直处于偏少阶段，水汽输出量也偏少，这种趋势从 2006 年以来更明显。

低纬高原地区春季南边界水汽输入呈明显减少趋势，平均每年减少 0.211×10^{10} t，通过 0.01 的显著性检验；北边界水汽输出量呈减弱趋势，减少速率为 0.061×10^{10} t/a，并通过 0.05 的显著性检验；从年际变化来看，南边界水汽输入从在 20 世纪 50 年代中期至 70 年代末期前处于偏多时段，70 年代末期后至 80 年代中期水汽流入偏少，80 年代中期后开始有所回升，90 年代初以后至今年水汽输入又呈明显偏少；北边界的水汽输出量在 20 世纪 50 年代末期前输出量偏少，50 年代末至 70 年代末期水汽输出量处于偏多时期，和南边界的变化相似，70 年代末期后至 80 年代中期水汽流入偏少，从 90 年代初期至今水汽输出量处于偏少期。

在春季东西向和南北向水汽净收支变化趋势上(图略)，纬向水汽净收入和经向水汽净收入年变化趋势呈反向变化，两者相关系数达到−0.622，通过 0.001 的显著性检验；纬向水汽净收入呈明显上升趋势，平均每年增加 0.047×10^{10} t，没有通过 0.1 的显著性检验；经向水汽净收入呈明显减少趋势，平均每年减少 0.15×10^{10} t，并通过 0.01 的显著性检验。从图 5.5e 中还可看出，低纬高原地区的总净水汽量变化趋势呈下降趋势为 0.10×10^{10} t/a，主要偏多时段在 60 年代初至 70 年代末期前，偏少时段从 70 年代末期至 21 世纪初，但应注意到从 21 世纪初以后进入偏多期，低纬高原地区春季净水汽量的变化与区域降水的变化情况是一致的，两者的相关系数为 0.407，通过了 0.01 的显著性检验。

(2)夏季

从图 5.5b 中可看出，低纬高原地区夏季西边界的水汽输入量呈增加趋势，平均每年增加 0.106×10^{10} t；东边界水汽输出量呈减小趋势，减少速率为 0.189×10^{10} t/a，但西、东边界均没有通过了 0.1 的显著性检验；从年变化来看，西边界、东边界的年平均水汽量变化趋势基本一致，在 20 世纪 50 年代中期前西边界输入量偏少，东边界输出量也偏少，50 年代中期以后至 70 年代初期西边界水汽输入量偏多，东边界输出量偏多，从 70 年代中期以后水汽流入、流出量呈 2～3 a 的周期变化，并呈减少趋势，但进入 21 世纪初以后水汽的输入、输出量呈增加趋势，特别是西边界增多明显；西边界水汽流入量的加强，与全球变暖背景下，中高纬度明显增湿有关，其增湿有利于来自中高纬度的天气扰动增湿、增强(戴新刚等，2006)，并携带更多的水汽进入低纬高原地区，影响区域夏季降水的发生。

低纬高原地区南边界水汽输入呈显著减少(图 5.5b)，平均每年减少 0.549×10^{10} t；北边界水汽输出量呈明显减弱趋势，减少速率为 0.234×10^{10} t/a，南、北边界都通过了 0.001 的显著性检验；在年际变化趋势中，夏季南边界水汽输入在 20 世纪 50 年代初期以前处于偏少时段，1950 年代初期以后至 80 年代中期水汽流入量基本处于偏多时期，从 1980 年代中期后至今水汽流入量一直处于明显偏少期；而北边界的水汽输出量在 20 世纪 50 年代末期前基本是偏多，从 1960 年代初期以后至 1980 年代末期水汽输出量处于偏多时期，从 1980 年代末期至今水汽输出量处于偏少期，特别是 1990 年代中期以来减少明显。

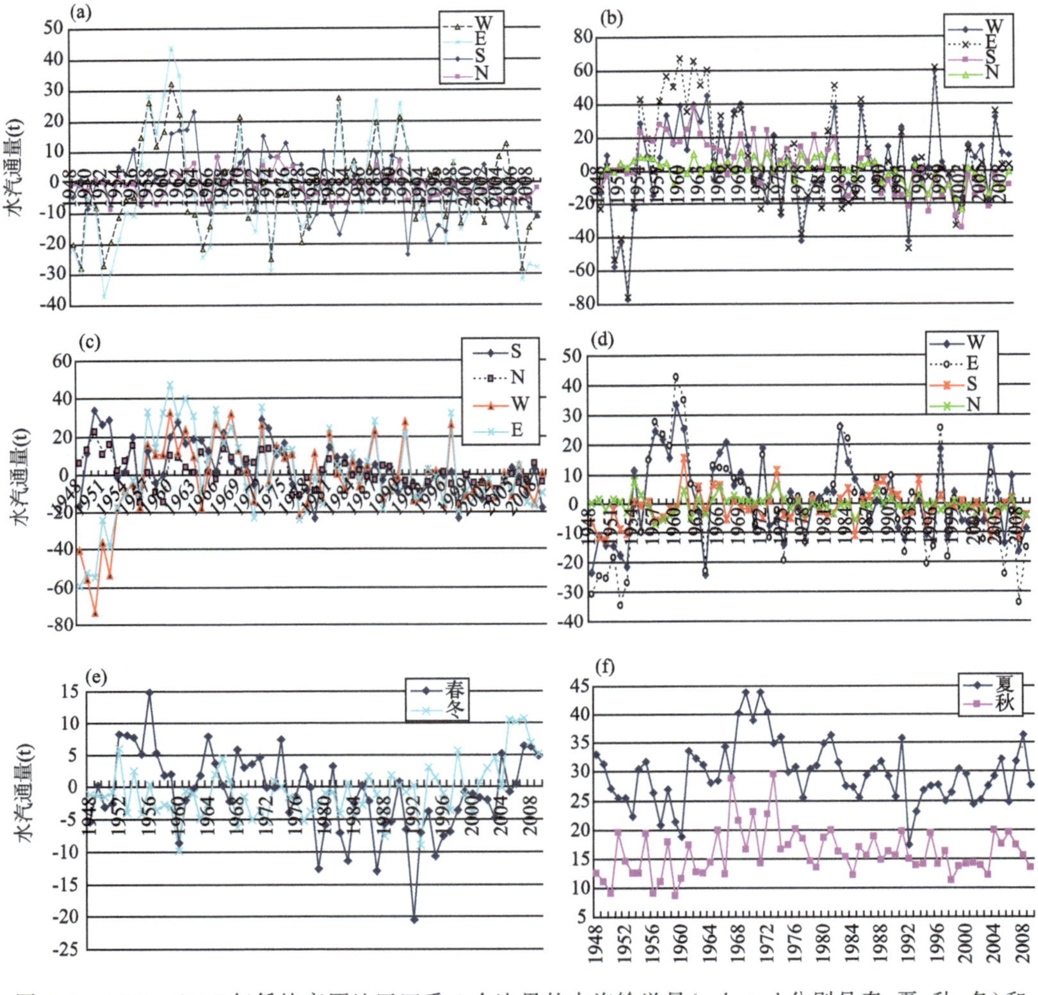

图 5.5　1948—2009 年低纬高原地区四季 4 个边界的水汽输送量(a、b、c、d 分别是春、夏、秋、冬)和净收入量变化趋势(e 是春冬季，f 是夏秋季)(单位 $\times10^{10}$ t/a)

低纬高原地区夏季纬向水汽净收入和经向水汽净收入年变化趋势呈反向变化(图略)，即当纬向水汽净收入偏多时，则经向水汽净收入偏少，两者相关系数达到 −0.8873，信度大大超过 0.001 显著性检验，特别是极值年份对应的非常明显；近 62 年来纬向水汽净收入呈明显上升趋势，每年平均增加 0.295×10^{10} t；经向水汽净收入呈明显减少趋势，每年平均减少 0.315×10^{10} t，纬向、经向都通过 0.001 的显著性检验。尽管纬向净水汽的值增加，但不如经向水汽净收入的减少率大，因此 62 年来低纬高原地区夏季的总水汽收入仍然为减少趋势

(减少速率为 0.021×10^{10} t/a),其主要偏多时段在 60 年代初至 80 年代末期前(图 5.5f),相对偏少时段从 90 年代初至 21 世纪初,21 世纪初以后又呈上升趋势,这与低纬高原地区夏季(1961—2007 年)降水变化趋势是一致的(陶云等,2008),夏季水汽收入与区域降水的相关系数达 0.412,通过了 0.01 的显著性检验。

(3)秋季

从图 5.5c 中可看出,62 年来低纬高原地区秋季西边界的水汽输入量呈增加趋势,平均每年增加 0.184×10^{10} t,但没有通过 0.1 的显著性检验;62 年来东边界水汽输出量呈微弱减小趋势(速率为 0.007×10^{10} t/a);从年变化来看,西边界、东边界的秋季平均水汽量的年变化趋势基本一致,在 20 世纪 50 年代中期前西边界输入量偏少,东边界输出量也偏少,50 年代中期以后至 70 年代初期西边界水汽输入量偏多,东边界输出量偏多,70 年代中期以后水汽流入、流出量一直处于下降趋势,特别是 1990 年代末期以来输入、输出量变化减少明显。

低纬高原地区秋季南边界水汽流入呈明显减少趋势(图 5.5c),平均每年减少 0.396×10^{10} t;北边界水汽流出量呈显著减少趋势,减少速率为 0.227×10^{10} t/a,南、北边界都通过了 0.001 的显著性检验;在年变化趋势方面,秋季南边界水汽流入量从 20 世纪 40 年代末期至 1950 年代中期前处于偏多时段,1950 年代中期至 1950 年代末期处于偏少,从 1960 年代初期至 1970 年代中期水汽流入量处于偏多时期,从 1970 年代中期以后至今水汽流入量一直处于偏少期;而北边界的水汽输出量变化与南边界相似,偏多时段在 20 世纪 50 年中期前和 1960 年代初期至 70 年代中期,水汽流出量偏少时段在 1950 年代中期以后至 50 年代末,以及 70 年代末至今。

低纬高原地区秋季纬向水汽净收入和经向水汽净收入年变化趋势也呈反向变化(图略),两者相关系数达到−0.8755,通过 0.001 了的显著性检验;从图中还可看出,近 62 年来纬向水汽净收入呈明显上升趋势,平均每年增加 0.191×10^{10} t;经向水汽净收入呈明显下降趋势,平均每年减少 0.169×10^{10} t,经纬向收入都通过 0.01 的显著性检验。秋季水汽净收入有微弱的增加(图 5.5f),但应注意 90 年代中期以后,特别是从 1998 年开始,秋季水汽净收入减少,这与低纬高原地区秋季降水变化情况一致,两者的相关系数为 0.413,通过了 0.01 的显著性检验。

(4)冬季

从冬季各边界水汽输送的年际变化可看出(图 5.5d),西边界、东边界的水汽输入、输出量呈微弱降低趋势,平均每年分别减少 0.068×10^{10} t 和 0.101×10^{10} t,但没有通过 0.1 的信度检验;从年际变化特征来看,西边界、东边界的年平均水汽量变化趋势基本一致,在 20 世纪 50 年代中期前西边界输入量偏少,东边界输出量也偏少,这一时期是历史上的高值期,从 50 年代中期后至 1960 年代中期前西边界水汽输入量偏多,东边界输出量偏多,从 60 年代中期后至 80 年代初水汽流入、流出量处于相对偏少期,80 年代初期后至 90 年代初期水汽流入、流出量处于偏多时段,从 1990 年代中期开始水汽流入、流出量处于偏少时段,并呈 2～3 a 的周期变化,特别是进入 21 世纪初期后,减少趋势非常明显。整体上看,近 62 年来东边界的水汽输出量大于西边界的输入量,说明纬向水汽输送主要是输出。

冬季南边界水汽输入呈弱上升趋势(图 5.5d),平均每年增加 0.029×10^{10} t;北边界水汽输出量呈减弱下降趋势,减少速率为 0.032×10^{10} t/a;冬季南边界的水汽流入、北边界流出在 20 世纪 50 年代初期前处于偏少时段,偏多时段基本在 1950 年代中期至 70 年代末初期,从

1990 年代末期至今水汽输出量处于偏少期；整体上看，冬季南、北边界的水汽输入、输出量年际变化非常明显。

低纬高原地区冬季纬向水汽净收入和经向水汽净收入年变化趋势也呈反向变化（图略），两者相关系数达到－0.7411，显著性检验均通过 0.001；近 62 年来纬向水汽净收入呈弱上升趋势，平均每年略增加 0.033×10^{10} t；经向水汽净收入呈上升趋势，平均每年增加 0.061×10^{10} t，并通过 0.1 的显著性检验。冬季净水汽量呈上升趋势，每年平均增加 0.094×10^{10} t，并通过 0.01 的显著性检验，这与冬季降水的变化趋势一致（陶云等，2008），从图 5.5e 中还可看出 90 年代末期后，冬季水汽净收入明显增加。

5.2.2.2 四季水汽输送、收支的突变特征

从表 5.4 可看出，春季西边界的水汽输入存在二个突变点，发生在 1950 年和 2006 年，分别通过 0.1、0.05 的显著性检验，突变前后水汽输入有明显差异，特别是 2006 年发生突变后西边界水汽输入量明显减少；东边界的水汽输出在 1952 年发生突变，但仅通过 0.2 的显著性检验；南、北边界分别在 1991 年和 1998 年发生突变，突变前后水汽输入、输出距平有着明显差异，突变后南边界的水汽输入量、北边界水汽输出量呈明显下降趋势，突变点均通过 0.01 的显著性检验；水汽净收入在 1970 年发生突变，突变点通过 0.01 的显著性检验，且突变前后水汽净收入有明显差异，突变后水汽量减少。

表 5.4 1948—2009 年四季各边界年平均水汽通量突变检测（单位：×10^{10} t）

时段	水汽通量	突变年	突变前距平	突变后距平	*t*-检验信度值
春季	西边界	1950,2006	－13.8,1.6	1.6,－16.2	0.1,0.05
	东边界	1950	－15.1	0.8	0.2
	南边界	1991	2.8	－7.0	0.01
	北边界	1998	1.1	－2.7	0.01
	净水汽	1970	3.2	－1.9	0.01
夏季	西边界	1954,1974,2006	－28.0,13.6,－3.7	13.6,－3.7,14.2	0.01,0.5,0.4
	东边界	1974	7.8	－6.0	0.1
	南边界	1988	7.7	－15.0	0.01
	北边界	1990	3.3	－7.5	0.01
	净水汽	1954,1988	－1.8,1.6	1.6,－1.9	0.4,0.05
秋季	西边界	1951	－48.9	3.4	0.01
	东边界	2006	0.7	13.5	0.3
	南边界	1986	5.1	－8.6	0.01
	北边界	1984	3.1	－4.6	0.01
	净水汽	1951	－2.9	0.2	0.2
冬季	西边界	2005	0.6	－8.5	0.2
	东边界	2005	1.2	－17.9	0.05
	南边界	1953	－7.3	0.8	0.01
	北边界	2000	0.3	－1.7	0.1
	净水汽	2005	8.8	－0.6	0.01

夏季西边界的水汽输入存在 3 个突变点，发生在 1954 年、1974 和 2006 年，只有 1954 年通过 0.01 的显著性检验，突变前后水汽输入有明显差异；东边界的水汽输出在 1974 年发生突变，通过 0.1 的显著性检验；南、北边界分别在 1988 年和 1990 年发生突变，突变前后水汽输入、输出距平有着明显差异，突变后南边界的水汽输入量、北边界水汽输出量呈明显下降，突变点均通过 0.01 的显著性检验；水汽净收入在 1954 年、1988 年发生突变，1954 年仅通过 0.4 的显著性检验，1988 年的突变点通过 0.05 的显著性检验，且突变前后水汽净收入有明显差异，突变后水汽输出量减少。

秋季西边界的水汽输入的突变发生在 1951 年，通过 0.01 的显著性检验，突变前后水汽输入有明显差异；东边界的水汽输出在 2006 年发生突变，仅通过 0.3 的检验；南、北边界分别在 1986 年和 1984 年发生突变，突变前后水汽输入、输出距平有明显差异，突变后南边界的水汽输入量、北边界水汽输出量呈明显下降，突变点均通过 0.01 的显著性检验；水汽净收入在 1951 年发生突变，仅通过 0.2 显著性检验。

冬季西边界的水汽输入的突变发生在 2005 年，仅通过 0.2 的显著性检验；东边界的水汽输出在 2005 年发生突变，通过 0.05 的显著性检验，突变后水汽输出量明显减少；南、北边界分别在 1953 年和 2000 年发生突变，南边界通过 0.01 的显著性检验，突变后南边界的水汽输入量呈明显上升，北边界水汽输出突变点通过 0.1 的显著性检验，水汽流出量呈下降趋势；水汽净收入在 2005 年发生突变，通过 0.01 的显著性检验，且突变后水汽量减少。

综上所述，低纬高原地区春季、夏季的净水汽量变化趋势呈下降趋势，秋季水汽净水汽量有微弱的增加，而冬季的净水汽量呈上升趋势。夏季南北方向的水汽在 20 世纪 80 年代末期发生突变，突变前后水汽输入、输出有着明显差异，突变后南边界的水汽输入量、北边界水汽输出量呈明显下降，而秋季则在 20 世纪 80 年代中期发生突变，突变后南边界的水汽输入、北边界水汽输出明显下降。由于夏季水汽净收入占年收入的 67.5%，其水汽收支对区域总收支变化有重要影响，而夏季季风携带的水汽变化是水汽收支变化的最主要原因。

5.2.3　小结

(1)纬向水汽输送与经向水汽输送量成反相关。低纬高原地区西边界水汽输入量呈增加趋势，东边界水汽输出呈减少趋势；而南、北边界水汽输入、输出呈减少趋势，均在 19 世纪 80 年代末发生突变，而净水汽量呈减少趋势，并在 1978 年发生突变，突变后水汽量呈减少趋势，这与亚洲季风减弱有关。小波分析表明，水汽通量的年际变化非常明显。

(2)春、夏季净水汽量呈减少趋势，秋、冬季净水汽略有增加，而年净水汽量呈减少趋势为 0.013×10^{10} t/a，但春、夏季净水汽从 21 世纪初以后进入偏多期。净水汽量变化与低纬高原地区区域降水的变化情况是一致的。

(3)夏季经向水汽在 20 世纪 80 年代末期发生突变，突变前后水汽输入、输出有着明显差异，突变后南边界的水汽输入量、北边界的水汽输出量呈明显下降，而秋季则在 20 世纪 80 年代中期发生突变，突变后南边界的水汽输入、北边界的水汽输出明显下降。

(4)夏季水汽净收入占年收入的 67%以上，其水汽收支对区域总收支变化有重要影响，而夏季季风携带的水汽变化是水汽收支变化的最主要原因。

5.3 对流层低层水汽通量的时空变化特征

从可降水量的垂直分布可知，对流层低层（地面至 700 hPa）可降水量占整层可降水量的55%以上，而对流层低层多年平均水汽通量占整层水汽通量的68%以上，说明影响降水的水汽主要集中在流层低层。因此，本节主要探讨对流层低层水汽输送的时空变化特征。以下选取 75°—140°E，10°S—40°N 范围，用扩展的经验正交函数分解（EEOF）和小波分析等方法进行分析。

5.3.1 春季

对春季 700 hPa 的水汽通量场做扩展的 EOF 分解，得到前两个主分量的解释方差分别为 24.49%和 13.5%，其累计方差通过了 0.05 的显著性检验。下面主要分析前二个特征向量场。

表 5.5 地面—700 hPa 四季水汽通量的累计方差贡献（单位：%）

时段	第一特征向量场	第二特征向量场
春季	24.49	13.35
夏季	28.41	16.87
秋季	31.65	15.56
冬季	39.20	11.82

图 5.6a 是水汽通量第一特征向量场。从图 5.6 中可看出，春季的水汽通量场分布主要是在孟加拉湾和高原南侧出现气旋式水汽通量异常，中南半岛、南海受反气旋式水汽通量的影响为偏南水汽通量输送，在赤道附近为偏西水汽通量分布，同时在东亚地区大部是偏东北水汽通量分布，西南地区大部为西南水汽通量输送，低纬高原地区西部为西南水汽通量输送，东部为东北水汽通量输送。这样的分布说明低纬高原地区春季上空水汽含量偏多，有利于春季降水，反之春季降水偏少。

图 5.6b 为水汽通量的第二特征向量场，在孟加拉湾和高原南部有弱气旋式水汽通量分布，西南地区为偏东或偏东北水汽通量输送。这种空间分布表明低纬高原地区春季降水偏少，易出现春旱，当春季水汽通量输送分布型相反时，春季降水偏多。

从第一、二特征向量场的时间系数的年际变化中可见（图 5.6c、d），两个向量场均具有显著的年际变化及年代际特征，并从 20 世纪 90 年代末以来，水汽通量进入增加趋势。

用 Morlet 小波分析前两个特征向量场的时间系数（见图 5.6e 和 5.6f），结果表明：第一特征向量场具有明显的约 16 a 周期以及 2～4 a 周期，在 20 世纪 70 年代中期到 90 年代中期出现一个约 8 a 的显著周期，同时 2～4 a 周期减弱并缩短为 2 a 周期。从年代际变化周期来看，第一特征向量场从 1961—2010 年经历了三个突变点，分别为 20 世纪 60 年代末，80 年代中期和 90 年代末。第二特征向量场具有明显的 16 a 周期和 8 a 周期，准 2 a 周期在 20 世纪 80 年代中期之后变为 4 年周期；从 16 年周期来看，第二模态在近 50 年里经历了三次突变，分别为 20 世纪 60 年代中期、80 年代中期和 21 世纪初。

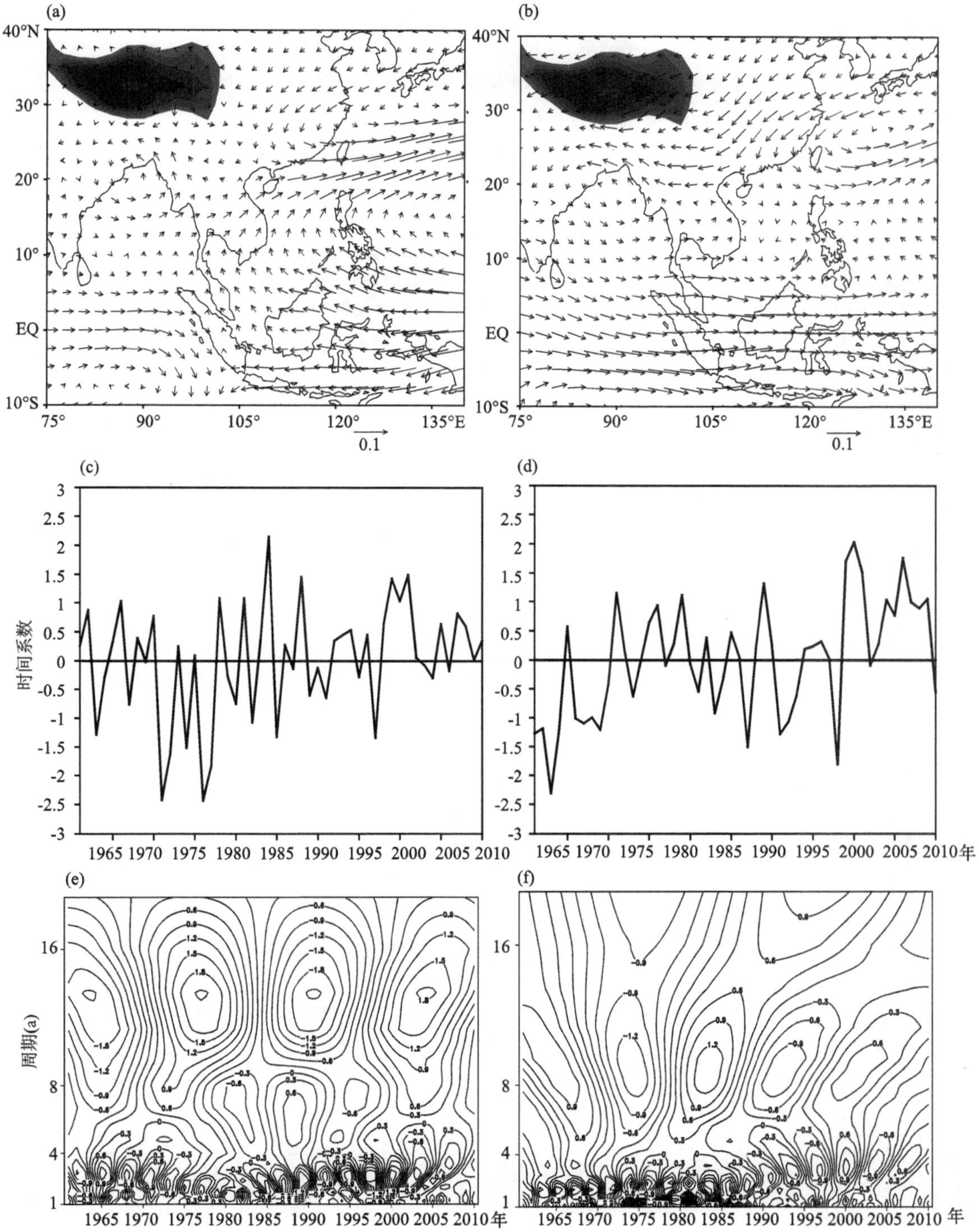

图 5.6　春季对流层低层水汽通量场的时空变化场以及小波特征
(a、c、e 为第一场，b、d、f 为第二场)

从第一、二模态的 16 年周期突变点看，20 世纪 80 年代中期前两个模态具有年代际变化。EOF1 模态由正位相转为负位相，低纬高原地区为一致偏西水汽通量输送。第二模态由正位相转为负位相，低纬高原地区转为偏东或偏东北水汽通量输送。

5.3.2 夏季

夏季 700 hPa 水汽通量场的前两个主分量的解释方差分别为 28.41%和 16.87%，累计方差通过了 0.05 的显著性检验。

图 5.7a 为第一特征向量场，图中 90°E 以东，25°N 以南的区域基本是偏东水汽通量异

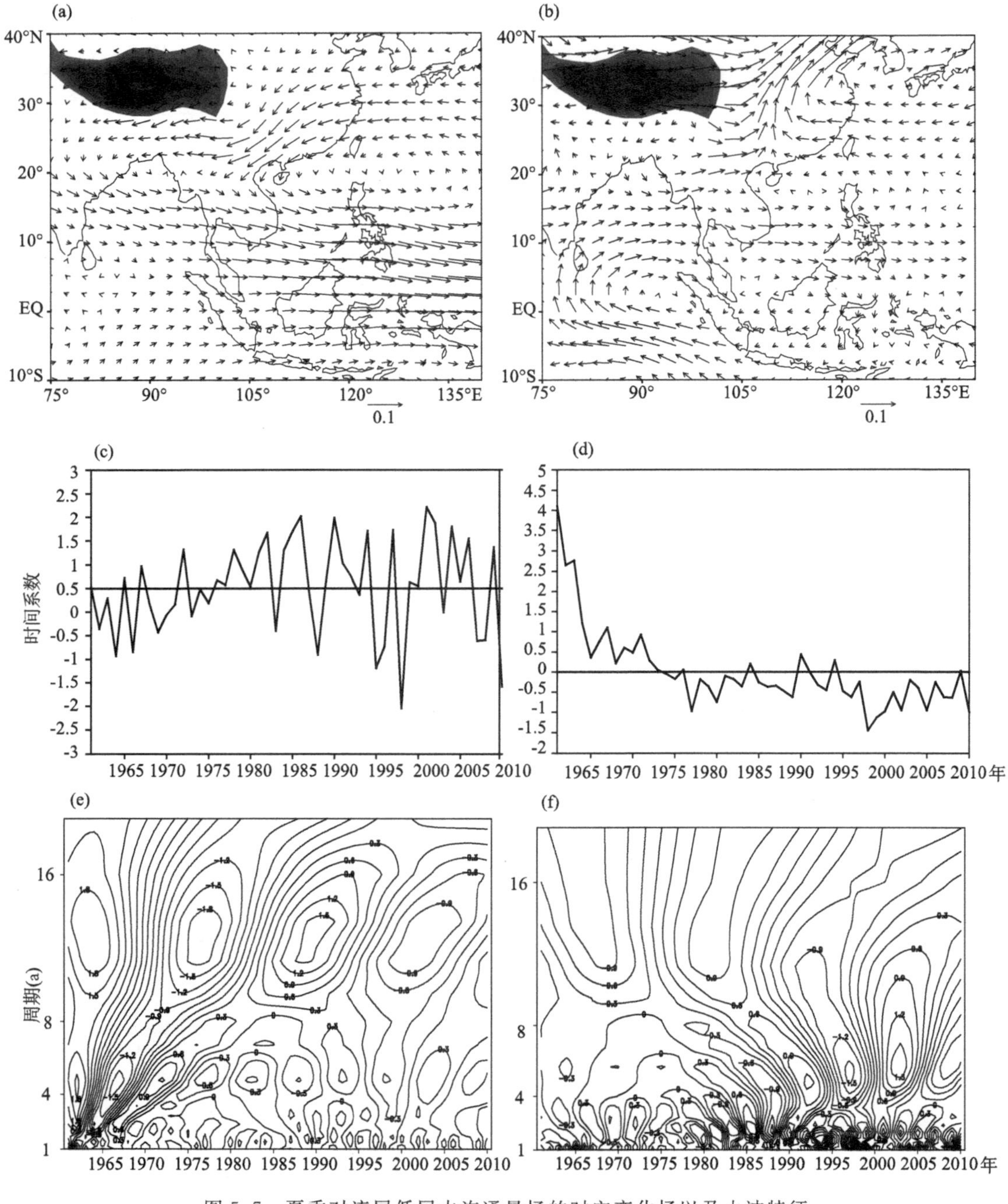

图 5.7　夏季对流层低层水汽通量场的时空变化场以及小波特征

(a、c、e 为第一场，b、d、f 为第二场)

常，低纬高原地区东部为偏东北水汽通量输送，西南地区大部为一致的偏东水汽通量输送。这种分布表明西南地区的水汽输送对降水不利。从第二特征向量场(图 5.7b)可看出，80°E 附近区域的越赤道偏东南水汽通量异常明显，孟加拉湾、中南半岛有西南水汽通量异常，低纬高原地区为偏西南水汽通量输送，这种空间分布形式能使西南地区水汽通量异常，空中水汽含量丰富。反之，则水汽偏少。

图 5.7c、5.7d 分别是第一、二特征向量场时间系数的年际变化。从图 5.7 中可见，两个向量场均具有显著的年际变化特征。第一特征向量场 T1 序列在 20 世纪 70 年代中期开始，振幅强度逐渐加强，T2 序列在 70 年代初发生显著的年代际变化，由正位相变为负位相，并且振幅强度稳定维持。夏季第一特征向量场 T1 与 T2 在 70 年代中期之后的变化说明夏季以第一模态水汽通量场的权重为主。

用 Morlet 小波分析的前两个特征向量场时间系数结果表明(图 5.7e、5.7f)，第一特征向量场具有明显的 10～16 a 周期以及 2～4 a 周期。20 世纪 80 年代中期以后，准 8 年周期逐渐增强，同时 2～4 a 周期缩短为 2 a 周期，振幅强度加强。从 16 a 周期来看，第一特征向量场从 1961—2010 年经历了三个突变点，分别为 20 世纪 70 年代中期，90 年代初和 21 世纪 2000 年代末。

从图 5.7f 中可看出，第二模态具有明显的 10 a 周期、4 a 周期和 10～16 a 周期。在 20 世纪 70 年代中期之后 10 a 周期和 4 a 周期均逐渐减弱。从年代际周期的变化来看，第二模态在近 50 a 里有三次突变发生，分别在 20 世纪 70 年代初、80 年代中期和 21 世纪初。从第一模态和第二模态的 16 a 周期突变点看，夏季第一模态和第二模态的时间系数存在负相关关系，第二模态发生年代际变化的时间早于第一模态 3～5 a。

5.3.3　秋季

秋季 700 hPa 水汽通量场的前两个主分量的解释方差分别为 31.65%和 15.56%，其累计方差通过了 0.05 的显著性检验。

从第一特征向量场可以看出(图 5.8a)，孟加拉湾至西南地区，以及我国东部大部分地区为偏西或偏北水汽通量输送，10°N 以南区域则为偏东水汽通量输送。这种空间分布表明西南地区上空水汽减少。在第二特征向量场上(图 5.8b)，我国东部沿海至西南地区东部主要受“气旋式”水汽通量的东北水汽输送影响，这种分布类型说明西南地区水汽通量减少。

从第一特征向量场的时间系数 T1 和第二特征向量场的时间系数 T2 可见(图 5.8c、5.8d)，两个向量场均具有明显的年际及年代际变化特征。用 Morlet 小波分析前两个特征向量场的时间系数表明(见图 5.8e)，第一模态具有明显的约 16 a 周期、8 a 周期以及 2～4 a 周期。20 世纪 70 年代初以后，准 8 a 周期逐渐增强，同时 2～4 a 周期缩短为 2 a 周期。从年代际周期来看，第一模态从 1961 年至 2010 年经历了三个突变点，分别为 20 世纪 70 年代初，80 年代末和 21 世纪初。从图 5.8f 可看出，第二模态具有显著的 16 a 周期、8 a 周期和 4 a 周期。在 20 世纪 80 年代末之后，8 a 周期逐渐加强而 4 a 周期逐渐减弱并缩短为准 2 a 周期振荡。从年代际周期 16 a 的变化来看，第二模态在近 50 a 里有二次突变发生，分别在 20 世纪 70 年代末、90 年代中期。

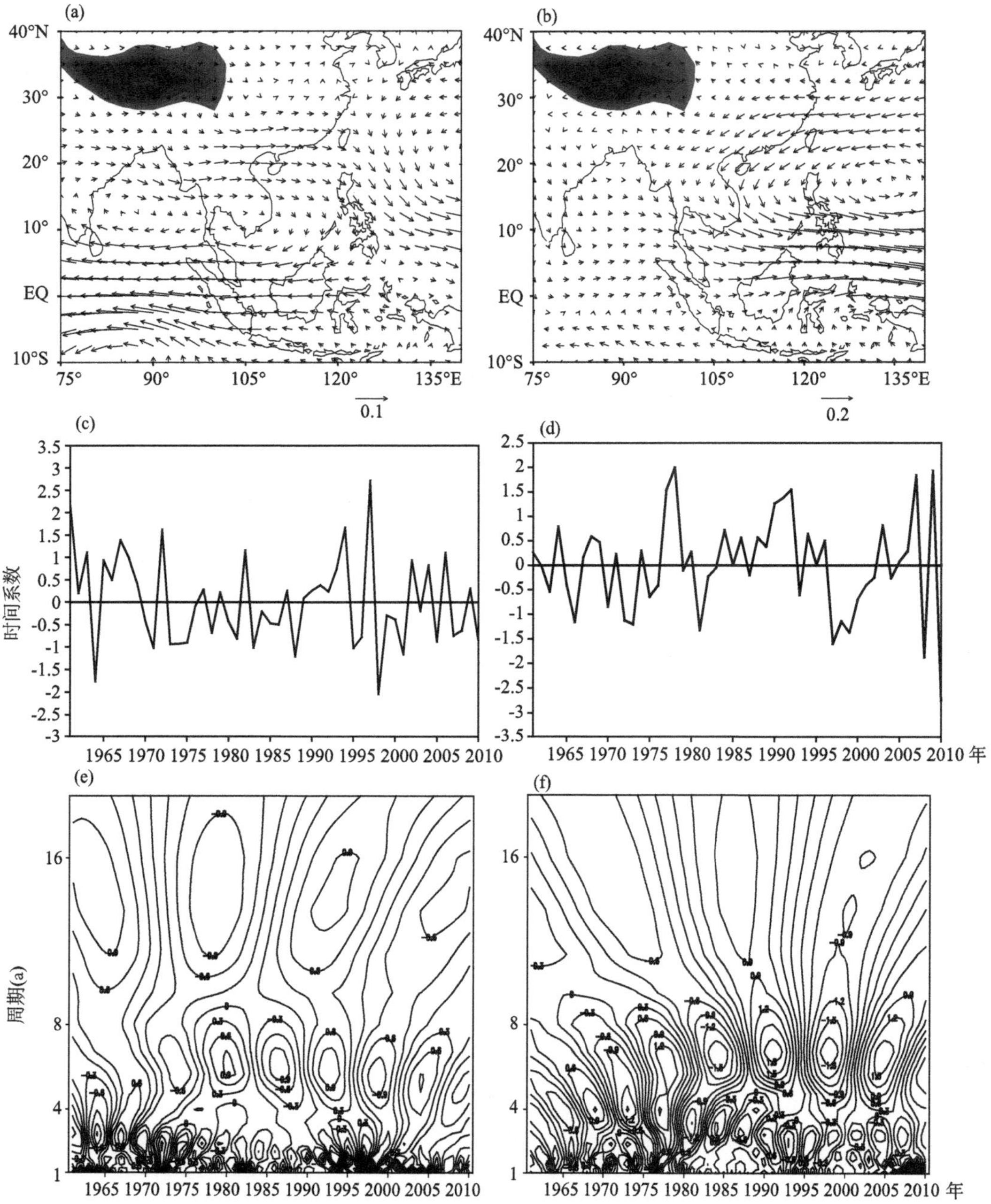

图 5.8　秋季对流层低层水汽通量场的时空变化场以及小波特征

（a、c、e 为第一场，b、d、f 为第二场）

从第一模态和第二模态的年代际变化 16 a 周期突变点看，秋季第二模态与第一模态存在滞后负相关，第一模态发生年代际变化的时间早于第二模态约 10 a。在 2000 年以后，第一模态与第二模态均处于负位相。

5.3.4　冬季

冬季 700 hPa 水汽通量场的前两个主分量的解释方差分别为 39.2%和 11.82%，其累计方差通过了 0.05 的显著性检验。

图 5.9a 为冬季第一特征向量场的空间分布，从图中可见，从中南半岛至南海存在一个以菲律宾为中心“反气旋”式水汽通量输送，孟加拉湾至西南地区大部，以及华南地区为偏

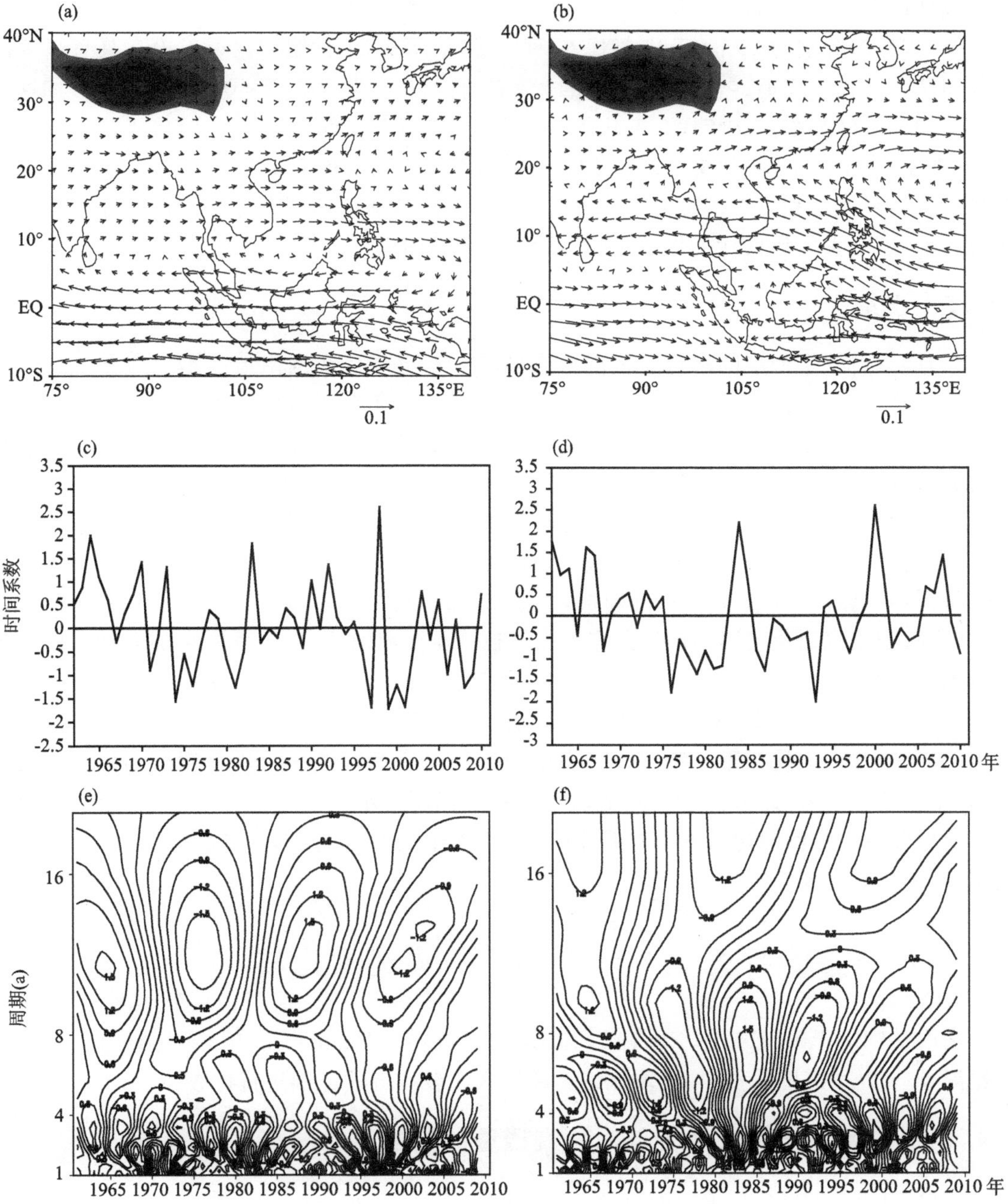

图 5.9　冬季对流层低层水汽通量场的时空变化场以及小波特征

（a、c、e 为第一场，b、d、f 为第二场）

西南水汽通量输送，这样的分布说明低纬高原地区冬季水汽输送较好。而在第二特征向量场上(图 5.9b)，从南海至中南半岛、西南地区为“反气旋”式水汽通量的偏西南水汽输送，这种分布类型表明西南地区上空有异常的偏南水汽通量。

从冬季第一模态和第二模态的时间系数年际变化来看(图 5.9c、图 5.9d)，两个向量场均具有显著的年际变化及年代际变化特征。

冬季 Morlet 小波分析表明(图 5.9e、图 5.9f)，第一特征向量场具有明显的 10 a 周期、约 16 a 周期以及 2～4 a 周期。从 16 a 周期变化来看，第一特征向量场从 1961—2010 年经历了三个突变点，分别为 20 世纪 60 年代末，80 年代中期和 21 世纪初。第二模态具有显著的 16 a 周期、8～10 a 周期、4～8 a 周期和准 2 a 周期。在 20 世纪 70 年代中期之后，8 a 周期和 2～4 a 周期逐渐加强。从年代际变化周期来看，第二模态在近 50 a 里有两次明显的突变发生，分别在 20 世纪 70 年代初、90 年代初。另外，在 21 世纪初有穿过零点，向负位相发展的趋势。从第一模态和第二模态的 16 a 周期突变点看，冬季第一模态与第二模态存在滞后负相关，第一模态发生年代际变化的时间早于第二模态约 5 a。

5.3.5 小结

(1)四季对流层低层的水汽通量前两个场的分布已能反映西南地区水汽通量场分布特征。春季水汽通量场第一模态分布为孟加拉湾、中南半岛至西南地区主要是气旋式水汽通量输送，低纬高原地区为偏南水汽通量输送，说明低纬高原地区春季上空水汽含量偏多。这样的分布有显著的年际及年代际变化特征，并具有 16 a、2～4 a 周期，经历三次突变。

(2)夏季水汽通量场第一模态分布为我国东部沿海、中南半岛至西南地区主要是偏东北水汽通量输送，说明西南地区的水汽输送对降水不利。这样的分布有明显的年际及年代际变化特征，并具有 16 a、8 a、2～4 a 周期，发生三次突变。

(3)秋季水汽通量场第一模态分布为孟加拉湾至西南地区，以及我国东部大部分地区为偏西或偏北水汽通量输送，这样的分布表明西南地区水汽通量减少，有明显的年际及年代际变化特征，并具有 10～16 a、2～4 a 周期，出现三次突变。

(4)冬季水汽通量场第一模态分布为中南半岛至南海存在一个以菲律宾为中心“反气旋”式水汽通量输送，孟加拉湾至西南地区大部为偏西南水汽通量输送，这样的分布说明低纬高原地区冬季水汽输送较好。有明显的年际及年代际变化特征，并具有 16 a、10 a、2～4 a 周期，经历三次突变。

5.4 几套再分析资料对水汽通量的描述及比较

选取 NCEP I、NCEP Ⅱ、ERA-40、20CR(20 Century Reanalysis Version 2)再分析资料的比湿、u、v 以及高度等资料，选取低纬高原地区比较接近的范围进行比较。

5.4.1 NCEP Ⅱ与 20CR 资料对水汽通量的描述

选取 NCEP 再分析资料 1948—2009 年月平均比湿、u、v 以及高度等，格距为 2.5°×2.5°，以及 20CR 资料 1948—2008 年月平均比湿、u、v 以及高度等，格距为 2°×2°进行对比分析。NCEP 再分析资料的格距是 2.5°×2.5°，分析范围取 97.5°—106°E，19.5°—30°N(图略)，而 20CR 资料的范围为 98°—106°E,20°—30°N,见图 5.10。

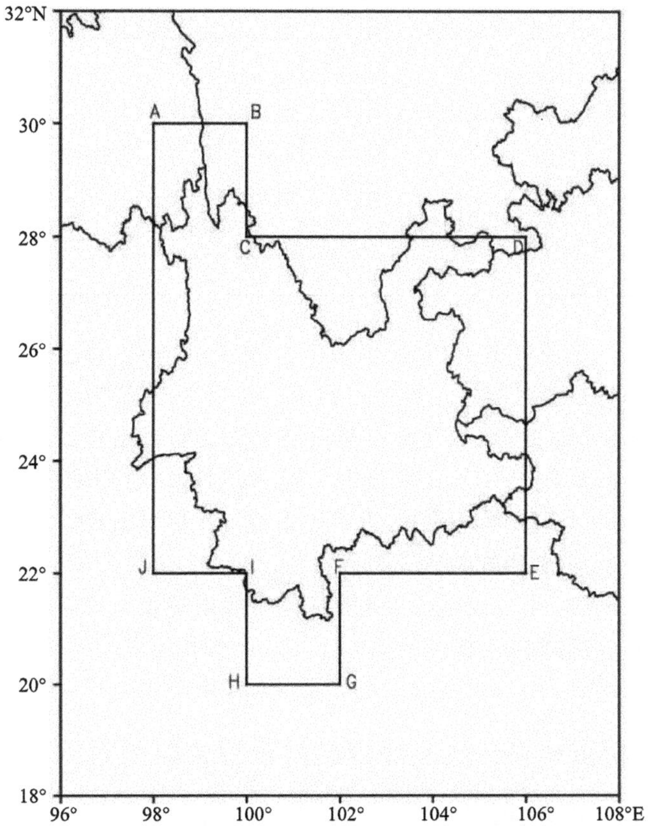

图 5.10　用 20CR 世纪再分析资料对比的范围

从表 5.6 和表 5.7 中可看出，用 NCEP 再分析资料计算的多年平均水汽通量和用 20CR 再分析资料计算的多年平均水汽通量相差不大，并且各边界的水汽输送趋势比较一致；从纬向水汽输送来看还是有差异，主要是西边界的水汽输送上 NCEP 再分析资料计算的比 20CR 再分析资料计算的略大，这主要是集中在对流层高层以上，造成西边界、东边界的水汽量比 20CR 的要高，这可能与 NCEP 再分析资料所取的西边界比 20CR 再分析资料的略长有关，而在南边界和北边界用两套资料计算的水汽比较接近，两套资料计算的总水汽净收支误差较小。

表 5.6　用 NCEP 计算的多年平均各边界水汽输送量和净收支(单位：$\times 10^{10}$ t)

对流层	西界	东界	南界	北界	净收支
地面—700 hPa	133.0	87.8	74.3	28.4	91.2
地面—500 hPa	292.7	267.6	93.7	50.8	68.0
700～500 hPa	159.7	179.9	19.4	22.4	−23.2
500～300 hPa	74.0	82.1	7.8	0	−0.3
700～300 hPa	233.7	262.0	27.2	22.4	−23.5
地面—300 hPa	366.7	349.7	101.5	50.7	67.7

表 5.7 用 20CR 计算的多年平均各边界水汽输送量和净收支(单位:$\times10^{10}$ t)

对流层	西界	东界	南界	北界	净收支
地面—700 hPa	100.0	36.2	105.8	29.1	140.6
地面—500 hPa	217.1	174.8	125.0	83.2	84.0
700～500 hPa	156.4	184.8	23.2	59.0	−64.2
500～300 hPa	117.0	138.7	19.2	54.1	−56.5
700～300 hPa	39.3	46.1	4.0	4.9	−7.6
地面—300 hPa	256.4	221.0	129.0	88.1	76.4

从表 5.6 和表 5.7 中还可看出,对流层中层(700～500 hPa)无论是纬向水汽输送,还是经向输送,两套资料的值均比较接近,说明在对流层中层 NCEP 和 20CR 再分析资料对低纬高原地区的描述非常一致,而用 20CR 再分析资料计算的对流层中高层(500～300 hPa)东西边界与南北边界的水汽通量比 NCEP 再分析资料的相对要大;用两套资料计算的对流层低层(地面—700 hPa)的东边界、西边界、南边界的水汽通量差值比较大,这说明这两套资料对低纬高原地区水汽通量的描述略有差距。

可见,NCEP 再分析资料和 20CR 再分析资料均能描述低纬高原地区的水汽输送情况。虽然两套资料在不同层次的描述有差异,但 NCEP 再分析资料和 20CR 再分析资料在低纬高原地区均具有适用性。

5.4.2 几套再分析资料在低纬高原地区降水异常时的对比

上面分析的是多年平均的情况,为进一步研究 20CR、NCEP、ERA-Interim 等再分析资料对低纬高原地区水汽通量矢量的描述能力(东西风、南北风及比湿等),选取降水异常年时进行对比,考虑到这一地区干季、雨季降水的差异,本节仅挑选 9、10、11 月降水异常的情况进行对比,其他情况类似。

5.4.2.1 20CR 与 NCEP Ⅱ 对比

20 CR 世纪再分析资料的格距为 2°×2°,选取范围见图 5.10,NCEP 再分析资料的格距是 2.5°×2.5°,选取范围是 20°—30°N,97.5°—105°E 如图 5.11 所示。20CR 再分析资料与 NCEP 再分析资料分析资料正负异常年的选取一致,9 月正异常年分别有:1968、1985、1987、1991、1995、1997 年共 6 年;负异常年有:1962、1963、1970、1975、1998、2006、2008 年共 7 年。10 月正异常年有:1963、1965、1986、1989、1992、2001、2006 年共 7 年;负异常年有:1972、1974、1978、1981、1985、1987、1998、2003、2004 年共 9 年。11 月正异常年有:1970、1972、1973、1975、1983、1995、1999 年共 7 年;负异常年有:1962、1966、1968、1980、1984、1993、2003 年共 7 a。

从表 5.8 可以看出,9 月降水正异常年水汽流入低纬高原地区的量比负异常年多,正异常年西边界的流入量为负异常年 3 倍多;正负异常年东边界水汽均为流入,但负异常年整层的水汽流入量是降水偏多年的 2 倍,这是由于负异常年多与西太平洋副高偏西对应,当西太平洋副高位置偏西时往往控制低纬高原地区上空,造成云南降水偏少,而其南侧的偏东气流使得云南东边界的水汽流入大。南边界的流入量在正异常年要大于负异常年,而北边界在正负异常年水汽均为流出，但负异常年无论是对流层整层还是低层的流出量都要多；在纬向和经向上，正异常年明显大于负异常年。从净水汽收支来看，对流层整层及低层水汽收入正异常年要明显大于负异常年，正异常年净水汽是负异常年的 2 倍。而用 NCEP 计算的各边界水汽通量基本一致(见表 5.9)，与 20CR 不同之处在于东边界无论是降水正负异常年，水汽通量均为流出，而北边界则为流入，虽然两种资料在东边界和北边界水汽的进出相反，但净水汽两种资料计算的量比较一致。

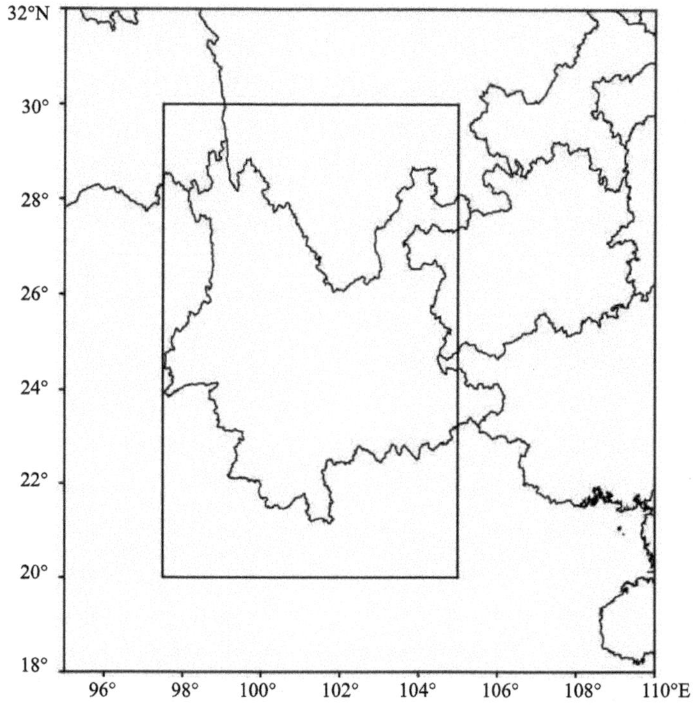

图 5.11　NCEP 再分析资料的选取范围

表 5.8　20CR 资料计算的降水正负异常年流入、流出低纬高原地区的水汽(单位：$\times10^{10}$ t)

月份	对流层	西边界	东边界	南边界	北边界	纬向	经向	净收支
9 月正异常年	地面—700 hPa	5.36	8.62	6.53	−3.50	13.98	3.03	17.01
	地面—300 hPa	9.95	5.80	8.47	−12.72	15.75	−4.25	11.50
9 月负异常年	地面—700 hPa	2.62	9.97	3.57	−5.04	12.59	−1.47	11.12
	地面—300 hPa	3.06	12.34	5.19	−14.12	15.40	−8.93	6.47
10 月正异常年	地面—700 hPa	1.79	5.81	5.36	−3.41	7.60	1.95	9.55
	地面—300 hPa	15.07	−8.13	8.27	−10.65	6.94	−2.38	4.56
10 月负异常年	地面—700 hPa	2.80	4.47	3.66	−2.64	7.27	1.02	8.29
	地面—300 hPa	15.97	−8.64	4.37	−9.53	7.33	−5.16	2.17
11 月正异常年	地面—700 hPa	2.56	1.41	4.70	−1.72	3.97	2.98	6.95
	地面—300 hPa	20.23	−19.53	8.39	−6.53	0.7	1.86	2.56
11 月负异常年	地面—700 hPa	4.09	−2.71	4.91	−2.59	1.38	2.32	3.70
	地面—300 hPa	16.70	−18.62	6.59	−6.34	−1.92	0.25	−1.67

注：表中正值表示水汽流入量，负值表示水汽流出量。

在10月的对流层低层与整层上，正负异常年的西边界流入量基本相当，东边界的流入流出量基本一致，南北边界上净水汽量特别是整层的正异常年要大于负异常年；整体上看，南边界正负异常年差异比较明显，整层净水汽量正异常年是负异常年的2倍多。从表5.9可以看出，NCEP资料计算的正负异常年水汽在西、南边界上的通量变化与20CR资料基本一致，其在北边界上水汽量为流入，20CR资料的为流出；在纬向水汽通量输送上两套资料几乎一致，而经向上差异明显，使净水汽方面NCEP资料计算的比20CR的要大。

在表5.8中，11月降水正负异常年的水汽量中上，整层的水汽流入无论西边界还是南边界正异常年的流入量均大于负异常年，而其东、北边界的流出量基本相同。从净水汽收支来看，正异常年收入量远大于负异常年收入量。NCEP资料计算的水汽通量在西、南边界上(表5.9)与20CR的比较一致，而在东边界、北边界上水汽变化相反，但净水汽收支上两套资料的相差不大。

表5.9 NCEP资料计算的降水正负异常年流入、流出低纬高原地区的水汽(单位：$\times 10^{10}$ t)

月份	对流层	西边界	东边界	南边界	北边界	纬向	经向	净收支
9月正异常年	地面—700 hPa	7.39	−9.42	4.76	3.94	0.82	16.81	17.63
	地面—300 hPa	17.08	−1.97	6.04	9.02	19.05	−2.98	16.07
9月负异常年	地面—700 hPa	5.85	−5.13	5.75	5.53	10.98	0.22	11.20
	地面—300 hPa	7.99	−3.23	8.64	10.20	11.22	−1.56	9.66
10月正异常年	地面—700 hPa	1.23	−6.62	8.09	2.38	7.85	5.71	13.56
	地面—300 hPa	19.85	15.08	13.66	5.87	4.77	7.79	12.56
10月负异常年	地面—700 hPa	2.76	−5.68	4.38	2.81	8.44	1.57	10.01
	地面—300 hPa	19.05	12.03	6.08	6.56	7.02	−0.48	6.54
11月正异常年	地面—700 hPa	2.31	−2.64	6.35	1.57	4.95	4.78	9.73
	地面—300 hPa	23.54	23.78	11.01	2.93	−0.24	8.08	7.84
11月负异常年	地面—700 hPa	3.18	1.24	3.46	1.21	1.94	2.25	4.19
	地面—300 hPa	19.71	21.53	4.34	2.20	−1.82	2.14	0.30

注：表中正值表示水汽流入量，负值表示水汽流出量。

从两套资料的差值来看(表5.10)，在对流层低层NCEP资料与20CR资料计算的水汽基本一致，除10月、11月降水正负异常年东边界的水汽，以及9月降水正负异常年的北边界水汽差值较大外，其他情形下各层水汽通量输送在两套资料中均较一致，说明两套资料对低纬地区的描述较好。

表5.10 NCEP Ⅱ与20CR计算的正负异常年低纬高原地区的水汽通量差(单位：$\times 10^{10}$ t)

月份	对流层	西边界	东边界	南边界	北边界	纬向	经向	净收支
9月正异常年	地面—700 hPa	2.03	−18.04	−1.77	6.9	−13.16	13.78	0.62
	地面—300 hPa	7.13	−7.77	−2.43	21.74	3.3	−1.27	4.57
9月负异常年	地面—700 hPa	3.23	−15.1	2.18	10.57	−1.61	3.67	0.8
	地面—300 hPa	−7.08	−15.56	3.45	−24.32	−4.18	7.37	3.19
10月正异常年	地面—700 hPa	−0.56	−12.43	2.73	−5.79	0.25	3.76	4.01

续表

月份	对流层	西边界	东边界	南边界	北边界	纬向	经向	净收支
	地面—300 hPa	4.43	−23.21	5.39	16.52	2.17	10.17	8.0
10 月负异常年	地面—700 hPa	−0.04	−10.15	0.66	5.45	1.17	0.55	1.72
	地面—300 hPa	3.08	20.67	1.71	16.09	−0.31	4.68	4.37
11 月正异常年	地面—700 hPa	−0.25	−4.05	1.65	3.29	0.98	1.8	2.78
	地面—300 hPa	3.31	43.31	2.62	9.46	−0.94	6.26	5.28
11 月负异常年	地面—700 hPa	−0.91	3.95	1.45	3.8	0.56	−0.08	0.49
	地面—300 hPa	3.01	40.15	−2.25	8.54	0.1	1.89	1.97

5.4.2.2　20CR 与 ERA 对比

用欧洲中心(ECMWF)的 ERA-Interim 再分析资料(称为再分析 2)的范围为 21°—28.5°N,97.5°—106.5°E,格距是 1.5°×1.5°(图 5.12),20 世纪再分析资料的范围与图 5.10 一样。考虑到 ERA-Interim 从 1979 年开始有资料,20CR 再分析资料与 NCEP 再分析资料正负异常年的选取一致,分别是 9 月正异常年有:1985、1987、1991、1995、1997 年共 5 年;负异常年有:1998、2006、2008 年共 3 a。10 月正异常年有:1986、1989、1992、2001、2006 年共 5 年;负异常年有:1981、1985、1987、1998、2003、2004 年共 6 年。11 月正异常年有 1983、1995、1999 年共 3 年,负异常年是 1980、1984、1993、2003 年共 4 a。

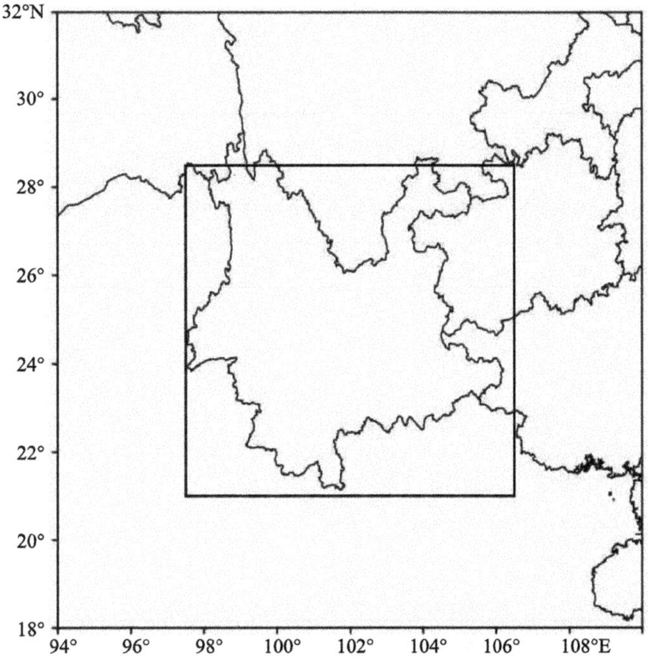

图 5.12　ERA 再分析资料的选取范围

从表 5.11 和表 5.12 可以看出,9 月降水正异常年在 20CR 资料上从西边界进入的水汽量较 ERA 资料的多,特别是负异常年 ERA 资料计算的与 20CR 资料的水汽输送相反,ERA 的水汽量更少其输送为流出,但在东、南、北边界上两套资料计算的水汽基本一致,而净水汽量上ERA资料与20CR资料计算的也基本相近；10月，两套资料计算的水汽除西边界有差异外，最大差异是用ERA资料计算的正异常年西边界为水汽流出，其他在东、南、北边界上两套资料计算的水汽非常一致，虽然在净水汽方面ERA与20CR资料的水汽均是水汽汇，但ERA资料计算的水汽比20CR资料的略大；而11月降水正负异常年的水汽通量中，两套资料计算的水汽除西边界有差异外，无论是整层的还是低层的水汽通量其在东、南、北的输送均比较接近，区别较大的是用ERA资料计算的正异常年西边界为负即水汽流出，两套资料在净水汽方面非常接近，特别是负异常年净水汽量为水汽源也对应得较一致。

表5.11 ERA-Interim资料计算的降水正负异常年流入、流出低纬高原地地区的水汽(单位：$\times 10^{10}$ t)

月份	对流层	西边界	东边界	南边界	北边界	纬向	经向	净收支
9月正异常年	地面—700 hPa	1.06	9.30	7.07	−1.37	10.36	5.70	16.06
	地面—300 hPa	7.89	2.87	10.03	−6.49	10.76	3.54	14.30
9月负异常年	地面—700 hPa	−2.42	11.40	3.79	−2.31	8.98	1.48	10.46
	地面—300 hPa	−3.75	12.51	5.47	−7.06	8.76	−1.59	7.17
10月正异常年	地面—700 hPa	−2.18	6.70	8.93	−1.22	4.52	7.71	12.23
	地面—300 hPa	10.52	−9.73	16.12	−7.68	0.79	8.44	9.23
10月负异常年	地面—700 hPa	1.36	3.27	6.94	−0.91	4.63	6.03	10.66
	地面—300 hPa	12.52	−11.75	9.72	−6.05	0.77	3.67	4.44
11月正异常年	地面—700 hPa	−0.79	2.25	5.74	−0.78	1.46	4.96	6.42
	地面—300 hPa	11.96	−16.88	9.70	−3.43	−4.92	6.27	1.35
11月负异常年	地面—700 hPa	0.56	−1.54	4.28	−1.22	−0.98	3.06	3.04
	地面—300 hPa	6.86	−11.65	5.59	−4.24	−4.79	1.35	−3.44

注：表中正值表示水汽流入量，负值表示水汽流出量。

表5.12 20CR资料计算的正负异年常流入、流出低纬高原地区的水汽(单位：$\times 10^{10}$ t)

月份	对流层	西边界	东边界	南边界	北边界	纬向	经向	净收支
9月正异常年	地面—700 hPa	5.81	7.87	7.57	−3.26	13.68	4.31	17.99
	地面—300 hPa	11.70	3.37	10.15	−12.54	15.07	−2.39	12.68
9月负异常年	地面—700 hPa	4.15	10.32	1.60	−3.99	14.47	−2.39	12.08
	地面—300 hPa	5.84	11.28	1.61	−11.65	17.12	−10.04	7.08
10月正异常年	地面—700 hPa	1.68	6.53	4.40	−3.69	8.21	0.71	8.92
	地面—300 hPa	15.34	−6.72	7.15	−11.94	8.62	−4.79	3.83
10月负异常年	地面—700 hPa	3.72	3.27	4.56	−2.89	6.99	1.67	8.66
	地面—300 hPa	17.98	−11.86	5.86	−9.57	6.12	−3.71	2.41
11月正异常年	地面—700 hPa	2.56	0.61	4.87	−1.93	3.17	2.94	6.11
	地面—300 hPa	19.53	−19.63	7.84	−6.17	−0.10	1.67	1.57
11月负异常年	地面—700 hPa	3.25	−2.78	4.31	−2.82	0.47	1.49	1.96
	地面—300 hPa	14.63	−17.83	6.51	−6.32	−3.20	0.19	−3.01

注：表中正值表示水汽流入量，负值表示水汽流出量。

从表中还可看出，在纬向上 9 月份 20CR 的水汽比 ERA 的略大，而经向上则相反 ERA 的比 20CR 的大。10 月份在纬向和经向上与 9 月份相似；11 月份则纬向上两套资料基本一致，而经向上 20CR 的比 ERA 的略小。另外，从表 5.8 和表 5.12 总体来看，虽然用 20CR 资料所取的年份不一样，所计算的各层水汽通量值大部分还是比较接近的，但在正负异常年净水汽量上有些月份还是差异较大，如 11 月正异常年的整层纬向输送上表 5.8 为输入，表 5.12 则为输出，负异常年时表 5.12 要比表 5.8 输出多，而净水汽则表现为负异常年整层的水汽表 5.12 比表 5.8 输送多。这些差异说明即使是同一套资料，水汽通量矢量会受到当年影响系统强弱差异的影响，产生的差异也明显。

表 5.13 是用 ERA-Interim 再分析资料与 20CR 再分析资料计算的各层水汽量差值情况，从表中中可看出，两套资料反应的云南西、东、南、北边界水汽的流入、流出是吻合的，并且误差都不大，说明对云南影响的趋势是一致的；在纬向、经向水汽输送方面，除 10 月正异常年经向上整层的水汽误差为 13.2×10^{10} t 最大外，其次是 9 月负异常年纬向、经向整层水汽误差为 8.4×10^{10} t 和 8.5×10^{10} t 相对较大。从水汽净收支来看，正负异常年整层和低层云南上空水汽的净收支变化一致。另外，从表 5.6 中还可看出水汽在对流层低层的误差很小，但整层的情况略偏大，总体来讲两套资料的误差不大。

表 5.13　ERA-Interim 与 20CR 计算的正负异常年低纬高原地区的水汽差(单位：$\times10^{10}$ t)

月份	对流层	西边界	东边界	南边界	北边界	纬向	经向	净收支
9 月正异常年	地面—700 hPa	−4.75	1.43	−0.50	1.89	−3.32	1.39	−1.93
	地面—300 hPa	−3.81	−0.50	−0.12	6.05	−4.31	5.93	1.62
9 月负异常年	地面—700 hPa	−6.57	1.08	2.19	1.68	−5.49	3.87	−1.62
	地面—300 hPa	−9.59	1.23	3.86	4.59	−8.36	8.45	0.09
10 月正异常年	地面—700 hPa	−3.86	0.17	4.53	2.47	−3.69	7.00	3.31
	地面—300 hPa	−4.82	−3.01	8.97	4.26	−7.83	13.23	5.4
10 月负异常年	地面—700 hPa	−2.36	0.00	2.38	1.98	−2.36	4.36	2.00
	地面—300 hPa	−5.46	0.11	3.86	3.52	−5.35	7.38	2.03
11 月正异常年	地面—700 hPa	−3.35	1.64	0.87	1.15	−1.71	2.02	0.31
	地面—300 hPa	−7.57	2.75	1.86	2.74	−4.82	4.60	−0.22
11 月负异常年	地面—700 hPa	−2.69	1.24	−0.03	1.60	−1.45	1.57	1.08
	地面—300 hPa	−7.77	6.18	−0.92	2.08	−1.59	1.16	−0.43

5.4.3　小结与讨论

有关各种再分析资料的对比分析，有许多研究成果，赵天保等(2006)的分析说明 ERA-40 和 NCEP-2 两套再分析资料分析基本上都能反映出中国区域的温度场和降水场的时空分布，但在中国西部，尤其是青藏高原地区的差异较大；再分析资料在东部地区的可信度高于西部，温度场的可信度要高于降水场，ERA-40 可信度要高于 NCEP-2。戴泽军等(2011)研究表明 NCEP、ERA40 和 JRA25 三套再分析降水资料对中国夏季降水日变化特征较观测存在明显偏差，JRA25 的降水量和降水频次的日变化与观测最为接近，NCEP 的降水强度日变化最接近观测,ERA40 可部分再现西南的夜雨特征。

上述对比分析主要针对温度和降水并且重点主要集中在东部地区。最近宋丰飞等(2012)利用 ERA-40、NCEP Ⅱ再分析资料并结合观测资料,对 20CR 再分析资料在东亚夏季风区的质量进行评估表明,在气候平均态上,20CR 再分析资料基本合理再现了东亚夏季风区的高低层环流场(包括南亚高压、副热带西风急流、近地层风场)以及经向环流圈特征。但相对于 NCEP1 和 ERA-40,20CR 所刻画的南亚高压偏强,西风急流偏北,对流层中上层温度系统性偏高。在年际变率方面,除了 NCEPI 在 1967 年之前存在偏差,其结果和 ERA-40、20CR 有不同外,三套再分析资料刻画的东亚夏季风变率在其他时段高度一致。三套资料在以纬向风为基础的东亚夏季风指数上的一致性,高于以经向风为基础的东亚夏季风指数,其中以低层纬向风为基础的东亚夏季风指数的一致性最高。20CR 再分析资料可以较好地再现与东亚夏季风相联系的地表气温和降水年际变化特征,而其描述的降水在孟加拉湾和长江流域较之另外两套再分析资料更接近观测结果,在热带地区和海上却反之。在年代际变化方面,20CR 再分析资料未能合理再现东亚夏季风年代际减弱的现象。

本节重点针对再分析资料的经向风、纬向及比湿等资料对低纬高原地区的描述开展研究,通过对 NCEP、20CR、ERA-Interim 再分析资料的分析比较,可以得出:

(1)从 NCEP 再分析资料和 20CR 再分析资料对低纬高原地区水汽输送的多年平均描述来看,尽管两套资料在低纬高原地区的选取范围有差异,但在对流层中层 NCEP 和 20CR 再分析资料对低纬高原地区的描述非常一致,只是在对流层中高层两套资料计算的水汽通量有差异。

(2)几套资料对 9—11 月各边界的描述能力还是有差异,在 9 月用 NCEP 计算的各边界水汽通量与 20CR 不同之处在于东边界无论是降水正负异常年,水汽通量均为流出,而北边界则为流入,虽然两种资料在东边界和北边界水汽通量的进出相反,但两套资料计算的净水汽量比较一致;在 10 月份用 NCEP 资料计算的正负异常年水汽在西、南边界上的通量变化与 20CR 资料基本一致,其在北边界上水汽量为流入,20CR 资料的为流出;在纬向水汽通量输送上两套资料几乎一致,而经向上差异明显。在 11 月,用 NCEP 资料计算的水汽通量在西、南边界上与 20CR 的比较一致,而在东边界、北边界上水汽变化相反。

(3)9 月降水正负异常年用 20CR 资料与 ERA 资料计算的水汽量在西边界的差异较大,而净水汽量两套资料计算的基本相近;10 月用两套资料计算的水汽通量与 9 月的差不多,误差最大也是西边界;11 月降水正负异常年的水汽通量中,两套资料计算的水汽除西边界有差异外,其他各层的水汽通量在东、南、北的输送均比较接近。

(4)在 9 月份,用 20CR 计算的纬向水汽比 ERA 资料的略大,而经向上则相反 ERA 的比 20CR 的大。10 月份在纬向和经向上与 9 月份相似;11 月份则纬向上两套资料基本一致,而经向上 20CR 资料计算的比 ERA 的略小。用 NCEP、20CR、ERA-Interim 再分析资料计算的降水正负异常年水汽通量间虽然各月有差异,但在净水汽收支方面非常接近,说明几套资料对低纬高原地区的水汽通量的描述较一致。

总体来讲,用 NCEP、20CR、ERA-Interim 再分析资料计算水汽通量基本接近,在不同边界上各月间的水汽量值差异明显,但对净水汽收支的描述是一致的。另外,本文的研究也说明即使是同一套资料,水汽通量矢量会受到影响天气系统强弱的影响,产生的水汽通量差异也明显。

综上所述，NCEP、20CR、ERA-Interim 再分析资料在低纬高原地区具有较好的适用性。

5.5　水汽的流入(出)对降水的影响

为了进一步探讨水汽的流入、流出及收支对低纬高原地区降水的影响，本节选取 1979—2012 年 ERA-Interim 的比湿场、u、v 风场等再分析资料，分辨率为 1.5°×1.5°，以及低纬高原地区 122 站降水资料进行研究，水汽含量的计算范围为 97.5°—106.5°E、21°—28.5°N，同时仍规定，流入量为正值，流出量为负值。

5.5.1　春季

图 5.13 给出的是 3 月通过各边界的水汽量与低纬高原地区降水的相关分布，西边界流入的水汽量与降水几乎为一致的正相关(图 5.13a)，从滇西到曲靖西部都通过了 0.05 的显著性检验，高相关系数在滇西地区，最大相关系数出现在滇西北怒江、迪庆，其值达到了 0.7 以上。说明西边界的水汽流入量对春汛(“桃花汛”)的出现有重要影响。从图 5.13b 中可看出，东边界的水汽量与降水的相关分布表现为除滇西及滇西北为负相关外，其他为正相关，通过 0.05 显著性检验的区域主要是滇西北、滇南和滇东北部分地区。说明东边界水汽流出偏少时，滇西北降水偏多，这与西边界的水汽流入量是一致的，而滇东北的正相关说明昆明静止锋活动频繁时降水偏多。

从图 5.13c 给出的 3 月通过南边界的水汽量与低纬高原地区的降水几乎为正相关分布(除昭通等外)，仅有南部边缘区通过了 0.1 以上的显著性检验，负相关区只有滇东北的昭通部分通过 0.05 的显著性检验，南边界的水汽通量与大部分地区降水呈正相关(虽然通过显著性检验的范围小)说明，南支槽也是春季水汽输送的系统之一。北边界的流出量与低纬高原地区西部、南部呈负相关，与其余地区呈正相关(图 5.13d)，其中正相关通过 0.05 以上显著性检验的区域集中在滇东北北部，说明通过北边界的水汽量容易在滇中及其北部、东北部产生降水，这与昆明静止锋的活动有关。

如图 5.13e 所示，纬向净水汽与低纬高原地区降水呈一致的正相关分布，通过 0.05 以上显著性检验的区域位于滇中、滇东北以及滇西南；而经向净水汽量基本与降水呈正相关分布(图 5.13f)，但大部地区没有通过显著性检验。经向和纬向水汽与降水的相关分布说明，春季降水与纬向水汽输送最密切，这可能与西风水汽输送有关。图 5.13g 给出的是低纬高原地区净水汽量与降水的相关，可以看出，其分布为一致的正相关，并且大部分通过了 0.01 的显著检验。可见，春季纬向水汽输送对低纬高原地区降水的影响最大。

5.5.2　初夏

图 5.14a 显示出 5 月通过西边界的水汽量与低纬高原地区的降水几乎为负相关，通过 0.05 以上显著性检验的区域位于滇中以及滇西、滇西南的部分地区；正相关区主要在春汛频繁区即怒江州北部等地区，并且只有“桃花汛”区域通过 0.05 以上的显著性检验；这样的相关分布说明低纬高原大部地区 5 月雨季的开始与西风水汽的输送呈负相关。从图 5.14b 可看出，东边界的水汽量与降水的相关分布基本上和西边界的相反，即除春汛区域(“桃花汛”)和昭通北部外，水汽量与低纬高原地区呈正相关分布，相关最明显的区域在滇西部分地

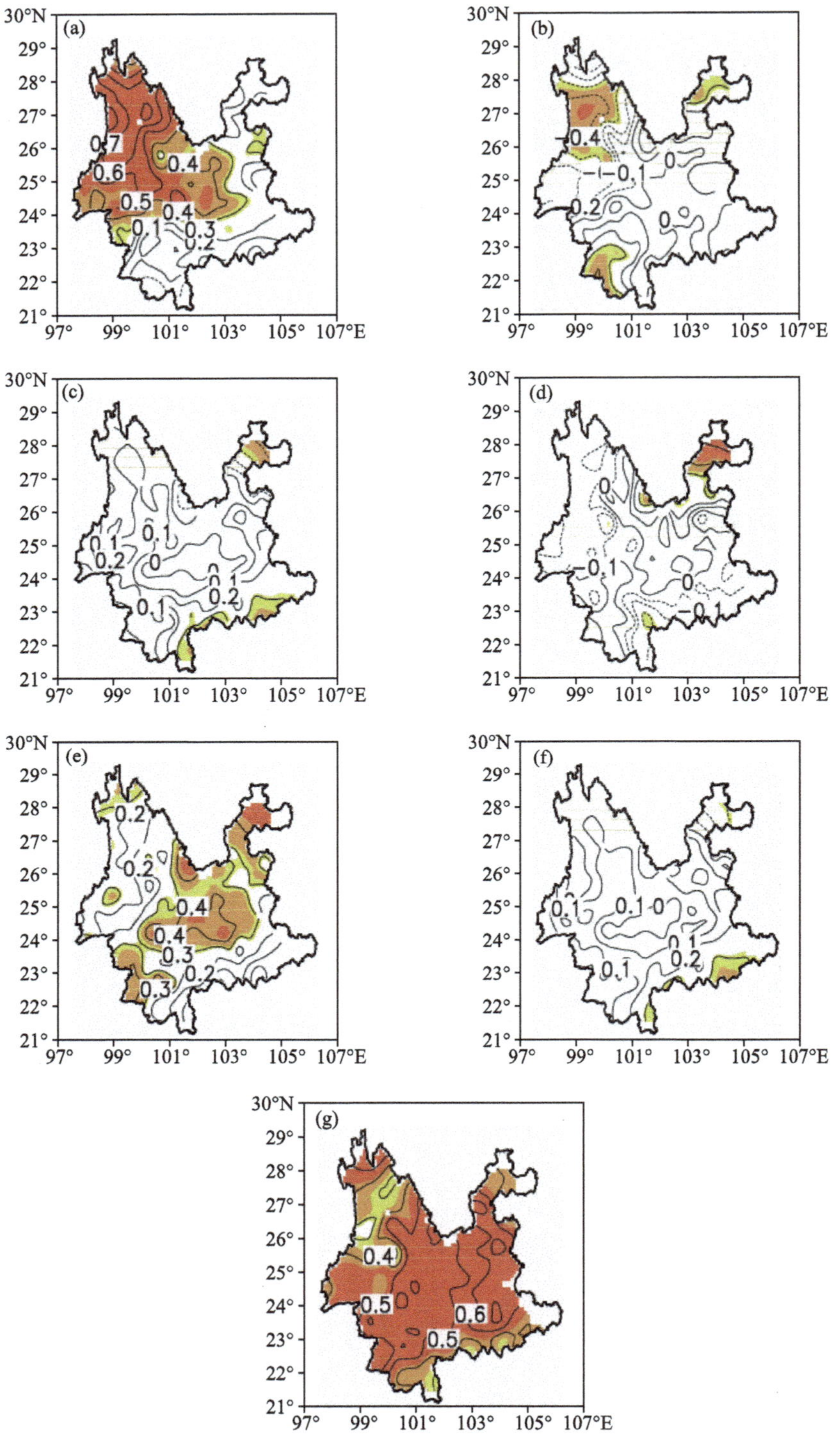

图 5.13　3 月各边界水汽量与低纬高原地区站点降水相关分布

其中 a. 为西边界，b. 为东边界，c. 为南边界，d. 为北边界，e. 为纬向，f. 为经向，g. 为净水汽，阴影由浅到深表示通过 0.1、0.05、0.01 的显著性检验

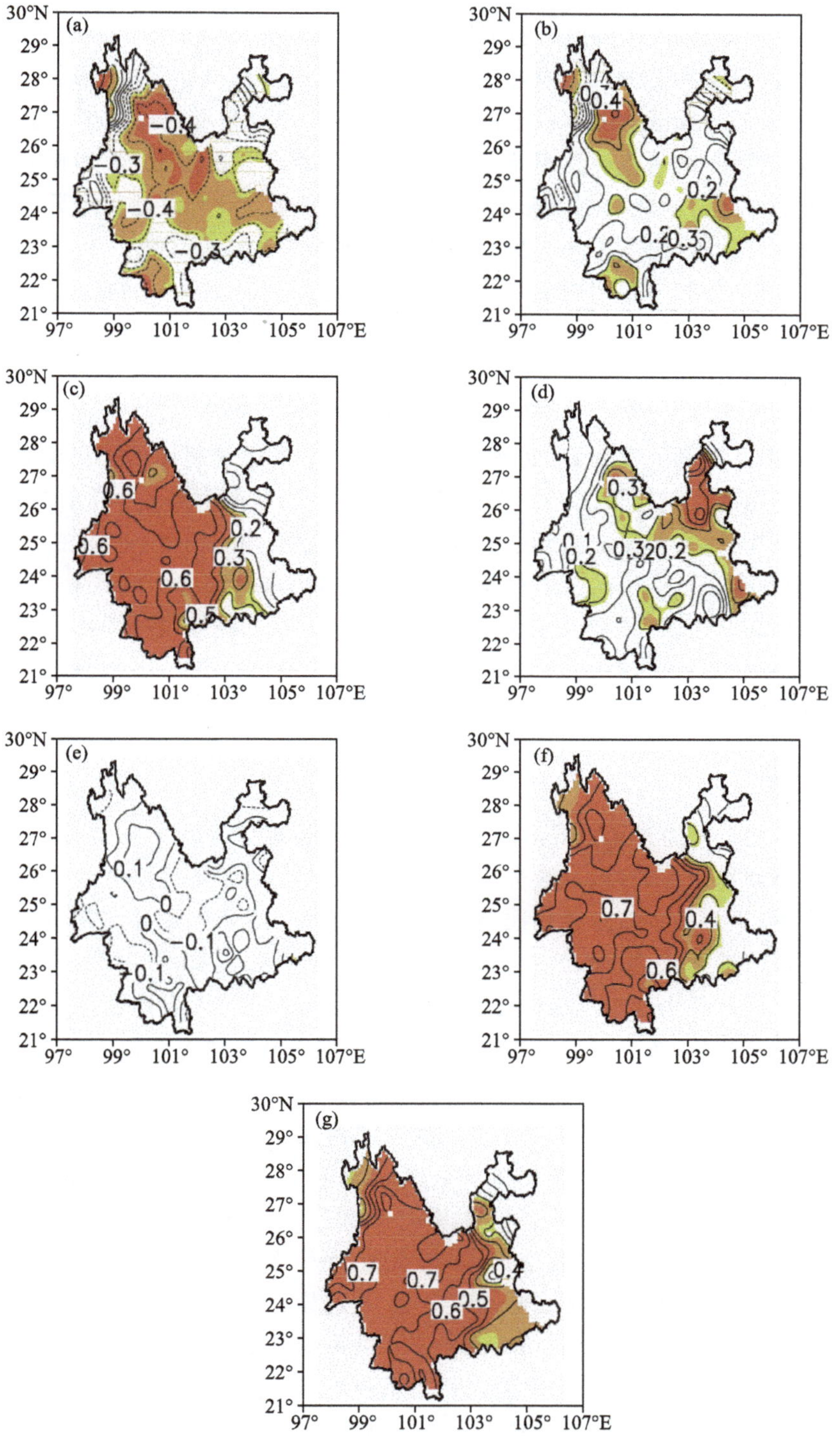

图 5.14　各边界水汽量及其经纬向水汽量和净水汽量与云南各站点 5 月降水相关图(下图同)

颜色由浅到深通过 0.1、0.05、0.01 显著性检验。

其中 a. 为西边界，b. 为东边界，c. 为南边界，d. 为北边界，e. 为纬向，f. 为经向，g. 为净水汽

区、滇西南及滇东南部分地区等。

从图 5.14c 可看出，通过南边界的水汽与低纬高原的降水为全场一致的正相关分布，并且除东部的昭通、曲靖和文山没有通过 0.05 的显著性检验外，其余区域均通过了 0.05 以上的显著性检验，大部分地区达 0.6 以上的相关系数。这种分布形式说明南边界水汽流入越多，对低纬高原地区降水的整体性影响最大，这表明随着季风的爆发，孟加拉湾的季风水汽输送是 5 月雨季开始期早晚的主要影响系统(郑建萌等，2005)。通过北边界的水汽量与降水为一致的正相关分布(图 5.14d)，通过 0.05 以上显著性检验的区域主要位于云南东部，其中最大相关区在昆明，曲靖和昭通的毗连区。南、北边界与降水呈一致的正相关分布表明，低纬高原地区雨季开始期与来自南部的暖湿气流和北边的冷空气同样重要，只有当冷暖空气在低纬高原地区交汇才能造成区域大范围的降水过程。

如图 5.14e 所示，纬向净水汽与低纬高原地区降水在滇西北、低纬高原地区南部及东部呈正相关，在中部及西部呈负相关，这种相关分布均没有通过显著性检验。说明纬向水汽对低纬高原地区降水的贡献比较复杂。在图 5.14f 所示的经向净水汽与降水的相关场上，其分布为一致的正相关，大部分地区通过 0.01 的显著性检验，并且相关系数在 0.6 以上，仅有滇东北、滇东南没有通过 0.1 的显著性检验。经、纬向净水汽与降水的正相关分布表明，经向净水汽对低纬高原地区雨季开始期的影响是主要的。低纬高原地区净水汽量与降水为一致的正相关，并且大部分通过了 0.01 的显著检验(图 5.14g)，另外，净水汽量的相关与经向水汽的相关分布图非常相似，这也说明经向水汽对低纬高原地区的贡献最大。

5.5.3 主汛期

图 5.15a 给出 7 月通过西边界的水汽量与低纬高原地区降水的相关分布，负相关主要位于滇西北及滇西部分地区，以及哀劳山山脉周围，通过 0.05 显著性检验的区域主要有福贡、维西、永平等；正相关主要分布在滇南、滇中至滇东北、滇西的丽江北部，而通过 0.05 显著性检验的区域比较分散，位于滇中昆明及曲靖的部分地区；这样的相关分布说明影响低纬高原大部地区主汛期降水的水汽输送比较复杂。而东边界的水汽量与降水的相关分布基本上和西边界的分布相反(图 5.15b)，通过显著性检验的区域与西边界相似。

南边界的水汽输送与低纬高原地区降水的相关分布主要呈西部负相关，东部正相关(图 5.15c)，通过 0.05 显著性检验的负相关区主要在滇西北等地，而通过 0.05 显著性检验的正相关区主要在红河州东部等地。图 5.15d 给出的是北边界的水汽与降水的相关分布，可以看出水汽通量与降水基本呈一致的正相关，并且大部分区域通过了 0.05 的显著性检验，0.5 以上的最大相关系数分布在滇中的楚雄、大理等地。南、北边界水汽通量与降水的相关分布说明，在盛夏产生降水的水汽条件来源比较丰富，北边界的水汽对降水的贡献最大说明在夏季来自北边的天气系统如：西南涡、切变等对降水的影响是主要的。

图 5.15e 显示纬向净水汽与降水的正相关主要分布在低纬高原的西部(包括滇西、滇西北)，及其南部；而负相关则分布在滇中及其以北地区；正相关通过 0.05 显著性的区域主要集中在滇西北，负相关区通过检验的区域比较分散，主要位于昭通北部、曲靖东部边沿等。经向净水汽与降水的相关除滇南地区仍为正相关外，其他区域与纬向的相关呈反相分布(图 5.15f)，通过 0.05 以上显著性检验的区域主要集中在滇中及滇东大部地区(包括昆明、玉溪及红河北部等)。纬、经向水汽与降水的相关分布说明，纬、经向水汽对盛夏低纬高原地区降

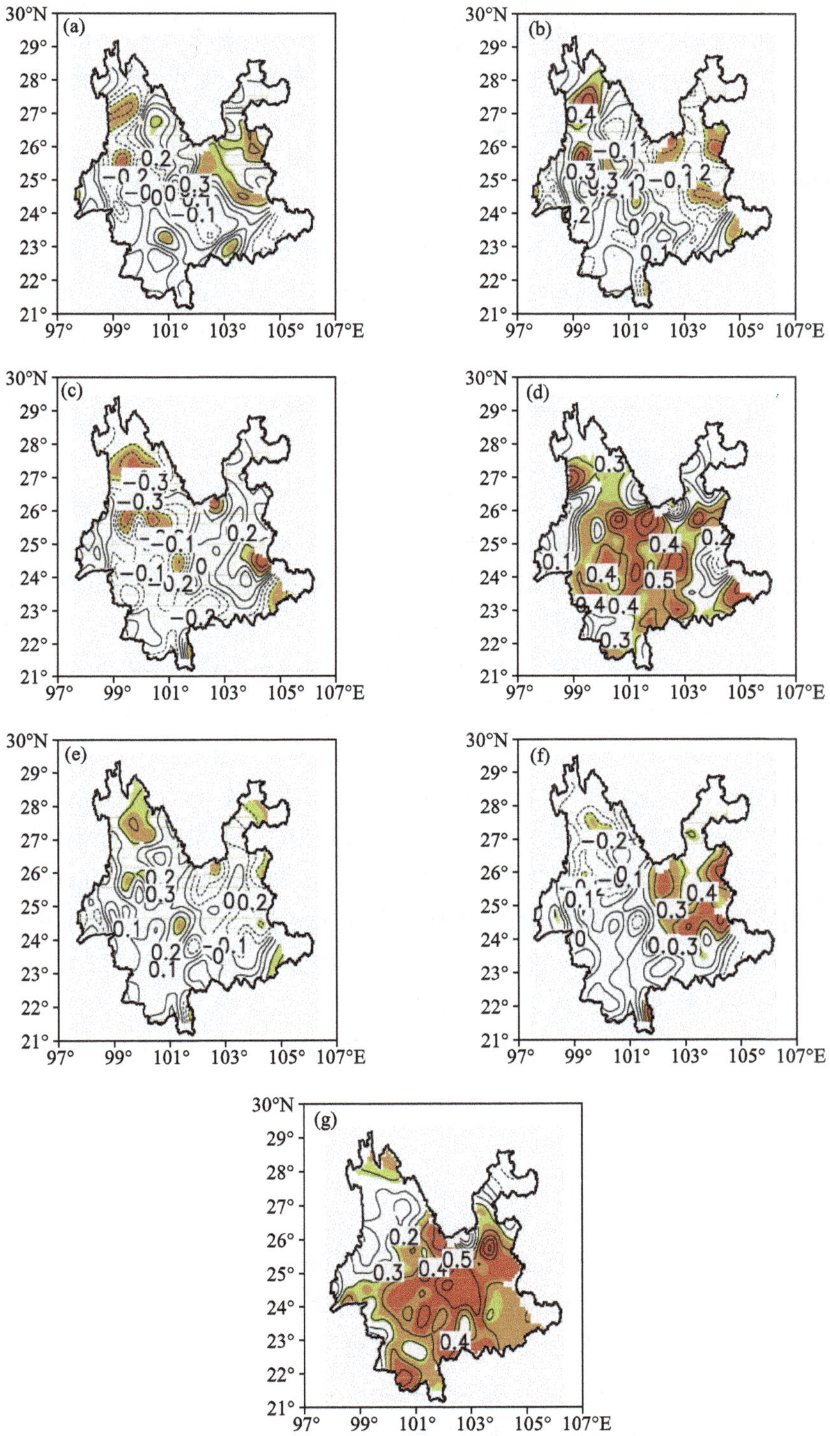

图 5.15　各边界水汽量及其经纬向水汽量和净水汽量与云南各站点 7 月降水相关图(下图同)
颜色由浅到深通过 0.1、0.05、0.01 显著性检验。
其中 a. 为西边界，b. 为东边界，c. 为南边界，d. 为北边界，e. 为纬向，f. 为经向，g. 为净水汽

水的产生互为补充，反映了影响水汽输送的天气系统比较复杂。净水汽量与低纬高原地区基本为正相关(图 5.15g)，并且大范围地区通过 0.05 以上的显著性检验，其中滇中、滇东以及滇南通过 0.01 的显著性检验，另外，与低纬高原地区西部及其西北部的相关系数较小，可能说明这一区域降水的水汽还与地形的影响有关。

5.5.4 秋季

9 月西边界流入的水汽量与低纬高原地区降水几乎为一致的正相关(图 5.16a)，并且大部分都通过了 0.05 的显著性检验，0.4 以上的最大相关系数在滇中及以南地区、滇西南等部分地区。从图 5.16b 中可看出，东边界的水汽量与降水的相关分布除丽江地区为正相关外，其余地区的分布与西边界相反为负相关，通过 0.05 以上显著检验的区域主要是滇中以南地区、滇西北的部分地区。说明随着季节的转变，秋季降水的水汽以流入西边界的水汽为主，而东边界水汽的流出预示着这一区域降水偏少。

图 5.16c 显示流入南边界的水汽与降水基本上为一致的正相关分布，通过 0.05 显著性检验的区域位于滇东部和滇西南的部分地区、昆明以东及以北的局部地区。从图 5.16d 可以看出，流出北边界的水汽与降水的相关呈比较复杂的分布，滇西大部至哀劳山区域、滇中以北为正相关，通过 0.05 显著检验的区域比较分散，其余地区主要为负相关，但没有通过 0.05 的显著性检验。这说明秋季低纬高原地区的降水主要以流入南边界的水汽为主。

纬向净水汽与低纬高原地区降水的相关基本上是西部为正，东部为负的相关分布(图 5.16e)，通过 0.05 显著性检验的正相关零星分布在滇西北的迪庆、丽江等地，负相关则主要在红河南部的局部地区。从图 5.16f 可以看出，经向相关基本上为正的分布，通过 0.05 以上显著性检验的区域主要集中在低纬高原地区东部的滇中、滇东部的大部地区，滇西、滇西北局部也存在通过显著检验的零星区域。纬向、经向水汽的相关分布表明，秋季低纬高原地区东部降水的水汽主要是经向水汽输送，而西部降水的水汽则是纬向与经向输送的结合，这一方面说明低纬高原地区西部复杂地形对水汽输送的影响，另一方面可能说明伴随大气环流的调整，影响低纬高原地区东、西部的天气系统并不一致。净水汽与降水为一致的正相关分布，并且大部分地区通过 0.05 以上的显著性检验，相关达 0.5 以上的区域集中在低纬高原地区南部、中部等。

5.5.5 冬季

从图 5.17a 中可看出，1 月西边界水汽流入量与降水相关场从西到东为“＋－＋”的相关分布，显著的相关区主要在滇西及滇西北，最大相关系数在 0.6 以上，通过了 0.01 的显著性检验，另外，低纬高原东部也是正相关，但通过显著性检验的区域较小，仅有滇东北北部通过 0.05 显著性检验。负相关区域位于滇中及其以南地区，并且相关系数较小没有通过 0.1 的显著性检验。1 月水汽通量与低纬高原地区降水的相关分布说明，当西风携带水汽到达低纬高原时，受横断山特殊地形的抬升作用，在低纬高原地区西部易形成降水，而其东部水汽对降水的影响还与昆明静止锋的强弱及进退有关。从图 5.17b 可看出，东边界水汽通量与降水的相关分布和西边界的情况正好相反，低纬高原西部和东部呈负相关，中部及南部为正相关。说明东边界水汽流出时低纬高原地区东西部降水会减少，而中部及南部正相关。

1 月南边界水汽流入量与低纬高原地区降水场为一致的正相关分布(图 5.17c)，其相关

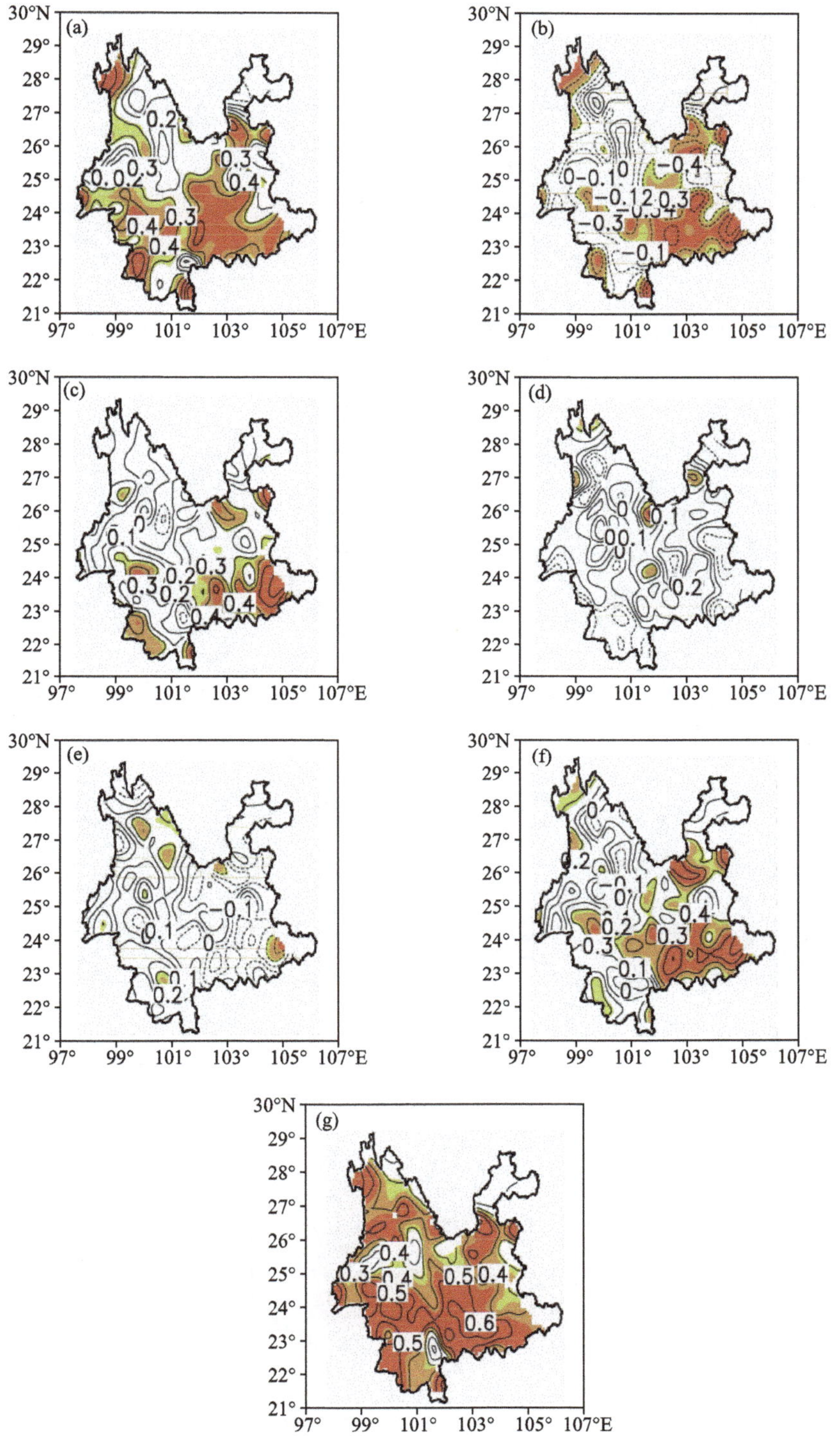

图5.16　各边界水汽量及其经纬向水汽量和净水汽量与云南各站点9月降水相关图(下图同)
颜色由浅到深通过0.1、0.05、0.01显著性检验。
其中a. 为西边界,b. 为东边界,c. 为南边界,d. 为北边界,e. 为纬向,f. 为经向,g. 为净水汽

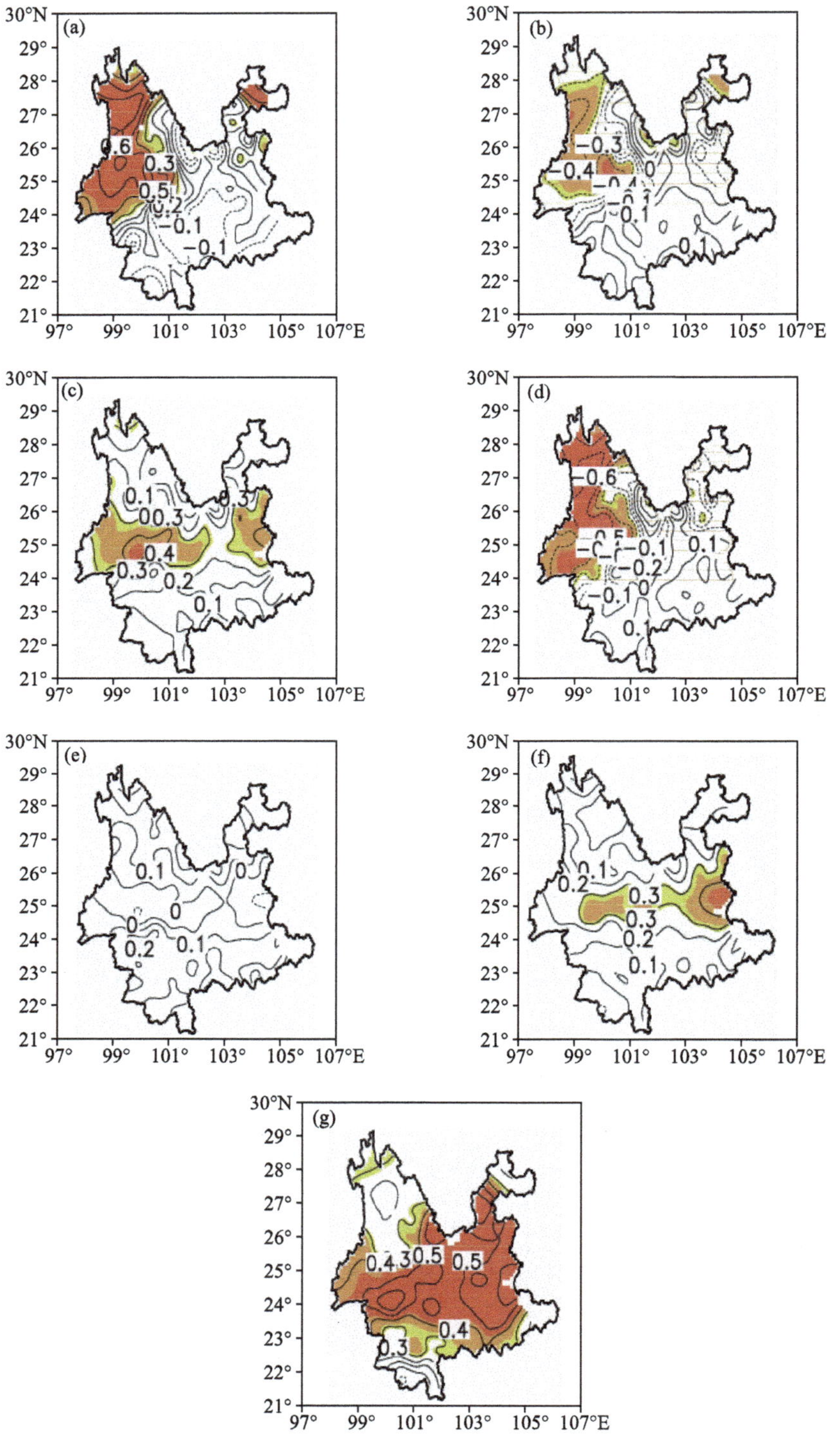

图 5.17　1 月各边界水汽量与低纬高原地区站点降水相关分布

其中 a. 为西边界，b. 为东边界，c. 为南边界，d. 为北边界，e. 为纬向，f. 为经向，g. 为净水汽，阴影由浅到深表示通过 0.1、0.05、0.01 的显著性检验

系数由南到北为中间大两头小，最大相关系数位于 24°—26°N 之间，并通过 0.05 的显著性检验。北边界的水汽流出与降水的分布在低纬高原地区西部及北部呈负相关(图 5.17d)，而与低纬高原中部至南部为正相关，说明水汽通量流入偏多时低纬高原地区的降水总体上呈偏多趋势，而流出时这一区域大部降水总体上呈偏少，部分地区降水有增加趋势。

从纬向(图 5.17e)和经向(图 5.17f)水汽通量来看，1 月经、纬向水汽通量与低纬高原地区降水场为一致的正相关分布，但纬向的相关系数较小没有通过 0.1 的显著性检验，而经向的相关通过 0.05 显著性检验的区域分布在低纬高原地区中部及东部的部分地区，说明冬季滇中的水汽输送主要是经向水汽输送。在净水汽分布上(图 5.17g)，低纬高原地区的降水场与净水汽量呈正相关，并且大部地区通过 0.05 的显著性检验。可见，冬季水汽输送对低纬高原地区降水的影响主要集中在滇中及东部地区，这说明冬季云南中东部是水汽与冷空气容易影响的地区之一。

5.5.6　小结与讨论

(1)进入低纬高原地区的净水汽量与四季的降水呈正相关，并且春季、初夏以及秋季的相关系数最好，通过 0.01 显著性检验的区域最大。

(2)西边界流入的水汽量对云南冬季、春季降水相关最好，而西边界、南边界流入的水汽对初夏、秋季降水影响最大，流入西边界的水汽反映了南支槽系统对冬、春季降水的影响，初夏 5 月和秋季与西边界、南边界水汽的关系说明影响天气系统的不同。

(3)低纬高原地区春季降水与纬向水汽输送最密切，这可能与西风水汽输送、南支槽水汽输送有关；而冬季的降水则以西风水汽输影响最大；秋季低纬高原地区东部降水的水汽主要是经向水汽输送，而西部降水的水汽则是纬向与经向输送的结合，这反映了低纬高原地区西部复杂地形对水汽输送的影响，另外可能说明伴随大气环流的调整，影响低纬高原地区东、西部的天气系统并不一致。

(4)低纬高原地区 5 月降水与纬向净水汽在滇西北、南部及东部，与中部、西部的相关差异说明，纬向水汽对低纬高原地区降水的贡献比较复杂。总体上，经、纬向净水汽与降水的正相关分布表明，经向净水汽对低纬高原地区雨季开始期降水的影响是主要的。

(5)盛夏低纬高原地区的降水与纬、经向水汽的相关分布表明，纬、经向水汽对盛夏降水的产生互为补充，反映了影响水汽输送的天气系统比较复杂。

第6章　水汽输送对低纬高原地区降水异常的影响

低纬高原地区属典型的季风气候区，季风环流是水汽输送的载体，季风爆发期间水汽输送的异常也是季风系统异常变化的一种反映。本章主要研究低纬高原地区的水汽输送路径，夏季风爆发及其水汽输送异常对降水的影响等。

6.1　影响低纬高原地区的水汽输送路径

6.1.1　春季

由多年平均的春季(3—4月)水汽通量矢量上可看出(图6.1)，低纬高原地区有两支水汽来源，一支来自中纬度的西风水汽输送，在向东输送中由于高原的阻挡向南经过孟加拉湾北部向东输送到低纬高原上空，反映了南支西风槽对低纬高原地区的影响；另一支为西太平洋副热带高压南侧的偏东风水汽输送在中南半岛(大致在100°E附近)发生转向，在中南半岛附近沿副高外围北上输送影响低纬高原地区东部及我国东部沿海，其水汽源地是西太平洋、南海。两支水汽在低纬高原地区汇合，低纬高原大部地区处在大于100 kg/(m·s)的水汽通量输送带中，大于200 kg/(m·s)的水汽通量输送带从云南南部、东南部向东输送到华南沿海、江南等地。

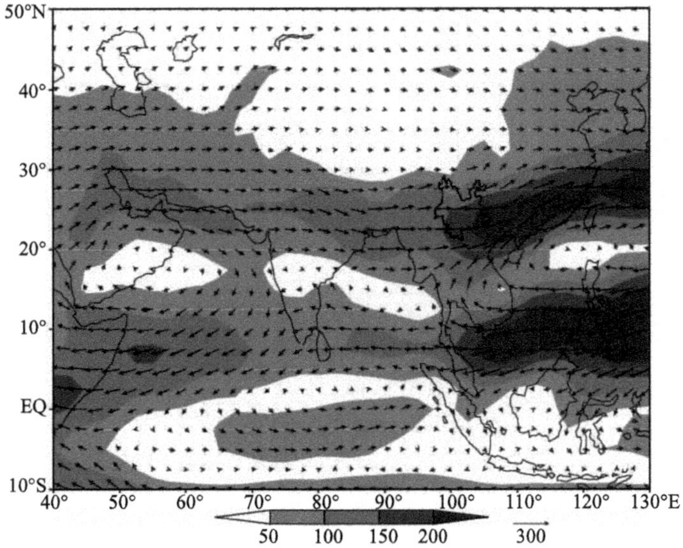

图6.1　春季水汽输送通量矢量的多年平均(单位：kg/(m·s))

6.1.2　初夏

由多年平均的 5 月水汽通量矢量上可看出(图 6.2),低纬高原上空有三支水汽来源,一支来自中纬度的西风水汽输送,经过阿拉伯海,向东穿过印度半岛北部并在孟加拉湾东部与孟加拉湾的西南水汽输送带汇合,水汽通量维持在 100～150 kg/(m·s)间,反映了南支西风对低纬高原地区上空水汽的影响;另一支是来自非洲东海岸的越赤道水汽输送带,经过赤道中印度洋(最强水汽输送中心在斯里兰卡附近)及以南地区为 200 kg/(m·s),向东进入孟加拉湾的西南风水汽输送,水汽通量在 150 kg/(m·s)以上,反映了南亚季风对低纬高原地区的影响,在这支水汽输送的作用下,低纬高原地区大部的水汽通量大于 100 kg/(m·s);还有一支是西太平洋副热带高压东侧东南风水汽输送,在南海沿副高外围北上输送,由于副高位置的摆动,其外围气流经常影响到低纬高原地区东南部,因此在这几支水汽输送的作用下,低纬高原地区东南部的水汽通量大于 200 kg/(m·s)。研究认为低纬高原地区雨季最先于 5 月上旬至中旬中在东南部开始,然后向西向北逐渐开始。由于西太平洋副高向东撤出南海后南海夏季风爆发,相应的西太平洋副高东撤后夏季风向北向东推进影响到云南。因此,在副高东退前其外围的气流经常影响到低纬高原地区东南部,导致这里的雨季最先开始,其余地区在夏季风影响到低纬高原地区后雨季才开始。

可见,这三支水汽输送造成低纬高原地区水汽通量从西北向东南呈增加的趋势,与此对应低纬高原地区的雨季最先从东南边开始,向西北逐渐开始的趋势。

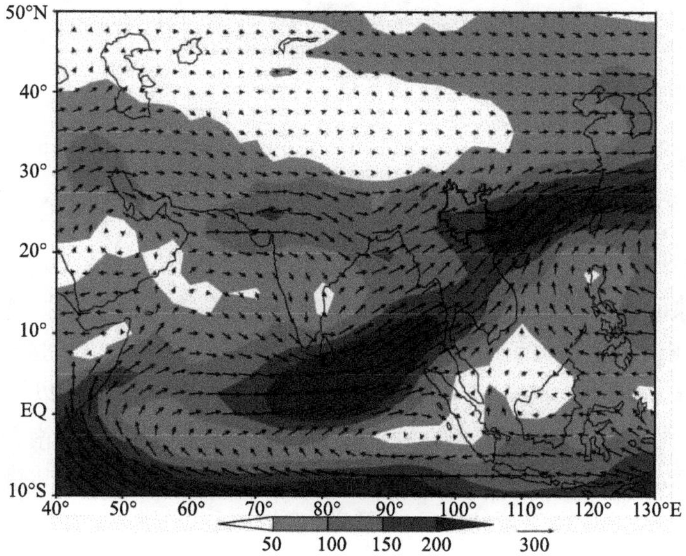

图 6.2　5 月水汽输送通量矢量的多年平均(单位:kg/(m·s))

6.1.3　夏季(6—8 月)

低纬高原地区夏季有二支最主要的水汽来源(见图 6.3),最强一支来自 45°E 越赤道气流转向后从孟加拉湾北上形成西南水汽输送,水汽通量维持在 350 kg/(m·s)以上,其水汽源地为印度洋、孟加拉湾,反映南亚季风对低纬高原地区的影响;另一支是副热带高压南侧的东南风气流，水汽通量在 250 kg/(m · s)左右，从南海向北输送，其源地是西太平洋、南海，反映南海季风对低纬高原地区的影响。另外，从图中还可以看出，从印度洋至孟加拉湾有一远远超过 350 kg/(m · s)以上宽广的西南水汽输送带，向孟加拉湾北部、缅甸及中南半岛输送，这些区域水汽通量输送普遍达到 300 kg/(m · s)以上，低纬高原地区维持较强的水汽输送。

可见，夏季最主要的水汽来源是来自越赤道气流转向后形成的西南水汽输送，水汽通量维持在 350 kg/(m · s)以上。

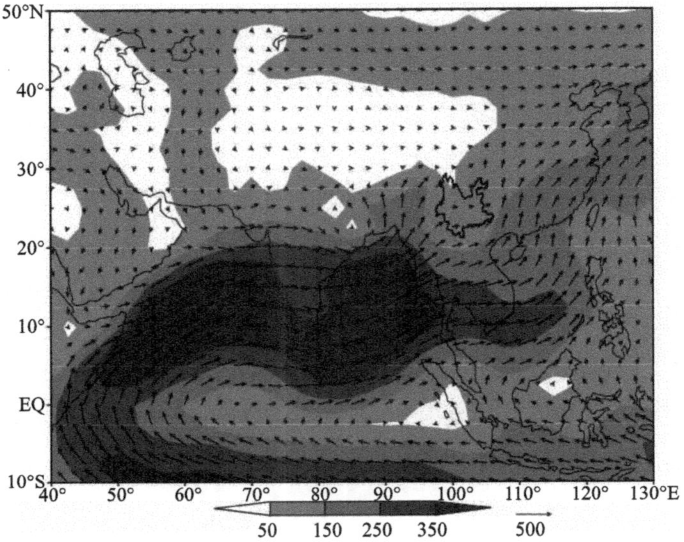

图 6.3　夏季水汽通量矢量的多年平均(单位:kg/(m · s))

6.1.4　秋季

由秋季多年平均的水汽通量矢量图可看出(图 6.4)，低纬高原地区有三支水汽来源，最强一支来自南半球的强东风水汽输送在 50°E 附近越过赤道后从孟加拉湾北上形成西南水汽输送，大于 100 kg /(m · s)的水汽源源不断地从印度洋、孟加拉湾输送到低纬高原地区上空，其水汽源地为印度洋、孟加拉湾，赤道附近维持有 200 kg/(m · s)以上的最大水汽通量中心，反映南亚季风对这一地区的影响；另一支为西太平洋副热带高压南侧的偏东风水汽输送在中南半岛(大致在 100°E 附近)发生转向形成偏西南风水汽输送，其最大水汽通量中心也大于 200 kg/(m · s)，其水汽源地是西太平洋、南海，反映南海季风对我省的影响；最弱的一支来自中纬度的西风气流，在向东输送中由于高原的阻挡向南经过阿拉伯海、印度后并入第一支水汽中，反映了南支西风槽对云南省的影响。因此，影响低纬高原地区秋季的水汽主要有二支，其上空稳定维持的水汽通量在 100 kg/(m · s)以上。

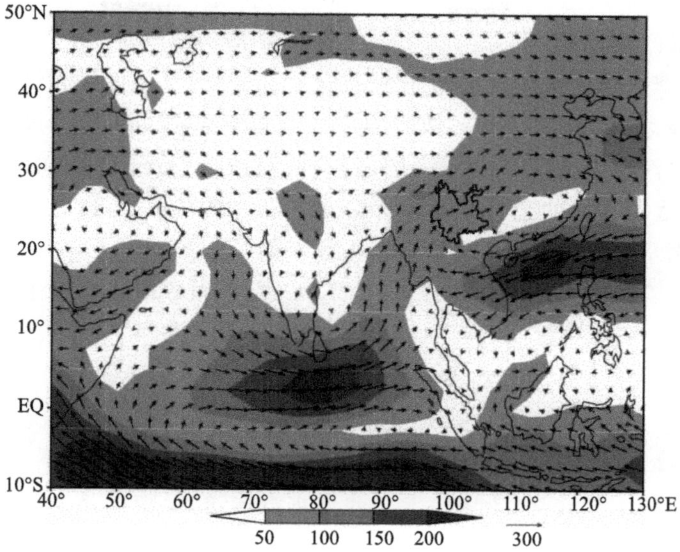

图6.4　秋季水汽输送通量矢量的多年平均(单位:kg/(m·s))

6.1.5　冬季

从冬季的多年平均水汽通量矢量图上(图6.5)可看出,冬季低纬高原地区水汽来源较单一,主要是来自中纬度的西风水汽输送受地形影响分流形成南北两支,南支西风由于经过印度洋上空,携带有一定的水汽,并在80°E以东,20°—29°N自西向东形成一条水汽通量在50～100 kg/(m·s)以上的水汽输送带,低纬高原地区上空基本上是维持100 kg/(m·s)以上的水汽通量,这是低纬高原地区最重要的水汽输送源。另外,从图中还可看出在20°N以南至赤道间,有一条宽广稳定的东风水汽输送带,水汽通量在200 kg/(m·s)左右。

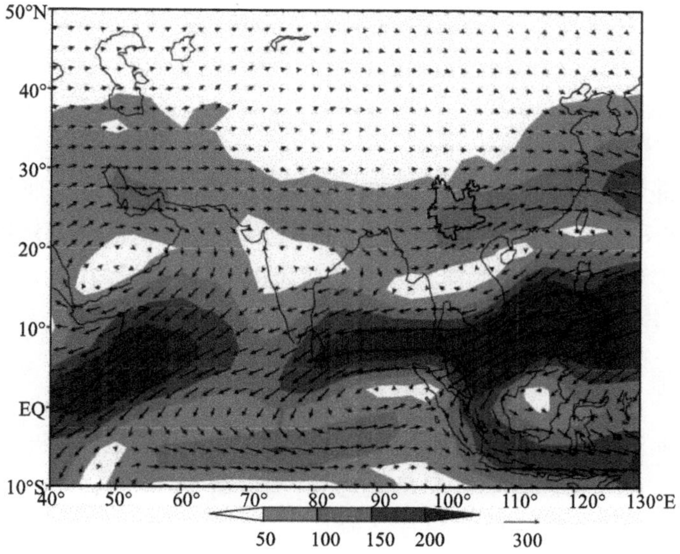

图6.5　冬季水汽输送通量矢量的多年平均(单位:kg/(m·s))

可见，冬季低纬高原地区水汽来源较单一，其上空基本上是西风水汽输送，这是低纬高原地区的最重要水汽输送源。

综上所述，春季有来自中纬度的西风水汽输送和西太平洋副热带高压南侧的水汽输送，低纬高原大部地区为 100 kg/(m·s)以上的水汽通量输送带。初夏 5 月有三支水汽输送造成低纬高原地区水汽输送从西北向东南增加，与此对应低纬高原地区的雨季最先从东南边开始，然后向西北逐渐开始的趋势。夏季有二支主要的水汽来源，最强一支来自越赤道气流转向后形成的西南水汽输送，水汽通量维持在 350 kg/(m·s)以上，另一支是副热带高压南侧的东南气流。影响低纬高原秋季的水汽主要有二支。而冬季主要是来自中纬度的西风水汽输送。

6.1.6 小结

(1)影响低纬高原地区雨季和干季的水汽通量输送路径、强弱并不一致，雨季主要是南亚季风和东亚季风的水汽输送，干季主要是西风水汽输送，反映的是南支槽对低纬高原地区的影响。

(2)春季有西风水汽和西太平洋副热带高压南侧的水汽输送汇合后影响低纬高原地区，大于 200 kg/(m·s)的水汽通量输送带位于云南南部、东南部。秋季的水汽主要是二支，水汽通量在 50～100 kg/(m·s)以上。冬季低纬高原地区水汽来源较单一，主要是来自中纬度的西风水汽输送，水汽通量在 100 kg/(m·s)以上。

(3)初夏有三支水汽输送影响低纬高原地区，造成低纬高原地区水汽输送从西北向东南逐渐增加，与此对应低纬高原地区的雨季最先从东南边开始。夏季对低纬高原影响最强的是西南水汽输送，水汽通量维持在 350 kg/(m·s)以上。

6.2 水汽输送对低纬高原地区夏季风爆发的影响

陈世训等(1983)研究显示，孟加拉湾和南海都是我国南方降水的主要水汽来源，叶谦等(2001)认为孟加拉湾地区是中国长江中下游和南海地区重要的水汽源地。5 月，亚洲夏季风尚未完全建立，热带系统主要活跃于较低纬度，而副热带系统依然控制中纬度地区，东亚地区冷空气活动较为频繁(Chang, *et al.*,1995;陈隆勋等,2000)，这必然会影响到我国西南地区的水汽输送，并形成与盛夏时期不同的水汽输送特征。季风爆发期间水汽输送的异常也是季风系统异常变化的一种反映(Fasullo, *et al.*,2002,2003)，从而影响着初夏降水量的变化。水汽输送的分布及变化对低纬高原地区季风雨季的开始有什么样的影响？本节主要分析水汽输送与低纬高原夏季风爆发的关系。

6.2.1 低纬高原地区夏季风爆发的确定

研究发现，在亚洲季风雨季变化中，亚洲地区除了南亚季风区、东亚季风区和西太平洋季风区外，在南亚季风区和西太平洋季风区之间，即中南半岛和云贵高原一带，还存在着一个过渡区，在过渡区内季风降水的变化与其他几个季风区不同(Wang, *et al.*,2002)。虽然低纬高原季风气候显著，一年中具有明显的雨季(图 6.6a)，但其所在纬度范围(20°—30°N)的低空常年盛行偏西风(图 6.6b)，有别于经典的季风概念。100 hPa 风场虽有较明显的季节变化(图 6.6c)，但在季风爆发阶段 20°—30°N 之间偏西风向偏东风的转变需要经历一个多月的时间，显然，用已有的南亚夏季风或东亚夏季风爆发的定义来分析低纬高原夏季风的爆发时间已不适宜。参考 Zhang 等(2002)在研究中南半岛夏季风爆发时根据降水量的突发性和持续性对夏季风爆发的定义，我们计算低纬高原地区 120 个站的平均降水量称为低纬高原地区降水指数，并用这一指数进行研究。

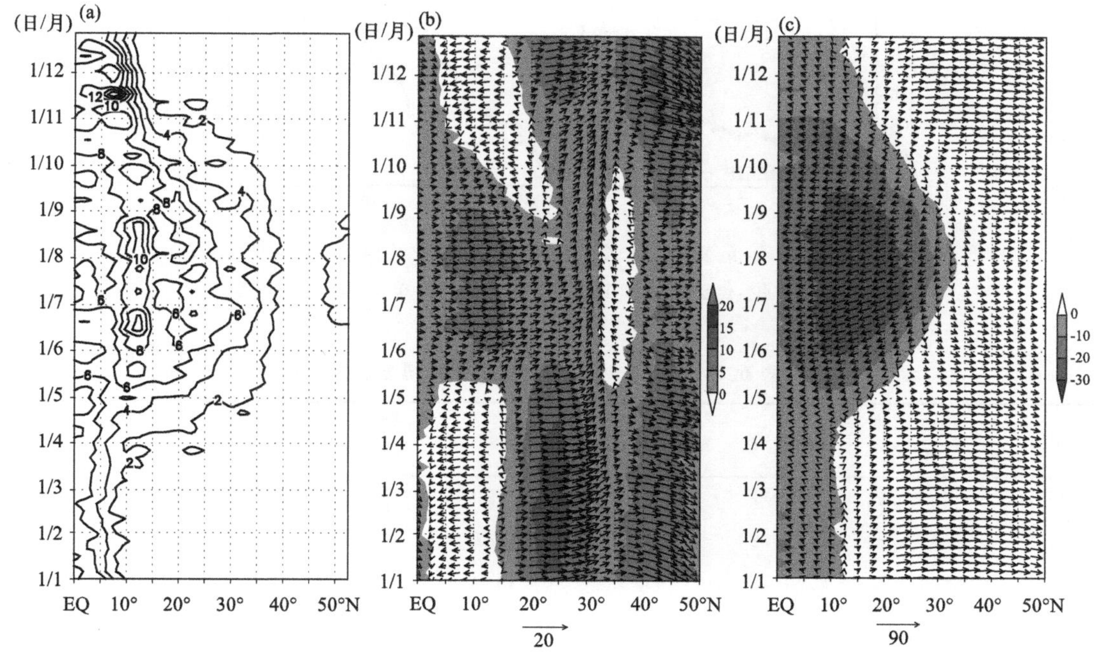

图 6.6　1979—2000 年低纬高原地区内气候平均的 CMAP 降水率(a，单位：mm/d)、700 hPa (b，阴影为西风($u>0$))和 100 hPa(c，阴影为东风($u<0$))风场(单位：m/s)的逐候演变

图 6.7 是 1979—2000 年(97.5°～107.5°E，20°～30°N)区域平均的逐候 OLR、100 hPa 纬向风和降水指数的气候年变化曲线。可以看到，在第 30 候降水指数从 3.7 mm 迅速变为 4.6 mm，OLR 也降至 225 W/m^2 以下，100 hPa 西风减弱。因此，考虑以 4 mm 为季风爆发的阈值，并规定：某一日当降水指数的 5 d 滑动平均值(即该日与其前两天和后两天的平均值)达到或超过 4 mm，且持续 5 d 或 5 d 以上；而且在此后连续的 20 d 里，降水指数达到或超过 4 mm 的日数大于或等于 10 d 时，则确定云南夏季风于该日爆发。

根据以上定义得到 1961—2000 年各年夏季风爆发的日期(表 6.1)。从表中可见，低纬高原地区夏季风的爆发时间具有显著的年际变化，爆发最早的日期是 5 月 9 日(1978 年和 1990 年)，而最晚的是 6 月 19 日(1977 年)，相差近 40 d，全省平均爆发时间为 5 月 28 日，与云南省气象局业务上应用的云南雨季开始期平均日期在 5 月下旬一致，但具体日期要晚 5 d(多年平均为 5 月 23 日)。另外与南海夏季风平均爆发时间 5 月第 4 候(李崇银等，2000)相比，云南夏季风的开始时间落后了近两周，这与众多研究者(Tao，*et al.*，1998；Webster，*et al.*，1998)得到的亚洲夏季风爆发进程相近。

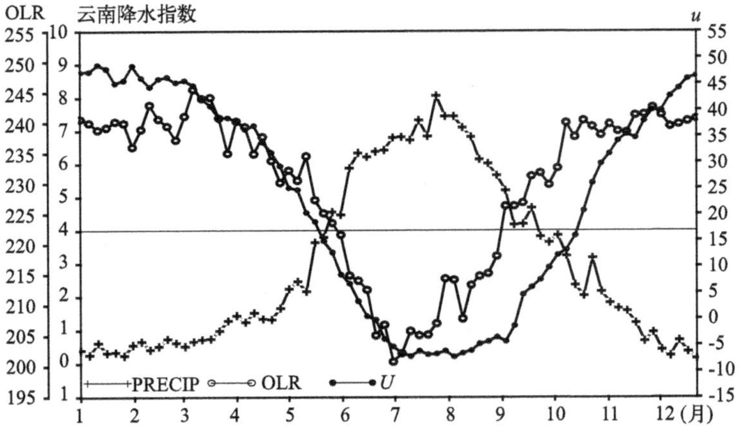

图 6.7 1979—2000 年低纬高原地区逐候平均的向外长波辐射 OLR(单位:W/m²)、降水指数(单位:mm)和 100 hPa 纬向风风速 U(单位:m/s)的年变化

表 6.1 1961—2000 年云南夏季风爆发日期

年份	爆发日期(月一日)	年份	爆发日期(月一日)	年份	爆发日期(月一日)	年份	爆发日期(月一日)
1961	05—22	1971	05—22	1981	05—17	1991	06—02
1962	05—22	1972	05—13	1982	06—04	1992	06—15
1963	06—07	1973	05—25	1983	06—04	1993	05—26
1964	05—31	1974	05—22	1984	05—16	1994	05—19
1965	05—25	1975	05—24	1985	05—18	1995	05—30
1966	05—23	1976	05—25	1986	06—09	1996	05—24
1967	06—01	1977	06—19	1987	05—31	1997	06—09
1968	05—27	1978	05—09	1988	05—16	1998	05—22
1969	06—02	1979	06—04	1989	05.13	1999	05—20
1970	05—14	1980	06—03	1990	05.09	2000	05—16

6.2.2 水汽输送与夏季风爆发的联系

根据表 6.1 所列的各年夏季风爆发日期,分别作季风爆发后 10 d 与前 10 d 平均的整层积分水汽输送合成图及其差值图,如图 6.8 所示。显然,夏季风爆发后,印度洋上空的西风水汽输送迅速增强北进,变化最大区域位于索马里以东洋面上,中心位置在 7.5°N,60°E 附近(图 6.8e)。增强的西风水汽输送向东扩展,对孟加拉湾和南海地区的水汽输送有重要的影响。可见,孟加拉湾地区的西南水汽输送急剧增大,在水汽输送差值图上主要表现为安达曼海、孟加拉湾至高原南部的向北输送量增加,并且输送到低纬高原的水汽通量较季风爆发前明显增加。南海地区,增强的偏西风水汽输送穿过中南半岛南部进入南海,使南海大部分地区的西南水汽输送得到加强。但注意到,此时南海西北部至华南沿海地区的水汽输送也出现了气旋性变化特征,即低纬高原地区东北侧有东北风水汽输送差值出现(图 6.8e)。上

述变化特征说明，伴随夏季风的爆发，与索马里跨赤道气流、印度洋西风、孟加拉湾低压和南海季风槽发展有关的水汽输送都明显加强。对低纬高原地区而言，由于西侧有来自孟加拉湾增强的西南水汽输送，而东侧受东北风水汽输送矢量的影响，因此，与夏季风爆发对应的是低纬高原地区西侧西南风水汽输送的增强和东侧水汽输送的减弱。

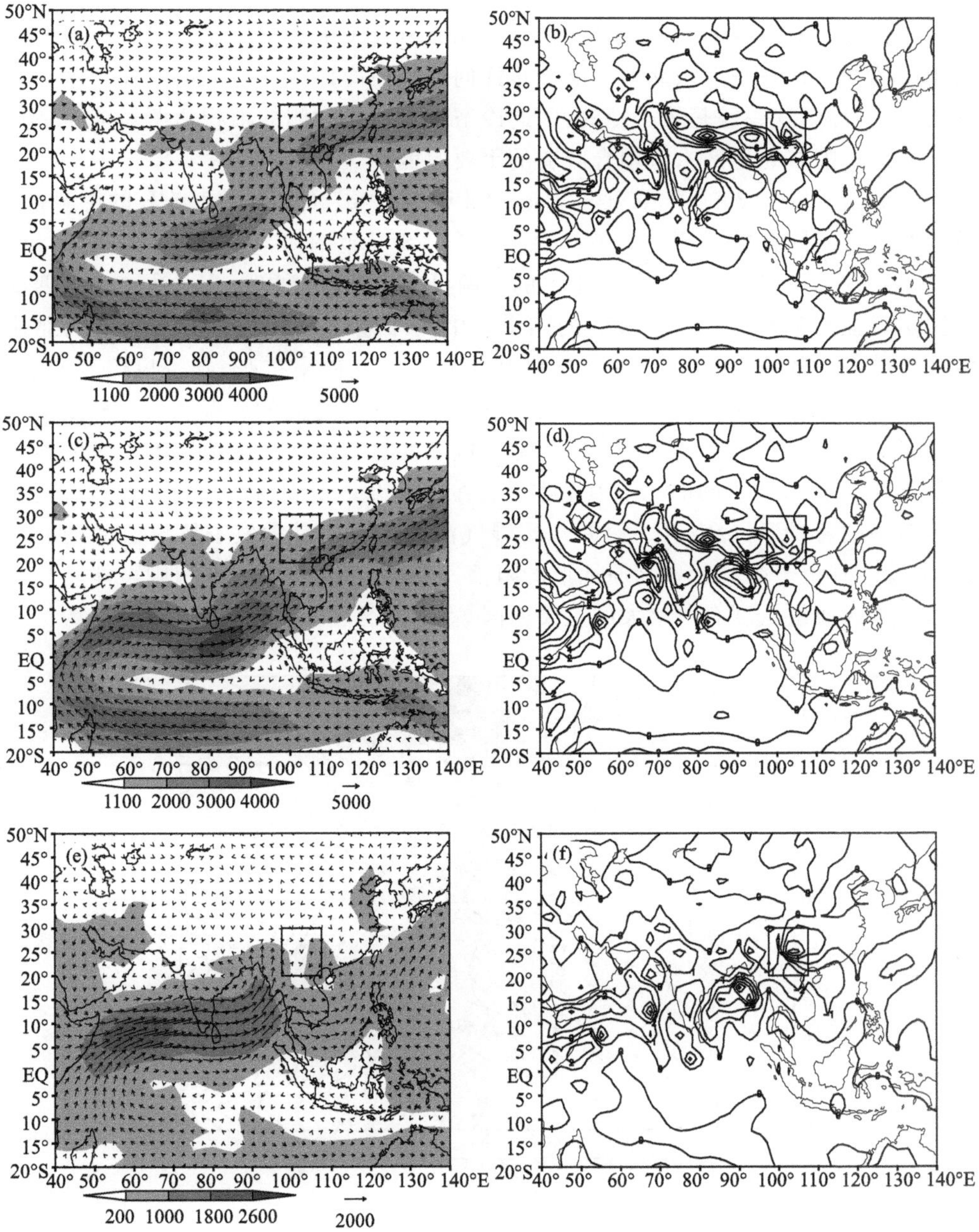

图 6.8　低纬高原地区夏季风爆发前 10 d(a、b)和后 10 d(c、d)平均的整层积分水汽输送矢量(a、c、e，单位：g/(s · m))和水汽输送通量散度分布(b、d、f，单位：mm/d))以及季风爆发后 10 d 与季风爆发前 10 d 的水汽输送差值场(e，单位：g/(s · m))和水汽输送通量散度差值场(f，单位：mm/d)

另外，在相应的水汽输送通量散度图上，季风爆发前后在我国西南地区都维持着一条水汽辐合带(图 6.8b、d)。季风爆发后，在孟加拉湾北部地区、中南半岛和我国南海，包括低纬高原地区的南部和西部均为大片的负值区，表现为水汽辐合的增强。不同的是，滇东北地区的水汽辐合却是减弱的(图 6.8f)。5 月下旬伴随夏季风的爆发，低纬地区水汽输送增强，这给我国南方地区带来大量的暖湿气流，但这时季风气流尚未深入东亚大陆内部，控制东亚中高纬地区依然是相对干冷的大陆气团。陈于湘和朱抱真(陈于湘和朱抱真，1985)的研究表明云南雨季的开始往往是滇东北地区准静止锋向移动性冷锋转变造成的。而与来自热带的季风气流相比，冷空气一般是较干冷的，因此冷空气在锋面一侧的堆积活跃可能是造成季风爆发期间滇东及滇东北地区水汽辐合减弱的重要原因。

进一步分析 1961—2000 年季风爆发前 10 d 至后 10 d700 hPa 沿 105°E 的比湿 q、位温 θ 及风场的纬度一时间合成图(图 6.9)，可见在 20°—28°N 范围内，从季风爆发的前 4 d 起，比湿持续增大。在季风爆发当天，25°N 附近的比湿再次增大，达到 9 g/kg，这是云南西侧西南风水汽输送增强而东侧水汽输送减弱的结果。中高纬地区 θ 等值线密集，θ 值向北快速递减。但从季风爆发的前 3 d 起，从中纬地区开始有冷空气向南扩张，到季风爆发的前一天，维持在 15°—28°N 之间 314 K 的 θ 等值区断裂，25°—30°N 之间的比湿和位温梯度则迅速增大，风场的气旋式切变增强。还可注意到，在季风爆发之后的几天里中纬度地区的冷空气活动依然活跃，25°—30°N 之间的比湿差基本上也维持在 2 g/kg 左右。因此，在低纬高原上空空气迅速增湿的背景下，冷空气入侵并与暖湿气流交绥可能是触发季风对流活动的重要机制，而南下冷空气由于受到云贵高原地形的阻挡，在云南东北地区的堆积则可能是导致季风爆发后水汽输送通量散度有所增大的主要原因。

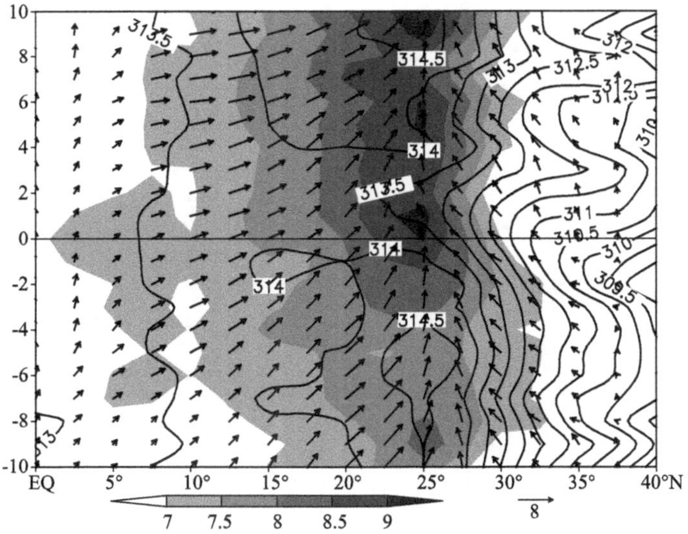

图 6.9 1961—2000 年低纬高原夏季风爆发前 10 d 至后 10 d 700 hPa 沿 105°E 比湿 q (单位：g/kg)、位温 θ(单位：K)和风矢量(单位：m/s)的纬度一时间合成

图中纵坐标为相对季风爆发前(负)后(正)的日期

6.2.3　小结

低纬高原地区干、湿季节分明，从干季向初夏的转变中降水量的突发性增加非常明显，本节从水汽输送的变化入手，研究水汽输送对低纬高原地区夏季风爆发的影响，结果表明：5 月份低纬高原地区上空为一致的西南水汽输送，而来自副热带高压西侧的偏东南水汽输送对低纬高原地区的水汽输送也有重要影响。5 月下旬低纬高原夏季风爆发期间，热带印度洋至孟加拉湾地区西南水汽输送迅速增强，同时受南海西北部气旋性水汽输送变化的影响，低纬高原地区的西南风水汽输送增大，使低纬高原地区的空气湿度明显增大，为季风降水的形成创造了必要条件，而中高纬冷空气的入侵则是触发低纬高原季风降水的重要机制。

6.3　水汽输送异常对低纬高原地区 3—5 月降水的影响

研究表明(柳艳菊等，2005)大尺度水汽条件与季风活动密切相关，季风爆发前，南海地区水汽主要来自西太平洋；季风爆发后，水汽主要来自热带东印度洋和孟加拉湾。因此，本节主要分析水汽输送带的强弱变化与低纬高原地区春季(3—5 月)降水的关系。

6.3.1　春季干旱与水汽输送异常

在春季降水特少年的整层水汽通量散度场上(图 6.10 a)，南支西风和西太平洋副高外围的水汽输送都偏弱，只在中南半岛北部、西南地区大部到长江中下游也有 $-2\sim0\times10^{-5}$ kg/(m^2 · s)的水汽辐合中心，云南东北部和滇南为 $0\sim2\times10^{-5}$ kg/(m^2 · s)的水汽辐散中心。在这种弱的水汽辐合形势下，对应的降水偏少年春季 500 hPa 相对湿度合成距平场上(图 6.10b)，中南半岛、中国南部都为负距平，云南的距平为 $-12\%\sim-20\%$，即水汽含量比多年平均减少了，对产生降水的水汽条件不利。在春季多雨年整层水汽通量散度场上(图 6.10c)，南支西风和西太平洋副高外围的水汽输送都偏强，特别是西太平洋副高外围的水汽输送异常偏强，使得云南除滇西北北部外均为辐合区，在滇东南还有一个大于 2×10^{-5} kg/(m^2 · s)的水汽辐合中心。在这种强的水汽辐合形势下，相应的多雨年春季 500 hPa 相对湿度合成距平场上(图 6.10d)，中南半岛、中国西南、华南为正距平区，云南大部的距平为 $4\%\sim12\%$，即水汽含量比多年平均增加了，有利于降水的产生。

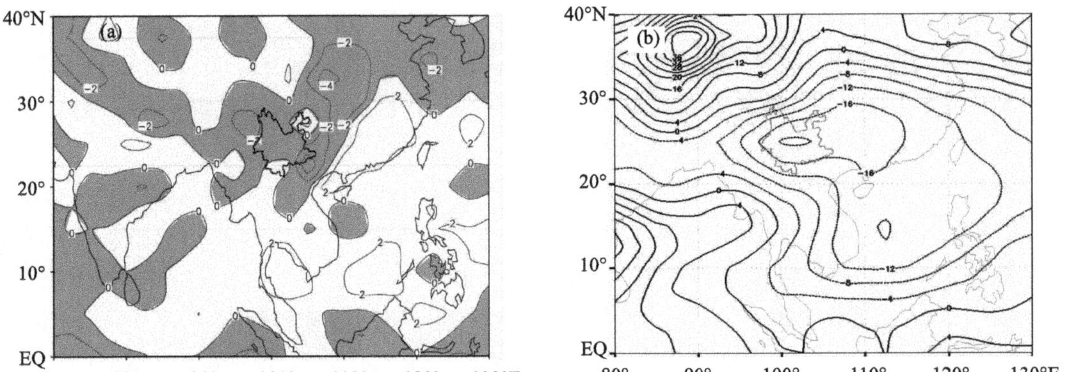

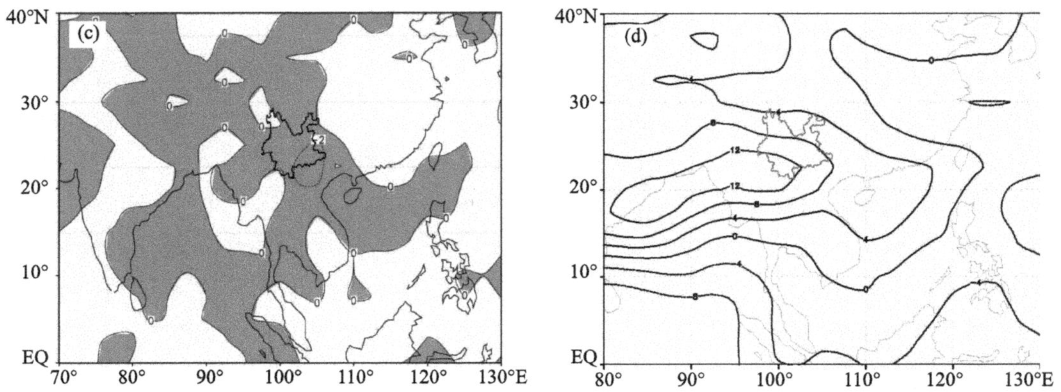

图 6.10 春季降水特少年(a)和多雨年(c)整层水汽通量散度(阴影区为辐合区,单位:10^{-5} kg/(m^2 · s)),特少年(b)和多雨年(d)500 hPa 相对湿度距平百分率场(单位:%)

6.3.2 水汽输送与 5 月降水多少

一般来说,5 月降水偏多预示着低纬高原地区雨季开始偏早,而 5 月降水偏少易出现初夏干旱,雨季开始偏晚。定义降水距平百分率大于一个标准差的年份为降水偏多年,而小于一个负标准差的年份为降水偏少年。照此定义,共得到 1975、1976、1978、1981、1990、1999 年 6 个降水多年和 1963、1969、1979、1982、1983、1987、1997 年 7 个降水偏少年即旱年(选取时段为 1961—2000 年)。

对照降水偏少年和多雨年的平均水汽通量矢量分布合成图(图 6.11),发现多雨年时热带印度洋地区向东的水汽输送要明显高于降水偏少年,即在索马里以东洋面上出现了一条异常强的西风水汽输送带(图 6.11e)。当异常强的热带西风水汽输送到达孟加拉湾东南部时便分裂成了南北两支,南面的一支继续向东输送,另一支则突转北上,增强了向中南半岛西北部和低纬高原西部的水汽输送。东亚地区,特别是南海和我国大陆东部的水汽输送则明显减弱。由于东亚地区经向水汽输送大于纬向输送,所以在水汽输送差值图上主要表现为在渤海、华北、长江中游至整个南海地区有异常的向南水汽输送,其中低纬高原以东地区的变化最大(图 6.11e)。因此,5 月降水偏多的年份低纬高原西部水汽输送强而东部水汽输送弱。我们用逐年的低纬高原地区 5 月平均降水指数与整层积分水汽输送矢量大小作进一步相关分析,得到 5 月降水与大尺度水汽输送的相关场(图 6.12)。可见,低纬印度洋的大部分地区为显著的正相关区,东亚则主要是负相关区,而低纬高原地区正好横跨正负相关区。以上分析表明,当南亚季风区水汽输送增强而东亚季风区水汽输送减弱时,相应的,低纬高原地区水汽输送增大,有利于其上空水汽的聚集从而导致降水量的增加。

从水汽辐合的变化来看,在降水偏多年,西起阿拉伯海、东至西太平洋地区都出现了水汽的异常辐合(图 6.11f),其中孟加拉湾、中南半岛中北部及南海的大部分地区水汽辐合显著增强。但注意到,旱年(降水偏少)时位于长江中游以北地区的水汽辐散中心在涝年时增强南移,从而使滇东北地区水汽辐合强度明显减弱。为分析初夏多雨年时各异常水汽输送带的热力特征,图 6.13 是 5 月降水偏多年 850 hPa 相对于旱年 θ_{se} 的异常分布,从图中可以看到以华北、黄海一带为中心的广大地区为负值区,而低纬海洋却主要是强的正值区,沿滇

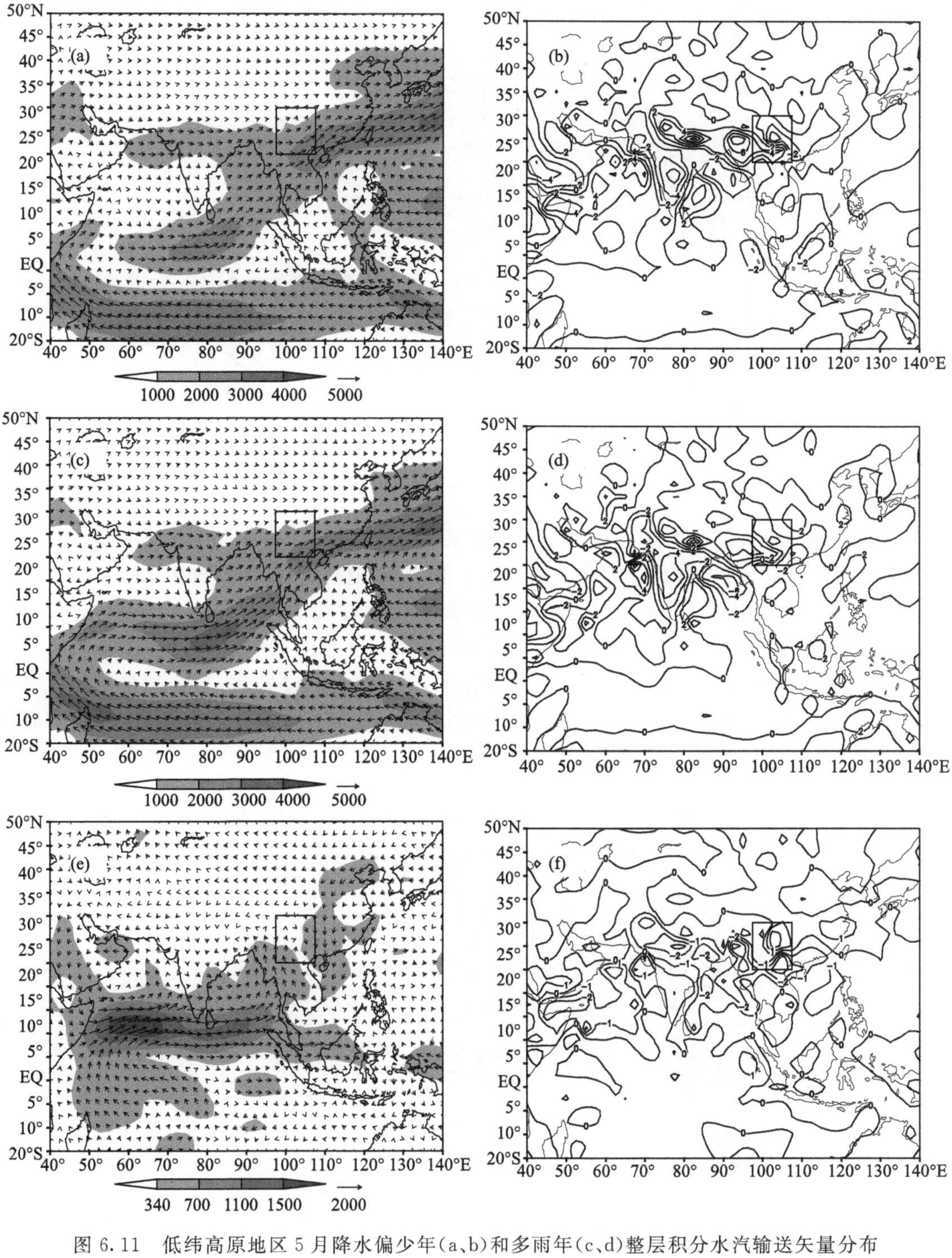

图 6.11　低纬高原地区 5 月降水偏少年(a、b)和多雨年(c、d)整层积分水汽输送矢量分布(a、c,水汽输送矢量,单位:g/(s • cm))与水汽输送通量散度(b、d,水汽通量散度,单位:mm/d),以及涝年与旱年的水汽输送矢量(e)和水汽输送通量散度(f)的差值)

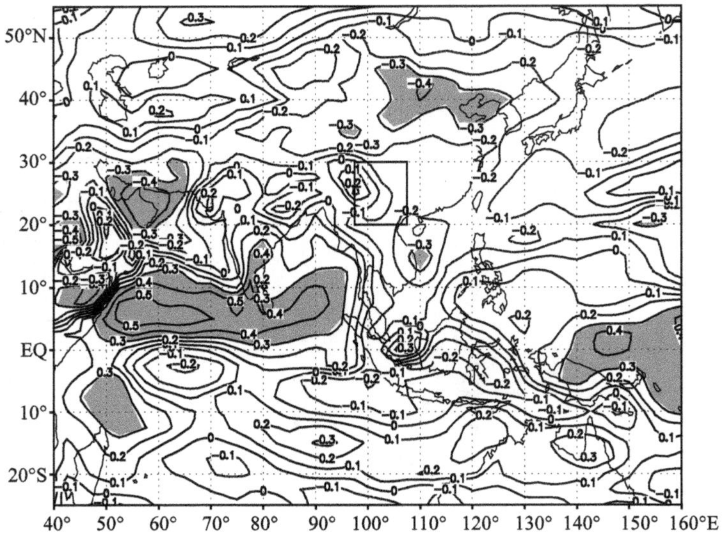

图 6.12 低纬高原地区 5 月降水指数与整层积分水汽输送矢量大小相关分布
（阴影为相关系数通过 0.05 的显著性检验）

东北至华南一带等值线密集。这说明在低纬高原地区 5 月降水偏多的年份，我国北部和东部冷空气活动异常增强，而南来的暖湿空气也十分活跃，这容易加大我国南方地区的水平温度梯度，增强大气斜压性，有利于锋区绕动的发展。特别在我国西南地区，由于受到云贵高原地形的阻挡，南下冷空气在低纬高原东北部停滞堆积，从而使该地区呈现为一条明显的冷舌，并形成最强的等值线密集区，具有明显冷锋的特征。由此可见，东亚大陆地区与云南 5 月降水偏多密切相关的水汽输送减弱，在很大程度上也反映了强冷空气的异常活动，同时也可能是滇东北地区水汽输送通量散度增大的原因。

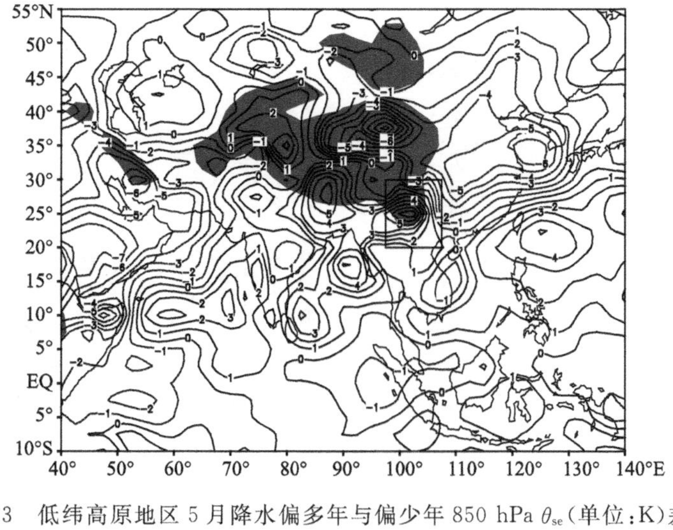

图 6.13 低纬高原地区 5 月降水偏多年与偏少年 850 hPa θ_{se}（单位：K）差值场
（阴影为海拔高度超过 1500 m 的地形）

图6.14a是5月降水偏少时500 hPa相对湿度合成距平场，在水汽辐散形势下，对应的干旱年相对湿度合成距平场上，中南半岛、中国南部都为负距平，－18%的距平中心位于低纬高原地区上空，其距平为－12%～－18%，即水汽含量比多年平均减少了，对产生降水的水汽条件不利。在5月多雨年相对湿度合成距平场上，对应多雨年初夏500 hPa相对湿度合成距平场上（图6.14b），中南半岛、中国西南、华南为正距平区，除低纬高原地区西北部为弱负距平外，低纬高原大部的距平为0%～6%，即水汽含量比多年平均增加，有利于降水的产生。

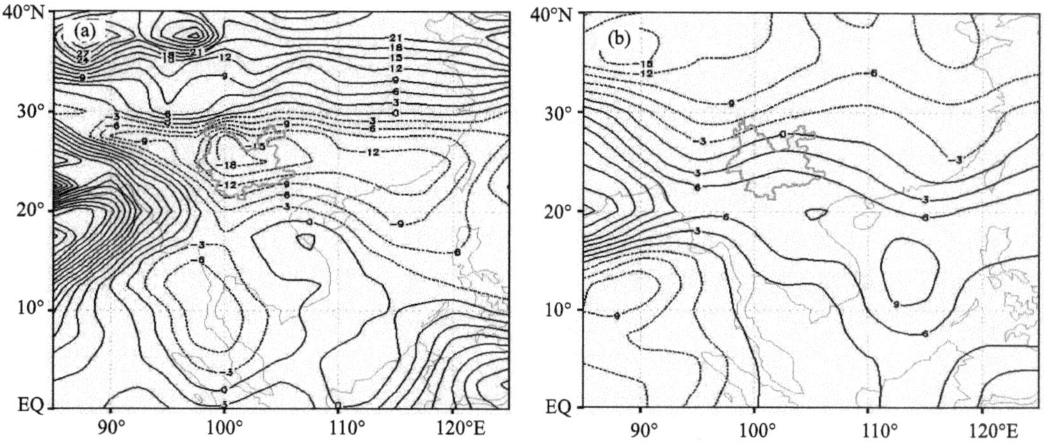

图6.14　5月降水偏少年(a)和多雨年(b)500 hPa比湿距平百分率场(单位：%)

综上所述，热带印度洋、南海及东亚中纬地区的大尺度水汽输送异常对云南5月降水量的变化有明显的影响。当索马里以东印度洋上空的西风水汽输送和孟加拉湾地区的西南风水汽输送异常增强时，低纬高原地区的西南水汽输送量也相应增加，水汽含量比多年平均增加。同时东亚中纬地区的冷空气也较往年活跃，这有利于冷空气与来自热带洋面上的暖湿气流在我国西南地区频繁交绥并形成降水，从而导致低纬高原地区初夏5月多雨，雨季开始偏早。反之，当热带印度洋至孟加拉湾地区西南风水汽输送弱，低纬高原地区水汽含量较常年减少。同时东亚中纬地区的冷空气活动也较弱时，5月少雨，则雨季开始偏晚，易发生干旱。

6.3.3　小结与讨论

春季少雨年南支西风和西太平洋副高外围的水汽输送都偏弱，低纬高原地区大部为水汽辐散中心，对应的500 hPa相对湿度合成距平百分率场上，云南的相对湿度距平百分率为－12%～－20%，即水汽达到饱和的程度降低，水汽含量比多年平均减少了，对产生降水的水汽条件不利。而春季多雨年南支西风和西太平洋副高外围的水汽输送都偏强，使得中南半岛北部、云南东南部、华南西部为水汽辐合大值区，相应的春季500 hPa相对湿度合成距平百分率场上中南半岛、西南地区、云南大部的距平百分率为4%～12%，即水汽达到饱和的程度提高，水汽含量比多年平均增加，有利于降水的产生。

低纬高原5月降水量显著的年际变化与大尺度水汽输送异常有关，即当索马里以东的热带印度洋洋面出现异常强的西风水汽输送，孟加拉湾的西南水汽输送也异常增强时，若南海至东亚大陆地区水汽输送弱，而中高纬地区冷空气活跃，并与来自孟加拉湾的暖湿气流在云南频繁交绥，可导致低纬高原地区初夏5月多雨，雨季开始偏早。相反，当热带印度洋地区西风水汽输送弱时，同时东亚中高纬地区的冷空气活动较弱时，低纬高原地区5月雨水偏少，雨季开始偏晚，易发生干旱。

6.4 南亚季风对低纬高原地区雨季开始早晚的影响

中国科学家研究指出，亚洲夏季风由相互联系又有其独立性的南亚季风系统和东亚季风系统所组成；而亚洲夏季风最早在南海爆发，平均在5月中旬，然后分别逐渐向西和北方推进，6月中旬印度季风爆发（丁一汇等，1996）。东南亚夏季风是指孟加拉湾到南海范围内低空西南气流（>5 m/s）的建立，以及降水量的增大和雨日的集中。对南海季风的研究认为南海夏季风爆发的平均日期为5月第4候（谢安等，1996；毛江玉等，2000）。吴国雄等（1998）对1989年的亚洲季风爆发进行个例分析后指出，亚洲季风爆发的过程划分为三个阶段更为合适，第一阶段是孟加拉湾季风爆发，接着是南海季风爆发，最后是印度季风爆发。这说明亚洲季风可能首先在孟加拉湾爆发。云南位于东亚季风和南亚季风的交汇处，受季风影响显著，季风爆发的早晚及强弱与云南雨季开始有密切的关系。

云南是一个农业为主的省份，雨季开始的早晚对农业生产有重要影响，而云南雨季开始期年际变化较大，因此雨季开始期及初夏第一场透地雨是各级政府特别重视及关心的问题，也是云南气象工作者不可回避的问题之一。本节拟从天气气候的角度探讨南亚季风对云南雨季开始的影响。

6.4.1 季风强弱对云南雨季开始期的影响

根据云南省气象局对雨季开始的业务标准为：满足任意5 d滑动累积雨量≥多年雨季平均候雨量的某一天为止，以后连续15 d内，又有任意5d滑动累积雨量≥多年雨季平均候雨量，则第一个5d中某一日雨量≥10 mm的这一天即为雨季开始日，该天所在候为雨季开始候。其中多年雨季平均候雨量等于5—10月多年平均合计雨量除以36候。将云南各站雨季开始日期与雨季平均开始日期之间相差天数作为124站雨季开始期距平序列，负值表示雨季开始期提前，正值表示雨季开始期推后。

6.4.1.1 雨季开始时间变化与季风的联系

孟加拉湾地区和南海地区分别为南亚季风和东亚夏季风的主要水汽源地，孟加拉湾地区和南海地区对流活动强弱对于季风水汽输送有明显的指示意义。选用OLR（Outgoing Longwave Radiation，向外长波辐射）资料来讨论热带对流系统。由于云南雨季开始期平均日期在5月下旬，则把5月中旬前雨季开始定为偏早年份，5月以后开始的属偏晚年份，将云南124站雨季开始期作EOF分解，图6.15为云南124站雨季开始期第一特征向量和第二特征向量所对应的时间系数与5月OLR场的相关场分布。

从图6.15a可以看出，孟加拉湾地区和南海地区5月OLR与云南雨季开始期第一特征向量所对应的时间系数的相关系数分别存在一个通过0.05显著性检验的正相关区，0.6以上的最大相关中心从孟加拉湾、中南半岛向北延伸到云南，其中通过0.01显著性检验的区域主要是孟加拉湾、中南半岛等地，并且0.01的显著性范围远远超过菲律宾以西的南海区

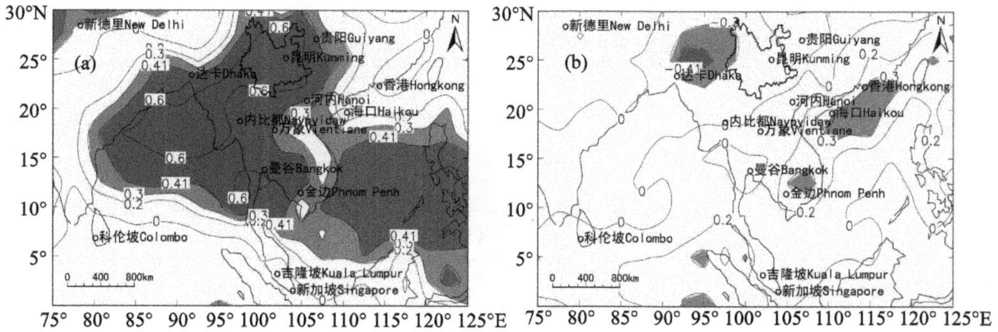

图 6.15　云南雨季开始期 EOF 分析第一特征向量(a)和第二特征向量(b)对应的时间系数与 5 月 OLR 相关分布浅色阴影区为相关系数通过 0.05 显著性检验的区域，而深色阴影区为通过 0.01 显著性检验区域(黄玮等，2012)

域，这可能说明 5 月孟加拉湾、中南半岛以及南海的对流强(弱)时，云南雨季开始期一致偏早(晚)，并且孟加拉湾、中南半岛的对流强(弱)对云南雨季开始期一致偏早(晚)的作用要大于菲律宾以西的南海区域的对流强弱。

图 6.15b 显示的是 5 月 OLR 与云南雨季开始期第二特征向量时间系数的相关系数通过 0.05 显著性检验的正相关区位于北部湾、中南半岛南部，而负相关区主要分布在孟加拉湾北部至缅甸，以及云南西部即青藏高原东南部地区，这些区域均通过了 0.05 的显著性检验，说明云南雨季开始时间的第二类分布与上述区域的对流强弱有关。这表明当孟加拉湾北部至缅甸的区域对流弱(强)，北部湾、中南半岛南部对流强(弱)时，滇中及以东地区雨季开始时间偏早(晚)，滇西北及滇西南地区雨季开始时间偏晚(早)。

6.4.1.2　季风强弱对云南雨季降水的影响

Webster 等(1992)提出的季风指数表征亚洲热带夏季风的强弱，其定义为 0°—20°N，40°—110°E 区域内 850 hPa 与 200 hPa 纬向风切变的标准化系列，即：

$$WYI = U_{850} - U_{200} \tag{6.1}$$

上式表明负值表示季风偏弱，正值表示季风偏强。

计算低纬高原地区平均 5 月降水与 WYI 季风指数的相关系数达 0.631，通过了 0.001 的显著性检验。图 6.16 为降水距平百分率和季风指数的年际变化，可见 5 月降水与 WYI 季风指数的年际变化较一致，符号一致率为 36/50，降水偏少 50％以上的有 1963、1969、1979、1982、1983、1987、1997、2005 年，8 年的 WYI 指数都为负值，除 1969 年 WYI 指数为 −0.3 外，其余 7 年为 −0.8～−2.4；降水偏多 40％以上的有 1978、1981、1990、1999、2001、2002、2004 年，7 年中只有 1981 年 WYI 指数为负值，其他 6 a 的 WYI 指数为大的正值，其值在 0.8～2.1。可见，WYI 季风指数与低纬高原 5 月降水的极端事件有很好的对应关系。从图 6.16 还可以看出，低纬高原地区 5 月降水具有年际变率大的特点，通过以上分析可知这与亚洲季风强弱的年际变化大有关。

用 WYI 指数(6.1)对 1—5 月的季风指数计算表明，当同年 1、2、3、4、5 月季风指数高(低)于常年均值时，滇西北及滇西南地区雨季开始期偏早(晚)。因此，可以将 1—5 月季风指数的强弱变化作为云南雨季开始期预测的一个重要信号。

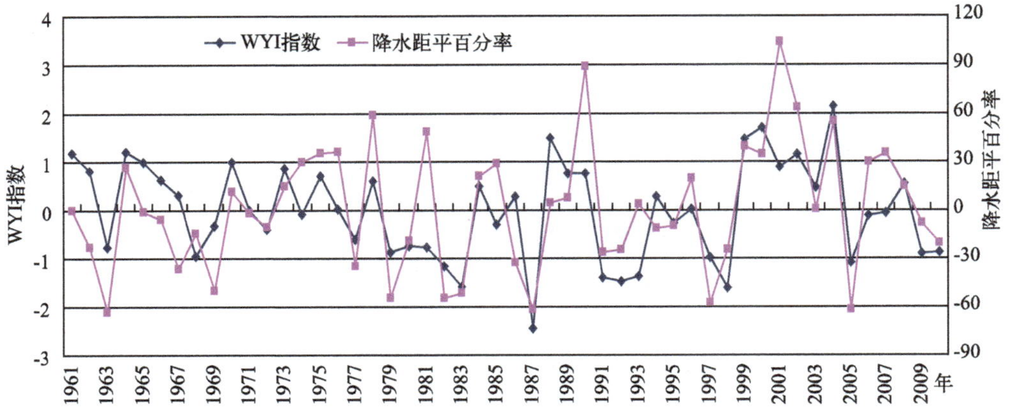

图 6.16　WYI 季风指数与云南 5 月降水的年际变化

综上所述，低纬高原地区 5 月降水具有显著的年际变化特征，这与亚洲季风强弱的年际变化大有关。南亚季风水汽输送与东亚季风水汽输送存在反相关关系，即当南亚季风区水汽输送强时则东亚地区的水汽输送偏弱。因此，在西南季风水汽输送强的年份往往会出现低纬高原地区 5 月降水偏多、雨季开始早的情况。

6.4.2　孟加拉湾季风爆发对云南雨季开始偏早的影响

2001 年云南雨季开始较历年偏早 10～15 d 左右，大部地区雨季在 5 月上旬末至中旬开始，5 月雨量偏多至特多，发生了初夏罕见的洪涝灾害。对此，用 2001 年 4、5 月份逐日的高空资料、再分析资料，来详细分析研究热带低纬环流形势、对流活动的演变特征等，揭示季风爆发早对云南雨季开始偏早的影响。

6.4.2.1　大气环流特征

在低层 850 hPa 上，索马里气流形成的赤道西风 4 月 4 日就出现在马来半岛南端和加里曼丹岛，赤道辐合带位于 3°N 附近，12 日至 14 日这些地区的西风曾出现中断，至 29 日以前赤道辐合带基本稳定在 3°—5°N。这段时期中南半岛南部、南海为西太平洋副高控制，脊线在 13°N 附近，孟加拉湾东部及缅甸为反气旋控制；印度半岛为阿拉伯海高压的西北气流控制，其南端及东海岸 4 月 13—19 日有西南气流出现；澳大利亚为冷高压控制。29 日澳大利亚北部冬季风初次爆发，东南季风顺着印度尼西亚的努沙登加拉群岛、苏门答腊岛到达赤道，新加坡为西南风 6 m/s。30 日澳大利亚冷高压加强，达尔文站(130.87°E，12.39°S)为 SE 风 14m/s，新加坡站(103.98°E，1.37°N)出现 8 m/s 的较强越赤道偏南风，马来西亚的哥达巴鲁(102.28°E，6.17°N)为南风 2 m/s，在这股气流的作用下，赤道西风被北抬到马来半岛的北部，热带季风辐合带(或赤道辐合带)北跳到 10°N 附近，中南半岛为西太平洋副高外围的东南气流(图 6.17a，粗实线为 ITCZ)。5 月 2 日，马来半岛转为一致的西南风，风速加大。5 月 3 日西太平洋副高减弱东退，越赤道偏南气流北上与副高南侧的偏南气流汇合，使得中南半岛为较强的偏南气流，大部为 5 m/s 以上的偏南风控制，气旋性环流加强，热带季风辐合带向西北方向移动，演变为季风低压，并位于孟加拉湾东部、安达曼海和中南半岛西北部，清迈(98.98°E，18.78°N)的高度由 1 日的 1510 gpm 下降为 3 日的 1470 gpm，这些地区由反气旋转为了气旋环流(图 6.17b)。从图 6.17b 中还可看出,3 日越赤道偏南气流已到达云南南部和华南。5 月 3 日澳大利亚北部为强劲的东南风,达尔文站的东偏南风达 17 m/s,马来半岛至布莱尔港(92.72°E,11.67°N)的东南风再度加强,槟榔屿(100.27°E,5.3°N)、普吉(98.32°E,8.12°N)的风速分别达到 12 m/s 和 11 m/s,西太平洋副高加强,中南半岛南部、南海至菲律宾为 1520 gpm 高压控制,云南南部至中南半岛北部为辐合区,季风低压西移位于孟加拉湾,华南北部到云南北部有切变线。5 月 8 日副高突然减弱东撤到菲律宾以东洋面上,印度东海岸、孟加拉湾、中南半岛至菲律都转为偏西气流为主,进入夏季风的环流形势,而此时印度仍为西北气流控制(直到 5 月 22 日印度才转为西南气流为主),澳大利亚北部仍为较强的东南风(图 6.17c)。同时,高原上有冷空气加强南下,切变南压到两广并与中南半岛至云南南部的辐合区相连,冷暖空气在云南上空交绥(图 6.17c)。5 月 9—10 日,云南出现全省性的初夏第一场大雨天气,造成了云南大部地区雨季开始偏早。此后由于北方冷空气与西南暖湿气流频繁在云南交汇,致使 5 月雨量偏多到特多。

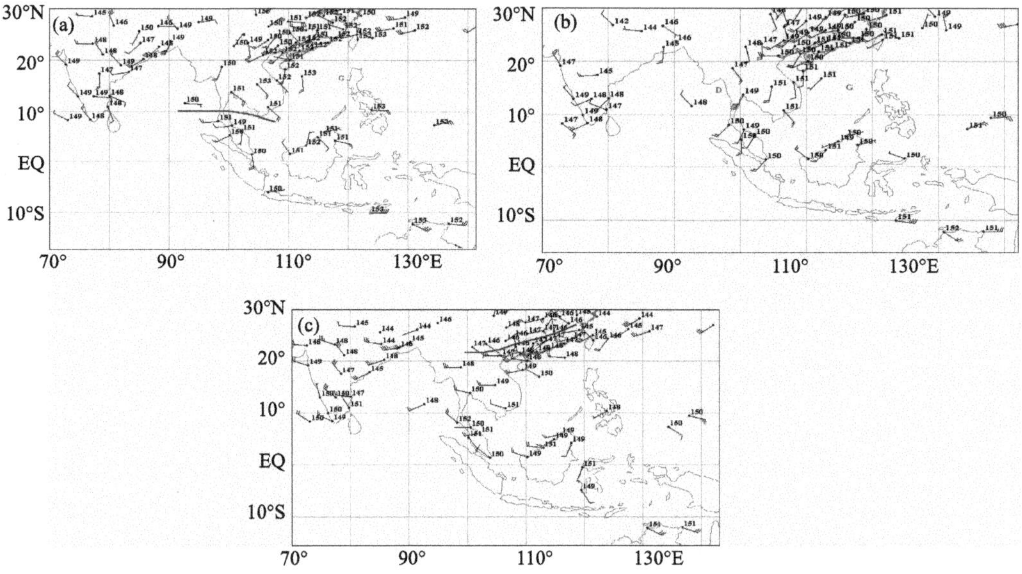

图 6.17　2001 年 4 月 30 日 00 时(a)、5 月 3 日 00 时(b)和 5 月 8 日 00 时(c)850 hPa 形势

从 200 hPa 图上可看出(图略),4 月 30 日以前南亚高压中心稳定在中南半岛南端到马来半岛北部,在 0°—10°N 范围以东风或东南风为主。4 月 30 日,西贡至马来半岛出现东北风,5 月 3 日东北风加强,风速加大达 11 m/s 以上,与低层的越赤道偏南气流共同驱动了季风经圈环流(图 6.18a)。4 日中南半岛北部出现高压脊,5 月 5—6 日,中南半岛大部为高压形势,风速减弱,南亚高压向北偏西移动,马来半岛东北风加大,为 12 m/s 以上。5 月 7 日,南亚高压主体向北偏西移动,高压中心移到 17°N 附近,乌汶(104.87°E,15.25°N)由西风转为东南风,东风带的北界到达 15°N 附近(图 6.18b),东南亚地区夏季环流的高层形势已形成,直到 5 月 27 日(图略)南亚高压中心才北移过河内、清迈一线。由于 200 hPa 环流形势稳定,系统单一,因此云南雨季开始前应注意 200 hPa 南亚高压的移动情况,这对中短期预报很有用。

从以上的环流形势分析可知,4 月份赤道辐合带位于 3°—5°N,4 月末至 5 月初北澳冬季风爆发,澳大利亚冷高压加强,其北部的东南气流加强后沿着苏门答腊岛在 105°E 附近越过

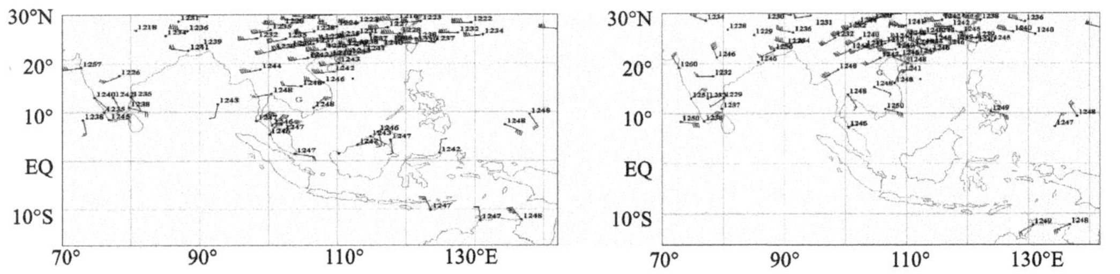

图 6.18　2001 年 5 月 200 hPa 形势

(a)3 日 00 时(GMT)；(b)7 日 00 时(GMT)200 hPa 形势

赤道，形成越赤道偏南气流，这股气流的加强和北进促使热带季风辐合带加强北上，北跳到 10°N，在孟加拉湾东部形成季风低压，低层的辐合引起高层产生辐散，南亚高压北抬，环流形势发生了季节调整。季风低压在偏北移的过程中主要是通过其外围云系和西南暖湿气流影响云南。因此，2001 年云南雨季开始偏早主要与孟加拉湾季风爆发影响有关。

6.4.2.2　水汽输送特征

图 6.19a 中显示出，雨季开始前的 4 月中下旬从青藏高原南部至孟加拉湾北部、中南半岛北部至云南为 150 kg/(m・s)的西风水汽通量影响，孟加拉湾为反气旋式的水汽通量控制，另外，阿拉伯海大部也为偏西水汽通量控制；进入 5 月中上旬，从地面到 500 hPa 的水汽通量分布可以看出(图略)，越赤道气流开始增强，孟加拉湾的反气旋式水汽通量已转为较强的西南水汽通量输送，并且西南水汽通量影响到中南半岛至云南南部边缘，但云南大部仍为西风水汽通量影响；从图 6.19b 中可以看出，进入 5 月中下旬，来自索马里的越赤道气流已控制了阿拉伯海、印度岛到孟加拉湾，青藏高原南部至孟加拉湾已转为西南水汽通量输送，孟加拉湾、安达曼海至中南半岛为西南水汽通量输送，其中安达曼海至中南半岛南部的水汽通量达 350 kg/(m・s)以上，云南已被西南水汽通量控制，150 kg/(m・s)以上的水汽通量已到达云南南部、西部，这表明孟加拉湾季风水汽输送已形成。从 2001 年 5 月的水汽通量距平上可看出(图 6.19c)，孟加拉湾、安达曼海、中南半岛至云南为气旋式的水汽通量，说明孟加拉湾、中南半岛至云南为异常的西南水汽输送，这表明 2001 年的季风水汽通量输送较常年偏强。

6.4.2.3　物理量的演变特征

选取 105°E 附近不同纬度的站点 48698(新加坡)、48615(哥达巴鲁)、48900(西贡，106.67°E，10.82°N)、48407(乌汶)、48327(清迈)分析 850 hPa 纬向风、经向风、$\theta_{se850}-\theta_{se500}$、$t-t_d$ 四个物理量。

纬向风 u：从图 6.20a(图中横坐标对应 4 月第 1 候至 5 月第 6 候，其中清迈站缺 4 月第 5 候资料，下同)中可看出，新加坡站一直为西风，5 月第 2 候和第 3 候风速较大。哥达巴鲁站在 4 月为东风，从 4 月第 3 候到 5 月第 1 候东风呈逐渐减小趋势，在 5 月第 2 候后开始转为西风，并在第 3 候达到最大 8 m/s。西贡站在 5 月第 2 候后转为西风，并在第 3 候达到 9.7 m/s，突变性很强。乌汶站 4 月为弱的东西风交替出现，5 月第一候后稳定地转为西风。清迈站一直都为西风，前期是受西风带的影响，后期是受西南季风的影响，这从湿度场可以看出。

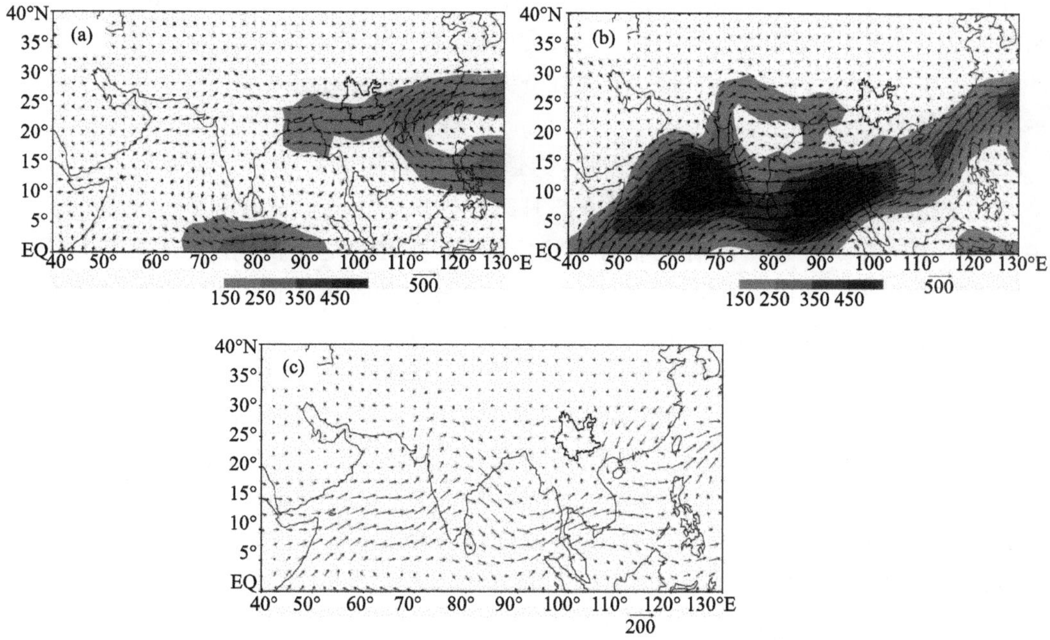

图 6.19　2001 年地面到 500 hPa 的水汽通量输送分布(单位:kg/(m·s))
(a)4 月 16—30 日的平均;(b)5 月 16—30 日;(c)5 月水汽通量的距平

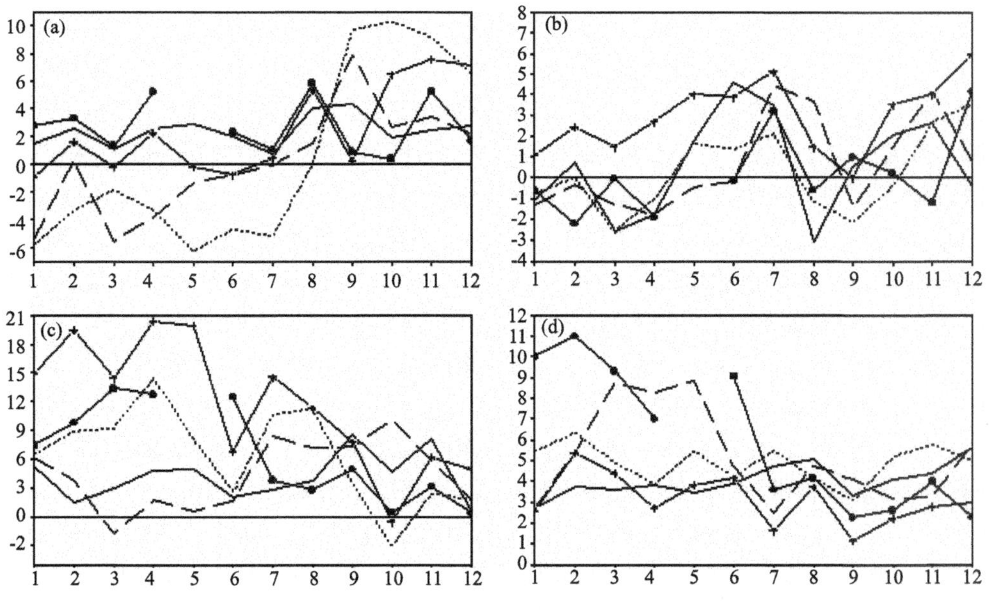

图 6.20　5 站物理量演变
(a、b 分别是 u、v 分量(单位:m/s),c 是 $\theta_{se850}-\theta_{se500}$(单位:K),
d 是温度露点差(单位:℃)。图中实线是 48698 站,点虚线是 48900 站,长虚线是 48615 站,
×实线是 48407 站,·实线是 48327 站)

经向风 v：从图 6.20b 中可明显看出，在 4 月前 4 候除乌汶站有副高外围的南风外，其他四站都为弱的北风。新加坡在 4 月第 5 候转为南风，在 4 月第 6 候最大为 4.6 m/s，其他四站 5 月第 1 候为南风的一个峰值，哥达巴鲁在 5 月第 1 候突变为南风并达到最大 4.4 m/s，乌汶一直为南风，且数值较大。

$\theta_{se850}-\theta_{se500}$：从图 6.20c 中可明显看出，赤道附近的新加坡站在 4 月为弱的不稳定，5 月不稳定性增大。马来半岛的哥达巴鲁站在 5 月第 1 候从 4 月的低值跃升到 5 月的高值。中南半岛的三个站在 4 月第 6 候前就非常不稳定，最不稳定的是乌汶，在 4 月第 4 候达到了 20℃。这三个站 5 月的值反而没有 4 月高，通过相关资料分析我们发现，主要是因为 5 月 500 hPa 增温增湿，特别是湿度增加很大，使得 500 hPa 的 θ_{se} 上升，由于对流云多造成 850 hPa 的温度比 4 月有所下降，使得 850 hPa 的 θ_{se} 下降。

$t-t_d$：从图 6.20d 中可知，西贡和新加坡站变化不大，哥达巴鲁站 4 月第 3～5 候比较干，4 月第 5 候到 5 月第 1 候从最高值降到了最低值，增湿明显。清迈站在 4 月是最干的，但从 5 月第 1 候开始就变得湿润，$t-t_d$ 从 4 月第 6 候的 9.1°C 突变为 5 月第 1 候的 3.6°C，增湿最明显。这与李崇银等(2000)分析发现南海季风爆发前 6 d 在孟加拉湾东北和缅甸地区有一最强增湿中心是一致的。

6.4.2.4 雨季开始前热带对流活动的演变

用能较好反映对流活动的 OLR 资料分析 4 月、5 月东南亚地区季风爆发时对流活动的逐日演变。谢安等(1996)用南海区域平均的候平均 OLR 值下降至 235 W/m^2，同时区域平均的纬向风由东风转为西风定义南海夏季风的爆发时间，并由此得出平均爆发的时间是 5 月第 4 候。

2001 年 4 月 8 日以前对流活动的中心集中在 10°S，以后澳大利亚的高值区西北扩张，对流活动中心向赤道附近移动。到 4 月 26 日前低值区主要在 10°N 以南的加里曼丹岛、苏门答腊岛及赤道东印度洋，低值中心分散，范围不大，低值区的轴线主要是纬向的，高值区在印度次大陆、孟加拉湾、南海、中南半岛(图略)。4 月 26 日(图略)，赤道东印度洋低值区的多个小中心加强合并，范围扩大。30 日(图 6.21a)，低值区系统性北上，印度洋东北部到孟加拉湾东南部有 180 W/m^2 的低值区，200 W/m^2 深对流到达中南半岛上 20°N 的地区，低值中心轴线呈东南一西北走向；印度半岛、缅甸及南海至菲律宾以东洋面为 280 W/m^2 的高值区。5 月 1 日(图略)200 W/m^2 线到达广西，北部湾出现 180 W/m^2 的低中心。3 日(图 6.21b)，中南半岛低值中心持续向东北方向伸长，并与华南切变云系造成的低值区汇合加强，200 W/m^2 线到达台湾，中南半岛西部 180 W/m^2 线北上到 20°N，缅甸的 280 W/m^2 高值区西退到孟加拉湾北部，从东印度洋、中南半岛到我国东南沿海为东北一西南向的大范围 200 W/m^2 低值区；西太平洋的低值中心向北扩，南海大部仍为 260 W/m^2 线控制。6 日(图 6.21c)，安达曼海的低值中心再次向北向西扩张，云南出现 180 W/m^2 的中心，孟加拉湾的高值的减弱，260 W/m^2 线退到印度西海岸；西太平洋的低值中心向西北快速移到菲律宾及其东部的海面上，中心数值为 120 W/m^2，200 W/m^2 线到达菲律宾北部。8 日(图略)菲律宾强低值区加强西移进入南海西南部，280 W/m^2 线范围缩小。9 日(图 6.21d)，东南亚除孟加拉湾北部、中南半岛、南海北部有 240 W/m^2 的弱高值区外，大部分地区为低值区，孟加拉湾和南海分别有 140 W/m^2 低中心，印度半岛大部仍为 280 W/m^2 以上的高值区。5 月 10 日(图略)，中南半岛、南海基本上为 200 W/m^2 以下的低值区。以后东南亚大部地区经常为低值区。

可以看出,2001 年初夏东南亚地区的对流系统活动来得早,东印度洋的对流活动系统性东北移对应孟加拉湾季风爆发,OLR 低值区轴线呈东北—西南向,低纬高原地区的雨季开始受这支对流活动的影响。西太平洋的对流活动系统西北移进入南海对应南海季风爆发,孟加拉湾东岸附近的对流活动早于南海地区的对流活动,两支对流活动北上都表现得相当迅猛,且很快合并。

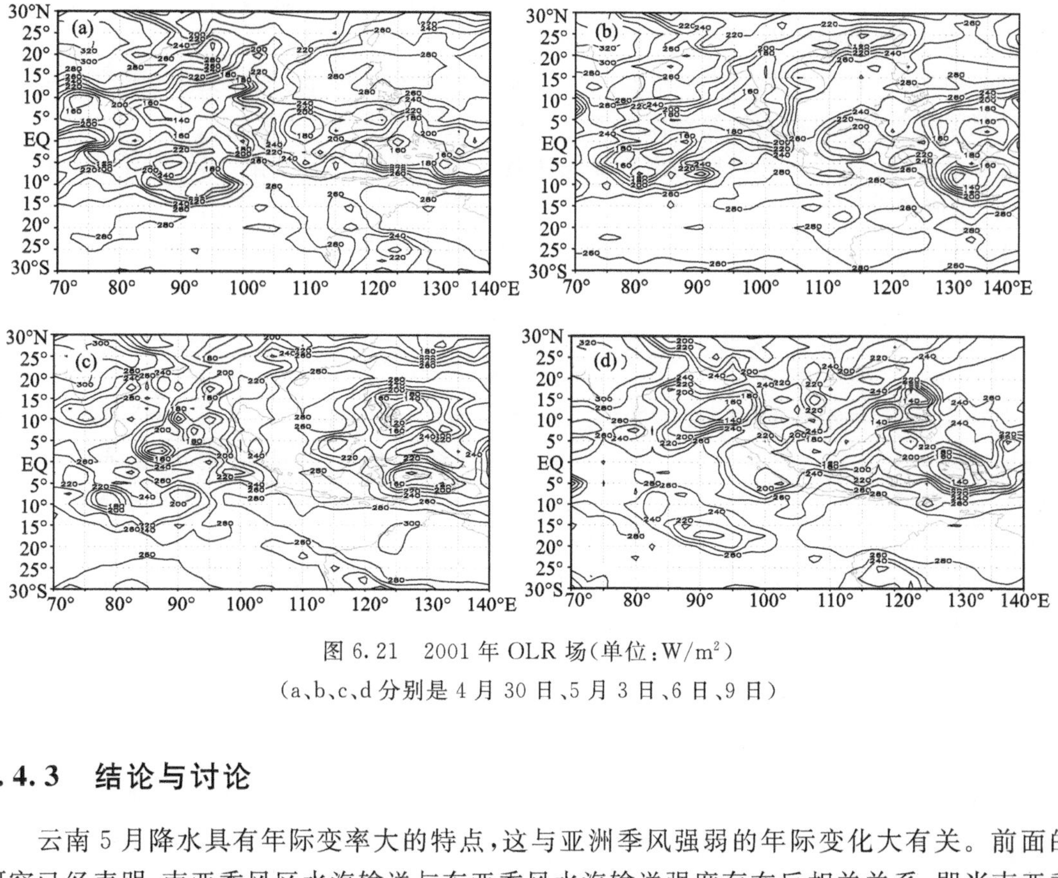

图 6.21　2001 年 OLR 场(单位:W/m^2)

(a、b、c、d 分别是 4 月 30 日、5 月 3 日、6 日、9 日)

6.4.3　结论与讨论

云南 5 月降水具有年际变率大的特点,这与亚洲季风强弱的年际变化大有关。前面的研究已经表明,南亚季风区水汽输送与东亚季风水汽输送强度存在反相关关系,即当南亚季风区水汽输送强时则东亚季风区的水汽输送偏弱。南亚季风指数与低纬高原 5 月降水的极端异常有很好的对应关系,在南亚季风强的年份往往就可能出现云南 5 月降水偏多,雨季开始偏早的情况。因此,云南雨季的开始受孟加拉湾季风爆发的影响,孟加拉湾季风爆发早且偏强是导致 2001 年云南雨季开始偏早到特早、5 月雨量偏多的主要原因。

多年平均状况而言,云南多数地区雨季在 5 月开始,5 月上旬首先在东南部边缘开始,然后自南向北、自东向西推进,最迟的滇西大理、丽江等地于 6 月上旬开始。王裁云(1981)发现中南半岛的 5 月雨量和雨季开始比同纬度的南海和孟加拉湾西部地区要多和偏早,并认为这与西太平洋副高外围南风及西南风首先在中南半岛北上有关。本节的分析表明:正是由于孟加拉湾、中南半岛云系发展,并受西南气流引导向东北移才使得云南的雨季最先在东南部开始。2001 年受冷空气与副高外围西南气流影响,云南东南部边缘在 4 月下旬就出现降水偏多进入雨季了。因此,在作预报预测时,要注意以下几点:

(1)云南雨季开始与东南亚地区季节环流的调整关系密切,要关注 105°E 附近越赤道偏南气流的出现及北上、南亚高压的北移、西太平洋副高的进退等因素。

(2)105°E 附近的越赤道偏南气流与西太平洋副高外围的偏南气流合并并向北推进迅速,热带季风辐合带进入孟加拉湾形成季风低压,使孟加拉湾及中南半岛西部雨季最先开始。

(3)从纬向风、经向风、θ_{se}、$t-t_d$ 物理量看,哥达巴鲁站在夏季风爆发前后变化特征最明显,清迈增湿最明显,中南半岛在季风爆发前已为热力不稳定区,这可能是夏季风首先在这里爆发和爆发迅猛的原因之一。

(4)东印度洋的对流活动向东北移对应孟加拉湾季风爆发,低纬高原地区雨季开始受这支对流活动的影响,西太平洋的对流活动西北移对应南海夏季风爆发。

综上所述,云南雨季开始期的出现要关注澳大利亚冷高压的变化,105°E 附近偏南气流的出现,赤道辐合带的北抬,孟加拉湾东部季风低压的形成,西太平洋副高的进退等天气系统。正是这些热带天气系统的活动形成了云南雨季开始的基本天气特征。

6.5 夏季风水汽输送与夏季旱涝

强降水的发生必须具有持续不断的水汽供应条件(丁一汇等,1981,2003)。1991 年江淮暴雨时期有大量的水汽从孟加拉湾及南海输送到江淮地区,并且孟加拉湾的水汽更为强盛(胡国权等,2003)。何华等(2003)对 1980—1991 年云南的 46 次暴雨过程分析时发现大暴雨前孟加拉湾至云南一带维持的强水汽输送对暴雨的产生起到了重要作用。因此,本节应用 1960—2002 年 ECMWF(ERA-40)再分析资料,应用扩展 EOF 分解、Morlet 小波分析等方法,研究夏季风水汽输送的变化及其对低纬高原地区夏季降水的影响。

6.5.1 夏季风水汽输送的时空特征

选取 80°—130°E,0°—35°N 水汽输送作扩展 EOF 分解。

低纬高原夏季水汽通量矢量及其散度的前 3 个特征向量方差贡献度分别为:20.5%、12.5%、7.4%,前 3 个特征向量的累计方差贡献度为 40.4%。利用 North 等(North 等,1982)的经验方法对其取样误差进行评估,发现前三个特征值满足能量按自由度均分,是稳定可靠的,即前三个特征值对应的特征向量场是有价值的信号,因此这里重点分析前三个特征向量场。

图 6.22a 为夏季风水汽通量矢量场第一特征向量的空间分布型,可以看出整体上呈"反气旋式水汽输送",在 10°N 以北基本上为东南或西南水汽输送,一支是孟加拉湾的西南水汽输送,另一支是副高边沿经中南半岛的东南水汽输送。这说明影响低纬高原夏季降水的水汽一支是索马里越赤道气流经过孟加拉湾向北输送形成较强的西南水汽输送带,另一支是副高边沿的东南水汽经中南半岛影响低纬高原地区,并且其夏季降水的主要水汽是南亚夏季风水汽输送。从水汽通量散度的分布来看(图 6.22a 的等值线和阴影区),孟加拉湾、南海、西太平洋、中南半岛北部为辐散区,最大中心在南海为 0.04×10^{-5} kg/(m^2·s),21°N 以北的大范围地区为辐合区,最大中心在青藏高原东南部至低纬高原西北部为 -0.02×10^{-5} kg/(m^2·s)。夏季风水汽通量矢量及通量散度第一特征向量场的分布型表明,低纬高

原夏季降水的多少主要与来自孟加拉湾和南海地区的反气旋式水汽输送有关，当孟加拉湾、中南半岛为西南向水汽通量输送，且低纬高原地区上空为通量辐合时，低纬高原降水一致偏多，反之一致偏少，这与低纬高原地区汛期降水的第一型空间分布是一致对应的。

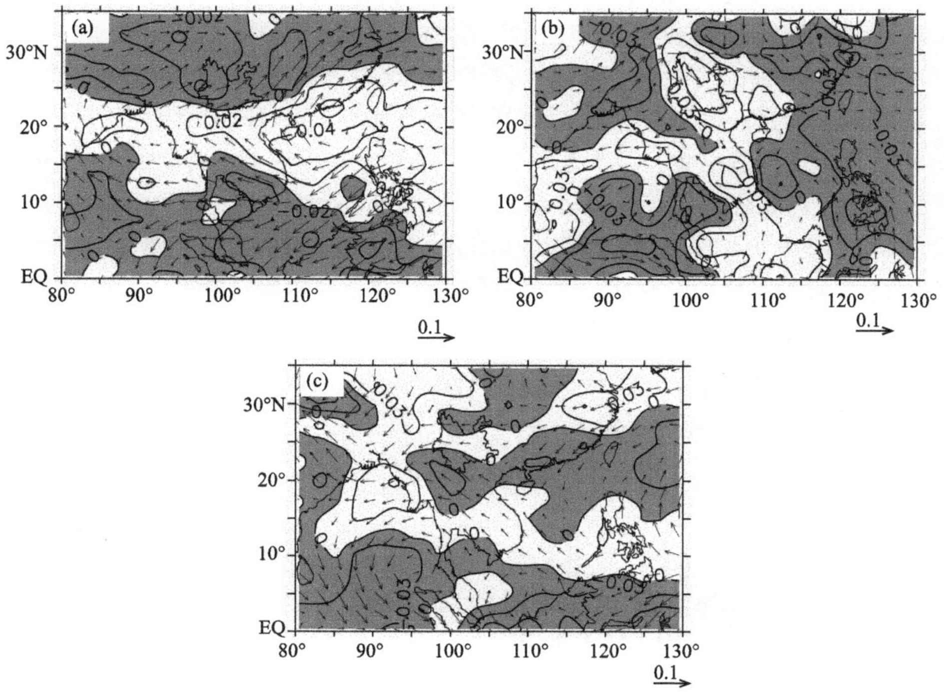

图 6.22　夏季风水汽通量矢量及其散度的第一特征向量场(a)、第二向量场(b)、第三向量场(c)
其中矢量为水汽通量场，等值线为水汽通量散度，阴影区为辐合区，其余为辐散区

水汽通量矢量场第二特征向量的分布型(图 6.22b)大致为“气旋式水汽输送”分布，在孟加拉湾、东印度洋、中南半岛形成气旋式水汽输送，中南半岛、低纬高原南部地区主要是西南向水流输送。从水汽通量散度的分布来看，20°N 以北的孟加拉湾北部至高原南部为水汽通量辐合区，长江中下游及我国东部至西太平洋为水汽通量辐合区，最大中心分别在青藏高原东南部、长江中下游及西太平洋为 $-0.03\times10^{-5}\,\mathrm{kg/(m^2\cdot s)}$，西南地区大部为辐散区，最大中心为 $0.03\times10^{-5}\,\mathrm{kg/(m^2\cdot s)}$。水汽通量矢量及通量散度场的第二分布型对应低纬高原地区汛期降水的偏少分布，影响的主要因子是水汽输送的路径、辐合区的分布。

水汽通量矢量场第三特征向量的分布型(图 6.22c)为“气旋式—反气旋式水汽输送”，在孟加拉湾、中南半岛地区为一气旋式水汽输送，而菲律宾以东洋面以及 30°N 以北区域为反气旋式水汽输送。从图中还可看出，云南受偶极型水汽输送的影响，若孟加拉湾的气旋式水汽偏强，则低纬高原南部受南海的东南水汽输送影响强，而 30°N 以北的反气旋式水汽偏强，低纬高原中北部主要受来自东北太平洋偏东风水汽输送的影响，表明低纬高原夏季受不同水汽输送的影响。从水汽通量散度分布图来看，水汽通量辐合区位于低纬印度洋、赤道太平洋、中南半岛北部到中国东部沿海一线，以及西南地区东部，最大的辐合中心位于低纬印度洋和太平洋为 $-0.03\times10^{-5}\,\mathrm{kg/(m^2\cdot s)}$，低纬高原北部和南部地区为水汽通量散度辐合区，而中部基本为辐散区控制。水汽通量矢量及通量散度场的分布表明，夏季风水汽输送的强弱可能会造成低纬高原地区汛期降水南北分布差异，这与低纬高原夏季降水的南北差异是对应的。

由于水汽通量的前二个特征向量的方差贡献度最大，取前二个特征向量的主成分作Morlet小波分析，研究夏季风水汽输送的多尺度变化特征。

图6.23a是第一模态标准化处理的时间系数，可以看出水汽通量有很强的年际变化。在1970年代初前和1990年代初至末期水汽通量呈增加的趋势，1970年代初至1990年代初前水汽通量呈减少趋势，这与亚洲季风年代际减弱相吻合（Wan H J，*et al.*，2001）。从1960年以来，第一模态的水汽通量呈减少趋势为－0.105 kg/(m·s)/a。从图6.24a可以看出，第一模态在年代际变化上13－15年周期较为显著；在年际变化上2～3年的周期较显著。从第二模态的标准化时间系数（图6.23b）可看出1970年代初期前水汽通量呈减少趋势，70年代初期后水汽通量呈增加趋势，从1960年以来水汽通量呈增加趋势为0.566 kg/(m·s)/a。第二模态的小波分析（图略）表明，第二模态在年代际变化上以11～15年周期最为显著，从1970年代中期后水汽通量呈2—3年的周期振荡。

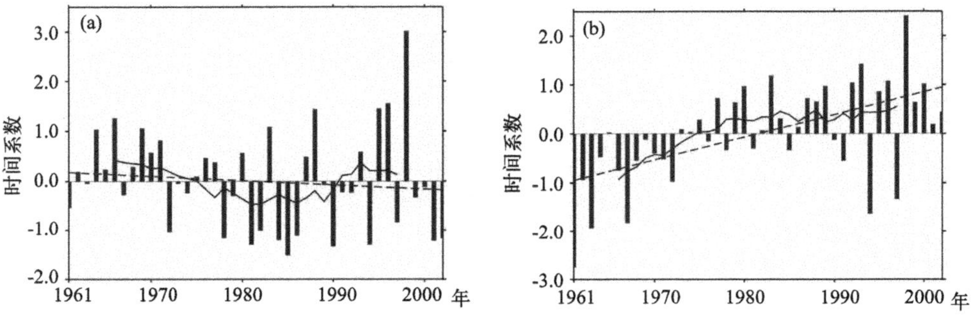

图6.23　第一模态(a)、第二模态(b)的时间系数柱状图

虚线和曲线分别为线性倾向估计和10年滑动平均

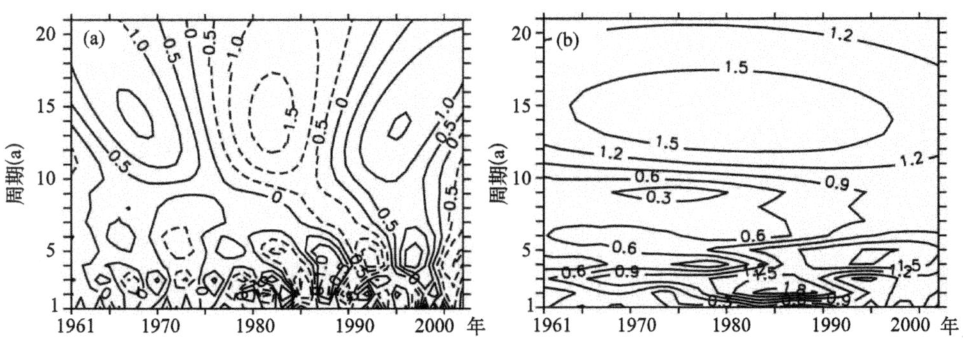

图6.24　第一模态时间系数的小波分析

（a. 小波实部；b. 小波模值）

6.5.2　夏季旱涝的水汽输送差异

选取夏季1966、1971、1998年为偏多年，1992、1989年为偏少年进行合成分析。

首先分别计算偏多年、偏少年从地面到300 hPa的整层水汽通量及散度，然后用涝年的平均减旱年的平均。从图 6.25 可看出，低纬高原夏季降水异常偏多年的水汽输送与图 6.22a 非常相似，表明低纬高原地区夏季降水的多少主要与来自孟加拉湾和南海地区的西南水汽输送有关，当 21°N 以北有异常的水汽通量辐合时，低纬高原地区降水一致偏多，反之为一致偏少。

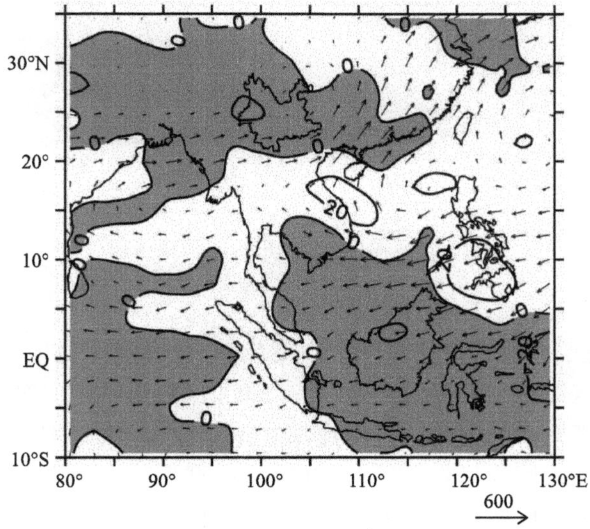

图 6.25　低纬高原夏季旱涝年水汽通量矢量(单位：kg/(m · s))及其散度(单位：10^{-5} kg/(m^2 · s))的差值合成(等值线为水汽通量散度，阴影区为辐合区，其余为辐散区)

为了进一步探讨夏季涝年、旱年对流层水汽输送特征，取 700 hPa 到 500 hPa 代表对流层中层、地面到 700 hPa 代表对流层低层，计算涝年、旱年对流层中、低层水汽通量矢量及水汽通量散度。

图 6.26 为对流层中层水汽通量矢量及水汽通量散度，可以看出涝年从孟加拉湾至中南半岛、南海到我国东部为一致的西南水汽输送，低纬高原为西南气流控制，并且为水汽通量辐合区，中心位于青藏高原南部至低纬高原西北部为 -40×10^{-5} kg/(m^2 · s)，青藏高原南部至孟加拉湾北部为辐散区。而旱年从孟加拉湾至中南半岛、南海基本上为偏西风水汽输送，我国东部虽为偏南风水汽输送但与涝年相比偏弱，孟加拉湾北部至低纬高原西北为弱的西南水汽输送；从水汽通量散度上可知，旱年在青藏高原南部至孟加拉湾北部的辐散区范围扩大并向东延伸至华南，即 20°—25°N、115°E 以西，水汽通量辐合区主要分布在中南半岛、太平洋、南海等区域，低纬高原西北部为辐合区控制，中心仍位于青藏高原南部，但强度减小为 -30×10^{-5} kg/(m^2 · s)。

从对流层低层水汽通量矢量及水汽通量散度(图略)来看，涝年从孟加拉湾至中南半岛、南海到我国东部为一致的西南水汽输送，由于地形的原因，低纬高原中部至南部为西南气流控制，并且为水汽通量散度辐合区，中心位于孟加拉湾东部为 -30×10^{-5} kg/(m^2 · s)。而旱年从孟加拉湾至中南半岛、南海虽为偏西南风水汽输送，但与涝年相比强度较弱，且在 95°—105°E 的西南水汽输送只到 20°N；水汽通量散度的辐合区分布大致与涝年相似，但强度减弱。

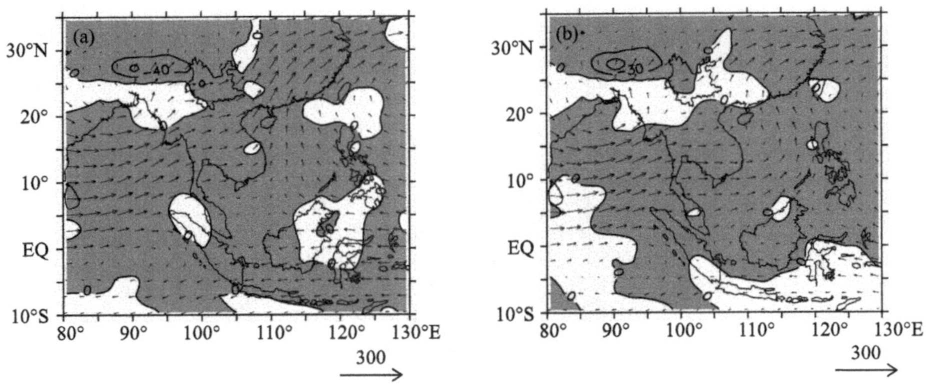

图 6.26 同图 6.19,但为对流层中层

(a)涝年;(b)旱年

综上所述,当对流层中层从孟加拉湾至中南半岛、低纬高原地区为西南气流控制,并且水汽输送为通量辐合区时,低纬高原地区为涝年,反之,则为旱年。对流层低层的水汽输送仅影响低纬高原中部至东南部,当其上空为西南气流控制且为水汽通量辐合时,低纬高原中部至南部降水偏多,反之,则为旱年。因此,低纬高原夏季降水异常与来自孟加拉湾和南海地区的西南水汽输送的强度及位置有关,并且对流层中低层的水汽输送起决定因素。

6.5.3 小结

(1)夏季风水汽通量矢量场的第一特征向量分布型大致呈反气旋式水汽输送,对应低纬高原地区夏季降水的一致偏多;第二特征向量的分布大致为气旋式水汽输送,对应低纬高原地区夏季降水偏少;第三特征向量为气旋式一反气旋式水汽输送,是造成低纬高原地区夏季降水南北分布差异的原因。

(2)第一模态的水汽通量有很强的年际变化,在年代际变化上 13～15 a 周期较为显著,在年际变化上 2～3 a 的周期较显著;1960 年以来水汽通量呈减少趋势,变化速率为 0.105 kg/(m·s)/a。第二模态的水汽通量呈增加趋势为 0.566 kg/(m·s)/a,在年代际变化上 11～15 a 周期最为显著,从 1970 年代中期后水汽通量呈 2～3 a 的周期振荡。

(3)低纬高原地区夏季异常旱涝年与来自孟加拉湾和南海地区的西南水汽输送的强度及位置有关,并且对流层中低层的水汽输送起决定因素。

6.6 水汽输送与秋冬季降水异常

6.6.1 秋季旱涝与水汽输送

从低纬高原地区秋季降水与同期纬向和经向的水汽通量的相关矢量分布上(图 6.27)可看出,在印度北部至孟加拉湾北部有一气旋式相关矢量场,云南处于此气旋相关矢量场的东南部,这样低纬高原为西南向相关矢量场,大部分通过 0.05 的显著性检验(见图中阴影区),而在中南半岛、南海至菲律宾以东的副热带区域为一个范围很广的反气旋式相关矢量场,低纬高原地区在此反气旋式相关矢量场的西边,同时,南印度洋至苏门答腊岛附近存在一个气旋式的相关矢量场，其 105°E 的越赤道东南气流汇入孟加拉湾、中南半岛的水汽输送中，形成影响低纬高原地区的一个范围较大的西南至东南向的水汽通量相关矢量场，大部分通过 0.05 的显著性检验。这表明低纬高原地区秋季降水和西南至东南向的水汽通量呈正相关。由此可见，从印度北部至孟加拉湾，再到中南半岛、南海地区，低纬高原地区秋季降水和整层水汽通量具有“气旋式一反气旋式”相关矢量场分布形式，而这两个系统的相关矢量值较大，大都通过 0.05 的显著性检验(部分通过 0.01 显著性检验，见图中深色阴影区)，当这些区域的水汽通量沿着相关矢量场方向异常加强时，低纬高原地区秋季降水偏多。

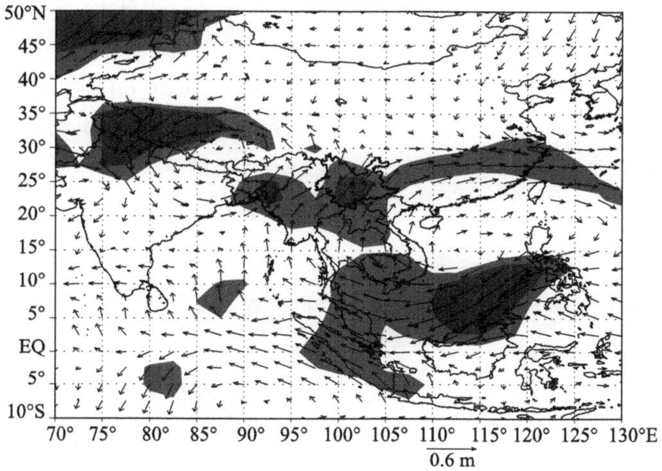

图 6.27　低纬高原地区秋季降水与水汽输送通量的相关矢量分布
(其中矢量的方向和大小分别代表水汽通量的相关方向和大小，
阴影区为通过 0.05 以上显著性检验的区域)

接下来对秋季旱涝年水汽输送进行合成分析，以了解秋季旱年和涝年水汽输送特征，对降水资料进行标准化处理，定义标准差小于－1 为旱年，大于 1 为涝年，1961 年以来秋季降水有 1965、1983、1986、1991、1995、1999、2001 年共 7 a 为涝年，1962、1969、1974、1984、1998、2002、2003、2009 年共 8 a 为旱年，并作合成分析。

从经向水汽通量合成距平上可看出，涝年(图 6.28a)在赤道以北的东印度洋一孟加拉湾一中南半岛为异常正距平水汽通量，低纬高原地区基本上为异常正距平水汽通量，中心位于孟加拉湾为 15 kg/(m·s)，南海南部、中南半岛也有大于 10 kg/(m·s)的向北异常输送区，说明孟加拉湾、中南半岛向北的异常水汽输送有利于低纬高原地区秋季降水多。旱年(图 6.28b)孟加拉湾至低纬高原为经向异常负距平水汽通量，中心为－10 kg/(m·s)分别位于孟加拉湾、低纬高原，而中南半岛大部虽为异常正距平经向水汽通量，但大部值较小为 5 kg/(m·s)，并且其北部到低纬高原地区为负距平。这表明孟加拉湾向北的水汽通量输送强时，有利于低纬高原地区秋涝；反之，则易出现秋旱。在纬向水汽通量合成距平上，涝年(图 6.28c)从赤道印度洋一孟加拉湾南部一南海为西风异常输送，有两个相对大值中心，分别位于孟加拉湾南部及菲律宾附近，西南地区大部到我国东部沿海也为正距平的纬向输送，其值在 0～5 kg/(m·s)间，低纬高原中北部为 5 kg/(m·s)的距平输送；而高原南部、中南半岛至低纬高原南部边缘则为异常东风水汽通量输送。旱年(图 6.28d)在 80°E 以东、赤道以北为大范围的异常正距平控制，最大中心在印度半岛东南部、中南半岛，约为 30 kg/(m • s)。表明纬向输送对旱涝年的影响也很重要，旱年在孟加拉湾及中南半岛的异常西风水汽输送较强；而涝年在孟加拉湾及中南半岛的异常东风输送强，这些区域较稳定均通过 0.05 的检验(图中的阴影区)。

从秋季旱涝年水汽通量合成的差值矢量图上(图略)，涝年从孟加拉湾向北输送的水汽通量非常强，还有来自中南半岛的南风水汽通量输送也较强，输送到低纬高原上空的水汽通量比旱年多 10 kg/(m • s)以上。根据以上分析并与水汽通量相关矢量图比较可见，当低纬高原地区秋季降水偏多时，印度北部至孟加拉湾为气旋式异常水汽通量输送，低纬高原受此气旋式异常水汽通量输送的影响，为西南向异常水汽输送；此时，中南半岛、南海至菲律宾以东出现反气旋式异常水汽输送，低纬高原地区为东南向异常水汽输送；同时，105°E 的越赤道东南气流汇入孟加拉湾、中南半岛的水汽输送中，增强了向低纬高原的异常水汽通量输送，形成影响低纬高原地区的一个范围较大的西南至东南向的水汽输送带，并向西南、华南及我国东部输送。反之，则低纬高原地区秋季降水偏少。

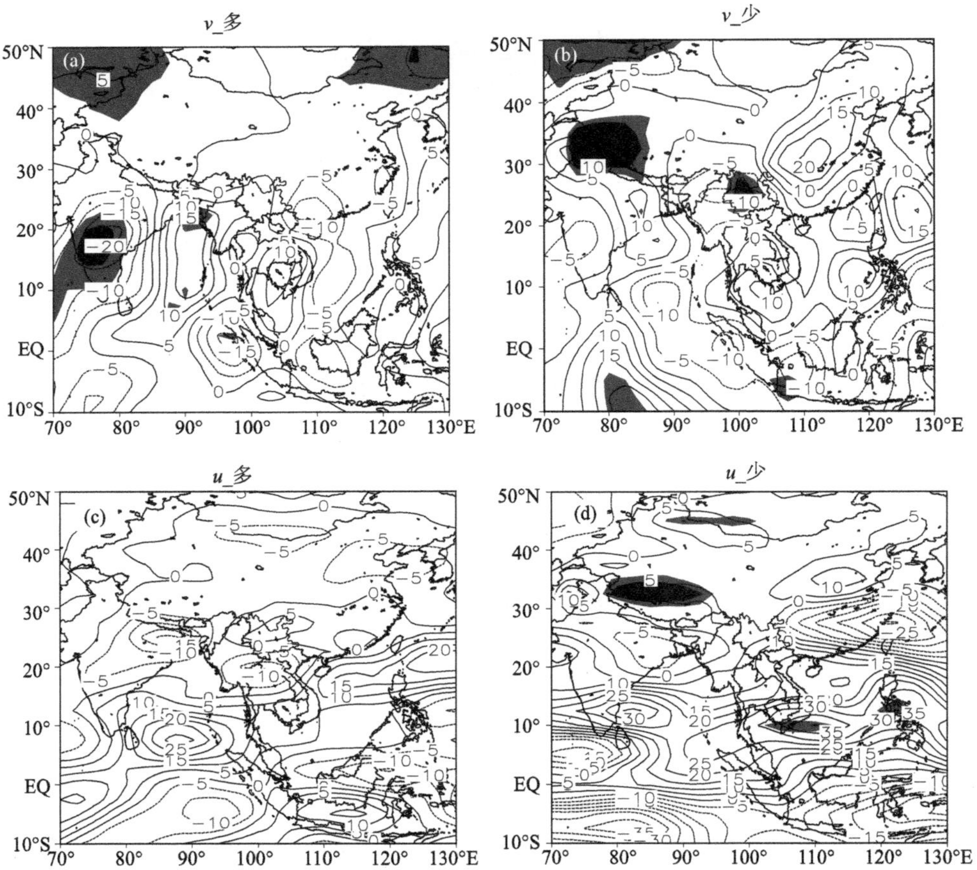

图 6.28　秋季涝旱年经(a、b)、纬(c、d)向水汽通量距平

(a、c 为涝年，b、d 为旱年，阴影区为通过 0.05 以上显著性检验的区域，单位：kg/(m • s))

6.6.2　冬季旱涝与水汽输送

对冬季降水异常年的水汽输送作合成分析，其中 1961 年以来冬季降水有 1965、1967、1970、1982、1991、1992、1994、2002 年共 8 年为涝年，1962、1968、1973、1978、1985、1988、1995、2008、2009 年共 9 年为旱年。在纬向水汽输送通量距平图上(图 6.29a，b)，降水偏多年，10°—30°N 范围内为异常正距平区，大值区在中南半岛北部为 20 kg/(m · s)，云南为纬向水汽通量异常正距平控制；水汽通量异常负距平区在 10°N 以南，80°—130°E 的区域，最大中心在印度尼西亚一带为－40 kg/(m · s)；而降水偏少年，从中南半岛中北部至云南为纬向水汽通量异常负距平控制。这样的分布说明冬季降水偏多时，西风水汽输送较强，反之亦然。在冬季经向水汽输送图上可以看出(图 6.29c，d)，冬季降水偏多时，从孟加拉湾、中南半岛至云南上空的水汽通量为异常南风水汽输送，最大中心在南海为 20 kg/(m · s)，而降水偏少时，孟加拉湾西部、中南半岛南部至云南为异常北风水汽通量。

图 6.29e 是云南降水异常年水汽含量的差值分布，从图中可看出，云南降水异常偏多年，从孟加拉湾、中南半岛至云南的大气可降水量为正异常，并较常偏多 5 mm 以上，印度半岛南部、孟加拉湾中南部，以及菲律宾及其以西至南海大部为负异常。

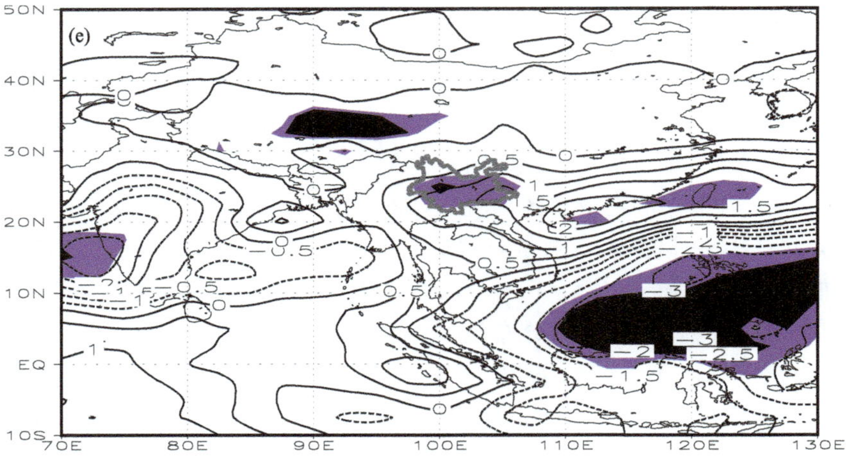

图 6.29　冬季降水多少年纬(a、b)、经(c、d)向水汽通量距平，以及水汽量差值
(a、c 为多年，b、d 为少年，e 为降水多少年水汽含量差值，
阴影区为通过 0.05 以上显著性检验的区域，单位：kg/(m·s))

6.6.3　小结与讨论

低纬高原秋季降水和整层积分水平水汽通量具有“气旋式一反气旋式”相关矢量场分布形式，这与秋季降水和水汽含量的相关分布一致。秋季异常降水与孟加拉湾、中南半岛至低纬高原的南风水汽通量异常输送有关，还与低纬度西风强弱及位置有关。当孟加拉湾、中南半岛至低纬高原的南风水汽通量较强，低纬高原地区秋季易出现涝，反之降水偏少出现旱。低纬高原地区冬季降水异常和中南半岛的整层水汽通量相关矢量有关，云南冬季降水异常偏多年，中南半岛、孟加拉湾至低纬高原的南风水汽通量输送偏强，并且纬向水汽通量为异常正距平时，云南冬季降水偏多，反之降水偏少。另外，云南冬季降水异常偏多年，从孟加拉湾、中南半岛至云南的大气可降水量为正异常。

6.7　青藏高原东南部(横断山区域)春汛期的水汽输送特征

青藏高原总体上干湿季分明，夏季是高湿区；冬季青藏高原中西部是干燥区，但东部却为高湿区，这使得青藏高原的气候表现出多样性特征。在干季(冬春季)，青藏高原中西部降水稀少，而其东南部 即西藏东南部至云南的西北部(或称横断山区域北部)却降水丰沛，形成一个多雨区(或中心)，这一多雨中心集中分布在藏东南林芝地区南部到滇西北怒江州北部地区，与印度东北部阿萨姆邦和缅甸北部降水丰沛区相连，其春季降水相当可观，早春 2—3 月多雨区就可出现汛情，有时甚至超过盛夏雨量，云南怒江地区称为“桃花汛”。叶笃正等(1979)指出：“藏东南、滇西北和印度阿萨姆邦一带雨季自 3 月开始，与长江中下游同为我国雨季最早的地区”。在本章第 8 节的分析将得出青藏高原东南部的多雨区是西南地区雨季开始最早、持续时间最长的区域，也是全国乃至亚洲地区雨季开始最早的地区之一。总的看来，对青藏高原水汽输送的研究多集中在夏季，对干季青藏高原的水汽输送研究较少，本节将研究青藏高原东南部(严格意义上是指西藏东南部至滇西北地区，称青藏高原东南角或横断山区域北部较合适)春季多雨的水汽输送特征。

采用西藏林芝地区和低纬高原地区 125 站 1961—2005 年 45 a 月平均雨量资料,以及再分析资料进行分析。西藏林芝地区气象站为波密、察隅、林芝、米林,云南西北部的气象站选取福贡、贡山、维西、大理、香格里拉。

6.7.1　春季水汽输送

对 3—4 月整层水汽通量场分析表明(图 6.30),3 月和 4 月水汽通量分布特征大致相同,但数值不同。在 30°N 以北、90°E 附近即青藏高原东南部存在一个水汽通量大值带,中心值达 28 kg/(m·s),与南边来自孟加拉湾的水汽相连,而在阿拉伯海北部的波斯湾附近也有大值中心。从图中可看出,此水汽通量大值区沿雅鲁藏布江向东伸展,3 月在雅鲁藏布江大转弯流域附近的藏东南到滇西北一带出现一个次大中心,量值达 24 kg/(m·s);4 月雅鲁藏布江上游的水汽通量大值仍维持在 28 kg/(m·s),这条水汽输送大值带向南扩展到印度东北部及缅甸北部一带,而滇西北的大值中心仍维持在 24 kg/(m·s),但范围扩大。前面的研究表明江河具有通道作用,由于这一区域特殊的地形,由此认识到,孟加拉湾北部的布拉马普特拉河－雅鲁藏布江流域的水汽输送是青藏高原东南角多雨区的重要水汽通道来源,而伊洛瓦底江上游的恩梅开江、迈立开江也是横断山区域北部水汽通量大值中心的来源之一。另外,从图中还可看出,在青藏高原东南部水汽通量梯度较大,相应的比湿场等值线梯度也较大(图略),即存在一个"湿锋"结构,苗秋菊等(2004)研究指出在夏季青藏高原边缘地带水汽梯度非常大,存在"湿锋"结构,青藏高原周边的多雨中心位于"湿锋"附近,进而指出青藏高原南部局地的水汽非均匀性分布及地形动力强迫抬升作用,加上局地动力扰动是青藏高原周边多雨中心形成的重要原因。

从 3—4 月水汽通量矢量场的分布来看(图 6.31),横断山区域北部多雨区有来自阿拉伯海的西风水汽输送和孟加拉湾的西南水汽输送,这从图 6.30b 中也可明显看出,在孟加拉湾北部有一个 20 kg/(m·s)的水汽通量大值区,以及在阿拉伯海北部有一个 12 kg/(m·s)的水汽通量大值区,这进一步说明多雨区的水汽来源主要有来自阿拉伯海的西风水汽输送和孟加拉湾的西南水汽输送路径。

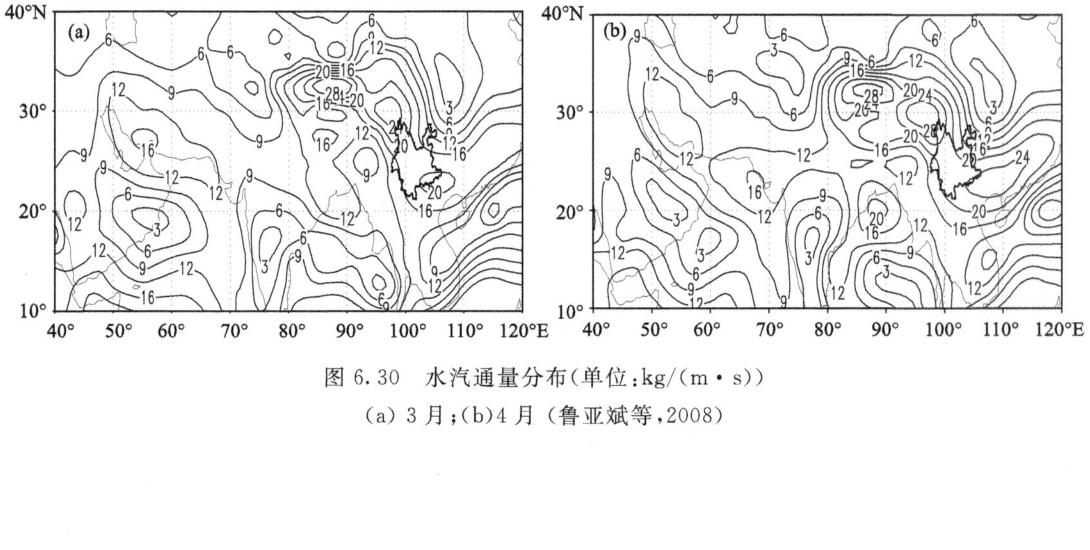

图 6.30　水汽通量分布(单位:kg/(m·s))

(a) 3 月;(b)4 月 (鲁亚斌等,2008)

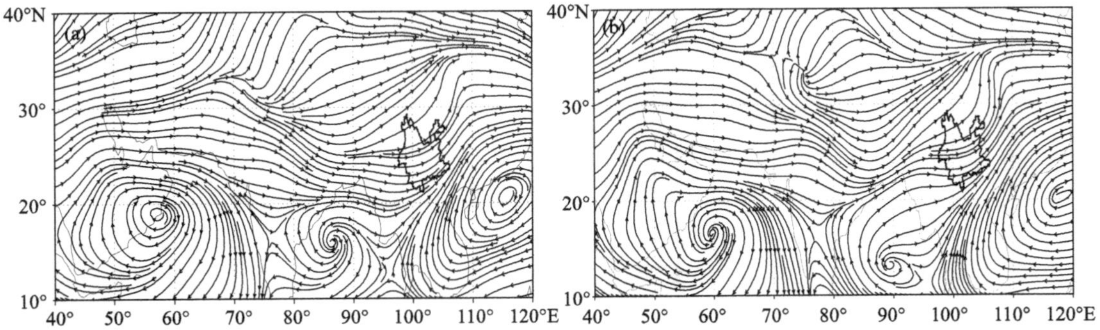

图 6.31　整层水汽通量矢量流场

(a)3 月;(b)4 月(鲁亚斌等,2008)

6.7.2　春汛降水的水汽源及输送路径

从上节分析可知,3—4 月的水汽分布及变化基本一致,本节着重分析春汛期多雨区 3 月降雨量与整层水汽通量的相关系数分布,探讨水汽源地、输送路径对春季多雨区的影响。图 6.32 给出了相关系数分布场,从图中可看出,通过 0.01 显著性检验的相关范围在 18°—30°N、53°—102°E 的区域内,多雨中心的降雨量与水汽通量的最大相关区主要有 22°—26°N、63°—78°E 的区域即阿拉伯海东部至印度西部的范围、孟加拉湾和缅甸东部至低纬高原西部的横断山区域,这些最大相关区分布表明青藏高原东南部多雨区的水汽源与来自孟加拉湾和阿拉伯海的气流密切相关,其水汽输送与雅鲁藏布江一布拉马普特拉河、伊洛瓦底江上游的恩梅开江、迈立开江的水汽通道相联系,这些区域不仅是水汽输送通道也是水汽源地。相关的研究也表明夏季青藏高原上雅鲁藏布江水汽通道的重要作用(杨逸畴等,1987;高登义等,1985;林振耀等,1990)。由此表明,来自阿拉伯海的水汽源地及南支偏西风水汽输送以及孟加拉湾水汽源地与西南水汽输送,与雅鲁藏布江一布拉马普特拉河等河流水汽通道对青藏高原东南角多雨区的形成,提供了源源不断的水汽,其在水汽输送过程中不断加强并向高原及其周边地区输送,充足的水汽条件是多雨区得以产生较大降水的重要原因之一。

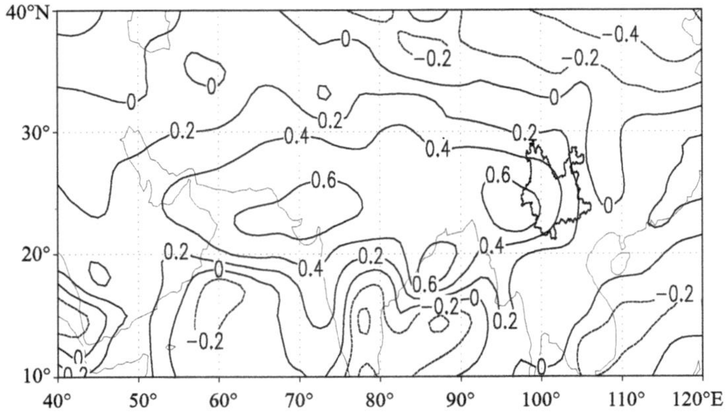

图 6.32　5 多雨中心 3 月雨量与整层水汽通量相关系数分布(鲁亚斌等,2008)

从图 3.32 的相关场分布，并配合水汽通量流场图 6.31 也可看明显出，水汽源地位于阿拉伯海北部并由南支西风携带的湿润空气向东移动，在青藏高原南部大地形作用下，沿布拉马普特拉河逆流而上向多雨区汇集。另外，在青藏高原西侧 30°N 附近有一支水汽输送带爬上高原后向东南方向移动即南支西风水汽，其沿雅鲁藏布江流域向东输送，形成雅鲁藏布江水汽通道，水汽到达多雨区域后，再朝东北方向输送，研究表明青藏高原西南边缘可能是高原水汽来源的重要通道之一，其水平输送可影响高原局地的水汽分布及其近地层水汽垂直分布，成为影响高原局地水分循环变化的重要因素之一（李国平，2001）。结合上面的分析说明，雅鲁藏布江水汽通道是青藏高原东南角春季多雨区水汽来源的重要渠道之一。在低纬高原西部到缅甸一带的高相关区则表明南支槽与横断山区域降水紧密联系（图 6.32）。

另外，南支西风沿喜马拉雅山脉南侧绕流而行，在 90°E 附近，由于这一高大山体的弯曲促使气流发生气旋式偏转，在喜马拉雅山脉南侧 90°E 附近成为南支槽的多发源地，而 3—4 月又是南支槽最为活跃的时期，滇西及缅北成为南支槽前西南气流影响的区域，暖湿气流受高黎贡山东西向的阻挡，使水汽沿高黎贡山西侧的恩梅开江谷地汇集，形成又一水汽源地及输送通道。

综上所述，青藏高原东南角春季早雨季的水汽来源具有多条水汽输送通道，由于多雨区域恰好位于青藏高原东南部的末端，特殊的喇叭口地形、多方水汽输送的复合作用，使多雨中心成为一个“水汽汇”，这是春汛期降水产生在干季大气环流背景下能产生较大降水的重要水汽条件。

6.7.3　结论

（1）春季的水汽通量大值中心位于雅鲁藏布江流域，其次是藏东南到滇西北附近的大值中心，其大值中心与孟加拉湾北部的水汽通量大值区相联。横断山区域多雨区与阿拉伯海、孟加拉湾的水汽通量具有显著的正相关。

（2）春季横断山区域春汛的水汽源地主要是阿拉伯海和孟加拉湾，其水汽输送路径主要是来自阿拉伯海的西风水汽输送、孟加拉湾的西南水汽输送，以及雅鲁藏布江－布拉马普特拉河等河流的水汽通道。

（3）藏东南到滇西北横断山区域（青藏高原东南角）特殊的喇叭口地形，使春季多雨区成为“水汽汇”，阿拉伯海、雅鲁藏布江的远距离水汽输送，以及孟加拉湾的西南水汽是春汛期降水产生的重要水汽来源。

6.8　青藏高原东南部（横断山区域）春汛期（早雨季）的气候特征

低纬高原地区受季风影响，干湿季分明。5—10 月为雨季，11 月—次年 4 月为干季，云南省 124 站雨季平均降水占全年的 84%，但在青藏高原东南部和低纬高原地区西北部的春季却并非如此，其春雨甚至超过主汛期雨量，称为春汛、早雨季、春季多雨中心等（鲁亚斌等，2008；郑建萌等，2010a），怒江地区则称“桃花汛”（和世元，1985；解明恩，1991）。前面的章节已分析了横断山区域的水汽源地及水汽输送路径等，本节主要分析青藏高原东南部春汛或早雨季降水的气候特征，研究与特殊地形配置形成春汛的天气气候原因及异常年的大气环流特征。

6.8.1 青藏高原东南部春汛降水

鲁亚斌等(2008)分析了全国2—4月平均降水量分布，认为全国主要有2个降水大值区域存在，一个位于江南至华南一带，雨量在200～450 mm且范围较广；另一个位于藏东南到云南西北部地区，降水区域雨量在200～600 mm左右，但范围相对较小，这就是青藏高原东南角的"旱雨季"春汛现象。春汛(桃花汛)的早春雨降水显著，占年总雨量的33%～41%(郑建萌等，2010a)，多年平均雨季开始期在2月中旬，早的年份甚至在1月中旬雨季就可开始了。春季青藏高原东南部多雨中心主要分布在藏东南林芝地区南部的察隅到滇西北怒江州北部的福贡、贡山及维西一带，与印度东北部阿萨姆邦和缅甸北部降水丰沛区相连。

从多年平均降水来看(表6.2)，自2月开始，滇西北的福贡、贡山、维西雨量就突升而进入"雨季"，3月藏东南的波密、察隅相继进入"雨季"，3—4月存在明显的春季雨量高值区。统计发现，年内雨量最大值几乎都集中在3月、4月，如福贡3月雨量最大值达595.4 mm，出现在1961年，另外1992年为543.3 mm，2005年为521.6 mm，4月雨量最大值为475.6 mm，出现在1983年，另外1975年为422.8 mm，1990年为383.5 mm，而主雨季(5—10月)期间月雨量最大值只达340.4 mm，出现在1966年6月；贡山3月雨量最大值达517.9 mm，出现在1992年，1994年为506.5 mm，1998年为433.8 mm，4月雨量最大值为428.2 mm，出现在1984年，1983年为409.3 mm，2000年为401.1 mm，而主雨季月雨量最大值为445.3 mm，出现在1982年6月；察隅3月雨量最大值为232.4 mm，出现在1970年，4月雨量最大值为258.8 mm，出现在2000年，主雨季月雨量最大值为235.9 mm，出现在1994年7月。又如2005年云南怒江州北部的福贡2—4月雨量为1014 mm(5—10月累积雨量558 mm)，贡山2—4月雨量为915 mm(5—10月累积雨量743 mm)，持续的大到暴雨天气造成交通、电信中断一个多月，经济损失严重；统计2—4月多雨中心大雨、暴雨的出现频率，将近占全年的60%以上(表6.3)，日雨量极大值也多出现在春季，如贡山日雨量极大值为100.2 mm，出现在1994年3月22日；福贡日雨量极大值为95.1 mm，出现在2005年3月6日，而如此强烈的降水在盛夏却未曾出现过。这表明，降水极大值多出现在春季，而不是出现在盛夏。

多雨区域春雨高峰期与夏季季风雨高峰期形成年内雨量分布总体呈"双峰"型特征(图6.33a)，在春季3—4月和夏季6—8月分别出现一个降水高峰，在夏季风来临之前存在一个多雨时段，在夏季风来临之后出现另一个降水高峰期，春夏大气环流季节转换的5月则是一个过渡期。统计发现，多雨中心雨季可持续长达9个月之久，平均从2月开始，一直延续到夏季风结束的10月。

对比分析与多雨区紧邻(见表6.2)的滇西北大理、香格里拉和藏东南的林芝、米林等地，其春汛现象并不明显，春季表现为干燥少雨，5月下旬后随着夏季风的来临才陆续进入雨季，单峰型的雨量分布显示出明显的季风雨气候特征，表明降水的水汽来源主要来自夏季风输送，随着夏季风撤退，雨量锐减，雨季结束(图6.33b)。

综上所述，青藏高原东南部春、夏降水分布总体呈双峰型特征，并且2月降水就出现倍增现象，在春汛期间易出现大雨、暴雨，且往往持续数天，降水较为集中，具有降水强度大、持续时间长的特征，加之复杂的地形条件，容易发生滑坡、泥石流等灾害。春汛降水最典型的代表站是云南怒江州的福贡和贡山(下一节我们将详细分析)。

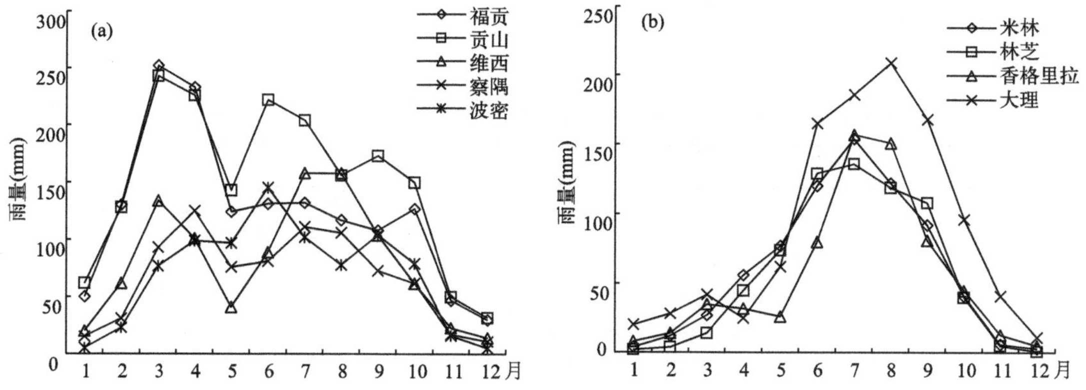

图 6.33　多雨区(a)及多雨中心紧邻地区(b)逐月雨量演变(单位:mm)(鲁亚斌等,2008)

表 6.2　多雨区及紧邻地区多年平均雨量分布(单位:mm)(鲁亚斌等,2008)

站\月份	1	2	3	4	5	6	7	8	9	10	11	12	年值
福贡	50	130	252	233	124	131	132	117	108	127	47	30	1480
贡山	62	128	243	226	143	222	204	156	173	150	50	32	1788
维西	20	62	134	101	41	89	158	158	104	62	23	14	966
察隅	15	31	93	125	76	81	111	106	73	62	17	11	801
波密	5	23	77	99	97	145	102	78	104	79	16	5	830
米林	4	12	27	56	77	120	154	122	92	41	6	3	714
林芝	2	4	14	45	74	129	136	119	108	40	5	1	680
香格里拉	8	14	35	32	26	80	157	151	81	45	13	5	647
大理	20	28	42	25	62	165	186	209	168	96	41	11	1051

6.8.2　滇西北春汛期降水

低纬高原地区西北部(横断山脉纵谷区西北部)的福贡、贡山站海拔高度分别为 1189.7 m 和 1583.3 m,表 6.3 为 1971—2000 年福贡、贡山和全省 124 站平均 1—12 月降水量占年降水量的百分率,1959—2008 年福贡、贡山各月的日降水达大雨(25 mm)和暴雨(50 mm)以上的频次以及降水日数。由表 6.3 可见,全省月降水的分布为单峰型,7 月最多,12 月最少;而福贡、贡山为 3 峰型,福贡峰值出现在 3、7、10 月,贡山出现在 3、6、9 月。由于存在 3 个峰值,福贡和贡山降水的月际波动比全省要小,福贡、贡山 11—4 月的降水占全年的 50.2%和 41.5%,而全省的只占 15.6%,显然干湿季的划分在纵向岭谷区北部显得不合适。2—4 月全省各站 30 年平均月降水最多的都是福贡、贡山,月降水在 128～252 mm, 两站 2 月、3 月的降水比前一个月突增一倍左右。而同期最少的是相距不远的华坪、宾川、鹤庆,平均的月降水仅为 3～13 mm,这与这些站点处在背风坡有关。

从大雨以上日降水的频次看(见表 6.3),福贡存在 3 月和 10 月 2 个峰值,2—4 月的频次远大于其他月;贡山存在 3 月、6 月和 10 月 3 个峰值,3—4 月的频次大于其他月。暴雨以上频次都存在 3 月和 10 月的 2 个峰值,主汛期 7—8 月的频次只有 1～3 次,远小于 2—4

月和10月。从降水日数看,春汛期间的月降水日数少于主汛期,但降水量远多于主汛期。这都说明了春汛降水具有强度大的特点。而9、10月存在的强降水频次的峰值,也值得关注。

表6.3 滇西北部和云南各月30年平均降水占年平均降水的百分率(单位:%)以及50年的大雨暴雨频次

月份		1	2	3	4	5	6	7	8	9	10	11	12
降水百分率	福贡	3.4	8.8	17.0	15.8	8.4	8.9	8.9	7.9	7.3	8.6	3.2	2.0
	贡山	3.4	7.2	13.6	12.7	8.0	12.4	11.4	8.7	9.7	8.4	2.8	1.8
	全省	1.4	1.9	2.7	4.2	9.4	16.2	20.2	18.3	12.4	7.9	4.2	1.2
大雨以上频次	福贡	24	93	162	125	62	49	46	29	30	68	19	16
	贡山	29	66	127	119	58	100	63	40	55	76	20	8
暴雨以上频次	福贡	1	13	36	22	14	8	2	3	4	17	1	1
	贡山	4	11	27	26	16	8	1	3	8	17	5	2
降水日数	福贡	336	600	906	1012	926	1026	1103	1028	926	711	329	162
	贡山	438	716	983	1037	1016	1243	1310	1198	1113	767	395	219

用福贡和贡山2—3月降水量代表滇西北早雨季降水,从1959—2008年的降水距平百分率有22年<−20%,有14年>20%,在±20%的只有14年,最少是的1999年为233 mm,最多的是2005年为1674 mm。从最近50年来的趋势图可看出(图6.34a,虚线是30年平均,实线是趋势线),最近50年来滇西北春汛降水呈弱增加趋势为1.28 mm/a,整体上看变化趋势基本不明显。

图6.34b是春汛降水Morlet的小波系数,图的上半部分为低频,对应长周期的变化,下半部分为高频,对应短周期的变化。在年际尺度上,具有很强的年际震荡特征,但图6.34a周期表现相对较为明显。在年代际尺度上,16 a尺度最为显著,基本呈一高一低分布,主要的降水偏多期在20世纪60年中期前、80年代初至90年代末,其中最强的降雨在80年代中至90年代中期;降水偏少期主要在60年中期至70年代末和21世纪初以来。

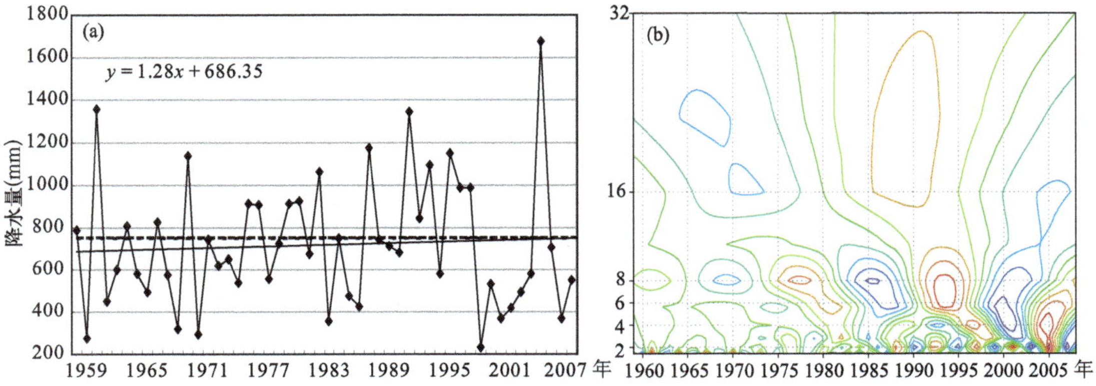

图6.34 50年来纵向岭谷区北部春汛降水量的变化

(a)年变化;(b)小波系数谱

6.8.3 小结

(1)青藏高原东南部的春季多雨区成为西南地区雨季开始最早、持续时间最长的地区，也是全国乃至亚洲地区雨季开始最早的地区之一。青藏高原东南角的春汛降水具有很强的地域性特征，与低纬高原大部地区的降水稀少不同，具有降水多、强度大的特点。

(2)青藏高原东南角 3 月降水占年降水百分率最大，并且 2 月、3 月的降水比前一个月突增一倍左右，春夏季降水总体呈双峰型，多年月平均降水呈 3 峰型；大雨暴雨以上日降水频次远大于主汛期。

(3)滇西北福贡、贡山的春汛降水最大。在大雨以上日降水的频次上，福贡存在 3 月和 10 月 2 个峰值，2—4 月的频次远大于其他月；贡山存在 3 月、6 月和 10 月 3 个峰值，3—4 月的频次大于其他月。暴雨以上频次均存在 3 月和 10 月的 2 个峰值，主汛期 7 至 8 月的频次远小于 2—4 月和 10 月。从降水日数看，春汛期间的月降水日数少于主汛期，但降水量远多于主汛期。另外，9、10 月也存在强降水频次的峰值，值得关注。

(4)整体上看近 50 年来春汛降水变化趋势基本不明显，在年际尺度上具有很强的年际震荡特征，8 a 周期较为明显。在年代际尺度上，16 a 周期较显著。

6.9 春汛(早雨季)的天气气候成因

6.9.1 春汛(早雨季)的天气气候背景

前面分析了春季多雨中心位于西藏东南部至云南西北部，这一区域地形复杂，总体看春季多雨中心处于特殊的喇叭口地形的迎风坡，如：福贡、贡山位于高黎贡山的北段，位于高黎贡山地势南北走向，北高南低，整个地区地势险峻，垂直变化剧烈。下面选取风场进行分析：

在 1—4 月 500 hPa 和 700 hPa 30 年平均的纬向风图上(图略)，从印度北部到我国华南为西风带的大值中心轴。在 850 hPa 纬向风的 30 年平均图上(图 6.35a、b 分别为 2、3 月，其中阴影为地形，下同)，从巴基斯坦、印度北部到高原南部直至云南的西风大值中心轴 1—4 月是逐渐增强的，2 月在 2 m/s 以上，3 月增加到 3 m/s 以上，加尔各答以北的大值中心也从 4 m/s 增大到 5 m/s。从 850 hPa 经向风看(图 6.35c、d)，1—4 月，25°N 以南、95°E 以西的孟加拉湾为偏北的冬季风，滇西北以西到 90°E 的高原南部边缘都为南风，这与西风绕过高原南侧进入向南开口的雅布河谷后转向造成的偏南风有关。由此可见，2—4 月对流层低层逐渐增强的西风从南亚西部流过印度恒河平原、缅甸山地到达滇西北后受到高黎贡山的阻挡和抬升，海拔最高的高黎贡山北段气流辐合强烈，造成处于迎风坡的福贡、贡山等地多雨。并且在特殊的地形强迫抬升作用下，雅鲁藏布江河谷一带易产生小气旋，西藏东南角察隅一带也因此有 2、3 月降水多的特征，这与前面分析的雅鲁藏布江河谷上存在水汽通量大值区是一致的。

可见，造成青藏高原东南部独特春汛(早雨季)降水的天气系统是南支西风，结合前面分析的这一区域的水汽输送及路径可知，正因为影响的天气系统是南支西风这种大尺度天气系统，春汛降水过程有雨量多、强度大、持续时间长的特征。因此，这就解释了青藏高原东南角多雨区的降水峰值和强降水频次峰值，2、3 月降水多是西风带在南亚的季节性北移所致，

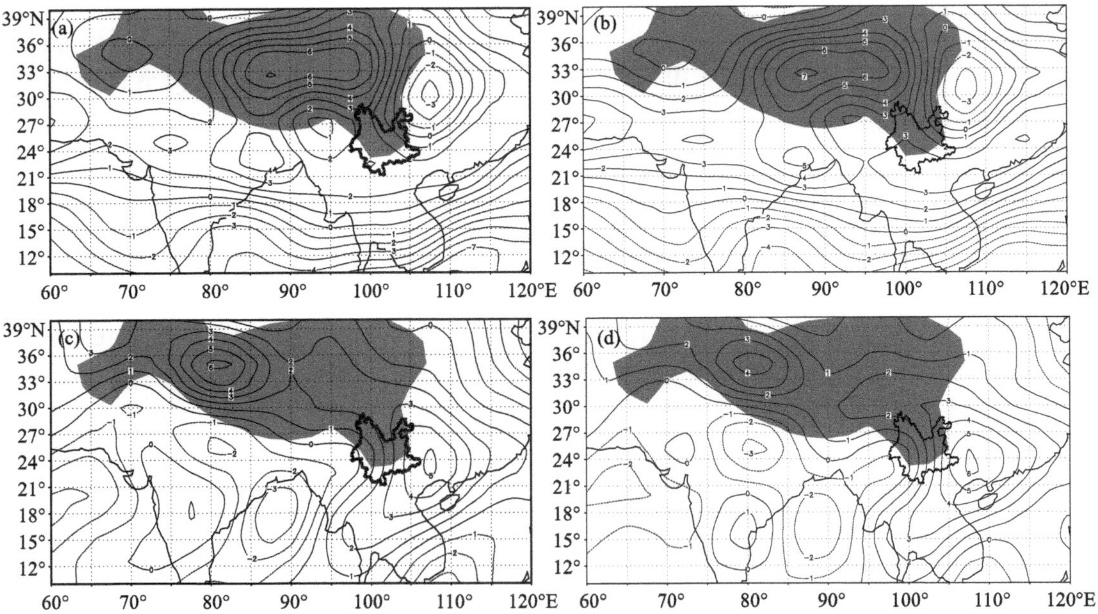

图 6.35　1971—2000 年 2、3 月 850 hPa 平均纬向(a,b)、经向风场(c,d)

而 9、10 月的降水峰值和强降水频次峰值就是西风带在南亚的季节性南移造成的。

6.9.2　春汛降水偏多年与偏少年的大气环流特征

选取春汛降水正负距平百分率都在 50%以上的年份作合成分析,2 月偏多年是 2005、1959、1964、1989、1977、1967、1973 年共 7 年,偏少的 7 年是 1999、1984、1969、1974、2002、1971、1960 年;3 月偏多的 7 年是 1961、1992、2005、1983、1994、1996、1976 年,偏少的 7 年是 1973、1999、1995、1984、2003、2001、1960 年,对偏多年与偏少年的纬向风、经向风和相对湿度进行合成。

合成分析结果表明,偏多、偏少年三个要素在对流层中低层的分布有明显差异,且 2 月和 3 月具有相似的分布特征。从 3 月 700 hPa 纬向风距平可看出,偏多年与偏少年(图 6.36a、b)南亚地区到低纬高原的距平风场呈反相,偏多年为大范围的西风距平,巴基斯坦南部及邻近的阿拉伯海的距平中心达 1.5 m/s;偏少年为大范围东风距平,孟加拉湾北部的距平中心达−1.5 m/s。在 2 月 850 hPa 经向风距平场上(图 6.36c、d),偏多年阿拉伯海、巴基斯坦、印度东北部为南风距平控制,阿拉伯海的大值中心达 1.5 m/s;偏少年阿拉伯海、印度西部虽为弱的南风距平,但印度东部、孟加拉湾东部、中南半岛为北风距平控制,孟加拉湾北部的北风距平大值中心达−1.0 m/s,水汽输送被阻断,同时南支槽不活跃,致使春汛降水偏少。因此,在偏多年阿拉伯海、巴基斯坦一线西南风较强,配合对流层中低层相对湿度距平场(图略)分析,阿拉伯海、巴基斯坦、印度西部和北部湿度都为正距平,而在偏少年则为负距平。这说明阿拉伯海水汽源地及水汽输送在春汛降水中的重要性,与夏季青藏高原的水汽来源于印度洋暖湿气流是一致的(林振耀等,1990)。

综上所述,青藏高原东南部春汛降水偏多的原因不只是南支槽系统,与阿拉伯海、孟加拉湾一线的南风输送水汽并入南支西风中,以及雅鲁藏布江—布拉马普特拉河的水汽输送等有关，使得南支西风在特殊地形的抬升下更易形成降水，造成西藏东部、滇西北与青藏高原东南部的其他地区降水差异较大，而南支槽的活跃是造成低纬高原地区降水偏多的共同天气系统。春汛降水偏少年，南亚地区到低纬高原地区的西风较弱，南支槽也不活跃。

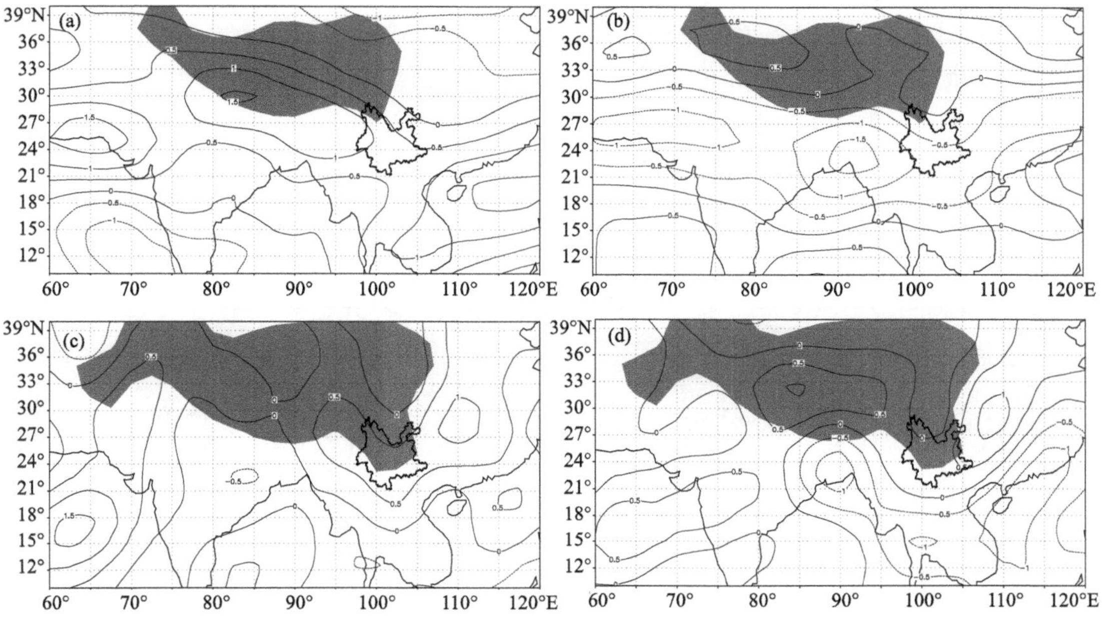

图 6.36　3 月偏多年、偏少年 700 hPa 纬向风距平(a、b)和 2 月偏多年、偏少年 850 hPa 经向风距平(c、d)

6.9.3　2005 年春汛降水异常的原因

2005 年 2 月 13—21 日、3 月 2—7 日福贡、贡山出现持续的大雨、暴雨，两次过程的降水量福贡分别为 332.7 mm、260.2 mm，贡山分别为 276.8 mm、166.7 mm，引发了滑坡、泥石流等严重灾害，造成 19 人死亡，1 人失踪，造成的经济损失惨重。从云南来看，全省大部地区 2 月降水偏少到特少，有 19.4%的站点无降水，69.4%的站点偏少 6 成以上，而滇西北偏多到特多，福贡、贡山的降水分别为 400 mm、360 mm，为有气象记录以来的最大值，但滇西北东部的宁蒗、丽江、宾川只有 2～3 mm，春汛降水的区域性特征在该月表现特别明显。同期青藏高原大部气温偏高 2℃左右，低纬高原地区 88.9%的站点偏高 1℃以上，可以认为该月高原上无明显的冷空气南下影响该区域；3 月低纬高原部地区降水特多，楚雄、大理州的大部降水偏多 3 倍以上，气温大部地区偏低到特低，低纬高原部地区一致，福贡、贡山降水距平百分率分别为 107%和 81%，气温分别偏低 2.9℃和 1.9℃。这种气候背景对深入认识春汛(早雨季、桃花汛)降水的成因提供了难得的机会。

图 6.37 为 2005 年 2 月和 3 月 700 hPa 的纬向风、经向风距平及 500 hPa 相对湿度距平，从图 6.37a 中可看出，2 月 700 hPa 纬向风距平场上阿拉伯海北部、印度北部为较强西风距平控制，青藏高原东南部处于 3.5m/s 的大值距平中心；在经向风距平场上(图 6.37c)，85°E 以西为南风距平，印度东北部有 2.5m/s 的中心，低纬高原为南风距平，孟加拉湾大部和中南半岛南部为弱的北风距平，说明冷空气和南支槽都不活跃；500 hPa 相对湿度距平场(图 6.37e)上，阿拉伯海、巴基斯坦、印度至滇中都为正距平，中南半岛和孟加拉湾大部为负

距平。这表明 2005 年 2 月来至阿拉伯海的气流使南支西风强盛且水汽含量多,青藏高原东南部在地形的抬升下更易产生降水,而低纬高原大部地区由于冷空气和南支槽不活跃造成高温少雨。

3 月 700 hPa 南亚地区纬向风距平在 20°N 以南为西风距平(图 6.37b),以北主要为东风距平;经向风距平场(图 6.37d)上阿拉伯海为北风距平,孟加拉湾和中南半岛西部有大的南风距平,中心值达 2.5 m/s,我国大部为北风距平,低纬高原处在两种距平的交汇处;500 hPa 相对湿度距平场(图 6.37f)上,孟加拉湾至低纬高原为正距平,低纬高原上空有 12%的中心,阿拉伯海、印度西部为负距平。表明南支西风弱,阿拉伯海的水汽输送差,而冷空气和南支槽十分活跃,导致低纬高原大部地区降水特多,气温偏低到特低,同时也造成青藏高原东南部的滇西北 3 月春汛降水偏多。

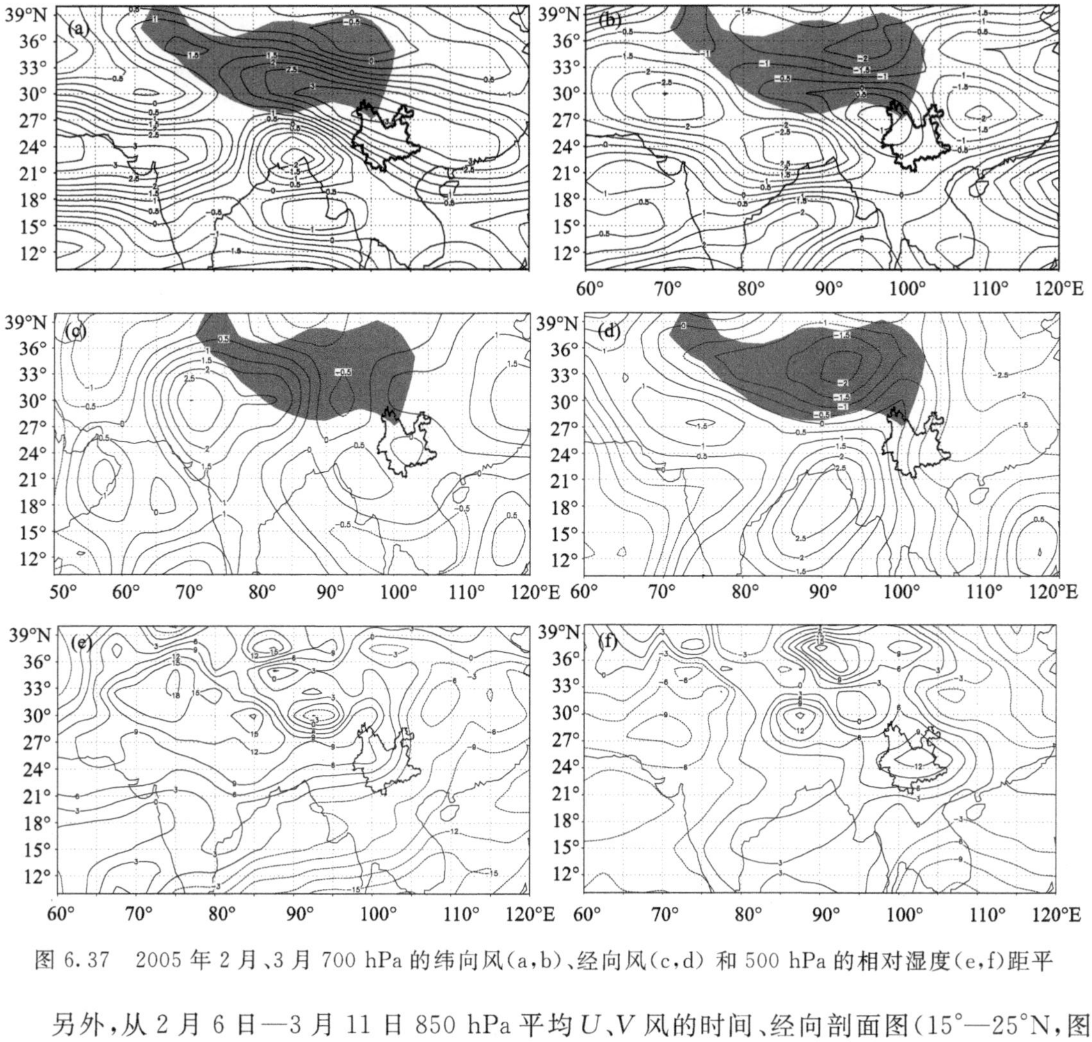

图 6.37　2005 年 2 月、3 月 700 hPa 的纬向风(a,b)、经向风(c,d) 和 500 hPa 的相对湿度(e,f)距平

另外,从 2 月 6 日—3 月 11 日 850 hPa 平均 U、V 风的时间、经向剖面图(15°—25°N,图略)上可看出,9 日 50°—60°E 有 5 m/s 的大值西风区东移,12—21 日 55°—100°E 的地区都为西风控制,16 日前后在 68°—76°E 和 87°—93°E 分别有中心达 8 m/s 和 7 m/s 以上西风中心,13—17 日青藏高原东南部的西风维持在 5 m/s 以上,福贡 13—21 日出现持续 9 d 的大

雨、暴雨。2月24日—3月1日，50°—65°E有中心达6 m/s以上的南风大值区东传，3月4—6日中心为4 m/s的南风出现在95°E附近，因此3月2—7日的过程为南支槽的影响，丽江、楚雄、昆明在4日有中雨出现，福贡2—4日出现中雨，5—7日才出现暴雨、大雨。

综上所述，2005年春汛期间2月降水偏多与南支西风强盛且水汽丰沛有关，这表明阿拉伯海水汽源地的重要性，3月降水偏多与南支槽和冷空气活跃有关。1969年2月春汛特征也说明了阿拉伯海水汽源地对青藏高原东南部降水的重要性，该月700 hPa纬向风(图略)在21°N以北的南亚地区为西风距平，孟加拉国为5 m/s的西风距平控制，经向风(图略)在阿拉伯海到印度西部有3 m/s的南风距平中心，但高原上有较强的西北风南下，致使高原南侧西风加强，孟加拉国为5 m/s的西风距平控制，同时85°E以东的东南亚地区为北风距平，在缅甸有4 m/s的北风距平中心，水汽被阻断。700 hPa上印度半岛有中心达15%的相对湿度大值区，而高原南侧至孟加拉湾、中南半岛为相对湿度负距平区，低纬高原上空有一27%的负中心。因此在"干"西风的控制之下，2月福贡的降水仅有36 mm。

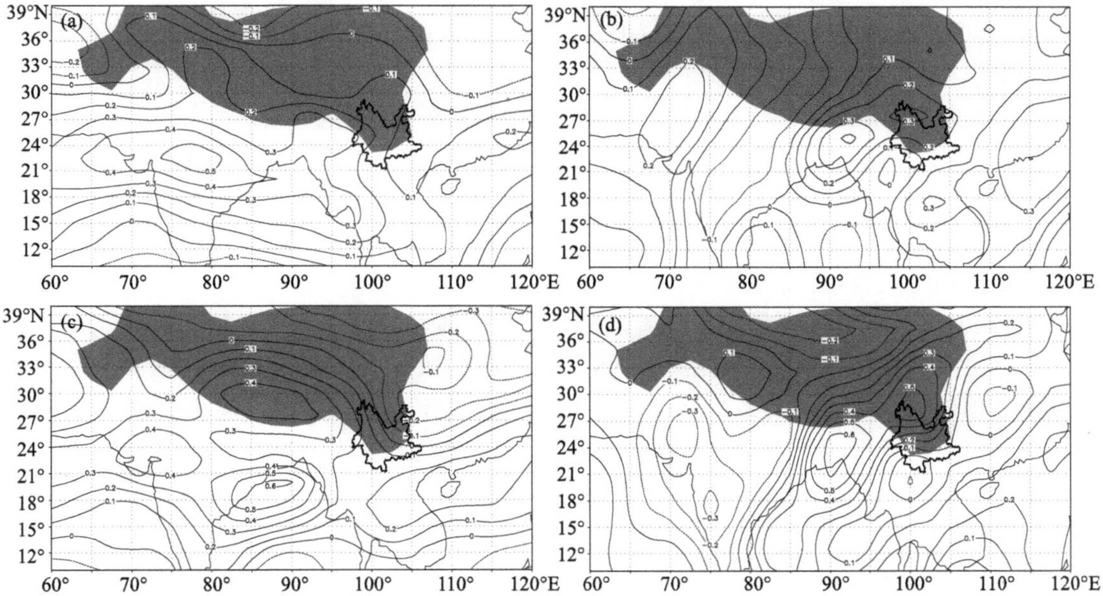

图6.38　春汛降水与同期2月、3月850 hPa纬向风(a,c)、经向风(b,d)的相关系数分布

为进一步确定以上得出的春汛降水影响系统和影响区域，计算滇西北2月、3月降水与同期850、700、500 hPa纬向风、经向风的相关系数，发现对流层中低层在南亚地区的影响区域都对应很高的相关区。如2月850 hPa纬向风(图6.38a)从阿拉伯海北部、印度半岛中北部、孟加拉湾北部到中南半岛西部为0.3以上的正相关区(通过0.05显著性检验)，印度半岛20°—25°N有0.5的高中心；经向风(图6.38b)在高原南侧有0.3以上的高相关，表现为南支槽的影响。3月850 hPa纬向风(图6.38c)从18N以北的阿拉伯海、印度半岛大部到孟加拉湾北部为0.3以上的高相关区，印度西部和孟加拉湾北部分别有0.5、0.6的中心；经向风(图6.38d)在85°—95°E的高原南侧和孟加拉湾有0.3以上的正相关区，中心达到0.6，说明孟加拉湾的水汽输送对春汛降水的作用。

可见，从高相关区域来看，春汛降水的水汽源在阿拉伯海、孟加拉湾，这些区域的水汽输送影响青藏高原东南部的春汛降水，与夏季青藏高原周边多雨中心水汽来源具有远距离输送特征相类似（苗秋菊等，2004）；而影响系统中3月南支槽对青藏高原东南部降水的影响比2月大，这与3月南支槽进入活跃期有关。

6.9.4 结论

（1）青藏高原东南部独特春汛（早雨季）降水的天气系统主要是南支西风这种大尺度天气系统，春汛降水过程有雨量多、强度大、持续时间长的特征。这就解释了青藏高原东南角多雨区的降水峰值和强降水频次峰值，2、3月降水多是西风带在南亚的季节性北移所致，而9、10月的降水峰值和强降水频次峰值就是西风带在南亚的季节性南移造成的。

（2）2—4月逐渐增强的对流层低层南支西风到达青藏高原东南部后受到南北向地形的阻挡和抬升，在迎风坡地区易产生降水，而同期云南其他地区多受西风气流控制，降水稀少。当阿拉伯海北部、南亚地区低层为西风距平，阿拉伯海为南风距平时，来自阿拉伯海的气流并入南支西风，使得南支西风强盛且水汽含量大，地形抬升后在青藏高原东南部形成较大降水，使该地区降水偏多。当无来自阿拉伯海的气流并入南支西风时，西风气流水汽含量少，青藏高原东南角降水偏少。

（3）春汛降水偏多的水汽主要是阿拉伯海、孟加拉湾一线的南风输送水汽并入南支西风中，以及雅鲁藏布江一布拉马普特拉河的水汽输送等，使得南支西风在特殊地形的抬升下更易形成降水，造成西藏东部、滇西北与青藏高原东南部的其他地区降水差异较大，而南支槽的活跃是造成低纬高原地区降水偏多的共同天气系统。春汛降水偏少年，南亚地区到低纬高原地区的西风较弱，南支槽也不活跃。

（4）2005年2月青藏高原东南角春汛期降水偏多的原因是来至阿拉伯海的气流使南支西风强盛且水汽含量多，环流在青藏高原东南部地形的抬升下更易产生降水，而青藏高原东南部的其他地区（如：云南大部地区）由于冷空气和南支槽不活跃造成高温少雨；3月南支槽前由于来自孟加拉湾的西南气流和冷空气活跃，青藏高原东南部多雨区（滇西北降水偏多）与云南大部地区一样出现降水偏多。总体来看，在影响的天气系统中3月南支槽对青藏高原东南部的影响比2月大，这与3月南支槽进入活跃期有关。对2005年2—3月低纬高原地区春汛降水异常的分析可为今后预报此类降水提供参考。

（5）相关分析表明，春汛降水的水汽源地是阿拉伯海和孟加拉湾。

第 7 章　低纬高原地区主要江河对气候变化的响应

在可持续发展中，人口、资源和环境三大问题都与水密切相关，水作为万物之源，是人类生存和发展的命脉，也是农业的命脉、工业的血液、交通和能源的载体，它直接影响着一个国家或一个地区甚至全世界的稳定和发展。低纬高原地区西北部即横断山区域是三江并流的主要区域，从西向东，有高黎贡山、怒江、怒山、澜沧江、云岭雪盘山、金沙江、雪山，怒江、澜沧江、金沙江被横断山脉隔开呈现三江并流的现象，这是河流地貌系统中的一大奇观，云南区域内江河纵横，大小河流共有 600 多条，其中较大的有 180 多条，集水分布于云南全省，主要分别属于怒江—萨尔温江，澜沧江—湄公河，金沙江—长江，独龙江、大盈江、瑞丽江—伊洛瓦底江，元江—红河，南盘江—珠江六大水系，纵谷地区的怒江—萨尔温江、独龙江—伊洛瓦底江、澜沧江—湄公河、元江—红河是四条国际河流的上游，同时金沙江、南盘江也是中国长江、珠江的上游。这说明低纬高原地区水资源丰富，但境内大江干流河谷深切，属典型的"V"形河谷流域(何大明等，2000)，开发利用十分困难。

在气候变化和人类活动的双重影响下，中国西部生态环境进一步恶化，引发了水资源紧缺、水土流失、冰川萎缩、河川断流等一系列水资源环境恶化问题，干旱使得对气候变化十分脆弱的生态环境更易于向恶化方向演变(秦大河，2002)。虽然低纬高原地区水资源总量比较丰富，但这一地区是溶岩地区，降水的渗漏量极大，同时云南又是山区为主的省份(山地和丘陵面积占 94%，坝区仅占 6%)，降水后径流量大，水土流失极为严重，说明云南极易受极端气候事件的影响，如 2009 年秋季至 2010 年冬春初夏连旱，造成云南百年不遇的极端干旱事件，直接经济损失 2732983.6 万元，其中农业经济损失 1986286.7 万元(张万诚等，2013b)。以上表明云南一方面是水资源大省，另一方面水资源又非常匮乏。水资源的异常与气候异常和气候变化有密切关系，气候变化对水资源的影响主要体现在改变降雨的强度和历时，变更径流的大小，扩大洪灾、旱灾的强度与频率，以及诱发其他自然灾害(王守荣等，2003)。因此，本章主要探讨在全球变化背景下，气候变化对低纬高原地区的主要江河径流的影响。

7.1　怒江的变化特征

怒江—萨尔温江发源于青藏高原中部唐古拉山南麓，上游叫黑水河，流经西藏加玉桥后称怒江，怒江从德宏傣族景颇族自治州潞西的南信河口进入缅甸后称萨尔温江，怒江流域由北向南共跨越 4 个纬度带范围，其河谷宽深比特征表现突出，在各纬度带断面都呈现比较小的数值，属纵谷区最典型的"V"形河谷流域。本节主要研究怒江径量的变化特征及其对气候变化的响应。

7.1.1　径流量的特征

图 7.1 是怒江道街坝的年平均流量和标准差。从图中可看出，怒江月平均流量从 5 月份显著增加，10 月明显下降，即怒江流量主要集中于 5—10 月，另外 4 月份流量也比 3 月明显增加，这与横断山区域的滇西北怒江州北部在 2—4 月出现春汛或早雨季的独特气候有关（郑建萌等，2010b）。从图中还看出，怒江雨季（5—10 月）流量的标准差比其平均值要小得多，干季各月流量的标准差总体上较为接近，说明干季流量的相对变率比雨季要大，怒江径流受雨季降水的影响非常明显。

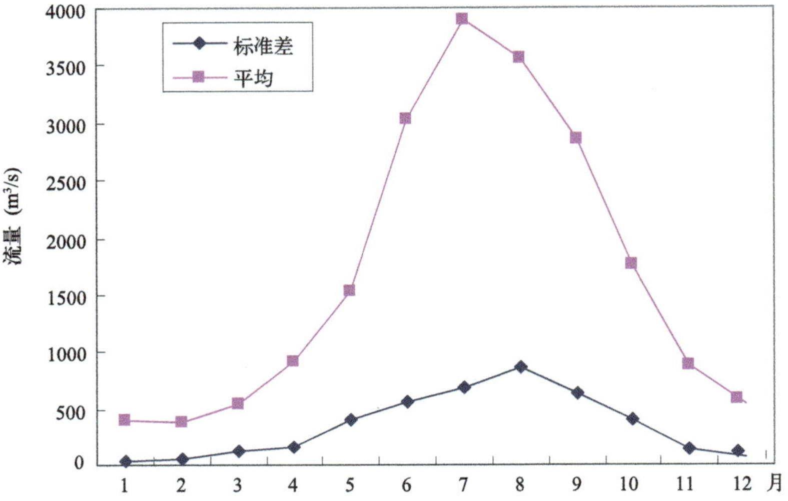

图 7.1　怒江月平均流量和标准差（单位：m^3/s，下同）

将 5—10 月的流量称为雨季流量，其他月份为干季流量并计算平均值和标准差（见表 7.1），从表中看到怒江雨季 6 个月流量占全年总流量的 81%以上，月均 13%以上，雨季是干季的 4.5 倍。说明雨季流量对全年的贡献占绝对优势。

从表中还可看出，干季流量的月标准差值是其他月份的 2 倍，即怒江流量的季节性变化很大，且干季的流量相对变率比雨季要大。

表 7.1　怒江的月流量和标准差（单位：m^3/s）

流量	雨季				干季			雨季
	平均值	月均值	占全年(%)	占月均值(%)	平均值	占全年(%)	占月均值(%)	标准差/平均
平均	2775.8	462.6	81.9	13.7	612.5	18.1	3.0	
标准差	394.8	65.8	31.3	5.2	867.0	68.7	11.5	14.2

综上所述，怒江流量从 5 月份明显增加，5—10 月的流量占全年的 81.9%，月均在 13.7%，其他月月均仅为 3%，月均流量为其他月份的 4.5 倍。说明流量的季节性变化大，且集中在雨季，反映了雨季降水的多少对怒江径流的影响非常大。

7.1.1.1　怒江流量和流域降水的年代际变化

由于道街坝站的上游有七个气象站，取七个站的雨量进行分析，从图 7.2 中可看出，贡山、福贡、泸水、六库、保山、腾冲、施甸等站年雨量存在一致的变化趋势，这表明上游各站降雨量空间分布一致。取怒江流域 7 个站干季（11—4 月）和雨季（5—10 月）平均降雨量与怒江出境径流量进行年代际变化分析，采用 Morlet 小波进行。

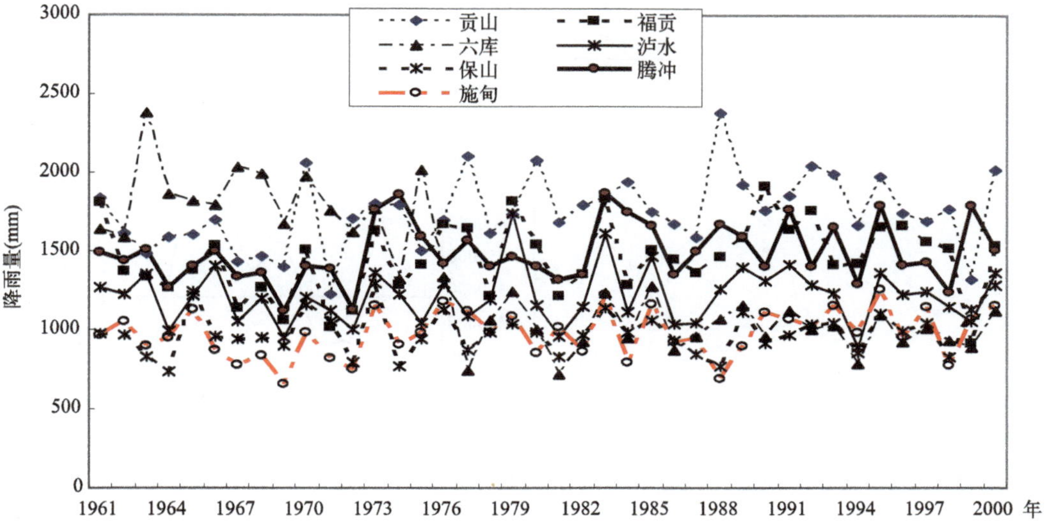

图 7.2　怒江流域各站雨量变化趋势

7.1.1.2　雨季、干季的雨量和流量的变化

雨季降水量的 Morlet 小波分析见图 7.3，图 7.3a 是谱系数分布图。40 a 雨季雨量各个周期的分布形式，主要有 16 a 周期，2～4 a 周期。16 a 周期分布形式在 1960 年代中期以后由正位相转为负位相，而在 1980 年代初则由负位相转为正位相。通过 0.05 显著性经验的周期段为 2～4 a 周期，重构得到图 7.3b，直线为 95％显著性检验的能量谱值。由图可知，在 70 年代中期以及 80 年代末期至 90 年代初 2～4 a 的周期在雨量的周期变化中不占主要地位。

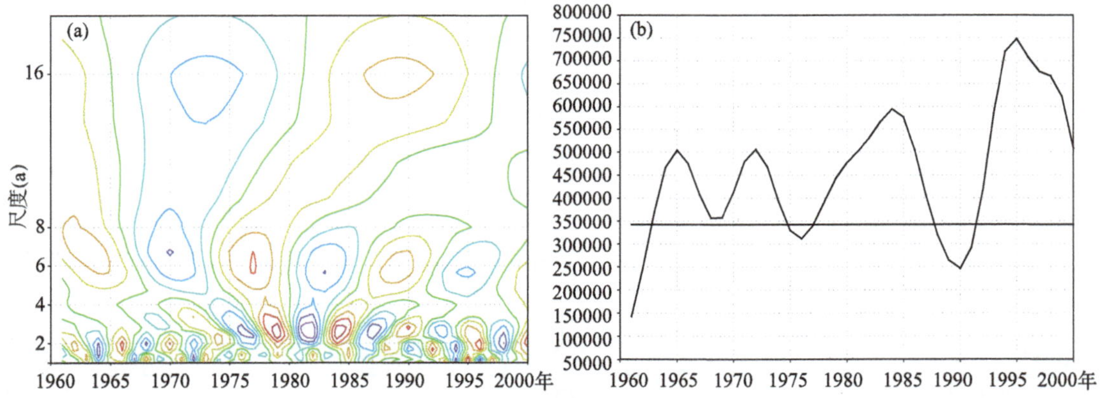

图 7.3　雨季降水量小波分析

(a)谱系数分布；(b)重构

图 7.4 是干季降水量的 Morlet 小波，图 7.4a 是谱系数分布，可以看到 40 a 干季雨量各个周期的分布形式，主要有 16 a 周期，8 a 周期以及 2～4 a 周期。16 a 周期分布形式在 1970

年代中期由负位相转为正位相，而在 90 年代初期则由正位相转为负位相。通过 0.05 显著性检验的周期为 2～4 a，图 7.4b 是重构得到的图，由图可知，在 90 年代中期以后 2～4 a 的周期在雨量的周期变化中占主要地位，从 1980 年中期至 1990 年代中期以及 70 年代中期以前，此周期减弱。

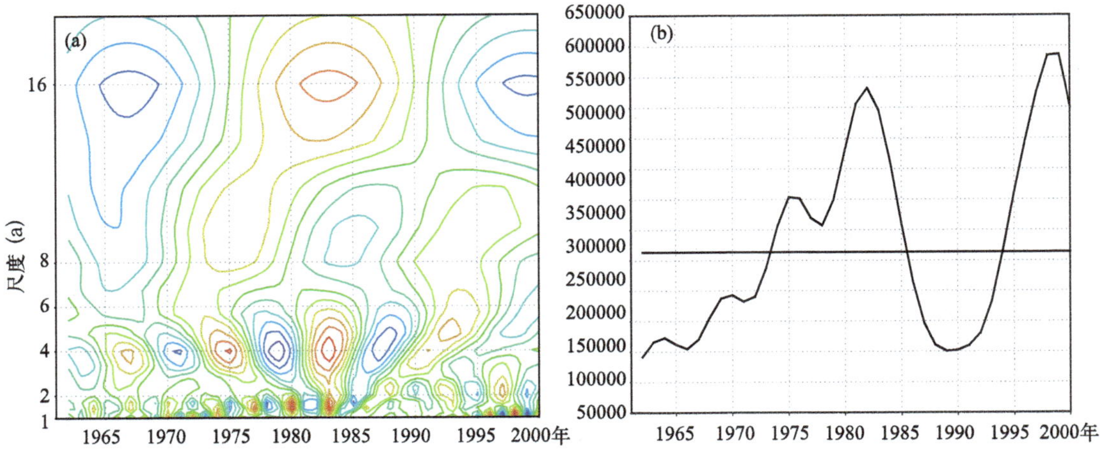

图 7.4　干季降水量小波分析

(a)谱系数分布；(b)重构

怒江雨季径流量的 Morlet 小波分析（见图 7.5），图 7.5a 是谱系数，从图中可以看到 45 a 雨季径流量各个周期的分布形式，明显的周期有 2～4 a 周期、6～8 a 周期，16 a 周期以及 32 a 周期。通过 0.05 显著性经验的周期段为 2～4 a 和 32 a 周期，图 7.5b 是 2～4 a 周期重构的图，可看出，2～4 a 周期变化在 1980 年后较显著。干季径流量的 Morlet 小波分析（图略），45 a 径流量各个周期的分布形式，明显的周期有 4～6 a 周期以及 16 a、32 a 周期。2～4 a 周期的重构，1990 年代中期以后较显著。

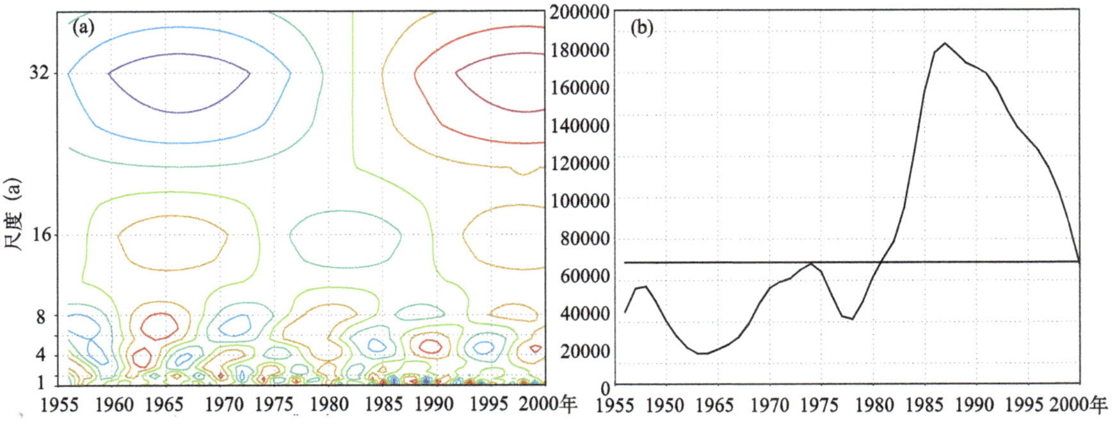

图 7.5　雨季径流量小波分析

(a)谱系数分布；(b)重构

7.1.2 径流量年际变化

从年降水量的 Morlet 小波分析(图 7.6)可以看出，40 a 雨量各个周期的分布形式，主要有 16 a 周期，6 a 周期以及 2～4 a 周期。2～4 a 周期重构得到图 7.6b，与雨季的周期分布类似，2～4 a 周期变化在年雨量的周期变化中一直占主要地位。

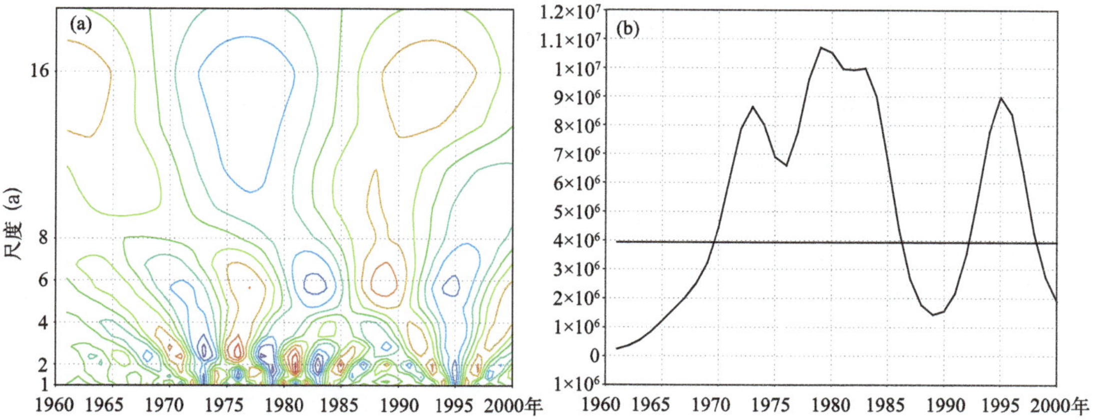

图 7.6　年降雨量小波分析

(a)谱系数分布；(b)重构

从年流量的谱系数分布可以看到(图 7.7a)，45 a 径流量各个周期的分布明显的有 6～8 a 周期，2～4 a 周期以及 16～32 a 周期。通过 0.05 显著性检验的周期段为 2～4 a 和 6～8 a 周期，2～4 a 周期变化在 1980 年以后越来越显著。

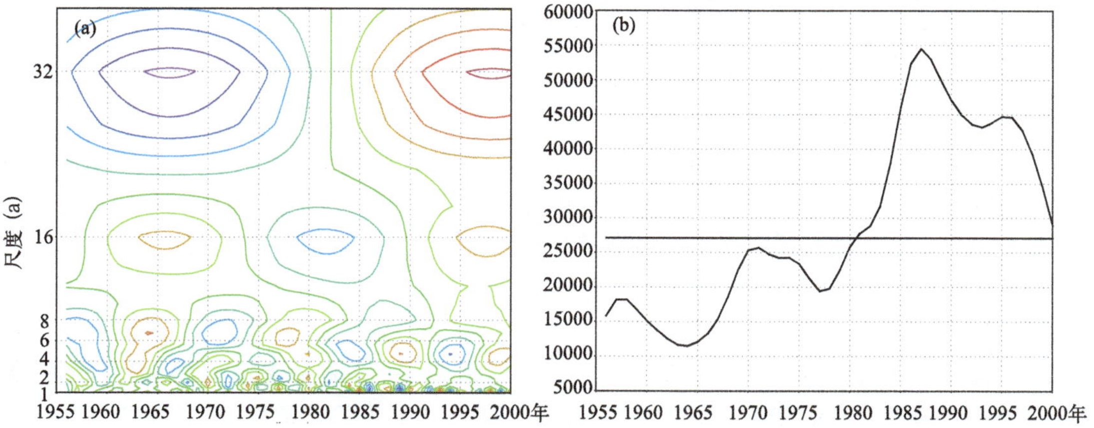

图 7.7　年径流量小波谱系数

(a)谱系数分布；(b)重构

综上所述，雨季、干季和年降水与怒江出境流量主要有 16 a 周期，8 年周期以及 2～4 a 周期。降水量 16 a 周期分布形式在 1960 年代末由正位相转为负位相，而在 1980 年代中期则由负位相转为正位相。在年降雨和径流量中，通过 0.05 显著性检验的周期段为 2～4 a 周期。

7.1.3　气候变化对怒江的影响

7.1.3.1　怒江流量与流域降水的关系

将怒江流量与流域雨量站贡山、福贡、泸水、六库、保山、腾冲、施甸七个站点进行相关分析。表 7.2 为月流量与流域代表站前期 1 个月及同期降水通过显著性水平 $\alpha=0.05$（$n=40$ 时，相关系数为 0.304）和 $\alpha=0.001$（$n=40$ 时，相关系数为 0.490），其中 0 为未通过 0.05 的显著性检验，其他月份、干季、年和雨季流量与流域前期降水的相关表略。

表 7.2　怒江径流量与流域前期及同期雨量的关系

月径流量	贡山		福贡		六库		保山		腾冲		施甸		泸水	
	前期	同期	前期	同期	前期	同期	前期	同期	前期	同期	前期	同期	前期	同期
1	0	0	0	0	0	0	0	0.601	0	0.475	0	0	0	0.320
2	0.424	0	0.475	0	0.436	0.306	0	0	0	0	0	0	0.400	0.355
3	0	**0.822**	0	**0.780**	0	**0.626**	0.359	**0.496**	0	**0.522**	0.471	**0.561**	0	**0.628**
4	0.468	0.449	0.458	0.367	0.474	0	0	0	0.394	0	0	0	0.470	0
5	0	0.424	0	0.502	0	0.332	0	0.439	0	0.415	0	0.373	0	0.489
6	0.390	0	0.457	0	0.401	0.323	0.460	0	0.399	0.351	0.431	0	0.488	0.344
7	0	0	0	0	0	0	0	0	0	0	0	0	0	0
8	0	**0.653**	0.307	0.455	0.356	**0.622**	0.430	0	0	0	0.349	0	0.336	**0.617**
9	0.477	0	0	0	0.409	0	0	0	0	0	0	0	0.315	0
10	0	**0.688**	0	**0.661**	0	**0.581**	0	**0.519**	0	0.385	0	0.404	0	**0.614**
11	0.332	0	0	0	0	0	0.312	0	0	0	0	0	0	0
12	0	0	0	0	0	0	0	0	0	0	0	0	0	0

注：表中黑体字为通过 $\alpha=0.001$ 显著性的相关系数，0 为未通过 0.05 显著性水平检验。

从表 7.2 中可看出，1 月流量与同期保山、腾冲和泸水降雨关系密切。2 月流量与前期 1 月降雨关系较好，而同期降雨对 2 月流量影响小；3 月与同期流域雨量点相关较好，最大相关系数达到 0.822。4 月流量与前期 3 月相关密切，最大相关系数达到 0.474，表明流域降雨有较好的持续性，对月径流量有 1 个月的滞后相关。5 月径流量与 1、3 月降雨有较好的正相关（表略），说明 1、3 月的流域雨量对 5 月流量的多少影响很大，与同期流域雨量点相关最好。6 月流量与 5 月降雨量相关最好，表明 5 月雨量的多少直接影响 6 月径流量，同期雨量对 6 月径流量有一定影响。7 月流量与 5 月降雨相关较好（表略）。7、8 月降水对 8 月流量的多少有关，说明 8 月流量与流域降雨存在 1 个月的滞后相关。9 月径流量只与 7 月降雨相关（表略），与同期流域雨量相关不好。10 月流量与同期降雨相关非常好，最大相关系数达到 0.688。11 月、12 月流量仅与 5 月雨量有关（表略）。

另外，年流量与年雨量的相关系数为 0.487，也通过 0.001 的显著性检验，1、3—5、10—12 月雨量与年流量的相关通过 0.02 的显著性检验（表略）。这说明怒江流量的变化受流域降水量的制约，流域降水的多少直接影响流量大小的变化。

综上所述，在逐月、雨季、干季流量中，除个别月份与降雨相关系数没有通过显著性检验外，大多通过 0.05 的显著性检验，其中 1、3 月径流量与同期降雨关系密切；雨量与径流量存在 1 个月的滞后性；冬春季特别是春季雨量对干季径流量影响显著；流域降雨对径流量的影响非常大。

7.1.3.2 怒江对气候变化的响应

对怒江流量的变化趋势分析表明，1 月平均每 10 a 流量增加 12 m^3/s，2 月平均每 10 a 流量增加 11.3 m^3/s，3 月平均每 10 a 流量增加 37.8 m^3/s，4 月平均每 10 a 流量增加 46.6 m^3/s，5 月平均每 10 a 流量增加 96.8 m^3/s，7 月平均每 10 a 流量增加 16.4 m^3/s，10 月平均每 10 a 流增加 111.3 m^3/s，11 月平均每 10 a 流量增加 39.9 m^3/s，12 月平均每 10 a 流量增加 23.3 m^3/s，9 月的流量平均每 10 a 增加 123.3 m^3/s(通过 0.1 的显著性检验)。可见，怒江流量变化趋势总体上呈增加趋势。

对怒江流量、流域降水、温度变化趋势分析表明，到 2000 年怒江的雨季、干季、年流量呈增加趋势，并与流域降水、温度变化趋势基本一致。从图 7.8a 可以看出，从 20 世纪 60 年代至 80 年代初，怒江流域降水与径流处于负位相，从 80 年代中期开始至 2000 年，流域降水与径流从负位相转为正位相，并处于上升趋势，总体上年流量平均每 10 a 增加 57.6 m^3/s，流域降水从 1961 年至 2000 年每年增加 3.73 mm，并通过 0.05 的显著性检验；流域雨量则在 21 世纪初以来从正位相转为负位相，并一直处于降低趋势，说明流域降雨偏少，从 1961 年至 2012 年流域雨量的 9 年滑动来看，雨量呈下降趋势，这可能预示着怒江的径流量进入偏少期。

怒江流域气温的变化在 20 世纪 80 年初以前变化相对较平稳(图 7.8a)，主要是 70 年代中期前以负距平为主，但总体上处于上升阶段，从 80 年代中期到 2000 年，流域增温明显，特别是从 2000 年以后，怒江流域气温上升趋势显著，从 1961 年以来流域气温每年增加 0.02℃，并通过 0.05 的显著性检验，与低纬高原地区及全国的增温是一致的。而怒江雨季的径流、降水、温度的变化趋势与年变化趋势一致(图略)，雨季的流量平均每 10 a 增加 85.7 m^3/s，仅通过 0.1 的显著性检验。

图 7.8b 是怒江干季径流、降水、温度的变化趋势。从图中可以看出，在 20 世纪 70 年代初以前，干季的降水和径流呈负位相即处于降低趋势；从 70 年代初以后至 90 年代中期，怒江流域降水呈上升趋势，从 90 年代中期开始至今(2012 年)，流域降水从正位相转为负位相，并处于降低趋势，干季流域降水从 1961 年至 2000 年每年增加 0.42 mm，但没有通过 0.05 的显著性检验。而怒江径流在 70 年代初以后至 80 年代末期则与降水的变化不同步，主要是 70 年代初以后至末期径流处于正位相，80 年代初至 80 年代中期则为负位相，从 80 年代中期后开始至 2000 年，怒江径流从负位相转为正位相，并处于上升趋势，总体上干季流量平均每 10 a 增加 28.1 m^3/s，从 1961 年至 2012 年，怒江流域降水整体上呈降低趋势，特别是 1995 年以来降低趋势明显。怒江流域的温度变化总体上呈增加趋势，与怒江径流的变化基本上同步，在 20 世纪 80 年代以前变化相对平稳(图 7.8a)，基本处于正位相，80 年代初至中期处于负位相，从 80 年代中期以来，流域增温明显，特别是从 90 年代末期以后，怒江流域气温上升趋势非常明显，从 1961 年以来流域气温年增加 0.02℃/a，并通过 0.05 的显著性检验，与低纬高原地区的增温是同步的。

综上所述，到 2000 年怒江径流量的变化趋势总体上呈增加趋势，雨季、干季的径流均呈增加趋势，增加最大的是雨季，另外，秋季和春季的径流量增加也非常明显。从流域降水量与径流的相关说明，流域降水的变化影响着怒江流量，而从 1961 年以来的流域降雨量来看，

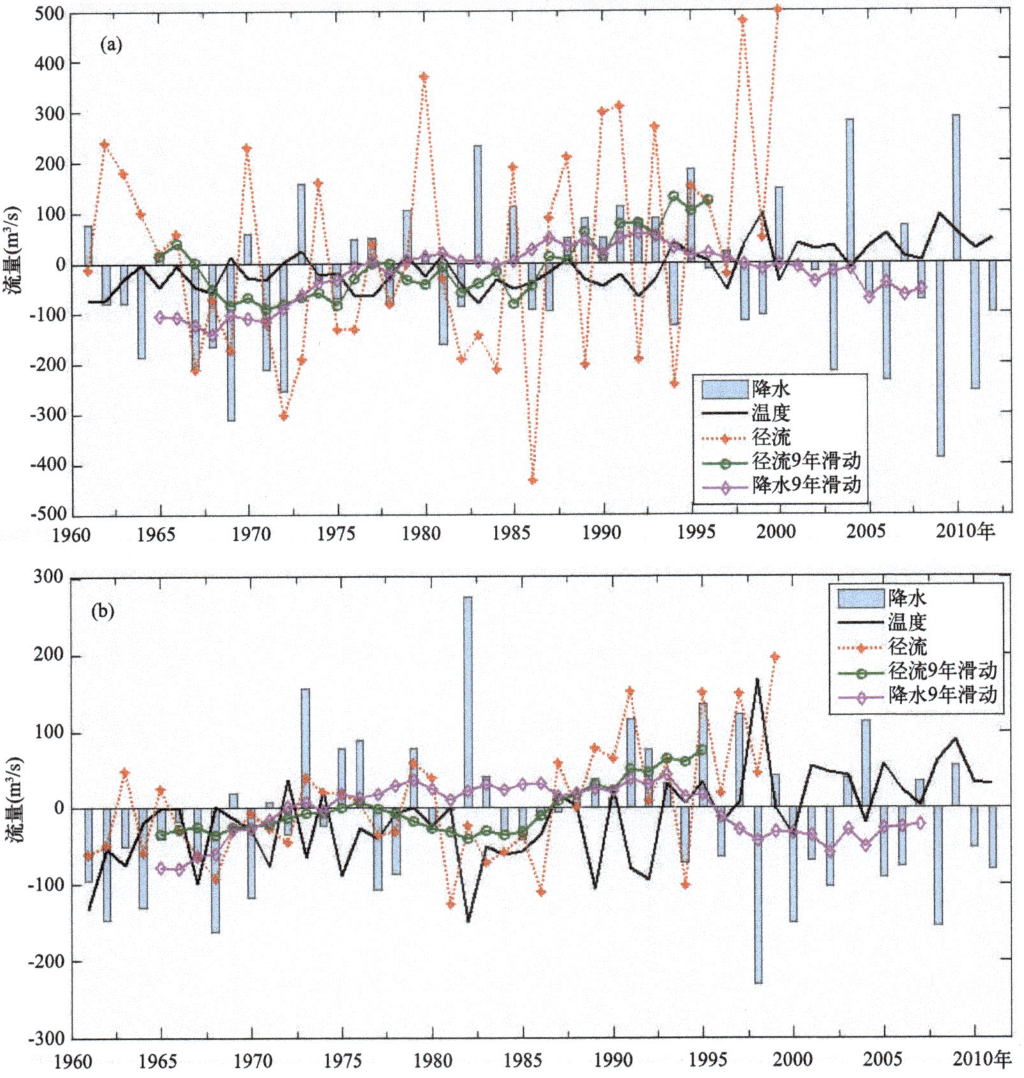

图 7.8 怒江流量(单位：m^3/s)、流域雨量距平(单位:mm)和温度距平的变化趋势(扩大 100 倍,单位:℃)

(a)年;(b)干季

流域降水与低纬高原地区降水的变化同步,流域降水整体上呈降低趋势,进入偏少期。

在全球变暖的大背景下,特别是进入 2000 年以来伴随着气候变暖加急,各种极端气候事件频发,如 2009 年秋季以来云南出现了历史罕见的连续 5 a 干旱少雨,严重的气候干旱已造成怒江流域部分河道断流。进入 21 世纪以来,流域降水处于降低变化趋势可能说明怒江径流量进入偏少期。

7.1.4 结论

(1)怒江月径流量分布呈单峰型,最大值出现在 7、8 月;春季流量增加明显,4 月份的流量存在陡增现象,这与横断山区域怒江州北部的春汛(或早雨季)的独特气候有关。

(2) 怒江径流量 5—10 月的流量占全年的 82%左右,月均占 13.7%,月均流量为其他月份的 4 倍以上,存在雨季、干季之分。怒江雨季(5—10 月)流量的标准差比其平均值要小得多,干季各月流量的标准差总体上较为接近,说明干季流量的相对变率比雨季要大,怒江径流受雨季降水的影响非常明显。

(3)怒江径流量与同期流域降水存在显著的正相关,说明流域降水对怒江径流的多少起决定作用;月径流量与雨量存在 1 个月的滞后性。

(4) 雨季、干季和年降水与上下游径流量主要有 16 a 周期,8 a 周期以及 2～4 a 周期,具有显著的年代际变化特征。年降雨和径流量存在 2～4 a 的低频振荡。

(5) 怒江径流与流域温度、雨量的变化一致,雨季径流和干季径流变化在 2000 年前呈增加趋势。近入 21 世纪以来,在全球气候变暖背景影响下,与低纬高原地区降水变化减少趋势同步,怒江流域降水呈减少趋势,预示着怒江径流呈减少变化,说明气候变化已引起怒江流量的变化。

7.2　澜沧江的变化特征

澜沧江一湄公河,发源于中国青藏高原唐古拉山北麓海拔 5167 m 的小冰川,自北向南先后流经中国的青海、西藏和云南省及缅甸、老挝、泰国、柬埔寨和越南 5 国。由于江通六国,被誉为"东方多瑙河"。澜沧江的长度与其源头有关,由于各种资料上记载的关于澜沧江的源头有十几种说法,而以不同源头为起点的河流长度也有多种,估测的长度从 4200 km 到最长 4880 km 不等。澜沧江从西双版纳傣族自治州勐腊县南腊河口 244 号界桩处出境后,澜沧江始称湄公河,最后在越南胡志明市附近注入太平洋。按全长 4880 km 算,在中国内河道里程长 2161 km,其中在云南境内 1247 km。澜沧江一湄公河流域总面积 81 万 km^2,涵盖了除沙漠以外的所有地表类型,包括寒带、温带、亚热带和热带等 7 个气候带,其多样化的气候和复杂的地理环境形成了全球生物多样性最丰富的地区之一。本节主要讨论澜沧江径流量的变化特征及其对气候变化的响应。

7.2.1　径流变化

图 7.9 是澜沧江月平均径流量变化。从图中可看出,澜沧江月平均径流(单位:$\times10^8 m^3$,下同)从 5 月份显著增加,11 月明显下降,即澜沧江径流量主要集中于 5—10 月。这显然是与云南雨季开始期于 5 月开始,10 月底结束有关。从图中还看出,澜沧江雨季(5—10 月)径流的标准差比其平均值要小,澜沧江干季径流的标准差与其平均较为接近,说明干季径流的相对变率比雨季要大得多。

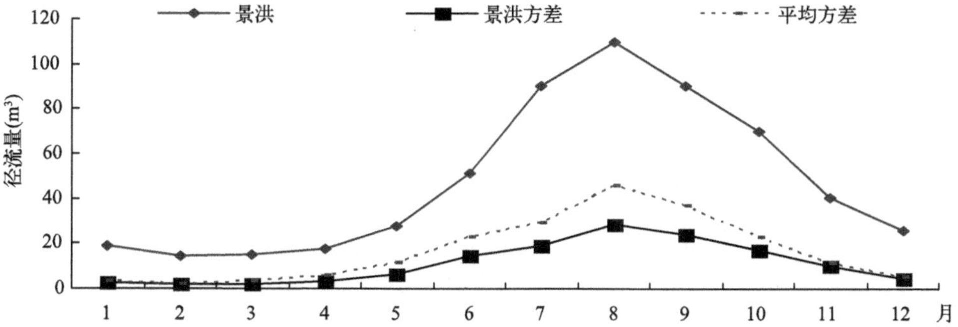

图 7.9　澜沧江月平均径流变化(单位:$\times10^8$ m^3,下同)

将5—10月的径流量称为雨季径流，其他月份则为干季径流，并计算平均值和标准差(表略)，澜沧江雨季6个月径流量占全年总径流的76%以上，月均12%以上，其他月月均仅为3%左右，说明雨季径流量在全年占绝对优势。计算表明雨季标准差与平均径流之比为16.8%，即澜沧江径流的标准差不到其平均值的1/5，这说明澜沧江径流的季节性变化很大，且集中在夏秋季的这几个月。

可见，澜沧江径流量的月际变化为单峰型，从5月份明显增加，5—10月的径流量占76%以上，月均径流为其他月份的3.5倍。说明径流的季节性变化大，且集中在雨季。由于受纵谷区地形及季风的影响，澜沧江南部的降水总体上比北部多，这使得其下游径流量比上游要大得多。

7.2.2　澜沧江流域降水和径流量的年代际变化

取澜沧江流域21站干季(11—4月)和雨季(5—10月)降雨量及径流量进行Morlet小波分析。

7.2.2.1　雨季干季的变化

图7.10是雨季降水量的Morlet小波分析。可以看出，雨季降水量主要有16 a周期，8 a

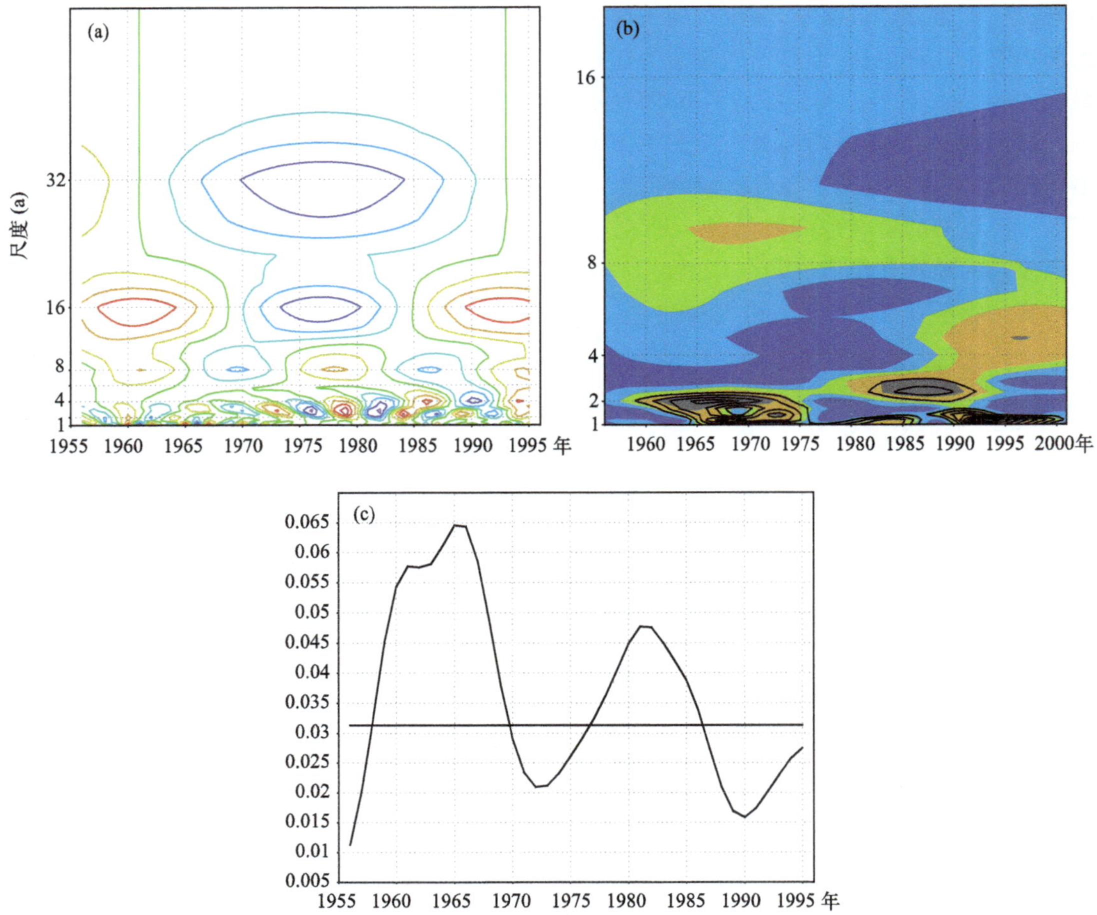

图7.10　雨季降水量小波分析

(a)周期；(b)能量；(c)重构

周期以及 2～4 a 周期(图 7.10 a)。16 a 周期分布形式在 20 世纪 60 年代末由正位相转为负位相,而在 80 年代中期则由负位相转为正位相。在能量谱分析中(图 7.10b),通过 0.05 显著性经验的周期段为 2～4 a 周期,重构得到图 7.10c,直线为 0.05 显著性检验的能量谱值。由图可知,在 1970 年代前期以及 1985 年以后 2～4 a 的周期在降水量的变化中已不明显。

图 7.11 是干季降水量的 Morlet 小波,其中图 7.11a 是谱系数分布,可以看到干季雨量各个周期的分布形式主要有 16 a 周期,8 a 周期以及 2～4 a 周期。16 a 周期分布在 1960 年代末由正位相转为负位相,而在 1980 年代中期则由负位相转为正位相。在能量谱分析中(图略),通过 0.05 显著性经验的周期段为 2～4 a,图 7.11b 是重构得到的图,直线为 0.05 显著性检验能量谱的值,在 1980 年以前 2～4 a 的周期在雨量的周期变化中占主要地位,从 1980 年以后至 1990 年,此周期减弱,1990 年以后又加强。

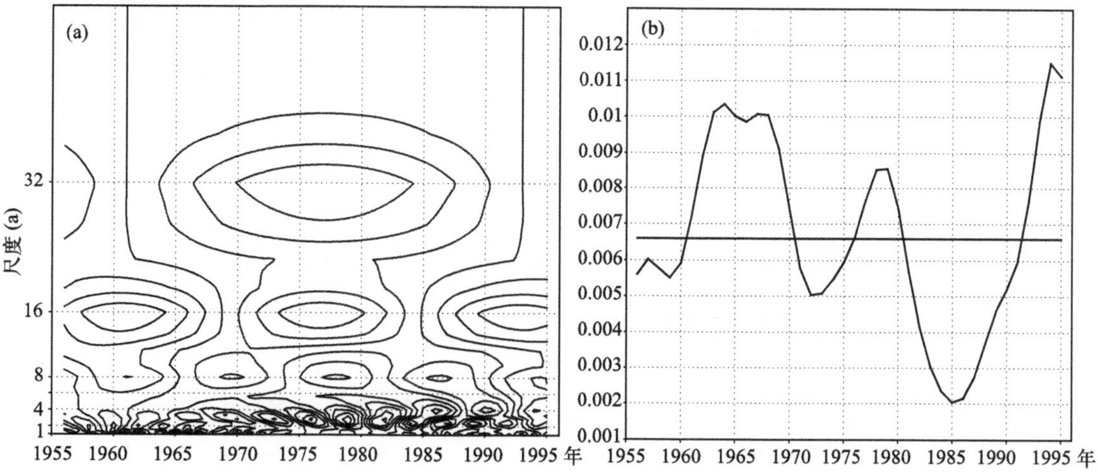

图 7.11 干季降水量小波分析

(a)周期;(b)重构

图 7.12 是雨季径流量的 Morlet 小波分析。从图 7.12a 中可以看出,径流量各个周期的分布有明显的 6～8 a 周期,2～4 a 周期以及 16～32 a 周期。在能量谱分析中(图 7.12b)通过 0.05 显著性经验的周期段为 2～4 a 和 6～8 a 周期,重构得到 2～4 a 周期的能量谱图 7.12c,直线为 0.05 显著性检验的能量谱值。

7.2.2.2 年变化

从年降水量的 Morlet 小波分析(图 7.13)可以看出,年雨量各个周期的分布形式,主要有 16 a 周期,8 a 周期以及 2～4 a 周期。在能量谱分析中(图略)通过 0.05 显著性经验的周期段为 2～4 a 周期,重构得到图 7.13b,直线为 0.05 显著性检验的能量谱值。与雨季的周期分布类似,2～4 a 周期变化在年雨量的周期变化中一直占主要地位。

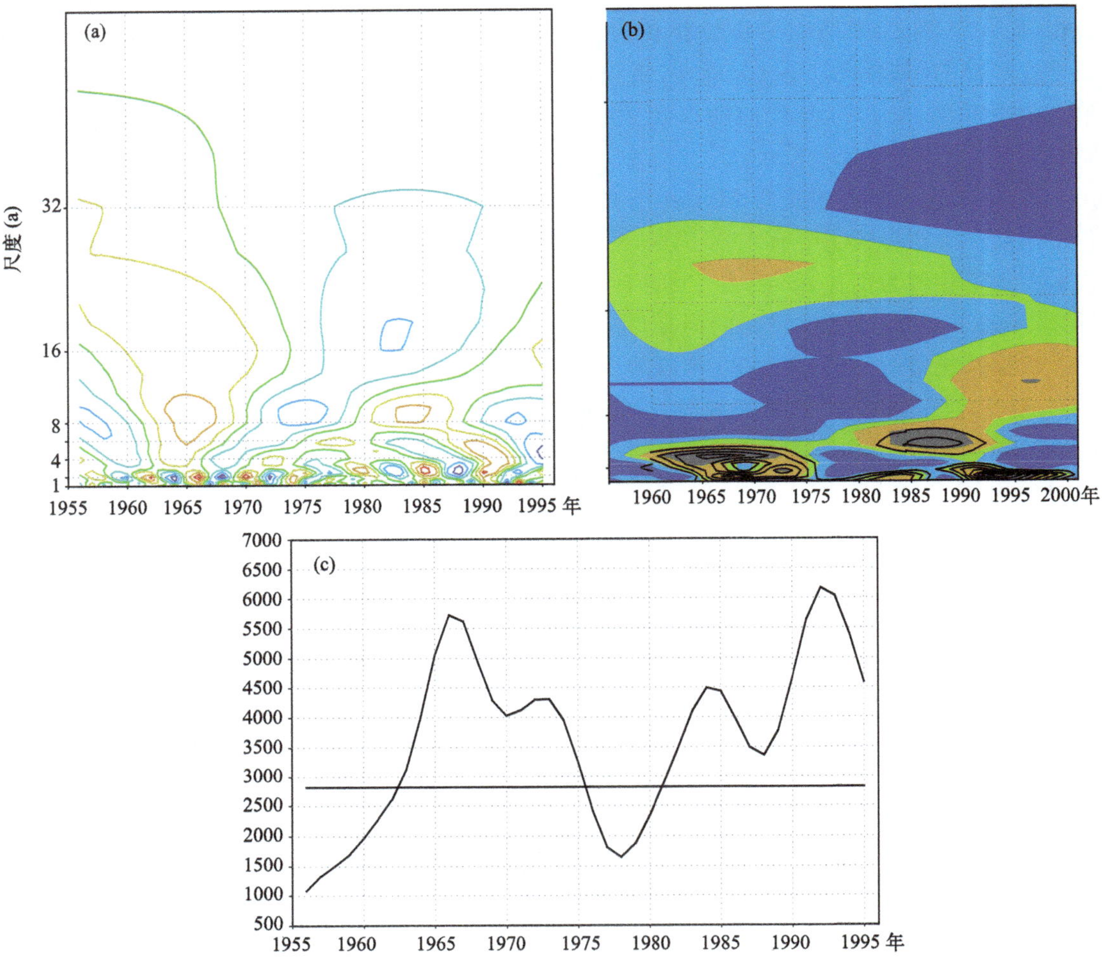

图 7.12　雨季径流量小波分析

(a)周期;(b)能量;(c)重构

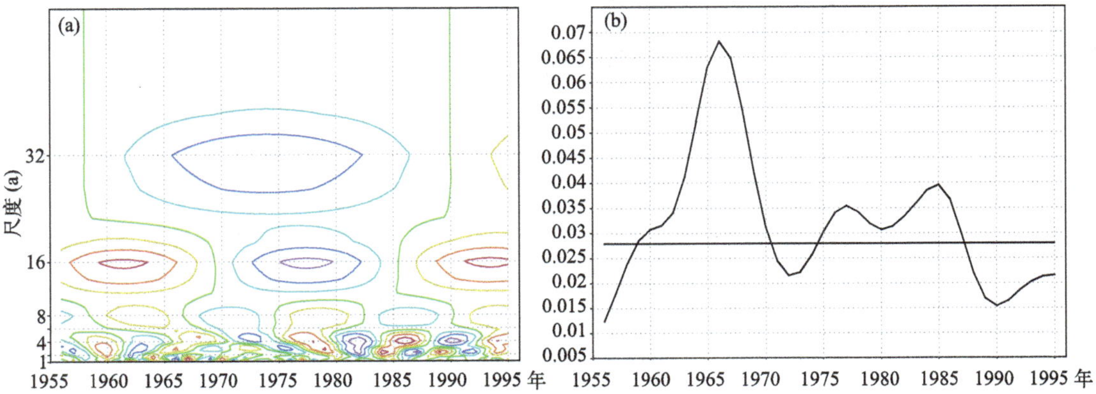

图 7.13　年雨量小波分析

(a)周期;(b)重构

在年径流量的周期分布上(图 7.14),径流量的周期分布较明显的是 6～8 a 周期,2～4 a 周期以及 16～32 a 周期。在能量谱分析中(图略)通过 0.05 显著性经验的周期段为 2～4 a 和 6～8 a 周期,并且 2～4 a 周期变化在整个周期变化中占主要地位。

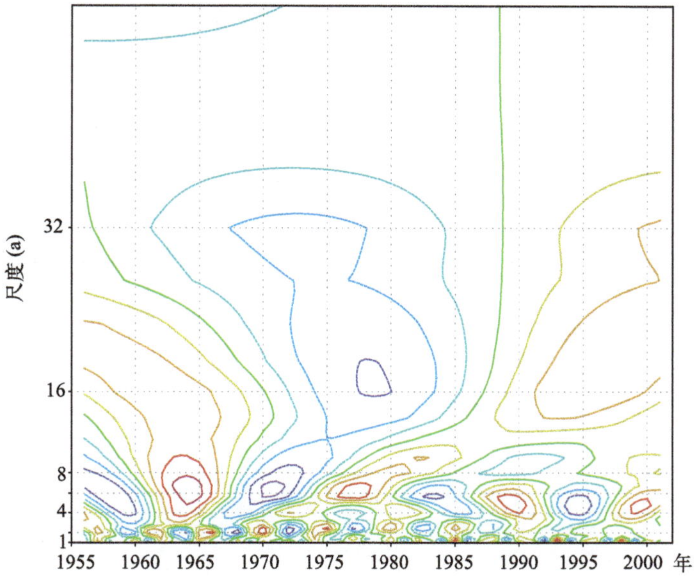

图 7.14　年径流量的周期

综上所述,雨季、干季和年降水与上下游径流量主要有 16 a 周期,8 a 周期以及 2～4 a 周期。降水量 16 a 周期分布形式在 1960 年代末由正位相转为负位相,而在 80 年代中期则由负位相转为正位相。在年降雨和径流量能量谱分析中,通过 0.05 显著性经验的周期段为 2～4 a 周期。

7.2.3　澜沧江径流对气候变化的响应

7.2.3.1　流域降水与径流的关系

取澜沧江流域德钦、维西、兰坪、洱源、云龙、永平、漾濞、景东、镇沅、景谷、普洱、思茅、澜沧、景洪、勐海、凤庆、云县、临沧、双江、昌宁等雨量站与径流量进行相关分析。表 7.3 为上下游月、年、雨季和干季径流与上述站通过显著性水平 $\alpha=0.05$($n=40$ 时,相关系数为 0.304)和 $\alpha=0.001$($n=40$ 时,相关系数为 0.490)时的相关站数。

表 7.3　澜沧江径流与流域雨量站通过 0.05 显著性检验的站数

径流	月	干季	1	2	3	4	5	6	7	8	9	10	11	12	雨季
	1	4	0												0
	2	7(2)	5	0											1
下游	3	10	1	9	14(8)										0
	4	11(6)	1	7	12(5)	0									0
	5	2(1)	3	5(1)	8	0	20(8)								
	6	0	0	0	0	0	19(16)	15(5)							13

续表

径流	月	干季	1	2	3	4	5	6	7	8	9	10	11	12	雨季
	7	0	1	2	0	0	15(2)	4(1)	6						13(1)
	8	0	4	3	0	1	0	9	0	18(12)					12(3)
	9	0	0	1	3	0	1	1	0	15(8)	3				15(6)
下游	10	1	3	0	3	0	0	0	0	0	3(1)	18(12)			12
	11	0	1	2	3	0	3	0	0	2	7	12(1)	13		16
	12	0	0	2	0	0	2	0	0	0	0	3	13	19(7)	8
	年	0	0	0	0	0	14	7	0	12(6)	0	4	0	0	19(12)
	雨季	0	0	1	0	0	9	8(1)	0	12(5)	0	2	9	0	18(12)
	1	3	0												
	2	2	0	0											
	3	2(1)	0	5	9(4)										
	4	7(3)	2	10	9(4)	1									
	5	2	4	9	10	0	3								
	6		0	0	0	0	19(7)	3							8
上游	7		0	0	1	0	0	0	3						0
	8		6	0	1	0	0	3	6	8(2)					5
	9	3	0	0	0	0	0	2	0	10	0				8(1)
	10	9	0	0	0	0	0	0	2	0	1	8(4)			1
	11	4	0	0	0	0	2	0	2	1	0	10	1		3(2)
	12	6	0	0	0	0	4	0	0	4	0	4	6	1	6
	年	3	1	0	0	0	6	1	0	7	0	1	6	0	6
	雨季	2	1	0	0	0	4	1	2	7	0	1	6	0	6

注:括号内为通过 $\alpha=0.001$ 显著性检验的站数

从表 7.3 中可看出,上游旧州站 1—2 月的径流量与流域同期降雨关系不密切,这可能与冬季降水少有关。3 月径流与上月降雨量的相关有 5 站通过 $\alpha=0.05$ 显著性检验,与同期流域雨量点相关较好。4 月径流与前期 2 月、3 月相关密切,最大相关系数达到 0.561,表明流域降雨对径流有较好的持续性影响,对 4 月径流有 1～2 月的滞后相关,而同期降雨对 4 月径流影响小。5 月径流量对 1—3 月降雨有较好的正相关,说明 1—3 月的流域雨量对 5 月径流的多少影响很大。6 月径流与 5 月降雨量呈正相关,有 19 站通过检验,最大相关系数达到 0.636,表明 5 月雨量的多少直接影响 6 月径流的大小。7 月径流与同期及前期 3 月降水为正相关,但通过 0.05 显著性检验的站不多。8 月径流与流域降雨存在提前 8 月、2 月、1 月的滞后相关。9 月径流仅与 6 月和 8 月降雨相关,特别是与 8 月流域降水相关较好。10 月径流与流域同期降水降雨存在正相关。11 月径流与 5、7、10 月降水量有关,相关关系显著的是 10 月降水和干季雨量。12 月径流与流域 5、8、10、11、12 雨量及雨季降水有关。年径流与 5、8、10、11 月和雨季与干季降水量正相关,与流域降雨相关最好的是 5、8 月和雨季的降水量。雨季径流与降雨的关系与年径流相似,只与 5、8、11 月和雨季降雨量关系较好,相关系数最大的是 8 月雨量。

下游景洪站 1 月径流与同期流域降雨关系不密切，2 月径流与 1 月降雨密切，呈正相关。3 月径流与 1、2、3 月流域降水量呈正相关，最大相关系数达到 0.545，与前期 2 月、同期流域雨量相关最好。4 月径流与流域前期 1、2、3 月降水及干季降水量有关，相关最好的是 2、3 月的降水，尤其是 3 月的降水，流域有 12 个站通过 0.05 的显著性检验，5 个站通过 0.001 的显著性检验，最大相关系数达到 0.567，表明流域降雨对径流有较好的持续性，对月径流有 1～2 个月的滞后相关。5 月径流与 1—3 月、5 月降雨有较好的正相关，说明 1—3 月的流域雨量对 5 月流量的多少有影响，但主要是同期降雨的多少影响同期径流的大小，有 20 个站通过 0.05 的显著性检验，最大相关系数达到 0.605。6 月径流与流域 5 月和同期降雨量呈正相关，有 16 站通过 0.001 的显著性检验，最大相关系数达到 0.628，说明 6 月径流的多少主要与同期特别是 5 月降水有关。7 月径流与 5、6 月降水及同期降水呈正相关。8 月径流与流域 1、2、6、8 月降水量存在正相关，相关最好的是 6、8 月，表明 8 月径流主要受同期及前期降水量的影响，也说明流域降雨对径流的影响有提前 8 个月、2 个月的滞后相关。9 月径流与 3 月和同期降雨呈正相关，并且与 8 月流域雨量相关最好，有 15 个站通过 0.05 的显著性检验，最大相关系数达到 0.729，表明 8 月流域降雨对后期径流的影响大。10 月径流与 1、3、9 月和同期降雨量存在正相关，同期降雨有 12 站通过 0.001 的显著性检验，说明同期降雨是影响径流的主要原因。11 月径流与 1—3、5、8—11 月降水及雨季雨量有关，主要与 3、5、9、10、11 月关系密切，但关系最好的是 9 月和 10 月降雨和同期降雨。12 月径流量与 10、11、12 月及雨季降水有关，但关系最好的是 11 月降雨和同期降雨，滞后 1 月的降雨对径流量有影响。年径流的大小受流域 5、6、8、10 月降水和雨季雨量的多少有关，并且与流域降雨相关系数最大的是 5、8 月和雨季的雨量。雨季径流与降水量的相关与年径流量相似。

综上所述，澜沧江流域降水对上下游径流的显著影响，至少存在 1 个月的滞后性，持续最长影响达 8 个月，同期降水对雨季、干季径流的影响非常大，下游径流与流域降雨量的相关总体比上游好，这可能与澜沧江流域的地形及气候有关。

7.2.3.2　澜沧江对气候变化的响应

取澜沧江流域气象站的年降水量(mm)、温度(0.01℃)以及景洪的径流($\times10^8$ m^3)距平进行变化趋势分析。图 7.15 是澜沧江径流变化对气候变化的响应，从图中可以看出，澜沧江径流与流域降水的变化趋势非常一致，与流域温度的变化趋势则呈反相变化。从图 7.15 可以看出，在 20 世纪 60 年代至 70 年代中期，澜沧江流域降水与径流处于正位相，从 1970 年代中期以后至 90 年代中期流域降水与径流处于负位相，在从 1990 年代中期以后降水与径流从负位相转为正位相，并处于上升趋势；流域降水从 1961 年至 2012 年每年减少 1.42 mm，从 1961 年到 2000 年径流量总体上呈减少趋势，平均每 10 a 减少 $0.2\times10^8 m^3$，从流域雨量的 9 a 滑动趋势来看，雨量变化也呈下降趋势，这说明澜沧江径流在进入新世纪后转入偏少期，由于流域降水量对澜沧江径流的大小起决定作用，这预示着未来因降水减少将引起澜沧江径流减小而进入相对偏少时期。

澜沧江流域气温的变化总体上为平稳上升趋势(图 7.15)，在 20 世纪 80 年代中期以前虽然呈增温变化趋势，但为负位相即负距平，从 1980 年代中期以后至 1990 年代末期流域温度呈正负距平交替变化，但总体上朝增温趋势变化，在 90 年代末期以后流域气温增温非常明显，进入正位相，而澜沧江径流的变化与流域温度变化呈反相趋势，这说明在全球增暖大背景下，澜沧江流域的气温上升趋势显著，从1961年以来流域气温每年增加0.03℃，并通过0.001的显著性检验，与低纬高原地区及全国的增温是一致的。另外，澜沧江雨季的径流、降水、温度的变化趋势与年的变化趋势一致(图略)。

综上所述，伴随着气候变化的加剧，低纬高原地区增温显著，在澜沧江流域降水减少的情况下，引起径流减少，同时流域气温的升高会导致蒸发的增加，进一步消耗了径流量。

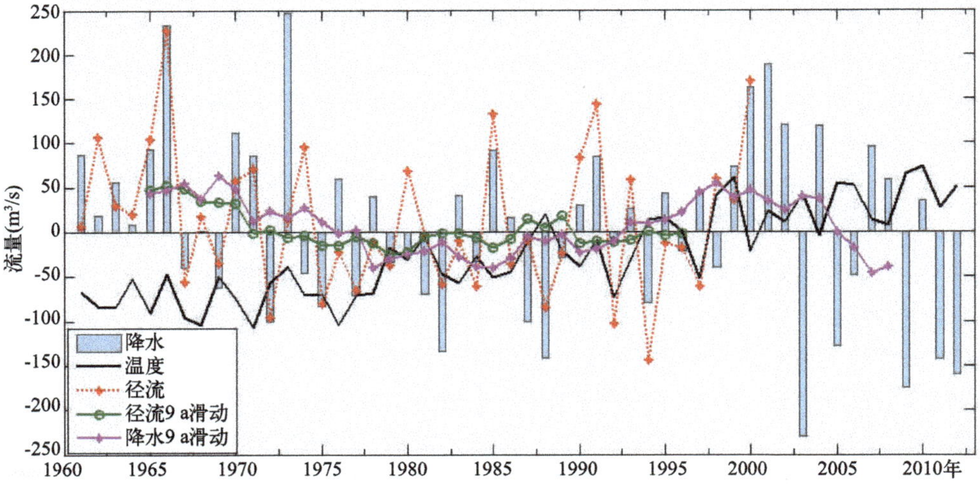

图7.15 澜沧江径流(单位：$\times 10^8$ m^3/s)、流域雨量距平(单位：mm)和温度距平的变化趋势(扩大100倍，单位：℃)

7.2.4 结论与讨论

(1)澜沧江径流量的月际变化呈单峰型，径流量的季节性变化大，且集中在雨季。从5月开始径流明显增加，5—10月的径流量占全年的占76%以上。

(2) 澜沧江流域降水对径流量的影响非常大，并与同期降水相关显著，总体上存在1个月的滞后性，雨季降水量对径流量的多少影响最大，并且主汛期8月雨量对径流量的大小影响最大。

(3)雨季、干季和年降水与上下游径流量主要有16 a周期，8 a周期以及2～4 a周期。年降雨和径流量存在2～4 a的低频振荡。

(4) 随着全球气候变暖，低纬高原地区降水进入偏少期，近52 a来澜沧江流域降水量呈减少趋势，这说明未来澜沧江径流将进入相对偏少时期。

澜沧江的径流变化与流域降水的相关显著，故在降水减少的情况下，径流量也相应减少，由于流域站点的气温都以上升为主，表明气温的升高主要导致蒸发量的增大，而蒸发的增加也可能是导致径流减少的原因。

7.3 元江—红河流域的变化特征

元江—红河发源于云南省巍山彝族回族自治县哀牢山东麓，上源称礼社江，与东支绿汁江在三江口汇合后称元江，流经红河哈尼族彝族自治州河口瑶族自治县出境后始称红河，最后从越南注入北部湾。元江水系主要由干流（元江）和众多的支流组成，流域面积大于 1000 km^2 支流 17 条，主要支流有李仙江、藤条江、盘龙河、普梅河（又名南利河）等，这 4 条主要支流在我国境内均有分水岭相隔，自成独立水系，流入越南后分别称黑水河、南那河、泸江和儒桂河。本节主要讨论元江干流径流量的变化特征及其对气候变化的响应。

7.3.1　元江对气候变化的响应

图 7.16 是元江对气候变化的响应，图中显示元江径流与流域降水的变化趋势非常一致，具有明显的年际及年代际变化特征。从图 7.16 可以看出，在 20 世纪 70 年代中期以前，元江流域降水与径流处于正位相即偏多时段，从 1970 年代中期以后至 90 年代初流域降水与径流总体处于偏少时期即负位相，在从 90 年代初以后至 2000 年降水与径流从负位相转为正位相，并处于上升趋势，到 2000 年元江径流量总体上呈上升趋势，平均每年增加 $0.13\times10^8 m^3$；但从图 7.16 中还可明显看出，进入 21 世纪初流域降水距平在正、负位相间摆动，2005 年开始流域雨量进入偏少期，近 52 a（1961—2012 年）元江流域降水每年减少 1.55 mm，从流域雨量的 9 a 滑动趋势来看，雨量变化也呈下降趋势，由于流域降水量对元江径流的大小起决定作用，这说明元江在进入新世纪特别是 2005 年后转入偏少期，这预示着未来因降水减少将引起元江径流减小而进入相对偏少时期。

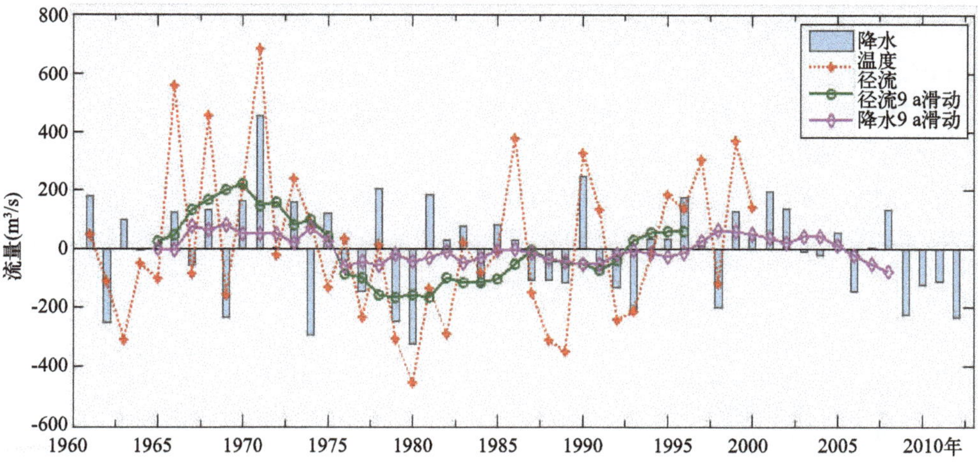

图 7.16　元江径流（单位：$\times10^8$ m^3/s）、流域雨量距平（单位：mm）

元江降水的年际变化与流域温度的变化趋势呈反相变化，气温的变化总体上为平稳上升趋势（图 7.17），在 20 世纪 70 年代中期前后为负位相即负距平，从 70 年代中期以后至 90 年代中期流域温度虽然总体上处于负位相，但总体上朝增温趋势变化，90 年代中期以后至今处于上升趋势，进入正位相，特别是进入 21 世纪以来流域气温增温非常明显，具有明显的年际及年代际变化特征。流域温度与元江径流的变化趋势呈反相（见图 7.16），这说明在全球增暖大背景下，元江流域的气温增温趋势显著，从 1961 年以来至今，流域气温每年增加 0.01℃，并通过 0.05 的显著性检验，这和低纬高原地区及全国的增温是一致的。

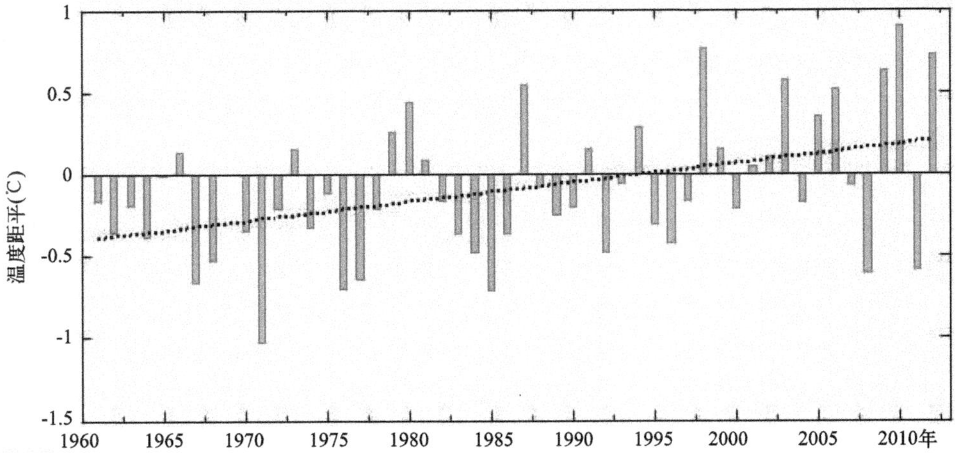

图 7.17　元江流域温度距平的年际变化趋势(单位:℃)

7.3.2　元江流域干湿季特征

上面分析了元江流域降水对径流的影响较大,下面分析干季、雨季降水的变化对流量的影响,图 7.18 显示出元江—红河流量的年际变化,可以看出,雨季流量呈减少趋势,每年减少 2.19 m^3/s,从年代际变化来看在 1970 年代初至 1980 年代中期流量为负位相,从 1980 年代中期以后至 2000 年基本处于正位相,与流域雨季降水的变化是一致的(图略),随着流域雨季降水在 21 世纪初以来进入偏少期,预示着元江流量进入偏少期;干季降水与流量的变化基本同步(图略),但干季流量的变化与雨季相比相对平稳,这与低纬高原地区干湿季分明,干季降水少是一致的。进一步的分析表明,元江流量与流域的干湿季降水呈显著正相关(图略)。

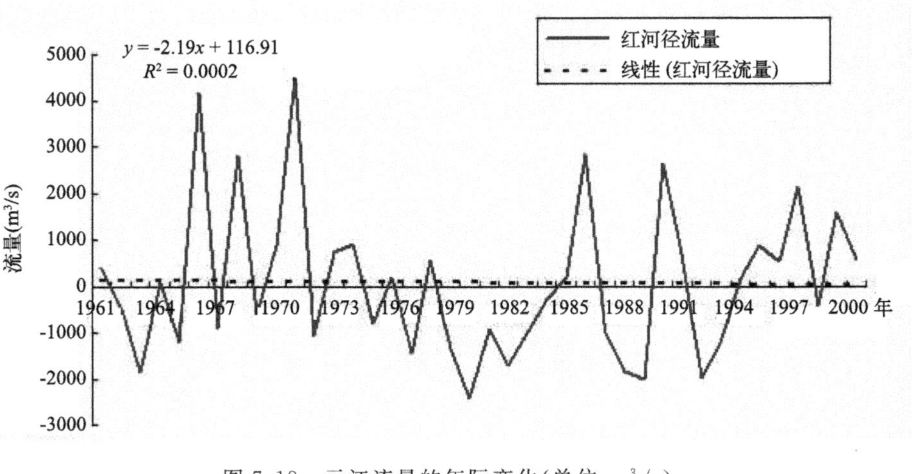

图 7.18　元江流量的年际变化(单位:m^3/s)

图 7.19 中给出了元江流域干湿季降水量变化的小波变换系数的模值的时间尺度分布,其中的纵坐标是无量纲的小波变换系数的模值,横坐标是以年为单位的时间尺度(尤卫红等,

2006)。从图中可以看出,元江流域干季降水量变化的时间尺度为 3 a、6 a 和 13 a,湿季降水量变化的时间尺度为 2 a、8 a 和 15 a,这说明元江干湿季降水量变化的时间尺度表现较小的。

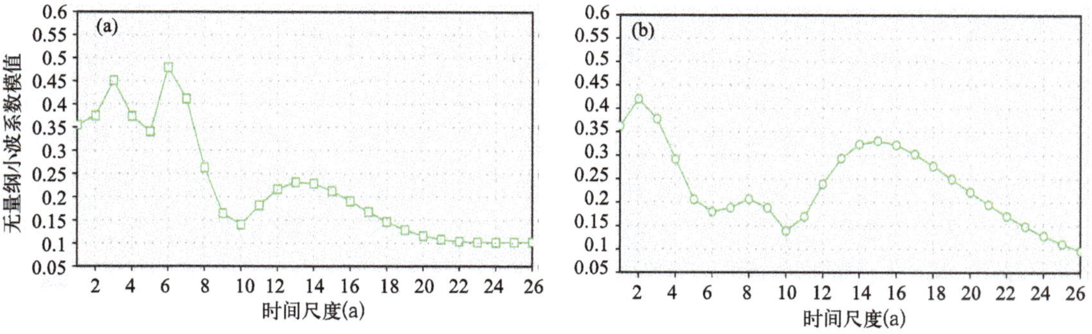

图 7.19　元江干(a)湿(b)季气温小波系数模值的时间尺度分布(尤卫红等,2006)

综上所述,伴随着气候变化的加剧,低纬高原地区增温显著,元江流域降水也呈减少,并引起径流减少,同时流域气温的增高会导致蒸发增加进一步消耗了径流量。另外,元江流域的温度、降水及径流的变化具有明显的年际及年代际变化特征。

7.3.3　小结与讨论

(1)元江径流量的月际变化呈单峰型,径流量的季节性变化大,且集中在雨季。

(2)元江流域降水对径流量的影响非常大,并与同期降水相关显著。

(3)元江干季径流存在 3 a、6 a 和 13 a 的周期,而雨季有 2 a、8 a 和 15 a 的周期,这表明元江径流具有明显的年际、年代际变化特征。

(4) 在全球增暖大背景下,元江流域的气温呈显著的上升趋势,而流域降水量则呈减少趋势,并引起径流量减少,同时流域气温的增高导致的蒸发也是径流量减少的原因之一。

总体来说,受降水量变化驱动的影响,元江及其支流径流量变化之间的差异也较大。

7.4　南盘江—珠江的变化特征

南盘江,古代称温水或盘江,发源于云南省曲靖市乌蒙山余脉马雄山东麓。南盘江是珠江流域干流西江干流河段,为珠江的源头。西江在贵州省望谟县蔗香村以上称南盘江,南盘江与红水河共同构成西江上游。自珠江源至北盘江汇合口,即贵州省望谟县蔗香村双江口,全长 914 km,河道平均坡降为 1.74‰,流域面积为 56809 km^2。其中广西境内 5548 km^2,贵州境内 7713 km^2,云南境内 43548 km^2。本节主要采用南盘江流域干流上天生桥水站对南盘江流量变化特征进行分析(杞明辉等,2005)。

7.4.1　南盘江对气候变化的响应

由图 7.20 可以看出,多年来南盘江的干流流量总体上略呈现减小的变化趋势,尤其是 20 世纪 80 年代以来的下降趋势比较明显。其中 1950—1960 年代中期为相对低流量时期,1960 年代末到 1970 年代为相对高流量时期,1971 年最大正距平百分率超过 50%,1980 年代以来总体呈现相对低流量期，1989 年的最大负距平百分率超过－45%；从流量负距平百分率出现的频率变化分析看，47 a 中共有 25 a 出现负值，而其中的 17 a 都发生在 1980 年代以来的 20 a 中，负距平出现的频率已经有显著加快的趋势，可见 47 a 来南盘江干流流量已经发生了比较明显的变化。

与流量相比，流域内平均雨量的变化则相对平稳，最大正负距平百分率值不超过 25%，其中 20 世纪 50 至 60 年代为负的降水距平百分率，从 1960 年代到 1980 年代末基本为弱的正距平时期，1990 年代以来正负变化更加频繁；在 47 a 中流域内平均降水量有 22 a 出现负距平，其中有 13 a 集中在 1980 年代以前，说明 1980 年代前流域雨量偏少，而 1980 年代以来仅有 9 a 出现降水量负距平的情况。从图中还可看出，流量和流域降水从 1990 年代中期以来进入偏少期，具有明显的年际及年代际变化特征。

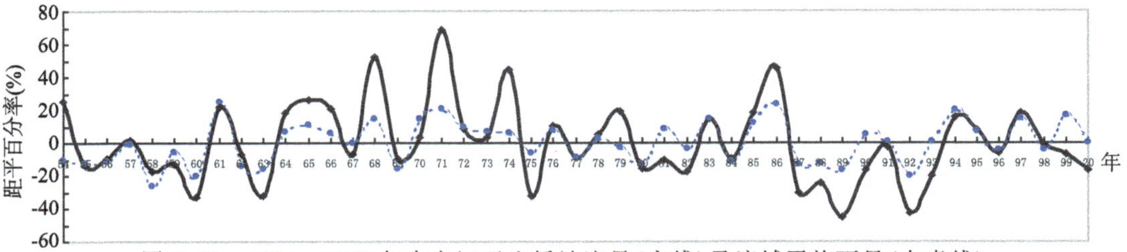

图 7.20　1954—2000 年南盘江天生桥站流量（实线）及流域平均雨量（点虚线）距平百分率（单位：%）的年际变化（杞明辉等，2005）

由图 7.21 分析可以发现，多年来南盘江流域雨量变化呈下降趋势，其中 1950—1980 年代呈现相对上升趋势，1980 年代以来呈降低趋势，从降雨量变化趋势（蓝色虚线）来看，降水量呈减少趋势。在 1954—1980 年的 27 a 中，流域内降水量为负距平的年份共 11 a，约占 47%，而流域蒸发量呈明显的下降趋势（黑色趋势线），在 1981—2000 年的 20 a 中，流域平均蒸发量出现负距平的年份为 17 a，占该时期内的 85%，说明从 1980 年代以来整个南盘江流域的平均蒸发量呈现出持续减小的变化特点。总体来看，蒸发量与降水量变化相似，存在明显的年际及年代际变化特征。因此，流域平均雨量与流量的变化趋势比较一致，这是由于降水往往产生径流而使流量增大，而蒸发则与流量呈现相反的变化趋势，这是因为蒸发能够在一定程度上损失降水及江河中的水分。

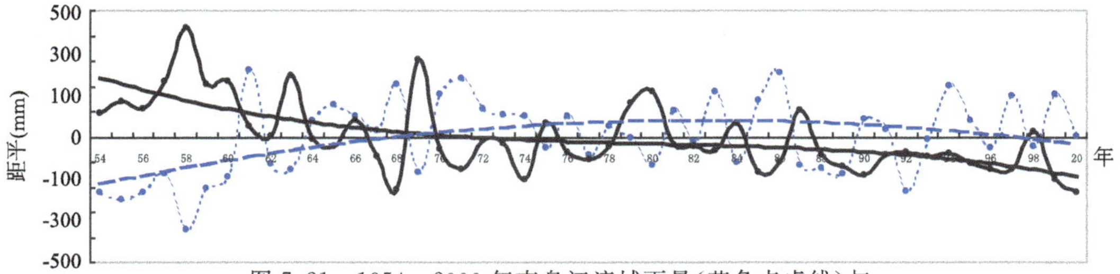

图 7.21　1954—2000 年南盘江流域雨量（蓝色点虚线）与蒸发量（黑色点实线）距平变化趋势（单位：mm）（杞明辉等，2005）

计算说明流量与流域平均雨量间存在显著的正相关关系，相关系数高达 0.75～0.95 之间，绝大部分都通过 0.01 的显著性检验，而流量与流域面上的平均蒸发量之间存在负相关关系，最大相关系数达－0.62之间。图7.22显示的是流量与流域降水和蒸发量相关的月际变化的情况，从图中看出，相关系数通过0.01的显著性检验为4—10月，最大值主要分布在5—9月，而干季则不显著。这种变化与流域雨季下垫面土壤湿度大、含水量高，降水量很少被土壤吸收、截流而容易形成产流、汇流从而加大流量有关；但在干季雨量较小、下垫面土壤含水量低、有限降水中的绝大部分被土壤吸收和库塘储存而难以形成径流相符。从相关系数随时间的变化趋势分析看，1—4月相关系数由－0.06迅速上升到0.51并通过0.01的显著性检验，而10—12月则由0.62逐渐下降为0.39，流量与流域降水量间相关性随月际的这种非对称的变化特点进一步揭示了前期下垫面干燥对降水量的吸收、截流而需要一定时期的降水补充后才能使流量逐步加大，因汛期降水使下垫面含水饱和，此时在雨季结束后的降水仍能够在流域形成径流的事实。

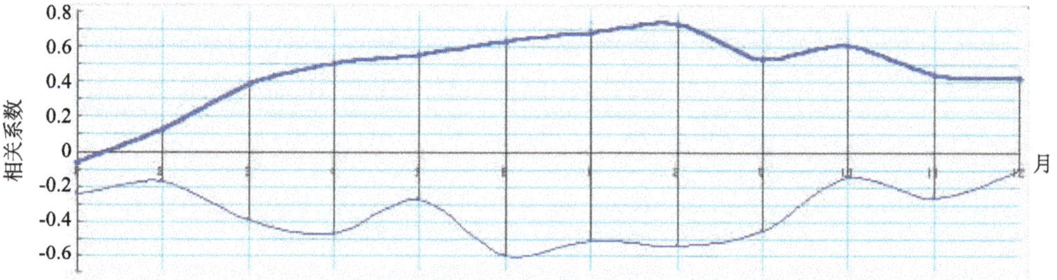

图 7.22　流量与流域雨量(粗实线)和蒸发量(细实线)相关系数的月际变化(杞明辉等，2005)

南盘江流域雨季、干季流量的年际变化及年代际变化特征明显(图略)，受全球气候变化的影响，南盘江流域雨季降水呈降低趋势，雨季流量也存在下降变化的趋势，另外，枯水季节的流量有减少的趋势，这说明丰水季节、枯水季节流量的减少在很大程度上是由于流域降水量的变化所引起。

7.4.2　结论与讨论

南盘江流域年降雨量呈减少变化趋势，流量呈现出明显减少的变化趋势，特别是1980年代以后的流量有加速减小的趋势，应该引起足够的重视。无论是丰水季节还是枯水季节，其流量均呈现减少的变化特点，但枯水季节的流量减少速度更加明显。南盘江流域径流量减少的原因，与全球气候变暖背景下，引发的低纬高原地区极端气候事件频频发有关，如近年来持续的降水偏少，连续出现的秋、冬、春及初夏连旱有关。

7.5　金沙江的变化特征

金沙江是长江的上游，金沙江发源于青海境内唐古拉山脉的格拉丹冬雪山北麓，进入横断山区开始称为金沙江。金沙江进入四川省石渠县境后介于四川省与西藏自治区之间奔流，至巴塘县中心线附近的麦曲河口西南方小河的金沙汇口处入云南德钦县，经奔子栏、然后在丽江市石鼓折向东流。将金沙江分为三段(http://baike.baidu.com/view/24233.htm#refIndex_1_24233)：金沙江至石鼓为上段，上段河长约965 km；从丽江市石鼓镇至四川省新市镇为金沙江中段，河长约1220 km，金沙江过石鼓后，流向由原来的东南向，急转成东北向，形成奇特的“U”形大弯道，成为长江流向的一个急剧转折，被称为“万里长江第一弯”；从四川省新市镇至宜宾市岷江口为金沙江下段，下段河长 106 km，江水过新市镇转向东流，进入四川盆地，经绥江、屏山、水富、安边等地，到达宜宾市，过岷江口始称长江。本节主要对金沙江中、下游石鼓、攀枝花和屏山三个出流水文站径流量的变化特征进行分析，以及对金沙江支流牛栏江径流量的变化特征进行分析。

7.5.1　金沙江中下游径流变化及其对气候变化的响应

中游径流增量＝中游出流站（攀枝花）径流量－上游出流站（石鼓）径流量；

下游径流增量＝下游出流站（屏山）径流量－中游出流站（攀枝花）径流量。

为了叙述简便，下文中提到的径流变化均指的是径流增量部分的变化。

利用 Mann-Kendall（以下简称 M-K 法）趋势检验分析径流序列的变化趋势。M-K 检验作为一种提取序列变化趋势的有效工具，被广泛应用于气候参数和水文序列的分析。M-K 法还能大体确定序列中突变发生的位置。径流序列可以被看作是随时间有周期性变化的信号，因此本文将使用小波转换来分析其变化的周期性。选取 Morlet 小波作为母小波函数，此函数均值为 0，且在时频空间上具有很好的对称性（Torrence C，1998）。

7.5.1.1　金沙江中下游径流月变化

从图 7.23a 可见，金沙江中游径流年内变化很大，汛期、枯期流量差异大是最主要的特征。每年的 7—10 月为汛期，全年径流总量的 78％集中在这 4 个月内，其中主汛期为 7—9

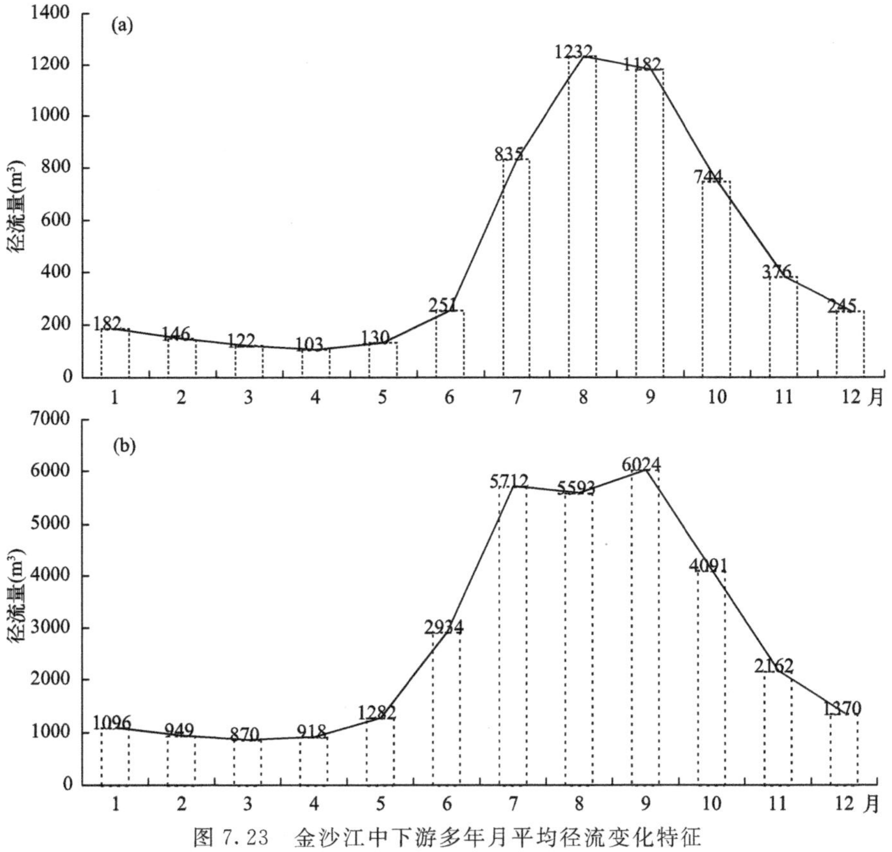

图 7.23　金沙江中下游多年月平均径流变化特征

（a）中游；（b）下游

月，与流域所在地区雨季一致；每年 11 月至来年 1—6 月为枯期，仅占全年径流总量的 22%。与云南其他河流类似（张万诚等，2006），金沙江中游径流年内呈单峰型分布。但是峰谷值出现的月份要偏晚一个月，金沙江中游多年平均月径流峰值出现在每年的 8 月份，谷值出现在每年的 4 月份。

金沙江下游径流年内主要分布特征（图 7.23b）与中游类似，汛期、枯期径流量差异显著。但较中游又有所不同：一是下游径流在 6 月份就进入了汛期，较中游提前一个月；二是下游入流增量分布呈现一个弱双峰型特征，有 7 月和 9 月两个峰值，在主汛期 8 月稍有回落；第三是下游月径流量在 3 月份最少，较中游提前了一个月。

7.5.1.2　金沙江中下游径流年际变化

从金沙江中下游年径流距平的年际变化所示（图 7.24），金沙江中游径流量总体呈线性增加趋势，气候倾向率为 310 $m^3/10$ a（图 7.24a）。从 10 a 滑动平均来看，在 1990 年代末 2000 年代初有一个较明显的年代际转变阶段。1990 年代末期之前，金沙江中游径流量总体为正常到稍偏少，滑动平均为负值，年平均偏少 500 m^3，尤其在 1980 年代年代偏少较为明显；1990 年代末期，中游径流开始增加，距平值由负转正，平均值跃升至 1000 m^3 左右。不过

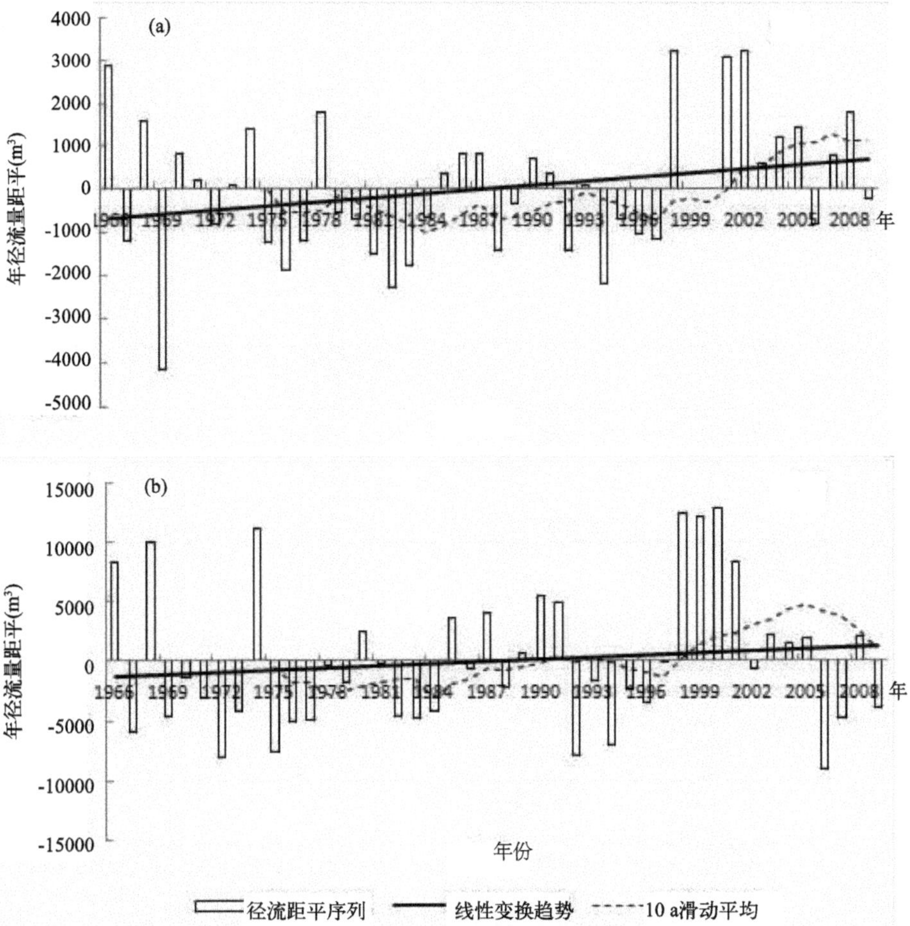

图 7.24　金沙江中、下游径流距平的年际变化

（a）中游；（b）下游

在 2000 年代中后期中游的径流再次呈微幅回落趋势。

金沙江下游径流演变趋势与中游演变趋势总体类似(图 7.24b),呈线性增加,气候倾向率为 585 $m^3/10$ a。但下游径流量年际变化幅度明显大于中游,极端事件发生更多,这可能与下游汇流特性有关。从 10 a 滑动平均曲线来看,金沙江下游径流的年代际变化较中游温和,总体呈持续增加的趋势;但同样在 1990 年代末期增幅较为显著,平均距平值跃升至 3000 m^3左右。同时,下游径流量在 2000 年代中后期也再次回落。

7.5.1.3 金沙江中下游径流变化突变分析

气候突变是普遍存在于气候系统中的一个重要现象,常见的气候突变是把它定义为气候从一个平均值到另一个平均值的急剧变化,它表现为气候变化的不连续性,也就是说,气候突变就是指气候从一种稳定态(或稳定持续的变化趋势),跳跃式的转变到另一种稳定态(或稳定持续的变化趋势)的现象,它表现为气候在时空上从一个统计特性到另一个统计特性的急剧变化。

在图 7.25 金沙江中、下游流域径流量距平时间序列中可直观地发现,金沙江中、下游径流在 1990 年代年代末期均有年代际增加的趋势,为了更具体地考察这一趋势,根据 M-K 算法,对金沙江中、下游径流增量进行突变分析。

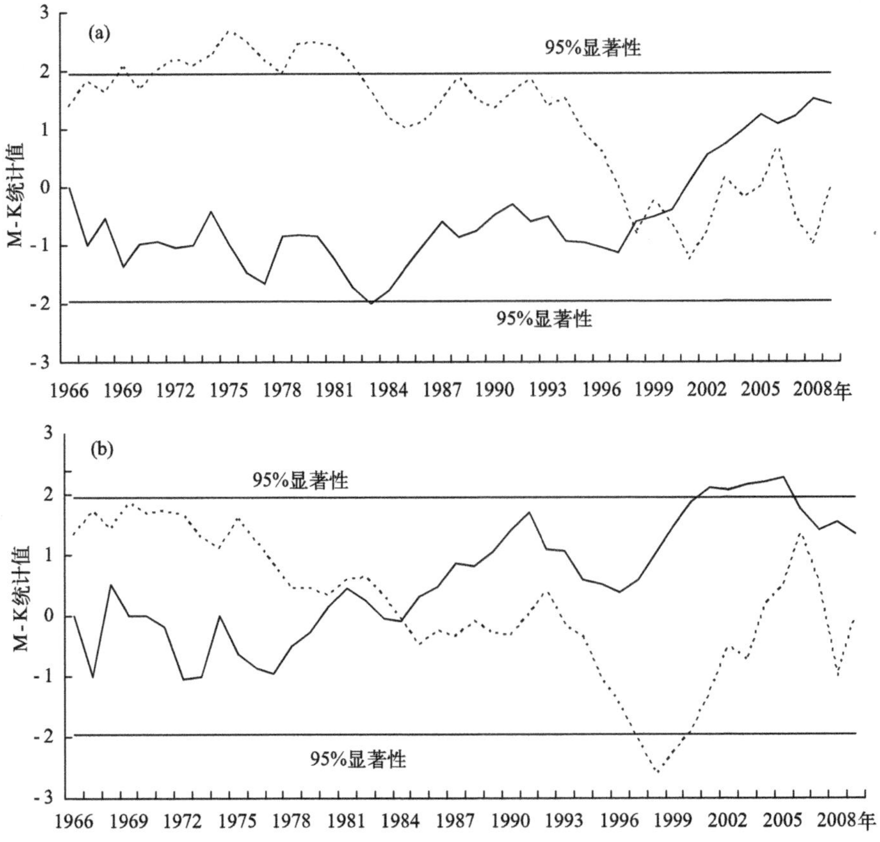

图 7.25 金沙江中下游年径流量序列 M-K 法检测结果

— UF 原序列,… UB 反向序列

(a)中游;(b)下游

从金沙江中、下游径流的 M-K 检测图(图 7.25)中可见,中、下游径流序列均有自少到多的转变发生。其中,金沙江中游径流在 1990 年代中期之前持续偏少,在 1998 年转而呈增加趋势,但年径流 UF 原序列样本检验值在显著性 0.05 的临界值之间,表明中游的年径流变化并不显著;而金沙江下游流域径流在 1985 年发生了由少到多的突变,并且超过了 0.05 的显著性检验。由图也可以看出,金沙江下游径流的增加趋势较中游更明显,持续性更好。

7.5.1.4　金沙江中下游径流变化的周期分析

下面分析金沙江中、下游径流增量的年际和年代际周期变化特征。

从金沙江中游径流的小波实部中可见(图 7.26a),中游径流有明显的 11 a 年代际变化周期。在年际上有 2 a 和 5 a 周期变化,其中 2 a 周期在 2005 年以后向高频转移。从金沙江下游径流的小波系数图中可看出(图 7.26b),下游径流的周期性较中游差,可能与影响下游径流的因素更多有关。下游径流在年代际上有 9 a 和 15 a 两个明显周期。高频周期在 3～4 a 间摆动。1980 年代中期以前大致为 4 a 周期,之后转为 3 a,而且显著性也减弱了。

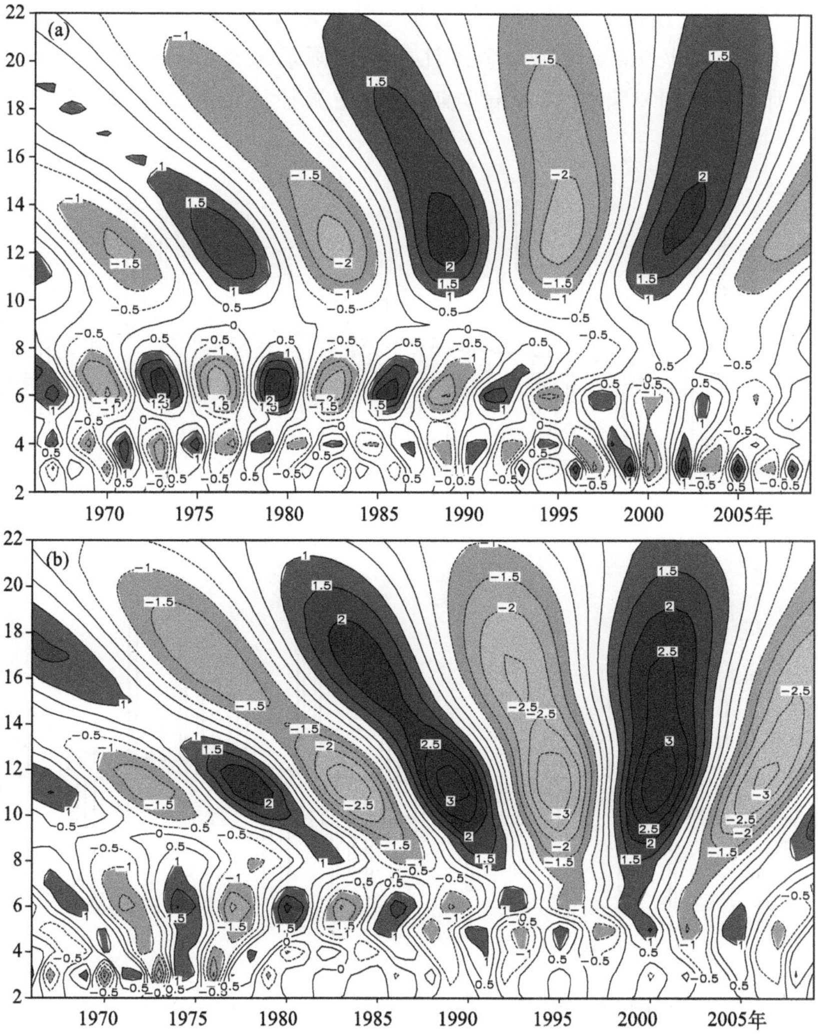

图 7.26　金沙江中下游年径流量小波变换系数

(a)中游;(b)下游

7.5.2 金沙江中下游径流变化对气候变化的响应

为了考察金沙江中下游径流变化对气候变化的响应及其程度，需要分析金沙江中下游流域的降水、蒸发量、气温等气象要素的变化，并考察气象要素与径流变化间的关系。

分析金沙江中、下游气象要素的气候变化特征。中游气象要素主要使用金沙江中游宁蒗、永胜、鹤庆、宾川和华坪五个气象站的观测资料，取其平均值代表金沙江中游流域的气候特征；下游气象要素应用金沙江下游永仁、元谋、会泽、巧家、永善、绥江六个气象站的观测资料，同样取平均值代表整个下游流域的气候特征。

7.5.2.1 金沙江中下游雨量变化

年际变化大是金沙江流域的降雨特点（周长艳等，2010）。对金沙江流域降水资料分析显示，流域内的降水主要集中在汛期 5—10 月（图略），其中又以 6—9 月为最，连续最大 4 个月（6—9 月）降雨量占年总降雨量的 70%左右。

如图 7.27a 所示，金沙江中游流域的年雨量总体呈增加趋势，其气候倾向率为 2.4%/10 a。从 10 a 滑动平均来看，1990 年代后期金沙江中游年雨量距平百分率由负转正，进入较明显的年代际偏多时期，从 2008 年后转入偏少期，这与中游径流量的变化是一致的。在图 7.27b

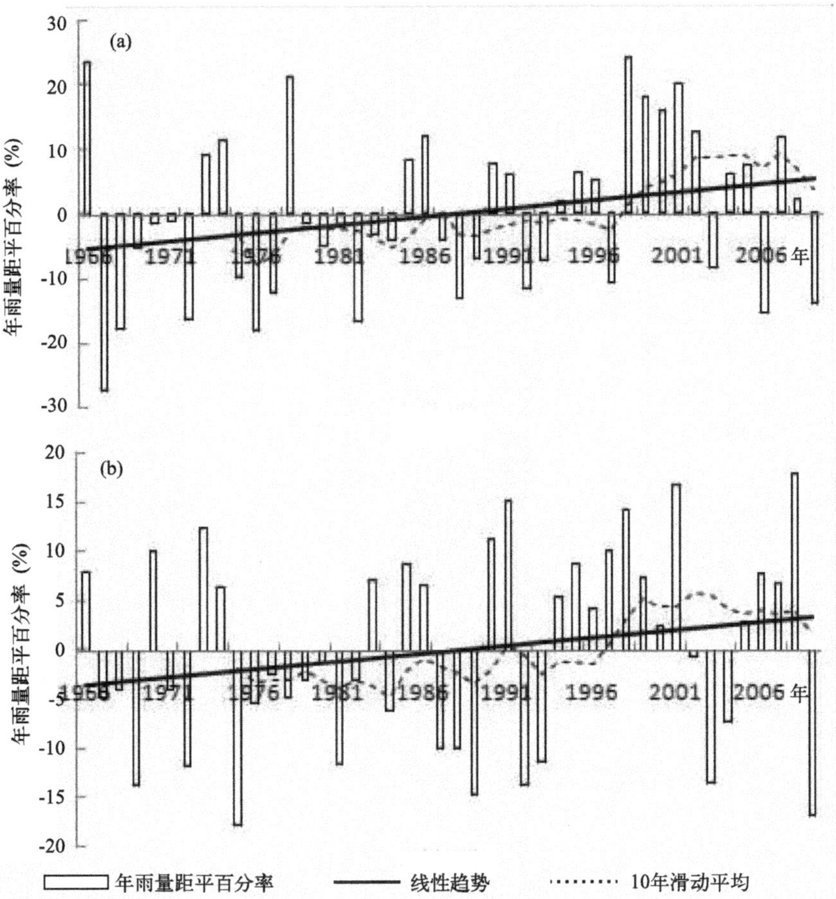

图 7.27 金沙江中下游流域年雨量距平百分率

(a)中游；(b)下游

中,金沙江下游的年雨量变化趋势同样呈增加趋势,气候倾向率为1.6%/10 a。其10 a滑动平均曲线亦在1990年代中后期有由偏少转为偏多的特征,从2008年后转入偏少期,这也与下游径流变化特征是一致的。从图7.27中可以明显看出2009年金沙江中、下游流域年雨量较多年平均偏少近两成,这与西南地区2008年后出现的连续干旱相对应。

金沙江中游流域雨量总体呈增加趋势,这与滇西及滇西北雨量呈增加趋势是一致的(郑建萌等,2010b)。

7.5.2.2 金沙江中下游蒸发量变化

从图7.28中可以看到,与云南蒸发量减少的趋势相一致(黄英等,2003),整个金沙江中下游流域的年总蒸发量均在显著减少,且这种线性减少趋势十分明显,大约年均减少总蒸发量0.5%左右。根据计算,中游流域蒸发量的减少速率为80 mm/10 a,下游流域的减少速率是130 mm/10 a,中下游均为一致的减少,金沙江下游流域年蒸发量的减少要明显快于中游。

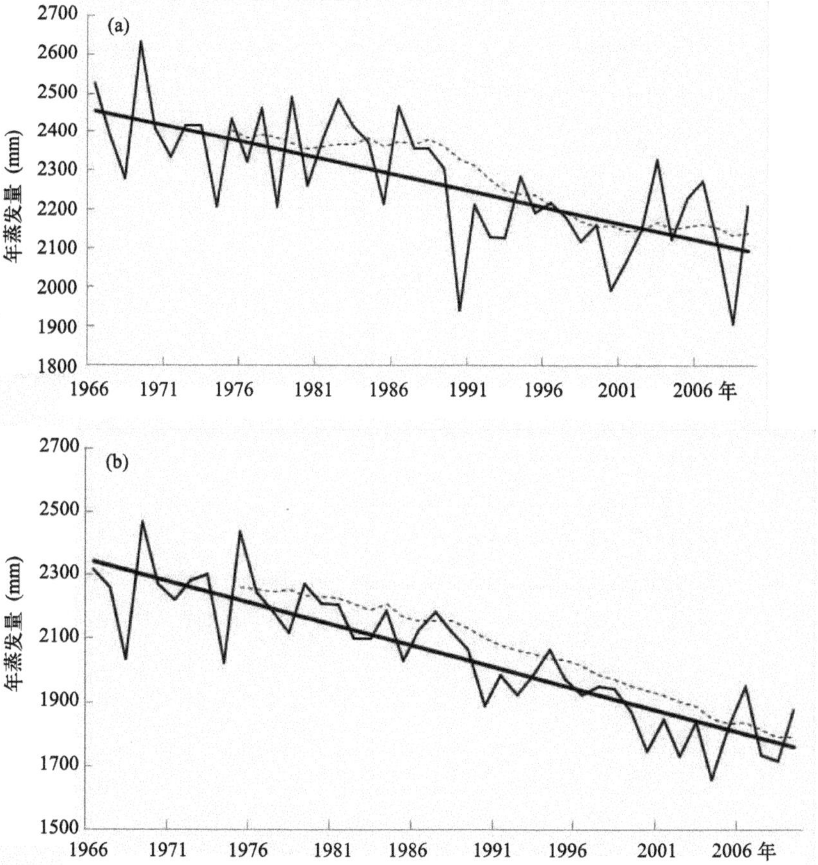

图7.28 金沙江中下游流域年蒸发量变化趋势

(a)中游;(b)下游

从10 a滑动平均的曲线来看,金沙江下游流域年蒸发量没有明显的年代际变化特征,始终维持一致减少的趋势。而金沙江中游流域的年蒸发量在1990年代初有一个较为明显的年代际转变,之前以稳定少变为主,之后转为快速减少趋势。到了2000年代中期,金沙江中游流域的年蒸发量又转为稳定少变的趋势。

7.5.2.3　中下游年平均气温变化

图 7.29 是金沙江中下游流域年平均气温序列，如图所示，与全球气候变暖的大趋势一致，金沙江中下游年平均气温总体呈现较为稳定的增加趋势，其中金沙江中游流域的升温要比下游流域明显。从气候倾向率来看，金沙江中游平均气温增温速率约为 0.04℃/10 a。金沙江下游流域气温增加速率约为 0.02℃/10 a，明显低于近 50 a 云南全省的增温速率 0.24℃/10 a。从图中的 10 a 滑动平均曲线可以看出，金沙江中下游年平均气温具有较明显的年代际变化特征，在 1990 年代至 2000 年代初期，流域年平均气温阶段性降低，尤其在下游地区更明显。

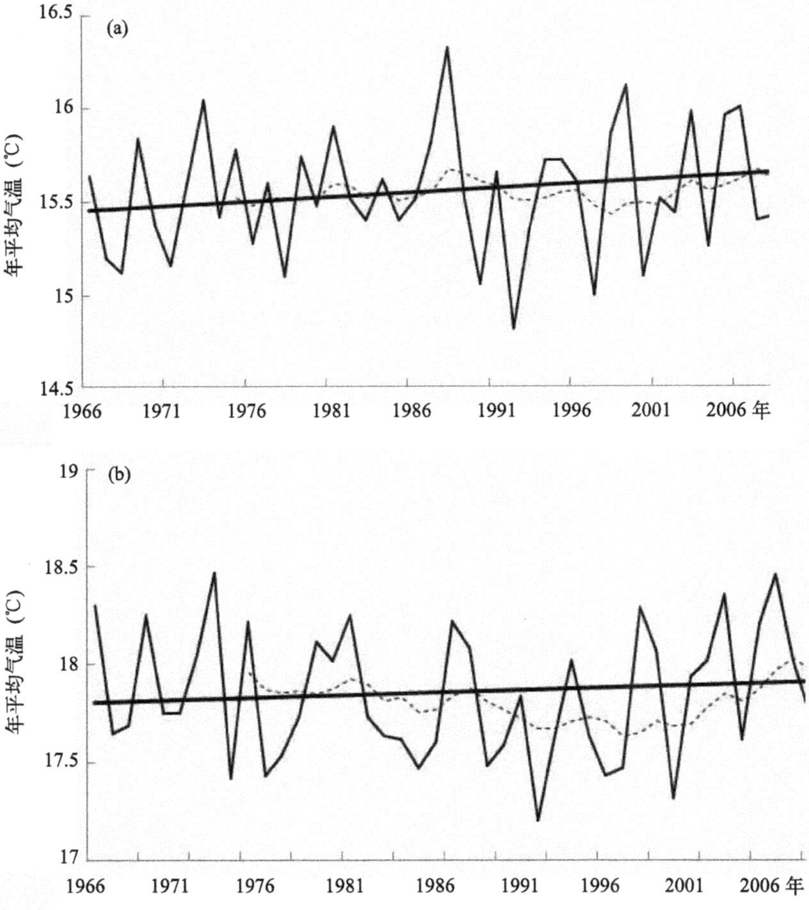

图 7.29　金沙江中下游流域年平均气温变化

(a)中游；(b)下游

综上所述，在全球变暖背景下，金沙江中下游的温度变化与云南区域的变化呈一致增加趋势，但增温速率远大于云南区域。而金沙江中下游径流的变化总体呈增加趋势，并且中下游径流与流域降水的变化一致，说明径流变化与流域降水的变化是同步的。另外，金沙江流域径流变化呈增加趋势与流域年蒸发量一致减少趋势是一致的。

7.5.3　流域气候要素与径流变化的关系

为了考察金沙江中、下游的径流变化与中、下游流域年雨量、年蒸发量和年平均气温的关系，我们计算了他们之间的线性相关，结果如表 7.4。

表 7.4　径流增量序列与气候要素的相关系数

	年平均雨量	年总蒸发量	年平均气温
中游（石鼓至攀枝花）	0.64**	−0.46**	−0.11
下游（攀枝花至屏山）	0.39**	−0.36*	−0.06

注：* * 表示通过了 0.01 的显著性检验，* 表示通过了 0.05 的显著性检验。

金沙江中、下游的径流量与流域的年雨量和年蒸发量相关系数较高，其中径流量与年总雨量成正相关，与年总蒸发量成反相关。可以说，影响金沙江中下游流域径流变化的主要气候因子是降水，降水越多，径流越大；其次是蒸发，流域蒸发越弱，径流越大。此外，金沙江中下游气温与径流呈负相关，说明流域气温与径流之间存在反向变化，但是这种关系并不显著。

此外，从表 7.4 中还可以看出，下游径流变化与降水、温度、蒸发要素的相关程度均比中游明显偏低。在金沙江中游流域，雨量和蒸发量与径流变化的相关关系超过了 0.01 的显著性检验，在下游流域，年雨量与径流的相关超过了 0.01 显著性检验，年蒸发量与径流的关系超过了 0.05 的显著检验。这表明金沙江中游径流对气候变化的响应程度要高于下游，而金沙江下游径流变化受非气象因素的影响较中游更大，该流域范围的人类活动、汇流补给状况等对径流变化的影响更加明显。

7.5.4　金沙江支流对气候变化的响应

图 7.30 是金沙江支流牛栏江对气候变化的响应，图中显示牛栏江径流与流域降水的变化趋势非常一致，具有明显的年际及年代际变化特征。从图 7.30 可以看出，在 20 世纪 70 年代以前，牛栏江流域降水与径流处于正位相即偏多时段，从 70 年代初期以后至 90 年代中期前流域降水与径流总体处于负位相即偏少时期，在从 90 年代中期至 2000 年降水与径流从负位相转为正位相，并呈下降趋势，到 2000 年牛栏江径流量为下降趋势，平均每年减少−$1.81\times10^8\mathrm{m}^3$。从图 7.30 中还可明显看出，进入 21 世纪以来金沙江流域降水距平进入偏少期，近 52 a（1961—2012 年）金沙江流域降水总体上呈略增加趋势，平均每年增加0.55 mm，但没有通过 0.1 的显著性检验，由于流域降水量对牛栏江径流的多少起主要作用，这说明未来因降水减少将引起金沙江径流减小而进入相对偏少时期。

金沙江支流径流的年际变化与流域温度的变化趋势呈反相变化，气温具有明显的年际及年代际变化特征，总体上为下降趋势（图 7.31），其变化特征表现在 20 世纪 80 年代以前为正位相，从 80 年代初至 21 世纪初流域温度总体上处于负位相，21 世纪初以来至今处于上升趋势，从负位相进入正位相，特别是 2008 年以后流域转入增温阶段。流域温度与金沙江支流径流的变化趋势呈反相变化（见图 7.30），从 1961 年以来至今，流域气温总体上呈下降趋势，平均每年略降低 0.01℃，但没有通过 0.1 的显著性检验，这与昆明以东的局部地区及其滇东北的降温是一致的(见第 2 章)。这说明在全球增暖大背景下,滇东北地区气温并没有与低纬高原地区同步增温。

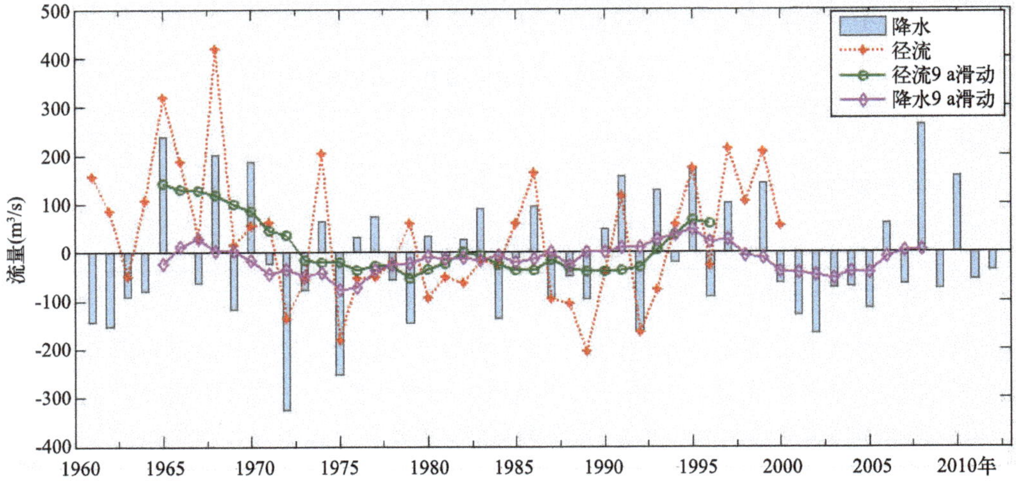

图 7.30　金沙江流域雨量(单位:mm)、牛栏江径流(单位:$\times 10^8\ m^3/s$)距平

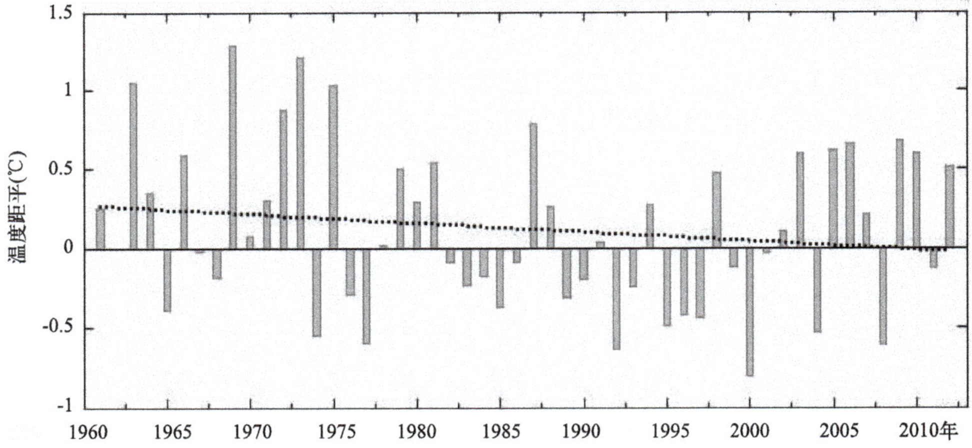

图 7.31　金沙江流域温度距平的年际变化趋势(单位:℃)

以上分析说明金沙江流域降水对支流年径流影响较大,下面分析雨季、干季降水的变化对流量的影响,图 7.32 显示出金沙江流量的年际变化,可以看出,雨季流量具有明显的年际及年代际变化特征,在 1970 年代初至 1980 年代末期为负位相,从 1990 年代初期后至 2000 年基本处于正位相,与流域雨季降水的变化基本同步(图略),从 1961 至 2000 年,金沙江支流流量的变化呈明显减小趋势,每年减少 5.54 m^3/s,随着流域雨季降水在 21 世纪以来进入偏少期,预示着金沙江流量也进入偏少期;干季降水与流量的变化基本同步(图略),这与低纬高原地区干湿季分明,干季降水少是一致的。进一步的分析表明,金沙江支流流量与流域的干湿季降水呈显著正相关(图略)。

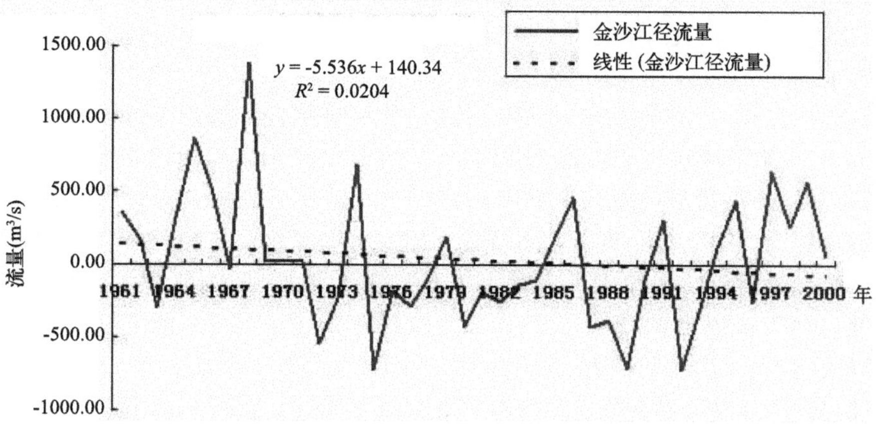

图 7.32　金沙江流量的年际变化

7.5.5　小结与讨论

(1)金沙江中、下游的径流增量年内变化大,汛期径流量约占全年径流总量的 8 成;而枯期径流量仅占全年总量的 2 成左右,这与云南降水量的分布基本一致。金沙江中游径流年内分布呈单峰型,峰值出现在每年的 8 月份,谷值出现在每年的 4 月份;下游径流年内分布呈双峰型,有 7 月和 9 月两个峰值,谷值在 3 月份,较中游提前了一个月。

(2)金沙江支流径流量的月际变化呈单峰型,径流量的季节性变化大,且集中在雨季。

(3)金沙江中、下游的径流变化总体呈增加趋势,中游变化幅度并不显著,下游在 1985 年后显著增加。金沙江中游径流有明显的 11 a 年代际变化周期,在年际上有 2 a 和 5 a 周期变化;而下游径流在年代际上有 9 a 和 15 a 两个明显周期,高频周期在 3～4 a 间摆动,周期性较中游差。

(4)金沙江支流径流量对流域降水非常敏感,流域降水和径流量具有明显的年际及年代际变化特征。

(5)金沙江中、下游的径流变化与流域的年雨量和年蒸发量有显著的相关关系,与雨量成正相关,与蒸发量成反相关。相关性分析表明金沙江下游径流变化对气候的响应程度要小于中游,这可能与区域人类活动有关。

在全球变暖背景下,金沙江流域增温趋势明显小于云南区域和全国的增温速度,而金沙江中、下游径流的变化均呈增加趋势,与流域中游、下游降水的变化是一致的,这与云南东、西部降水变化不同步是一致的,说明影响云南降水变化的原因比较复杂。金沙江流域年蒸发量与流域年平均气温为正相关,但二者的演变趋势却呈反向变化,可能与流域降雨增加、湿度有关,另外,可能与金沙江流域的植被状况较好也是主要原因之一。

金沙江支流的气温、降水均呈下降趋势,而径流也呈减少趋势。由于牛栏江位于滇东北,影响流域降水的天气系统与滇东北地区的环流背景一致,金沙江支流牛栏江流过的区域基本上是干热河谷,河谷的气温高导致蒸发大,也是造成径流量减少的原因之一。

7.6 水资源变化的适应和对策探讨

从水资源总量来看，云南省水资源丰富，多年平均降水量4820.8亿m^3，折合降水深1258.7 mm；多年平均年水资源量2222亿m^3，折合径流深580 mm(张照伟等，2002)。水资源总量(即河川径流量与过境水量之和)为4165.0亿m^3(伍立群，2004)。仅次于西藏自治区、四川省，居全国第三位。但云南水资源在时空分布上极不均匀，在时间分配上，水资源年内分布不均。受雨季(5—10月)、干季(11月—次年4月)影响特别大，前面分析可知雨季的径流量占全年径流量的73%～85%，干季(11月—次年4月)径流量仅占全年径流量的15%～27%，而农业用水量最大的4—5月，径流量仅占全年水量的2%～3%，可利用量则更少。并且在径流量越少的地区还有年际变化较大的特点，丰枯变化剧烈，进一步加剧了该地区的水资源问题。从空间分布上看，云南省水资源地区分布也极不均匀，总的趋势是南多北少，西多东少，深谷多平坝少。从云南全省范围看，滇西和滇南为两个多水带区，而滇中是非常突出的少水区，另外金沙江流域的宾川、元谋地区多年平均降水量在600 mm以下，蒸发量却高达1500～2000 mm，是云南省水资源问题最突出的地区(张学波等，2006)。

可见，云南的水资源空间分布与经济社会发展不匹配，绝大多数的城镇、工业区和农业区聚集在坝区或盆地，其水资源较少。虽然低纬高原地区水资源丰富，但这一地区一方面由于山高，河谷深切，开发利用困难，另一方面随着经济的发展和城镇化进程的加快水资源短缺将会日益突出，并且在全球变化背景下江河径流发生减少的趋势下，如何适应及应对这种变化趋势是我们面临的首要问题。

7.6.1 气候变化对低纬度高原地区水资源的可能影响

由前面的分析可知，低纬高原地区52 a(1961—2012年)来区域平均年降水距平百分率呈减少趋势，减少速率为18.1 mm/10 a。春季降水量整体呈增加趋势，增加速率为6.7 mm/10 a，夏季降水量整体呈减少趋势，减少速率为16.9 mm/10 a，秋季降水量整体呈减少趋势，减少速率为7.3 mm/10 a，冬季降水量整体呈略微减少趋势，减少速率为0.99 mm/10 a。而低纬高原地区的河流径流与流域降水关系密切(相关系数通过0.05的显著性检验)，雨季、干季径流量大小受流域降水影响非常大。由于云南地区降水分布极不均匀：呈北多南少、西多东少、南部边缘地区多、中部和北部偏少的分布特点。水资源的地域分布与降水量的地域分布基本相应，造成境内江河径流空间分布的差异，怒江、澜沧江的径流量大于元江、金沙江等(郭有安等，2005)。

在全球气候变暖背景下，近年来各种极端气候事件呈加剧趋势。在低纬高原地区未来干、湿季降水总体减少的情况下，可能会对水资源产生以下影响：

(1)对农业生产用水

农业在云南省占重要地位，生产需要耗费大量水资源，气候变化将使云南省内未来农业生产面临产量波动增大，布局与结构调整、成本与投资增加等问题。此外，气候变化对农业灌溉用水的影响远远大于工业用水和生活用水的影响，尤其在云南未来降水减少、蒸发增加、干旱趋势化严重的情况下，云南农业生产用水将会更加紧张。

(2)对水资源供需

在云南未来降水减少、气温升高的背景下，随着径流的减少、蒸发增大，可能会加重河流原有的污染程度，特别是枯水季节。同时，河水水温上升，也会促进河流污染物沉积、废弃物分解，进而使水质下降。气候变化将加剧水资源的不稳定性和供需矛盾。

(3)对极端水文事件

云南地形复杂，南北、东西跨度较大，自然灾害极为频繁，其中洪涝、干旱最为常见。随着气候变暖，水文过程的加强，洪涝及干旱等极端气象水文事件发生的频率将增加，由此将面临更为严重的旱洪形势(周跃等，2011)。

(4)对季节性干旱引起的水资源短缺

虽然由气候变化引起的缺水量小于人口增长及经济增长及经济发展引起的缺水量，但云南的干季最容易形成干旱，造成人畜饮水困难，特别是云南冬、春季及初夏季因降水偏少引发的严重干旱造成人畜缺水，如：2009 年秋季至 2010 年初夏季，云南发生了有气象记录以来最严重的干旱，全省 50%的人口受灾，最多时有 800 多万人需要粮食救济，近千万人饮水出现困难，有 619 万头大牲畜饮水困难、有 564 座小型水库干涸，1119 眼机井出水不足；农作物受灾面积 2957.2 千公顷，绝收面积 1015.5 千公顷；林地受灾面积 3847.3 千公顷、报废 1078.7 千公顷，全省因灾直接和间接经济损失超过 1500 亿元(云南省气候公报，2010)。因此，在未来干旱加剧的背景下，云南干旱引起的缺水量将大大加剧，如：云南北部及滇中的缺水形势，并对这些地区的社会经济发展产生严重的负面影响。

7.6.2　水资源变化的适应及积极应对

(1)加强水资源的统一规划与管理

资源优化配置是实现水资源可持续利用的技术手段，而水资源统一规划与管理则是实现水资源优化配置的前提和基础。深化水资源管理体制改革，提高机构管理效能，建立现代化的水资源管理体制，强化水资源的统一管理和保护，建立适应气候变化和水资源可持续利用的水行政管理机制，形成建立水权和水市场管理的基本制度，制定和完善有关法律、法规和政策体系，以法管水。

气候变暖最直接的影响是农田灌溉需水量增长、生态用水消耗量加大和生活用水及工业用水等相继递增。采用经济手段，通过价格机制完善水资源市场的合理配置是调节部门之间、上下游以及缺水地区用水竞争及供需矛盾，建设节水型社会的重要手段。水的经济、社会及环境价值可用经济方法根据获取水资源需要投入的成本定量地算出。当水资源数量减少时，其价值和重要性增加，这时如何将水供给最有价值的用户以取得最大的净社会效益，对稳定社会、保持社会经济的持续发展都是十分重要的(刘春蓁，2000)。

(2)建设节水型社会

节水是指采取现实可行的综合措施，减少水资源的损失和浪费，提供用水效率与效益，合理、高效利用水资源，提高水资源承载能力。节水型社会就是人们在生活和生产过程中，在水资源开发利用的各个环节，贯穿对水资源的节约和保护意识，以完备的管理体制，运行机制和法制体系为保障，在政府、用水单位和公众的共同参与下，通过法律、行政、经济、技术和工程等措施，结合社会经济结构的调整，实现全社会用水在生产和消费上的高效合理，保持区域经济社会的可持续发展(气候变化国家评估报告，2007)。

对水资源的不可持续利用主要表现在对水资源的浪费上，特别是在限制开发区和禁止开发区的水资源浪费现象极为严重，用水效率仅为4%～5%，人均用水量达370～533 m^3，单位GDP用水量均超过1000 m^3/万元，农田灌溉定额达8355～9885659 m^3/hm^2，均高于云南省平均水平。由于这些地区大多处云南省边缘地区，人少地多，经济和技术发展水平落后；GDP总量小，高附加值产品少，以致单位GDP用水量高出云南全省平均水平的1.61～2.57倍。这些地区土地资源丰富，种植业以水稻和甘蔗等高水作物为主，灌溉粗放，用水定额呈增长趋势；产业结构单一，工业发展水平落后，用水效率低。而一般优化开发区和重点开发区地处全省中心地段，人多地少，经济和科技水平较高，产业结构合理，发展水平先进，高附加值产业多，节水水平较高，水资源浪费现象有所缓解(李禾等，2008)。

可见，在对不同区域水资源进行发展规划时，应加大水资源因素的权重，以水资源的可持续利用为目标。如在水资源缺乏的开发区就要选用耐寒高产的农作物品种，推广先进的耕作方式和农技措施；发展低耗水工业，提供水的重复利用率；对工业污水要进行回收利用，使污水资源化，提高污水的回用率。在水资源相对丰富的限制开发区和禁止开发区，要合理利用水资源，大力发展水利工程，开发水能资源。

(3)增强防洪抗旱能力

云南区域水量相对丰富，但时空分布不均匀，随着社会经济不断发展和气候变化带来的影响，应加强水利基础设施建设，特别是继续加强水利枢纽工程建设，完善工程措施和非工程措施相结合的综合防洪体系，加快主要江河堤防达标建设，使重点河段的防洪标准进一步提高，尽快完成大中型和重点小型病险水库除险加固，提高区域防洪和兴利能力。加快建成工程措施和非工程措施相结合的防灾减灾体系，加强重点城镇防洪工程建设，基本建成重要城镇的防洪体系；加快重点中小河流域治理及山洪灾害防治，加强山洪灾害防治和易灾地区水土保持，完善水文基础设施和预警预报系统，提高综合防灾能力。加强应急水源建设和水资源调度，优先布局和安排旱涝灾害严重地区的水利工程项目，利用水库、河堤等流域防洪工程体系，采用优化调度等非工程措施将洪水拦蓄应用，实现雨水(洪水)资源化，在山区利用小水库、小塘坝、小水窖等汇集雨水径流，提高雨水利用率。从战略的高度，做好供水安全储备工作，深入开展山洪地质灾害调查评价，完善气象监测预警体系，加快搬迁避让和重点治理，提高山洪地质灾害综合防治能力；完成防汛抗旱指挥系统建设。切实避免水库汛前“有水不能蓄”，汛后“欲蓄无水”的被动局面，有效预防极端干旱和突发洪水事件，保证流域社会经济持续发展，确保用水安全。

(4)提高地表涵养水资源的能力

由于云南山地坡度陡，水流势能大，水蚀能力强，地表生态系统自我调节能力弱，生态系统极为脆弱，经济发展容易使地表植被破坏，水源涵养能力减弱，水土流失不断加剧，湖泊河流淤积、富氧化日益严重，生态环境不断恶化。要改善云南水资源环境的恶劣情况，应该大力开展水土保持工作，改善水生态环境，提高地表涵养水资源的能力。涵养水源是被誉为“大自然总调度室”——森林的五大功能之一，是大自然的天然绿色水库，林下生长的地表植被具有减缓降水流速、增加下渗、补充地下水资源的功效，而且还有固定土壤防止水土流失发生的水土保持作用。水土保持工作在具体实施上，以国家“长治”工程为重点，建设一批高标准、高质量、大规模、综合型，达到国家级示范标准的示范州、示范县和示范小流域，带动全局工作的开展(张学波等，2006)。保护水源是防止水体污染扩大、污染程度加深的前提和基础，保证已污染水源的蓄水调节，防止新污染水体的出现，不断改善水生态环境。

(5)加强山区居民的水资源利用

由于低纬高原地区山地和丘陵面积占 94%，坝区仅占 6%，虽然其水资源总量比较丰富，但这一地区是溶岩地区，降水的渗漏量极大，降水后径流量大，水土流失极为严重。特别是山区，缺水严重制约着当地农业的发展，尤其在自然条件恶劣、水资源开发难度大的贫困山区，当出现春季、初夏季连旱时，这些地区往往面临着严重的缺水困难。对于这些地区要加大扶持力度，组织推广一家一户自建、自管、自用的小水窖、小水池、小水塘、小水沟、小抽水站“五小”水利工程，把过去流失的深山泉水、雨水留住，雨季蓄水，旱季取水，在抗旱救灾中发挥生命之水的作用，降低灾害造成的损失。

(6)科学开发空中水资源

人工影响天气是增加水资源供给量的有效措施。以往的实践经验说明，人工增雨能够在有效缓解旱情、预防和扑救森林火灾等方面发挥重大作用，应大力加强。

云南区域大气中含有丰富水汽资源，可通过现代人工影响天气技术，实施科学的规模化人工增雨作业，开发利用空中云水资源，提高大气降水效率，增加区域降水量，进而增加地表水和补充地下水，获得更多的可利用水资源总量，以缓解关键时期工农业及生活用水的紧张局面。通过科学调整和布局地面作业网，显著提升云南区域人工增雨防雹作业能力，有效消除农经作物主产区地面增雨防雹作业的盲区，形成空地结合、点面结合、动静结合的作业体系，实现立体作业。

(7)加强水资源的监测预警

随着全球气候变暖，低纬高原地区的增温非常明显，云南境内的江河径流受气候变化的影响也表现出径流量减少的趋势，但人类活动对江河流域造成的影响也不容忽视。因此，一方面我们要加强对云南区域江河流域水资源的监测、预警，对区域江河流域水资源的变化进行实时监测；另一方面，加快气象现代化建设，建立对空中云水资源进行实时监测的集天基、地基为一体的系统，条件具备时及时开展人工影响天气的飞机、地面人工增雨作业。

7.6.3　小结与讨论

(1)云南省共有大小河流 600 多条，水资源丰富，水资源总量仅次于西藏自治区、四川省，居全国第三位。云南的水资源空间分布与经济社会发展不匹配。云南人均水资源量分布差异较大，大部分山区水资源丰富，但却缺水，原因是山区河谷深切，开发利用困难，并且山区水土流失严重；平坝支流短，水资源贫乏而需水量大；城镇水供需矛盾突出，水短缺及水污染严重；岩溶地区分布较广，地表水严重不足。造成水、土资源匹配极不均衡，水资源分布与经济发展需求极不适应，重要经济区资源性及水质性缺水严重。

(2)总体上降水与径流呈非线性正相关关系，气温与径流呈负相关关系，但径流的年际和季节的具体变化取决于气温和降水变化的综合情况：冬春季的地表径流变化趋势更多受气温变化的影响，夏秋季则基本与降水变化趋势一致。在气候变化的驱使下，未来随着暖冬的增加和雨季降水的减少，极端事件的增多，将使云南面临更加严重的干旱洪涝趋势，特别是极端干旱事件发生次数的增多，造成经济损失和社会影响将会越大，而水文事件出现频次的增加，其负面影响的程度也将增加。

随着全球气候变暖，低纬高原地区的增温非常明显，近年来各种极端气候事件呈加剧趋势,云南境内的江河径流呈减少趋势主要与流域降雨减少、气温高导致蒸发大等有关,人类活动造成的影响也不容忽视,如何适应及应对气候变化引起的水资源短缺是我们面临的首要问题。显然,低纬高原地区水资源(大气降水和地表水)的变化受多种因素的影响,应加强多部门合作,积极开展气候变化下的适应及对策研究。关于水资源变化的应对是比较复杂的系统工程,本节总结了近年来相关方面的研究成果,希望引起社会对水资源变化的重视。

第 8 章　结　论

近百年发生的全球气候变化正对世界各地带来影响。随着未来气候变暖的不断加剧，水资源问题将日益突出，这个问题已引起国内外政府部门和科技界很大的关注。为了使读者便于掌握本书的要点，本章对气候变暖背景下低纬高原地区水资源的分布特征及变化进行总结。

8.1　低纬高原地区温度的时空分布及其变化

8.1.1　温度时空分布特征

(1)低纬高原地区年及四季的多年平均气温的空间分布呈现北低南高的形式，整体上从滇西北向南随纬度增加，表现出明显的地区差异。温度最大区主要分布在江河流域河谷地区、云南南部地区。温度高值区最主要的有金沙江流域河谷地区温度最大中心、元江流域河谷地区最大中心、云南南部西双版纳州景洪的气温最高中心；另外，还有局部的气温高值中心，如德宏州芒市、怒江流域的六库、澜沧江流域临沧市的云县和双江以及河谷地区的景谷、镇沅等。全省温度最低区域主要位于滇西北、滇东北，滇西北主要是迪庆州的香格里拉、德钦，滇东北主要是昭通市的镇雄和昭通，以及怒江州的兰坪地区。另外，云南中部的高海拔山区气温也相对较低。

(2)低纬高原地区年平均最高气温及四季最高气温的空间分布呈现北低南高的形式，从滇西北向南随纬度增加，表现出明显的地区差异。最高温度的极大值区主要分布在江河流域河谷地区、云南南部地区。元江流域河谷、金沙江流域河谷地区以及云南南部是最高温度最大中心。另外，还有局部的气温高值中心，如德宏州瑞丽和芒市，怒江流域的六库，澜沧江流域临沧市的云县和双江以及河谷地区的景谷、镇沅等。全省温度最低区域主要位于滇西北、滇东北，滇西北主要是迪庆州的香格里拉、德钦，滇东北主要是昭通市的镇雄和昭通以及怒江州的兰坪地区。

(3)低纬高原地区年平均最低气温及四季最低气温的空间分布呈现北低南高的形式，从滇西北向南随纬度增加。高值区主要分布在滇南、金沙江、澜沧江、元江流域等河谷地区，温度最大中心主要是元江、河口、景洪以及金沙江流域的元谋、巧家等。气温最低中心位于滇西北的香格里拉、德钦以及滇西西部、滇东北部分地区等，温度的最大值与极小值相差比较大，表现出明显的地区差异。

(4)低纬高原地区最高温度的极大值出现在 5 月，其次是 4 月、6 月。温度在 30℃以上的区域相对较多，元江为最高温度的最大值区，其最高温度出现在 5 月，为 34.7℃；最高温度的极小值出现在 1 月，其次是 12 月和 2 月，主要是滇西北的德钦、香格里拉最低(德钦 1 月最低在 5℃以下)，其次是滇东北的镇雄、威信和大关气温最低，出现在 1 月、2 月和 12 月(镇雄 1 月最低在 6℃以下)。

(5)低纬高原地区最低温度的最大值出现在 7 月，其次是 6 月和 8 月，滇南、金沙江、澜沧江、元江流域等河谷地区经常出现 20℃及以上的温度，最高温度出现在元江 7 月、6 月、8 月，分别为 25.1℃、25.0℃和 24.2℃，其次是滇南景洪，也出现在 7 月、6 月、8 月，分别为 22.7℃、22.6℃和 22.4℃。另外，滇东南河口的最低温度也出现在 7 月、6 月、8 月，分别是 24.8℃、24.6℃和 24.4℃；最低温度的极小值出现在 1 月，其次是 12 月和 2 月，主要是滇西北的香格里拉、德钦最低(香格里拉在 1 月、12 月、2 月最低分别是－10.8℃、－10.5℃、－7.2℃，德钦 1 月最低为－6.4℃，12 月和 2 月大于－5.5℃以上)，其次是兰坪，1 月和 12 月的温度分别是－4.4～－3.5℃以及滇东北的昭通、鲁甸最低温度出现在 1 月，分别为－2℃、－1.5℃。

8.1.2 气候变化事实

(1)低纬高原区域年平均温度变化趋势的空间分布主要为云南北部边缘、怒江州西部边缘与云南大部地区变化不同步，表现为除金沙江流经的丽江东部、楚雄北部、昆明北部地区以及昭通的西部和怒江州西部边缘为降温趋势外，低纬高原大部地区表现出一致的升温趋势，变化速度为 0.17℃/10 a，并且在 1998/1999 年了发生突变。区域平均气温具有 2～3 a 的周期。

(2)1961 年以来云南区域除六库增温不明显，滇西的大理和丽江，以及滇东曲靖和滇东北昭通升温小于 0.19℃/10 a 外，其他区域站均为高于等于 0.24℃/10 a 的升温，表明局地变化均高于全国平均的增温速率 0.22℃/10 a(丁一汇等，2006)。升温速度最快的是滇中昆明、滇南思茅以及滇西北香格里拉，分别是 0.44℃/10 a、0.42℃/10 a 和 0.40℃/10 a，其次楚雄为 0.33℃/10 a、芒市为 0.29℃/10 a、景洪和玉溪为 0.28℃/10 a，临沧、腾冲的升温速度分别为 0.26℃/10 a 和 0.27℃/10 a。因此，最近 52 a 滇中、滇西北香格里拉、滇南、滇西南地区是低纬高原地区升温最激烈的地区，而滇西、滇东和滇东北气温变化趋势小于云南中部及南部地区。

(3)低纬高原地区春、夏、秋、冬四季温度具有明显的年际及年代际变化特征，四季气候变化趋势基本相似，主要为金沙江流域地区包括楚雄北部边缘、丽江东部边缘、昆明北部边缘和滇东北部分地区为降温趋势，其余大部地区表现出一致的升温趋势。升温趋势最明显的区域主要有滇南普洱、滇西云龙、滇中昆明、滇西北香格里拉。在四季气温变化中，除春季从 1990 年代以来开始增温外，夏季、秋季、冬季均从 21 世纪初开始增温，并且冬季温度上升速度最快，其次是秋季，第三是春季，最后是夏季。

(4)低纬高原地区多年最高气温与春、夏、秋、冬季最高温度的变化趋势基本相似。降温区域主要在金沙江流域、滇东、滇东南局部地区，总体来看这些区域的降温趋势并不十分明显。其他地区升温趋势均较明显，升温最快的区域在滇西、滇西北德钦、滇南地区以及滇中昆明等城市，并以六库升温最高，其次是云龙和德钦。春季最高温度的变化趋势具有明显的区域特征。

(5)低纬高原地区多年最低气温与夏、秋、冬季最低温度的变化趋势基本相似。除局部地区降温外，升温趋势是区域最大的特征，升温最快的是滇西和滇西北地区，并以六库、云龙、香格里拉(或德钦)等最高,其次是滇中昆明等城市,滇南景洪和普洱,滇西南瑞丽和腾冲,滇东南蒙自以及金沙江流域等均是增温趋势最明显的地区。

(6)从1961年以来,低纬高原地区多年最高气温的平均变化呈明显的上升趋势,区域最高温度升温速度为0.17℃/10 a,并在2001年发生了突变。最高温度的最小值出现在1976年,而最大值发生在2010年。多年最低气温的平均变化呈明显的上升趋势,区域最低温度升温速度为0.27℃/10 a,并在1993年发生了突变。最低温度的最小值出现在1971年,而最大值发生在2010年,这与2010年云南干旱、少雨,出现百年不遇的特大干旱一致。

(7)从整个区域的变化来看,低纬高原地区最低温度的变化速度比最高温度的升温幅度快。

21世纪初至今是低纬高原地区增温最快的时期,区域代表站的分析表明,除滇西北怒江州六库增温相对不显著外,其余地区都非常显著。昆明、香格里拉、芒市、蒙自、思茅、丽江、临沧、腾冲、昭通,升温速率都在0.40℃/10 a以上。而2001年以来低纬高原地区的快速升温,一方面是全球气候变暖的大背景下形成的,另一方面与这一地区人类活动和城市进程的加快等也有关。另外,各地区的明显增暖,与近年来云南干旱加剧明显相对应(如2009年以来,低纬高原地区已连续出现严重的秋、冬、春连旱)。

8.1.3 云南日照的时空分布变化特征

(1)低纬高原的日照时数在干季(11—次年4月)最多,雨季(5—10月)最少,其中3月份最长,7月份最短,这与云南的气候特征一致。春季的日照时数在四季最长,冬季次之,秋季大于夏季;冬季日照时数最大与最小的差值在600 h以上,春季次之,为400 h以上。

(2)云南大部地区日照时间在2000 h以上,而在区域分布上具有西边多、东边相对较少,南部比北部多,最大中心位于金沙江流域的河谷地区,最少中心位于滇东北以北地区,每天日照时间为2.7 h左右,这与该区域受昆明静止锋影响多阴天有关。

(3)云南年日照时数的变化表现出局地变化的差异性及不同步性,大致表现为北部减少,南部增加的趋势,并基本上以哀牢山为界,哀牢山以东、以北为减少,以西、以南则呈增加。昆明及其以北地区日照时数减少最多,而日照时间增加最多的区域位于腾冲、普洱。

(4)云南日照时数最主要的分布类型具有整体性,容易出现一致偏多或者一致偏少。第二种分布为西北东南向,大致呈两头多,中间少的分布。四季日照时数第一模态的方差贡献较高,都是全省一致偏多或一致偏少特征。

(5)云南春、夏、秋、冬季日照时间均呈减少趋势,但减少的速率并不一致。云南四季日照时数的空间分布基本一致,均为减少趋势,其中春季减少最快,夏季次之,并且明显高于秋冬季,秋季减少趋势则大于冬季,减少最大的区域主要集中在滇中以北金沙江流域一带。四季日照时数增加趋势明显的地区主要分布在滇西南、滇西北。

(6)日照时数的整体性分布具有明显的气候基本态、年际及年代际变化,有50 a、16.7 a、3 a左右的周期,总体上呈下降趋势,并在1985年发生突变。而第二种分布以气候基本态、年代际变化为主,具有50 a和25 a的周期,整体上呈增加趋势,在1995年发生突变。云南日照时间的变化与云南降水和温度的变化基本一致。

8.2 低纬高原地区降水与可降水量的分布变化特征

8.2.1 低纬高原地区降水量的分布特征

(1)低纬高原地区年降水量的总体分布呈南部与西部边缘多、中部和北部相对较少,降水量的分布大致以哀牢山为界,哀牢山以西以南地区年降水丰沛,以东以北地区年降水相对较少,表现出迎风坡降雨量丰沛,背风坡降雨量少的特征。

(2)低纬高原地区年降水量的空间变化非常明显,存在多个大雨区域和几个少雨中心,年降水最大中心位于滇西南的西盟,其次是南部的金平和江城,以及滇西龙陵、滇西北西部怒江流域的贡山、福贡,另外,在滇西北部的华坪也存在年雨量相对大值中心,滇东罗平也有年降水大值中心。而年降雨量最少的地区主要分布在滇西宾川(在 600 mm 以下)、滇西北迪庆州的香格里拉和德钦县(均在 700 mm 以下),以及干热河谷地区,如:金沙江干热河谷地区的元谋、永善、昭通等地的年雨量相对较少基本在 700 mm 以下,另外,元江等干热河谷地区也存在少雨中心。

(3)低纬高原地区降水各季节分布具有显著的差异,降雨量在夏季最多,其次是秋季,再次是春季,冬季最少。但在青藏高原东南部的怒江流域则是春季最多,夏季其次,再次是秋季,最后是冬季。春季除滇西北的怒江流域外,其余地区降水量自北向南呈逐渐增加的趋势。而夏季降雨量大致表现为从东北至西南雨量逐渐增加。冬季降水基本为南多北少的分布。对不同季节而言,降雨量最少的区域基本位于高寒山区(香格里拉、德钦)以及干热河谷地区(主要包括金沙江、元江、南盘江等河谷流域)。低纬高原地区主汛期雨量最多,其中以 7—8 月雨量最多,秋季雨量为全年雨量中第二多的季节,冬季雨量最少。

8.2.2 低纬高原地区降水量的变化

(1)低纬高原地区年降水量第一模态反映了降水变化的一致性,第一模态具有明显的年代际变化特征。在 20 世纪 70 年代中期以前、20 世纪 90 年中前期至 21 世纪 2000 年代中期全省年降水量一致偏多,20 世纪 70 年代中期至 20 世纪 90 年代初、21 世纪 2000 年代以后云南年降水量一致偏少,尤其是 2009 年以来,年降水量持续偏少,低纬高原地区干旱非常明显。

(2)春季降水量第一模态反映了降水的一致性,此模态具有明显的年际和年代际变化特征;在 20 世纪 90 年代中后期之前低纬高原地区春季降水一致偏少,20 世纪 90 年代中后期之后低纬高原地区春季降水一致偏多,但从 2009 年至今,低纬高原地区春季降水持续偏少。夏季降水量第一模态反映了降水的一致性;模态具有 2.4 a 和 17 a 周期显著,年代际变化特征明显,表现为 20 世纪 80 年代初以前以及 20 世纪 90 年代中期至 21 世纪 2000 年代中期云南夏季降水一致偏多,20 世纪 80 年代初之后至 20 世纪 90 年代中期、21 世纪 2000 年代中期之后云南全省夏季降水一致偏少,尤其是 2010 年以来夏季降水持续偏少。秋季降水量第一模态反映了降水的一致性秋季降雨量,模态具有 2.1 a 的显著周期,年代际变化特征也较明显:20 世纪 70 年代初以前、80 年代初至 20 世纪 90 年代末期云南秋季降水一致偏多;20 世纪 70 年代初后至 80 年代初、20 世纪 90 年代末期后至今低纬高原地区秋季干旱明显。冬季降水量第一模态反映了降水的一致性，并具有年际和年代际变化特征；在 20 世纪 70 年代中后期以前、1980—1985 年、1988—1990 年、1998—2000 年以及 2003 年以后云南冬季降水一致偏少，云南冬季干旱明显。其他时段全省冬季降水一致偏多。

(3)低纬高原地区年降水总量具有明显的年际及年代际变化特征。20 世纪 70 年代中期以前云南全省平均年降雨量基本处于偏多时期，之后至 20 世纪 90 年代中前期年降雨总量相对偏少，20 世纪 90 年代中前期至 21 世纪 2000 年代中前期年降雨总量相对偏多，之后至今年降雨量又转入一个相对偏少的时期。对区域年降雨量距平进行趋势分析表明总趋势是减少的，减少率为 18.13 mm/10 a。

(4)低纬高原地区降水的变化速率及变化趋势的季节性和区域性差异比较明显。滇东北和滇东南的局部地区春季降水的变化呈减少趋势，其他地区为增多趋势，其中楚雄、大理、德宏、保山、临沧等地春季降雨量变化增加明显。夏季降水以减少趋势为主，其中曲靖北部、曲靖南部、红河州北部、文山州北部、临沧等地区夏季降雨量显著减少。秋季降水在中部及以东地区有减少的变化趋势，其中滇东地区秋季降水减少趋势显著；滇西北北部和滇西地区则秋季降水呈增多趋势，滇西北的南部和滇西南地区秋季降水变化为减少趋势。云南大部地区冬季降水呈增加的变化趋势，而滇西和滇西南地区的冬季降水变化则为减少趋势。总体来看，近 52 a 来低纬高原地区降水夏季、秋季和冬季都为减少趋势，夏季和秋季降水的减少量级基本一致。进入 21 世纪以来，低纬高原地区四季降水均呈减少趋势。春季雨量变化趋势在不同年代均为减少，而春季雨量的总体变化则呈增加趋势，这可能与进入 21 世纪初春季降水持续为正距平，特别是 2004 年、2001 年春季降水最多有关。

低纬高原地区年降水总量总体呈减少的趋势，但大理南部至楚雄西部、保山、德宏、怒江、迪庆等地的年降雨量变化呈增多的趋势，说明局地变化的差异性及不同步较明显，云南其余大部地区年降雨量呈减少的趋势，并且以滇东地区的年降水量减少趋势最显著。另外，临沧西部的年雨量减少趋势也显著。总体来看，低纬高原地区年降水量减少的变化趋势主要是由于夏、秋季降水的减少趋势造成的。

8.2.3　低纬高原地区暴雨的变化特征

低纬高原地区暴雨天气频数趋势大致具有较一致的气候变化趋势，年暴雨频数总体上在缓慢地增加，但是增幅不明显，每 10 a 仅增加 0.04 d/10 a，而区域分布上以滇中以西地区增加较明显。其中在保山、德宏、临沧西部、大理北部和楚雄的南部暴雨频数以增加为主。同时，暴雨频数减少的地区分散在昭通、昆明东南部、文山西部、红河北部、西双版纳，普洱西部及大理西南部等地。云南暴雨频数具有比较明显的年代际特征。暴雨频数变化周期主要有 15 a 的主周期，6 a 次周期，大致在 20 世纪 60 年代中、80 年代中和 21 世纪初为暴雨多发期，而 20 世纪 70 年代中和 90 年代初为暴雨偏少时期，也就是说具有准 15 a 的年代际变化。

8.2.4　昆明静止锋的变化特征及其与降水的联系

(1)昆明静止锋的变化具有明显的年际及年代际变化特征。从 1970 年以来，冬季静止锋呈减少趋势。

(2)在月际分布上，昆明静止锋 1 月份出现较多。在类型分布上，a 类在 12 月份最多，b 类在 2 月最多，c 类在 1 月份最多。从过程次数来看，c 类静止锋影响过程数次数最多共计

147 次，比 a 类和 b 类多。

(3)冬季位于沾益与贵阳之间(c 类)的静止锋常年发生，平均每年达到 15 d，最多达 28 d；其次是 b 类(锋面在沾益、昆明之间)，平均每年达到 12 d，最多为 1983 年和 2007 年冬季，分别达到 22 d 左右；a 类静止锋(锋面影响到昆明)最少。

(4)贵阳冬季阴天日数占了整个冬季的 2/3，具有明显的年际及年代际变化特征，总体上贵阳的阴天有弱增加；昆明和沾益冬季早晨阴天日数的变化非常相似，具有明显的年际及年代际变化，其阴天数呈增加趋势。

昆明静止锋是低纬高原地区的重要天气系统。随着冬季影响云南的静止锋减少，降水日数呈减少趋势，温度升高。近年来滇中及以东地区冬季干旱非常明显，这与低纬高原地区冬春季干旱频繁是一致的。

8.3　低纬高原地区可降水的变化及与降水的联系

8.3.1　低纬高原地区可降水的变化趋势

(1)低纬高原地区多年整层气柱的大气可降水量整体上具有北少南多的分布形式，400 mm 的水汽源区位于 20°N 以南、40°E 以东的洋面上。低纬高原地区的上空基本呈"U"字形，从滇西北向南增加，大气可降水量大致在 150～400 mm 间(如果按年累计则为 4500～12000 mm)。另外，在 25°—30°N，95°E 以东的地区可降水量基本呈纬向分布，这可能受高原地形影响有关。

(2)夏季、秋季的水汽含量是一年中最多的，秋季比春季多，而冬季是全年水汽含量最少的季节。就低纬高原地区而言，夏季、秋季的可降水量等值线比较密集，梯度变化也大，春季次之，而冬季大气可降水量等值线数值变化较平稳。

(3)低纬高原地区四季可降水量的变化趋势是一致的，总体上略有增加，除春季水汽含量相对明显外，夏季、秋季、冬季变化幅度均不大。

(4)低纬高原地区的大气含水量主要集中在对流层中低层，并且在对流层低层所占的比例最大。另外，夏季可降水量在对流层中低层所占的比例小于其他季节。从整层的情况来看，夏季的含水量最大，秋季次之，春季第三，冬季最小。

8.3.2　横断山区域可降水量的分布特征

(1)横断山区域同纬度的大气含水量西部明显大于东部，如同纬度的腾冲站的可降水量明显大于昆明站，思茅站和蒙自站的可降水量也类似。研究表明，随着 25°N 附近横断山脉的走向变化，大气中的含水量也发生变化。气柱含水量在 98.5°E 以西地区以及 105°E 以东地区气柱中的含水量相对丰沛，98.5°—105°E 区域内气柱含水量相对较少，这可能与高黎贡山、哀牢山等山脉东西向的阻挡水汽有关。另外，夏季气柱含水量在 98.5°E 和 106°E 附近的变化可能与孟加拉湾与西太平洋水汽的影响边界有关。

(2)横断山区域的山岭对西南气流具有阻隔效应，而其准南北走向的河谷对水汽有通道作用。澜沧江上游的昌都站和德钦站海拔高度基本一致，而纬度相差 2 度以上，两站的可降水量基本接近；澜沧江下游的勐腊和临沧站纬度相差也在 2 度以上，由于两站海拔高度相差达 870 m,造成可降水量相差达 4299.5 mm,这可能与横断山脉的阻挡有关。金沙江流域的巴塘站和丽江站纬度相差 3 度,巴塘和丽江两站的年平均水汽含量相差 1092.7 mm,应该说这种差值并不大,因为巴塘站位于横断山的西边,与基本在同一纬度位于雅鲁藏布江东岸的林芝站相比,水汽不受横断山东西向的阻隔,林芝年水汽为 5265.8 mm,而巴塘站虽然有横断山的影响,但水汽含量为 5054.6 mm,两站的水汽含量非常接近,表明河谷的南北向通道作用非常明显。

(3)研究表明,大气含水量在 25°N 附近发生明显变化,而横断山脉在 25°—29°N 之间基本是南北走向,25°N 以南则向东南撒开,在 25°N 附近山脉的走向发生了变化,这说明,随着 25°N 附近横断山脉的走向发生变化,大气中的含水量也发生了变化。另外,在 98.5°E 和 105°E 附近气柱含水量也发生了明显的变化,这可能是由于高黎贡山、哀牢山等山脉东西向的阻挡影响了季风水汽的输送,使得 98.5°E 以西地区以及 105°E 以东地区气柱中的含水量相对丰沛,98.5°—105°E 区域内气柱含水量相对较少,而 25°N 以南、100°E 以东为哀牢山。6—8 月气柱含水量在 98.5°E 和 106°E 附近的变化可能与孟加拉湾和西太平洋水汽的交汇边界有关。

综上所述,大气可降水具有从低纬向高纬减少的特点,横断山区域同纬度的大气含水量西部明显大于东部,如同纬度的腾冲站的可降水量明显大于昆明站,思茅站和蒙自站的可降水量也类似。另外,准南北走向的河谷地区呈现出水汽通道效应,如澜沧江、怒江、金沙江、红河等具有水汽通道的作用。

8.3.3　复杂地形下大气含水量对降水的影响

(1)横断山河谷地区南北向的水汽通道对降水的影响特别明显,澜沧江边的昌都站和德钦站虽然海拔高度基本一致,昌都站的降水量为 480.2 mm,德钦的年降水量为 696.7 mm,其下游的临沧年雨量是 1148.9 mm,澜沧江出境的勐腊年雨量为 1512.9 mm;红河出境的河口站(海拔为 137.8 m)年降水为 1770.1 mm,其上游的红河站(海拔为 974.5 m)年降水为 909.1 mm,这说明同属于准南北走向的江河,纬度低的地区降水大于纬度高的地区。腾冲和龙陵、保山与施甸之间基本处于同一经度,而下游的龙陵和施甸的降水大于上游的降雨量。这表明,一方面横断山对水汽有阻挡作用,另一方面河谷南北向的通道对水汽又有输送作用。这说明在低纬高原地区,复杂地形的影响造成降水的差异非常明显。

(2)横断山区对大气含水量的作用直接表现在区域降水的分布上,由于横断山对东西方向上气流的阻挡,降水量总体上西部要比东部多。总体上西部区域的降水量明显大于东部地区,而南部降水多于北部;河谷区域的降水相对较少。但河谷区域的降水表现也很复杂,如:普洱和蒙自基本处于同一纬度,同一海拔高度,多年平均雨量普洱为 1487.5 mm。而蒙自则为 855 mm,这是由于普洱位于哀牢山的西边,而蒙自处于哀牢山的东部;怒江河谷的福贡、贡山年降水差异就非常大;元江河谷的元江站、红河站与元阳站的降水差异也非常明显。

可见,横断山区地形对水汽一方面有阻挡效应,另一方面又具有通道作用,总体上低纬高原西部区域的降水量明显大于东部地区,而南部降水多于北部;河谷区域的降水相对较少。

8.3.4　大气含水量与降水的联系

(1)影响低纬高原地区的水汽源地分别位于印度洋和南海。低纬高原地区 5 月雨季开始期降水的水汽源主要是孟加拉湾、阿拉伯海和南海的水汽含量，并且与低纬高原地区上空可降水量的多少最为密切。这反映了孟加拉湾季风活动强弱、西太平洋副热带高压强弱对低纬高原地区初夏降水的影响。汛期降水和可降水量相关最好的区域位于孟加拉湾、缅甸到云南以及南海至菲律宾以东洋面。

(2)秋季降水和可降水量的显著相关区表明，伊朗高压增强，南支槽活跃，而副热带高压较弱且偏东时，有利于低纬高原地区上空的可降水量增加，秋季降水量增多。冬季降水与可降水量的正相关区主要是孟加拉湾到低纬高原地区、巴尔喀什湖地区附近，这在一定程度上说明云南冬季降水除了与南支槽的活动有关外，还与北方冷空气的强弱有关。

(3)春季大气含水量和低纬高原地区降水正相关最好的区域位于孟加拉湾至青藏高原东南部、缅甸到云南、阿拉伯海以及巴尔喀什湖上空附近。而负相关区域主要是中南半岛中南部至北部湾。这表明，当孟加拉湾至低纬高原地区上空的水汽含量增加时，有利于低纬高原地区降水增加，同时也说明春季降水的多(少)还和阿拉伯海、巴尔喀什湖附近水汽含量的多(少)以及中南半岛中南部附近的水汽含量有关，这一定程度上证明了南支槽活跃，西太平洋副热带高压较弱且偏东时，有利于低纬高原地区春季降水量增多。

(4)在横断山区域干季多雨年和少雨年的可降水量与降水量均存在显著差异，并且在可降水量变化梯度越大的区域，降水差异越明显。在雨季多雨年和少雨年的可降水量差别不大，但降水存在显著的差异。这说明，干季可降水量与实际降水的关系更为直接，而雨季可降水量与降水的关系表现得比较复杂。

8.3.5 地基 GPS/MET 遥感的水汽含量与降水过程的联系以及与估算可降水量的分析

8.3.5.1 地基 GPS/MET 遥感的水汽含量与降水过程的联系

(1)GPS/MET 遥感监测的低位高原地区水汽含量与用其他资料计算的大气可降水量分布及变化一致，随纬度增加呈减少分布，并且海拔较高地区的总水汽量要低于海拔较低地区的总水汽量。勐腊的水汽含量在所有站中是最大的，而德钦的水汽含量相对最少。

(2)GPS/MET 遥感监测的低纬高原地区可降水量在 4—5 月有突增的现象，而在 10—11 月又有突降现象。这与这一地区受西南季风和东亚季风共同影响有关，低纬高原地区雨季一般在 5 月开始，雨季为 5 月到 10 月，水汽含量的逐月变化反映了干季向雨季、雨季向干季转换的特征，并且雨季的水汽总量大于干季。GPS/MET 对水汽的逐时动态监测提供了天气变化的细节。这在干季向雨季的转变过程中非常重要。由于各 GPS/MET 监测站在 5 月的整层水汽含量最大值并不一致，因此，可根据各站的情况建立可降水量逐日(有条件时可建立逐时)临界值作为监测雨季降水的动态指标，这对中小尺度天气过程的分析和预报会有很大的帮助。

(3)研究表明，用可降水量临界值来监测降水的主要时段是雨季开始期、秋季、夏季、冬季，并且大部分站的成功率均在 90%以上。特别是对雨季开始期的动态监测，除昆明成功率为 83.6%外，其他站都在 93%以上。而对于汛期 6—8 月降水的监测，则表现为不同的 GPS 站点差异比较明显，对 8 月降水的监测在临界值以上出现降水所占比例总体上要高于 6—7 月，并且临沧、昆明的 GPS 监测要好于腾冲、蒙自、大理，其原因主要是低纬高原地区进入雨季后，水汽已达到常态，而此时产生降水主要与天气系统有关。

(4)研究表明,大于可降水量临界值时出现的降水次数占总降水次数的比例各月不尽相同,出现较低的月份仅为 44.7%,临界值指标效果最好的是临沧站、腾冲站、大理站、蒙自和昆明站,除昆明略低为 78.2%外,其他站的成功率均在 81%以上。这说明,使用可降水量临界值(或峰值)作预报指标时,还应考虑季节变化等因素。

随着 GPS 监测大气可降水量应用的深入,在应用中可综合考虑前期水汽的平均状况、峰值大小和增幅等状况,并结合水汽辐合辐散以及天气系统等进行。

8.3.5.2　地基 GPS/MET 遥感的可降水量与其他资料估算可降水量的比对

(1)用 GPS/MET 监测反演的大气含水量与用探空资料估算的可降水量均具有夏季最大、秋季次之、春季第三而冬季最小的特点。两种方法的可降水量误差值是夏季最大,秋季次之,并且夏季 GPS 监测的可降水量要大于探空站实测,秋、冬季则 GPS 监测的可降水量要小于探空实测的,且随着站点分布的不同,误差也不同。另外,两者水汽含量逐月变化非常一致,其平均误差均小于 1 mm,两者的相关系数通过 0.01 的显著性检验。总体来讲,两种方法监测的水汽含量基本接近,GPS 反演水汽值能较好地反映低纬高原地区大气实际水汽含量,用 GPS 监测的可降水量具有参考价值。

(2)GPS 站点探测的可降水量资料与三类再分析资料估算的可降水量相关系数均超过 0.01 的显著性检验,说明用再分析资料计算的可降水量与 GPS 探测的可降水量变化趋势比较一致。

(3)NCEP/NCARⅠ、NCEP/NCAR Ⅱ以及 JRA-25 再分析资料对可降水量的计算都存在着随着站点的不同误差差异分布明显的特点。对低纬高原地区可降水量描述相对最好的是 JRA-25 再分析资料,其次是 NCEP/NCAR II 再分析资料,而 NCEP/NCARⅠ对可降水量的估算误差略大。但 JRA-25 再分析资料还存在对可降水量的估算偏小。总体来说,三种再分析资料对可降水量的估算均能反应低纬高原地区的分布特征,并且估算的可降水比较接近实况。

(4)用三种再分析资料估算的可降水量与 GPS 可降水量的月变化均具有单峰型,7 月可降水量值达到最大的特点。无论是雨季还是干季 NCEP/NCARⅠ、NCEP/NCAR II 再分析资料以及 JRA-25 再分析资料对可降水量的估算随着月份的不同差值也不同,而且最大差值出现的月份亦不同。

(5)从逐日降水过程的可降水量变化来看,GPS 可降水量能很好反应降水的过程的变化过程,三类再分析资料基本上能反映出四个站点可降水量变化趋势,但还是有差异,JRA-25 再分析资料显示两次降水过程中可降水量值的变化与 GPS 探测的可降水量变化一致,可反映出可降水量的突然增加或降少;NCEP/NCAR 和 NCEP/DOE 再分析资料不能很好反映出可降水量的突然变化。总体来说,再分析资料对低纬高原地区逐日可降水量变化的描述,南边站点要优于北边站点,但可降水量值的误差南边站点大于北边。

(6)在可降水量的日变化中,GPS 探测资料能够清晰地表现出低纬高原地区雨季开始期可降水量向北爆发式增长的推进过程以及雨季结束后可降水量逐步向南撤退的过程,而 NCEP/NCARⅠ、NCEP/NCARII 再分析资料以及 JRA-25 再分析资料对雨季开始期的描述存在不足,对可降水量向北推进的过程反应不明显。

(7)用 20CR 再分析资料计算的各站月平均可降水量的月变化变化分布与 GPS 监测的可降水量一致,也呈单峰型变化;无论是干季还是雨季 20CR 再分析资料的水汽含量均能很好地描述出实际变化。20CR 再分析资料对可降水量的估算在干季差值最小，而在雨季则有地区差异，对高海拔及低海拔地区则差值相对略大，其他地区则误差最小，而且最大差值出现的月份亦不同。从整体上来看，20CR 再分析资料对低纬高原地区水汽含量的描述比前面分析的 JRA-25 再分析资料、NCEP I 和 NCEP II 资料相对要好，与 GPS 探测的水汽量误差较小。这说明 20CR 再分析资料在低纬高原地区是适用的。

在低纬高原地区发生大范围强降水期间，用 JRA-25 再分析资料对海拔不高的南部站点水汽含量的描述相对优于 NCEP/NCAR I、NCEP/NCAR II 两类再分析资料，对于高海拔站可降水量的描述则比其他两类再分析资料差，说明三种再分析资料都各有所长，在应用中要具体考虑。与地基 GPS 水汽探测值相比，20CR 再分析资料、NCEP/NCAR I、NCEP/NCAR II 再分析资料以及 JRA-25 再分析资料对大气可降水量的模拟存在一定的缺陷。这与数值模式对复杂地形的再现能力有关。当然，由于模式对小尺度局地地形及植被等边界条件的描述不完全准确以及在插值过程中没有考虑局地地形影响、台站分布密度等因素，也会导致误差的产生。

8.3.6 低纬高原地区可降水转化率

低纬高原地区雨季(夏、秋季)的可降水转化率整体上要大于干季，夏季的转化率最大，冬季的转化率最小，这与实际降水量是一致的。总体来讲，四季中可降水量对降水的最大转化率出现在春季的滇西北春汛(或“桃花汛”)区域，中心达到 33%，并且低纬高原地区西部的转化率要大于东部。

8.4 低纬高原地区水汽收支的分布及演变特征

8.4.1 低纬高原地区水汽收支的分布特征

(1)低纬高原地区的西边界、南边界为主要流入界，东边界、北边界为主要流出界，以西边界的输入最多，但东西边界的输入和输出基本相当，经向上的水汽输送对低纬高原地区的净水汽流入贡献较大，这与横断山区的地形有关。

(2)低纬高原地区水汽输送以夏季最大、秋季次之，冬季最小，这与四季的降水分布一致，只有夏季对流层中高层均为水汽净流入即水汽源，夏季和秋季是水汽汇，并且夏季水汽输送净收入占全年的 67.5%，与这一地区季节的降水分布是一致的。对低纬高原地区水汽净收入贡献最大的是对流层低层。

(3)影响低纬高原地区降水的水汽主要集中在对流层低层。冬季、春季影响低纬高原地区的水汽通量主要是偏南(即经向)水汽输送，并对净水汽收支贡献最大；夏季、秋季的水汽通量主要是纬向水汽输送，并对净水汽收支贡献最大，而经向水汽输送相对较小。冬春季与夏秋季的水汽输送方式的差异与影响天气系统有关。

可见，低纬高原地区的夏季和秋季是水汽汇，而春季和冬季主要是水汽源，除夏季对流层中层、高层为水汽净流入外即水汽源外，其他季节的对流层中层、高层均为水汽汇即水汽净流出。影响低纬高原地区降水的水汽主要集中在对流层低层。

8.4.2　低纬高原地区水汽收支的年代际变化趋势

(1)低纬高原地区近 62 年来西边界水汽输入量呈增加趋势,东边界水汽输出量呈减少趋势,南、北边界水汽输入、输出呈减少趋势,均在 19 世纪 80 年代末发生突变,突变后南边界的水汽输入量明显减少,北边界的输出量呈下降趋势,而净水汽量呈减少趋势。低纬高原地区水汽净收入在 1978 年发生突变,突变后水汽量呈减少趋势,这与亚洲季风减弱有关。

(2)春、夏季净水汽量呈减少趋势,秋、冬季净水汽略有增加,而年净水汽量呈减少趋势为 0.013×10^{10} t/a,但春、夏季净水汽从 21 世纪初以后进入偏多期。净水汽量变化与低纬高原地区区域降水的变化情况是一致的。

(3)夏季经向水汽在 20 世纪 80 年代末期发生突变,突变前后水汽输入、输出有着明显差异,突变后南边界的水汽输入量、北边界水汽输出量呈明显下降,而秋季则在 20 世纪 80 年代中期发生突变,突变后南边界的水汽输入、北边界水汽输出明显下降。

(4)纬向水汽输送与经向水汽输送量成反相关。小波分析表明,水汽通量的年际及年代变化非常明显。

8.4.3　再分析资料对低纬高原地区水汽通量的描述比较

(1)从 NCEP 再分析资料和 20CR 再分析资料对低纬高原地区水汽输送的多年平均描述来看,尽管两套资料在低纬高原地区的选取范围有差异,但在对流层中层 NCEP 和 20CR 再分析资料对低纬高原地区的描述非常一致,只是在对流层中高层两套资料计算的水汽通量有差异。

(2)几套资料对 9—11 月各边界的描述能力还是有差异,在 9 月用 NCEP 计算的各边界水汽通量与 20CR 不同之处在于东边界无论是降水正负异常年,水汽通量均为流出,而北边界则为流入,虽然两种资料在东边界和北边界水汽通量的进出相反,但两套资料计算的净水汽量比较一致;在 10 月份用 NCEP 资料计算的正负异常年水汽在西、南边界上的通量变化与 20CR 资料基本一致,其在北边界上水汽量为流入,20CR 资料的为流出;在纬向水汽通量输送上两套资料几乎一致,而经向上差异明显。在 11 月,用 NCEP 资料计算的水汽通量在西、南边界上与 20CR 的比较一致,而在东边界、北边界上水汽变化相反。

(3)9 月降水正负异常年用 20CR 资料与 REA 资料计算的水汽量在西边界的差异较大,而净水汽量两套资料计算的基本相近;10 月用两套资料计算的水汽通量与 9 月的差不多,误差最大也是西边界;11 月降水正负异常年的水汽通量中,两套资料计算的水汽除西边界有差异外,其他各层的水汽通量在东、南、北的输送均比较接近。

(4)在 9 月份,用 20CR 计算的纬向水汽比 REA 资料的略大,而经向上则相反,REA 计算的比 20CR 的大。10 月份在纬向和经向上与 9 月份相似;11 月份则纬向上两套资料基本一致,而经向上 20CR 资料计算的比 REA 的略小。用 NCEP、20CR 、ERA-Interim 再分析资料计算的降水正负异常年水汽通量间虽然各月有差异,但在净水汽收支方面非常接近,说明几套资料对低纬高原地区的水汽通量的描述较一致。

总体来讲,用 NCEP、20CR 、ERA-Interim 再分析资料计算水汽通量基本接近,在不同边界上各月间的水汽量值差异明显,但对净水汽收支的描述是一致的。另外,也说明即使是同一套资料,水汽通量矢量会受到影响系统强弱的影响,产生的水汽通量差异也明显。

综上所述，用 NCEP、20CR 、ERA-Interim 再分析资料的经向风、纬向及比湿等资料对低纬高原地区的描述进行比对表明，虽然几套资料在不同层次的描述有差异，但 NCEP、20CR 、ERA-Interim 再分析资料在低纬高原地区具有较好的适用性。

8.4.4 水汽的流入(出)对低纬高原降水的影响

(1)流入低纬高原地区的净水汽量与四季的降水呈正相关，春季、初夏、以及秋季的相关系数最好，并且通过 0.01 显著性检验的区域最大。

(2)西边界流入的水汽量对冬季、春季降水相关最好，初夏、秋季降水对西边界、南边界流入的水汽影响最大，流入西边界的水汽反映了南支槽活动对冬、春季降水的影响，西边界、南边界水汽与初夏和秋季降水的相关关系反映了影响天气系统的差异。

(3)低纬高原地区春季降水与纬向水汽输送最密切，这可能与西风水汽输、南支槽水汽输送有关；而西风水汽输送则对冬季的降水影响最大；秋季低纬高原地区东部降水的水汽主要是经向水汽输送，而西部降水的水汽则是纬向与经向输送的结合。这表明低纬高原地区西部复杂地形对水汽输送的影响，另外，也说明伴随大气环流的调整，影响低纬高原地区东、西部降水的天气系统并不一致。

(4)低纬高原地区 5 月降水与纬向净水汽在滇西北、南部及东部，与中部、西部的相关差异说明，纬向水汽对低纬高原地区降水的贡献比较复杂。总体而言，经向净水汽对低纬高原地区雨季开始期降水的影响是主要的。经、纬向净水汽与降水的正相关分布表明，经向净水汽对雨季开始期的影响是主要的。

(5)盛夏低纬高原地区的降水与纬、经向水汽的相关分布表明，纬经向水汽对盛夏降水的产生互为补充，反映了影响水汽输送的天气系统的复杂性。

8.5 水汽输送对低纬高原地区降水的影响

8.5.1 影响低纬高原地区的水汽输送路径

(1)影响低纬高原地区雨季和干季的水汽通量输送路径、强弱并不一致，雨季主要是南亚季风和东亚季风的水汽输送，干季主要是西风水汽输送，反映的是南支槽对低纬高原地区的影响。

(2)春季有西风水汽和西太平洋副热带高压南侧的水汽输送影响低纬高原地区汇合，大于 200 kg/(m · s)的水汽通量输送带位于云南东南向部。秋季的水汽主要是两支，水汽通量在 50～100 kg/(m · s)以上。冬季低纬高原地区水汽来源较单一，主要是来自中纬度的西风水汽输送，水汽通量在 100 kg/(m · s)以上。

(3)初夏有三支水汽输送影响低纬高原地区，造成低纬高原地区水汽输送从西北向东南增加，与此对应低纬高原地区的雨季最先从东南边开始，然后向西北逐渐开始的趋势。

(4)夏季有两支主要的水汽来源，最强一支来自越赤道气流转向后形成的西南水汽输送，水汽通量维持在 350 kg/(m · s)以上，另一支是副热带高压南侧的东南气流。夏季对低纬高原影响最强的是西南水汽输送。

8.5.2 水汽输送对低纬高原地区夏季风爆发的影响

研究水汽输送对低纬高原地区夏季风爆发的影响表明:5月份低纬高原地区上空为一致的西南水汽输送,而来自副热带高压西侧的偏东南水汽输送对低纬高原地区的水汽输送也有重要影响。5月下旬低纬高原夏季风爆发期间,热带印度洋至孟加拉湾地区西南水汽输送迅速增强,同时受南海西北部气旋性水汽输送变化的影响,低纬高原地区的西南风水汽输送增大,使低纬高原地区的空气湿度明显增多,为季风降水的形成创造了必要条件,而中高纬冷空气的入侵则是触发低纬高原季风降水的重要机制。

8.5.3 水汽输送异常对低纬高原地区3—5月降水的影响

(1)春季少雨年南支西风和西太平洋副高外围的水汽输送都偏弱,低纬高原地区大部为水汽辐散中心,对应的500 hPa相对湿度合成距平百分率场上,云南的距平百分率为-20%~-12%,即水汽达到饱和的程度降低,水汽含量比多年平均减少了,对产生降水的水汽条件不利。而春季多雨年南支西风和西太平洋副高外围的水汽输送都偏强,使得中南半岛北部、云南东南部、华南西部为水汽辐合大值区,相应的春季500 hPa相对湿度合成距平百分率场上中南半岛、西南地区、云南大部的距平百分率为4%~12%,即水汽达到饱和的程度提高,水汽含量比多年平均增加了,有利于降水的产生。

(2)低纬高原5月降水量显著的年际变化与大尺度水汽输送异常有关,即当索马里以东的热带印度洋洋面出现异常强的西风水汽输送,孟加拉湾的西南水汽输送也异常增强时,若南海至东亚大陆地区水汽输送弱,而中高纬地区冷空气活跃,并与来自孟加拉湾的暖湿气流在云南频繁交绥,可导致低纬高原地区初夏5月多雨,雨季开始偏早。相反,当热带印度洋地区西风水汽输送弱时,同时东亚中高纬地区的冷空气活动较弱时,低纬高原地区5月雨水偏少,雨季开始偏晚,易发生干旱。

8.6 南亚季风对低纬高原地区雨季开始早晚的影响

8.6.1 水汽输送异常对低纬高原地区春季降水的影响

多年平均状况是,云南多数地区雨季在5月开始,5月上旬首先在东南部边缘开始,然后自南向北、自东向西推进,最迟滇西的大理、丽江等地于6月上旬开始。研究表明:正是由于孟加拉湾、中南半岛云系发展,并受西南气流引导向东北移才使得云南的雨季最先在东南部开始。另外,云南5月降水年际变率大与亚洲季风强弱的年际变化大有关。前面已经得出,南亚季风区水汽输送与东亚季风水汽输送强度存在反相关关系,即当南亚季风区水汽输送强时则东亚地区的水汽输送偏弱。南亚季风指数与低纬高原5月降水的极端事件有很好的对应关系,在南亚季风强的年份往往就可能出现云南5月降水偏多,雨季开始偏早的情况。在做预报预测分析时,应注意以下几点:

(1)云南雨季开始与东南亚地区季节环流的调整关系密切,105°E附近越赤道偏南气流的出现及北上、南亚高压的北移、西太平洋副高的进退等因素。

(2)105°E附近的越赤道偏南气流与西太平洋副高外围的偏南气流合并并向北推进迅

速，热带季风辐合带进入孟加拉湾形成季风低压，使孟加拉湾及中南半岛西部雨季最先开始。

(3)从纬向风、经向风、θ_{se}、$t-t_d$ 物理量看，哥达巴鲁站在夏季风爆发前后变化特征最明显，清迈增湿最明显，中南半岛在季风爆发前已为热力不稳定区，这可能是夏季风首先在这里爆发和爆发迅猛的原因之一。

(4)东印度洋的对流活动向东北移对应孟加拉湾季风爆发，低纬高原地区雨季开始受这支对流活动的影响，西太平洋的对流活动西北移对应南海夏季风爆发。

因此，云南雨季开始期的出现要关注澳大利亚冷高压的情况，105°E 附近偏南气流的出现，赤道辐合带的北抬，孟加拉湾东部季风低压的形成，西太平洋副高的进退等因子。正是这些热带天气系统的活动形成了云南雨季开始的基本天气特征。

8.6.2 夏季风水汽输送与雨季旱涝

8.6.2.1 夏季风水汽输送与夏季旱涝

(1)夏季风水汽通量矢量场的第一特征向量分布型大致呈反气旋式水汽输送，对应低纬高原地区夏季降水的一致偏多；第二特征向量的分布大致为气旋式水汽输送，对应低纬高原地区夏季降水偏少；第三特征向量为气旋式－反气旋式水汽输送，是造成低纬高原地区夏季降水南北分布差异的原因。

(2)第一模态的水汽通量有很强的年际变化，在年代际变化上 13～15 a 周期较为显著，在年际变化上 2～3 a 的周期较显著；1960 年以来水汽通量呈减少趋势。第二模态的水汽通量呈增加趋势为，在年代际变化上 11～15 a 周期最为显著，从 1970 年代中期后水汽通量呈 2～3 a 的周期振荡。

(3)当对流层中层从孟加拉湾至中南半岛、低纬高原地区为西南气流控制，并且水汽输送为通量辐合区时，低纬高原地区为涝年，反之，则为旱年。对流层低层的水汽输送仅影响低纬高原中部至东南部，当其上空为西南气流控制且为水汽通量辐合时，低纬高原中部至南部降水偏多，反之，则为旱年。因此，低纬高原夏季降水异常与来自孟加拉湾和南海地区的西南水汽输送的强度及位置有关，并且对流层中低层的水汽输送起决定因素。

8.6.2.2 夏季风水汽输送与秋季降水多(少)

低纬高原秋季降水和整层积分水平水汽通量具有“气旋式－反气旋式”相关矢量场分布形式，这与秋季降水和水汽含量的相关分布一致。秋季异常降水与孟湾、中南半岛至低纬高原的南风水汽通量异常输送有关，还与低纬度西风强弱及位置有关。当孟加拉湾、中南半岛至低纬高原的南风水汽通量较强，低纬高原地区秋季易出现涝，反之降水偏少。

8.7 青藏高原东南部(横断山区域)春汛期(早雨季)的气候及水汽输送特征

8.7.1 青藏高原东南部(横断山区域)春汛期(早雨季)的气候特征

(1)青藏高原东南部的春季多雨区成为西南地区雨季开始最早、持续时间最长的地区，也是全国乃至亚洲地区雨季开始最早的地区之一。青藏高原东南角的“春汛”降水具有很强的地域性特征，与低纬高原大部地区的降水稀少不同，具有降水多、强度大的特点。

(2)青藏高原东南角 3 月降水占年降水百分率最大，并且 2 月、3 月的降水比前一个月突增一倍左右，春夏季降水总体呈双峰型，多年月平均降水呈 3 峰型；大雨暴雨以上日降水频次远大于主汛期。

(3)滇西北福贡、贡山的“春汛”降水最大。在大雨以上日降水的频次上，福贡存在 3 月和 10 月 2 个峰值，2—4 月的频次远大于其他月；贡山存在 3 月、6 月和 10 月 3 个峰值，3—4 月的频次大于其他月。暴雨以上频次均存在 3 月和 10 月的 2 个峰值，主汛期 7 至 8 月的频次远小于 2—4 月和 10 月。从降水日数看，春汛期间的月降水日数少于主汛期，但降水量远多于主汛期。另外，9、10 月也存在强降水频次的峰值，值得关注。

(4)从整体上看，近 50 a 来“春汛”降水变化趋势基本不明显，在年际尺度上具有很强的年际震荡特征，8 a 周期较为明显。在年代际尺度上，16 a 周期较显著。

8.7.2　青藏高原东南部(横断山区域)春汛期(早雨季)的水汽输送特征

(1)春季水汽通量大值中心位于雅鲁藏布江流域，其次是藏东南到滇西北附近的大值中心，其大值中心与孟加拉湾北部的水汽通量大值区相连。横断山区域多雨区与阿拉伯海、孟加拉湾的水汽通量具有显著的正相关。

(2)春季横断山区域春汛的水汽源地主要是阿拉伯海和孟加拉湾，其水汽输送路径主要是来自阿拉伯海的西风水汽输送、孟加拉湾的西南水汽输送以及雅鲁藏布江—布拉马普特拉河等河流的水汽通道。

综上所述，青藏高原东南角春季早雨季的水汽来源具有多条水汽输送通道，由于多雨区域恰好位于青藏高原东南部的末端，特殊的喇叭口地形、多方水汽输送的复合作用，使春季多雨中心成为“水汽汇”，这是春汛期在干季大气环流背景下能产生较大降水的重要水汽条件。

8.8　青藏高原东南部(横断山区域)春汛(早雨季)的天气气候成因

(1)青藏高原东南部独特“春汛”(早雨季)降水的天气系统主要是南支西风这种大尺度天气系统，“春汛”降水过程有雨量多、强度大、持续时间长的特征。这就解释了青藏高原东南角多雨区的降水峰值和强降水频次峰值，2、3 月降水多是西风带在南亚的季节性北移所致，而 9、10 月的降水峰值和强降水频次峰值就是西风带在南亚的季节性南移造成的。

(2)2—4 月逐渐增强的对流层低层南支西风到达青藏高原东南部后受到南北向地形的阻挡和抬升，在迎风坡地区易产生降水，而同期云南其他地区多受西风气流控制，降水稀少。当阿拉伯海北部、南亚地区低层为西风距平，阿拉伯海为南风距平时，来自阿拉伯海的气流并入南支西风，使得南支西风强盛且水汽含量大，地形抬升后在青藏高原东南部形成较大降水，使该地区降水偏多。当无来自阿拉伯海的气流并入南支西风时，西风气流水汽含量少，青藏高原东南角降水偏少。

(3)“春汛”降水偏多的水汽主要是阿拉伯海、孟加拉湾一线的南风输送水汽并入南支西风中，以及雅鲁藏布江一布拉马普特拉河的水汽输送等，使得南支西风在特殊地形的抬升下更易形成降水，造成西藏东部、滇西北与青藏高原东南部的其他地区降水差异较大，而南支槽的活跃是造成低纬高原地区降水偏多的共同天气系统。“春汛”降水偏少年，南亚地区到低纬高原地区的西风较弱，南支槽也不活跃。

(4)2005 年 2 月青藏高原东南角春汛期降水偏多的原因是来至阿拉伯海的气流使南支西风强盛且水汽含量多，环流在青藏高原东南部地形的抬升下更易产生降水，而青藏高原东南部的其他地区(如：云南大部地区)由于冷空气和南支槽不活跃造成高温少雨；3 月南支槽前由于来自孟加拉湾的西南气流和冷空气活跃，青藏高原东南部多雨区(滇西北降水偏多)与云南大部地区一样出现降水偏多。总体来看，在影响系统中 3 月南支槽对青藏高原东南部的影响比 2 月大，这与 3 月南支槽进入活跃期有关。

8.9 低纬高原地区主要江河的特征及对气候变化的响应对策

8.9.1 主要江河的特征

(1)怒江月径流量分布呈单峰型，最大值出现在 7、8 月；春季流量增加明显，4 月份的流量存在陡境现象，这与横断山区域怒江州北部的春汛(或早雨季)的独特气候有关。怒江径流量 5—10 月的流量占全年的 82%左右，月均流量为其他月份的 4 倍以上，存在雨季、干季之分。怒江径流受雨季降水的影响非常明显。怒江径流量与同期流域降水存在显著的正相关，说明流域降水对怒江径流的多少起决定作用；月径流量与雨量存在 1 个月的滞后性。

(2) 澜沧江径流量的月际变化呈单峰型，径流量的季节性变化大，且集中在雨季。5 月的径流明显增加，5—10 月的径流量占全年的占 76%以上。澜沧江流域降水对径流量的影响非常大，并与同期降水正相关显著，总体上存在 1 个月的滞后性，雨季降水量对径流量的多少影响最大。

(3)怒江和澜沧江径流与流域温度、雨量的变化一致。在全球气候变暖背景影响下，与低纬高原地区降水变化减少趋势同步，怒江、澜沧江流域降水呈减少趋势，说明气候变化已引起怒江、澜沧江径流的变化，怒江和澜沧江径流进入相对偏少时期。

(4)怒江和澜沧江的雨季、干季和年降水与径流量主要有 16 a 周期，8 a 周期以及 2～4 a 周期，具有显著的年代际变化特征。年降雨和径流量存在 2～4 a 的低频振荡。

(5)元江径流量的月际变化呈单峰型，径流量的季节性变化大，且集中在雨季。元江流域降水对径流量的影响非常大，并与同期降水相关显著。在气候变暖背景下，元江流域的气温呈显著的上升趋势，而流域降水量则呈减少趋势，并引起径流减少，同时流域气温的增高导致的蒸发也是径流量减少的原因之一。元江干季径流存在 3 a、6 a 和 13 a 的周期，而雨季有 2 a、8 a 和 15 a 的周期，这表明元江径流具有明显的年际及年代际变化特征。

(6)南盘江流域年降雨量呈减少趋势，流量变化呈现出明显的减少趋势，特别是 1980 年代以后的流量有加速减小的趋势。无论是丰水季节还是枯水季节其流量均呈现减少的趋势，但枯水季节的流量减少速度更加明显。其原因与全球气候变暖下，低纬高原地区极端气候事件频频发有关。

(7)金沙江中、下游的径流增量年内变化大，汛期径流量约占全年径流总量的 8 成；而枯期径流量仅占全年总量的 2 成左右，这与云南降水量的分布基本一致。金沙江中游径流年内分布呈单峰型，峰值出现在每年的 8 月份，谷值出现在每年的 4 月份；下游径流年内分布呈双峰型，有 7 月和 9 月两个峰值，谷值在 3 月份，较中游提前了一个月。

(8)金沙江中、下游的径流变化总体呈增加趋势，中游变化幅度并不显著，下游在 1985 年后显著增加。金沙江径流量对流域降水非常敏感，并与流域年雨量呈显著的正相关，与流域蒸发量呈显著的反相关。在全球变暖背景下，金沙江流域增温趋势明显大于云南区域，而金沙江中、下游径流的变化均呈增加趋势，与流域中游、下游降水的变化是一致的，这与云南东、西部降水变化不同步是一致的，说明影响云南降水变化的原因比较复杂。

(9)金沙江中游径流有明显的 11 a 年代际变化周期，在年际上有 2 a 和 5 a 周期变化；而下游径流在年代际上有 9 a 和 15 a 两个明显周期，高频周期在 3～4 a 间摆动，周期性较中游差。流域降水和径流量具有明显的年际及年代际变化特征。

8.9.2　对气候变化的响应对策

(1)加强水资源的统一规划与管理，建设节水型社会。

(2)增强防洪抗旱能力，提高地表涵养水资源的能力。

(3)加强水资源的监测预警，科学开发空中水资源。

随着全球气候变暖，低纬高原地区的增温非常明显。近年来各种极端气候事件呈加剧趋势，云南境内的大部分江河径流呈现的减少趋势主要与流域降雨减少、气温高导致蒸发大等有关，人类活动造成的影响也不容忽视，如何适应及应对气候变化引起的水资源短缺是我们面临的首要问题。由于水资源(大气降水和地表水)的变化受多种因素的影响，应加强多部门合作，开展气候变化下的减缓及对策研究。

参考文献

蔡英，钱正安，吴统文，等. 2004. 青藏高原及周围地区大气可降水量的分布变化与各地多变的降水气候[J]. 高原气象，**23**(1)：3-12.

曹杰，李华宏，姚平，等. 2009. 北半球夏季印度洋和太平洋水汽交汇区及其空间分异规律研究[J]. 自然科学进展，**19**(3)：302-309.

陈际龙，黄荣辉. 2008. 亚洲夏季风水汽输送的年际年代际变化与中国旱涝的关系[J]. 地球物理学报，**51**(2)：352-359.

陈隆勋，李薇，赵平，等. 2000. 东亚地区夏季风爆发过程[J]. 气候与环境研究，**5**(4)：345-355.

陈隆勋、朱文琴、王文，等. 1998. 中国近 45 a 来气候变化的研究[J]. 气象学报，**56**(3)：257-271.

陈世训，高绍凤，杨菘. 1983. 5—6 月我国南方降水的水汽来源及其异常. 见：全国热带夏季风学术会议文集组编. 全国热带夏季风学术会议文集(1982). 昆明：云南人民出版社. 97-110.

陈艳，丁一汇，肖子牛，等. 2006. 云南夏季风爆发对水汽输送及初夏降水异常的影响研究[J]. 大气科学，**30**(1)：25-37.

陈于湘，朱抱真. 1985. 热带季风爆发前云南雨季的天气学特征[J]. 大气科学，**9**：101-106.

程建刚，解明恩. 2008. 近 50 年云南区域气候变化特征分析[J]. 地理球科学进展，27(5)：19-26.

程建刚，晏红明，严华生，等. 2009. 云南重大气候灾害特征和成因分析[M]. 北京：气象出版社，1-3.

戴新刚，李维京，马柱国. 2006. 近几十年新疆水汽源地变化特征[J]. 自然科学进展，**16**(12)：1651-1656.

戴泽军，宇如聪，李建，等. 2011. 三套再分析资料的中国夏季降水日变化特征[J]. 气象，**37**(1)：21-30.

丁一汇，胡国权. 2003. 1998 年中国大洪水时期的水汽收支研究[J]. 气象学报，**61**(2)：129-145.

丁一汇，马鹤年. 1996. 东亚季风的研究现状. 亚洲季风研究的新进展[M]. 北京：气象出版社，1-14.

丁一汇，任国玉，石广玉，等. 2006. 气候变化国家评估报告(I)：中国气候变化的历史和未来趋势[J]. 气候变化研究进展，**2**(1)：1-9.

丁一汇，章名立，李鸿洲，等. 1981. 暴雨和强对流天气发生条件的比较研究[J]. 大气科学，**5**：388-397.

樊平. 1956. 昆明静止锋[J]. 天气月刊，3(副刊)：14-16.

符传博，吴涧，丹利. 2011. 近 50 年云南省雨日及降水量的气候变化[J]. 高原气象，**30** (4)：1027-1033.

符睿，段旭，刘建宇，等. 2010. 云南地基 GPS 观测大气可降水量变化特征[J]. 气象科技，**38**(4)：456-462.

高登义，邹捍，王维. 1985. 雅鲁藏布江水汽通道对降水的影响[J]. 山地研究，**3**(4)：239-248.

郭有安，黄英. 2005. 滇西北纵向岭谷区水资源特性及分异规律研究[J]. 人民长江，**36**(4)：38-40.

何大明，冯彦，陈丽晖，等. 2005a. 跨境水资源分配模式、原则和指标体系研究[J]. 水科学进展，**16**(2)：96-103.

何大明，绍洪，彭华，等. 2005b. 纵向岭谷区生态系统变化及西南跨境生态安全研究[J]. 地球科学进展，**20**(3)：338-344.

何大明，汤奇成. 2000. 中国国际河流[M]. 北京：科学出版社，155-163.

何华，孙绩华. 2003. 云南冷锋切变大暴雨过程的环流及水汽输送特征[J]. 气象，**29**(4)：48-52.

和世元. 1985. 谈谈怒江北部的春雨[J]. 云南气象，**6**(1)：42-43.

胡国权，丁一汇. 2003. 1991 年江淮暴雨时期的能量和水汽循环研究[J]. 气象学报，**61**(2)：145-163.

黄嘉佑. 气象统计分析与预报方法[M]. 北京：气象出版社，2000.

黄玮，刘瑜. 2012. 云南雨季开始期的时空变化特征及其与季风的关系[J]. 中国农业气象，**33**(3)：348-354.

黄英，王宇. 2003. 云南省蒸发量时空分布及年际变化分析[J]. 水文，**23**(1)：38-42.

解明恩. 1991. 云南怒江州的雨季[J]. 云南气象，**12**(1)：21-27.

解明恩,张万诚. 2000. 云南短期气候预测方法与模型 [M]. 北京:气象出版社,1-290.

李崇银,屈昕. 2000. 伴随南海夏季风爆发的大尺度大气环流演变[J]. 大气科学,**24**(1):1-14.

李国平. 2001. 青藏高原动力气象学[M]. 北京:气象出版社,1-31.

李禾,武友德. 2008. 云南省主体功能区水资源开发利用初步研究[J]. 资源开发与市场,**24**(3):263-266.

李英,段旭,潘里娜. 1999. 昆明准静止锋的准地转 Q 矢量分析[J]. 气象,**25**(8):6-10.

林振山,邓自旺. 1996. 子波气候诊断技术的研究[M]. 北京:气象出版社,176-186.

林振耀,吴祥定. 1990. 青藏高原水汽输送路径的探讨[J]. 地理研究,**9**(3):33-40.

刘昌明,何希吾等. 2001. 中国 21 世纪水问题方略[M]. 北京:科学出版社.

刘春蓁. 1997. 气候变化对我国水文水资源的可能影响[J]. 水科学进展,**8**(3):220-225.

刘春蓁. 2000. 中国水资源响应全球气候变化的对策建议[J]. 中国水利,**2**:36-38.

刘国纬. 1997. 水文循环的大气过程[M]. 北京:科学出版社.

柳艳菊,丁一汇,宋艳玲. 2005. 1998 年夏季风爆发前后南海地区的水汽输送和水汽收支[J]. 热带气象学报,**21**(1):55-62.

鲁亚斌,解明恩,范波,等. 2008. 春季高原东南角多雨中心的气候特征及水汽输送分析[J]. 高原气象,**27**(6):1189-1194.

马涛,张万诚,付睿. 2011. 云南空中水资源的季节变化研究[J]. 成都信息工程学院学报,**26**(5):486-893.

毛江玉,谢安,宋焱云,等. 2000. 海温及其变化对南海夏季风爆发的影响[J]. 气象学报,**58**(5):556-568.

苗秋菊,徐祥德,施小英. 2004. 青藏高原周边异常多雨中心及其水汽输送通道[J]. 气象,**30**(12):44-46.

彭贵芬, 刘瑜. 2009. 云南各量级雨日的气候特征及变化[J]. 高原气象,**28**(1):214-219.

《气候变化国家评估报告》编写委员会. 2007. 气候变化国家评估报告[M]. 北京:科学出版社.

杞明辉,肖子牛,赵元茂. 2005. 南盘江流量变化特征及其与气候变化关系[J]. 气象,**31**(s):65-71.

秦大河. 2002. 中国西部环境演变评估(综合卷)[M]. 北京:科学出版社,1-51.

秦剑,琚建华,解明恩. 1997. 低纬高原天气气候[M]. 北京:气象出版社,63-66.

任菊章,孙绩华,李建,等. 青藏高原东缘 GPS 探测与 3 类再分析水汽资料的对比[J]. 高原气象,待刊.

任菊章,肖子牛,张万诚,等. 2013. 西南地区可降水量分布及其与纵向岭谷区降水的关系[J]. 气象科学,**33**(4):442-448.

盛裴轩,毛节泰,李建国,等. 2003. 大气物理学,北京大学出版社,477-482.

施雅风,张祥松. 1995. 气候变化对西北干旱地区地表水资源的影响和未来趋势[J]. 中国科学,**25**(9):968-977.

宋丰飞,周天军. 2012. 20CR 再分析资料在东亚夏季风区的质量评估[J]. 大气科学,**36**(6):1207-1222.

陶云,何群. 2008. 云南降水量时空分布特征对气候变暖的响应[J]. 云南大学学报(自然科学版). **30**(6):587-595.

陶祖钰,郑永光,张小玲. 2008. 2008 年初冰雪灾害和华南准静止锋[J]. 气象学报[J],**66**(5):850-854.

田永丽,张万诚,陈新梅,等. 2010. 近 48 年云南 6 种灾害性天气事件频数的时空变化. 云南大学学报,**32**(5):561-567.

万日金,吴国雄. 2006. 江南春雨的气候成因机制研究[J]. 中国科学 D 辑,**36**(1):936-950.

万云霞,张万诚,肖子牛. 2009. 近百年云南纵向岭谷区气温的时空变化特征[J]. 自然灾害学报,**18**(5):183-188.

万云霞,张万诚,肖子牛. 2008. 中国西南纵向岭谷地区可降水量的分布特征[J]. 自然资源学报,**23**(4):657-664.

王裁云. 1981. 影响云南 5 月雨季开始的天气原因分析. 全国热带夏季风学术会议文集[M]. 昆明:云南人民出版社. 189-196.

王守荣，朱川海，程磊，等. 2003. 全球水循环与水资源[M]. 北京：气象出版社，10-51.
王宇. 1996. 云南气候变化概论[M]. 北京：气象出版社.
王宇. 2006. 云南山地气候[M]. 昆明：云南科技出版社.
魏凤英. 2007. 现代气候统计诊断与预测技术[M]. 北京：气象出版社.
吴国雄，张永生. 1998. 青藏高原的热力和机械强迫作用以及亚洲季风的爆发 I：爆发地点[J]. 大气科学，**22**(6)：823-825.
吴宏洪，张一平. 2009. 纵向岭谷区特殊环境格局与生态效应[M]，北京：科学出版社，1-31.
吴绍洪、戴尔阜、何大明. 2005. 我国西南横断山区域环境与发展问题初步研究[J]，地理科学进展，**24**(1)：31-40.
伍立群. 2004. 云南省河流与水资源[J]. 人民长江，**35**(5)：48-50.
谢安，刘霞，叶谦. 1996. 南海夏季风爆发的气候特征. 亚洲季风研究的新进展[M]. 北京：气象出版社. 132-141.
谢安，毛江玉，宋燚云，等. 2002. 长江中下游地区水汽输送的气候特征[J]. 应用气象学报，**13**(1)：67-77.
谢义炳，戴武杰. 1959. 中国东部地区夏季水汽输送个例计算[J]. 气象学报，**30**(2)：171-185.
徐祥德，陶诗言，王继志，等. 2002. 青藏高原—季风水汽输送"大三角扇型"影响域特征与中国区域旱涝异常的关系[J]. 气象学报，**60**(3)：259-265.
晏红明，肖子牛，王灵. 2003. 孟加拉湾季风活动与云南 5 月降雨量[J]. 高原气象，**22**(6)：624-630.
杨光林，刘晶淼，毛节泰. 2002. 西藏地区水汽 GPS 遥感分析[J]. 气象科技，**30**(5)：266-272.
杨红梅，徐宝祥，周秀骥. 2000. GPS 资料在天气分析中的应用[J]. 气象科技，**28**(4)：32-37.
杨逸畴，高登义. 1987. 雅鲁藏布江下游河谷水汽通道初探[J]. 中国科学 B 辑，**8**：893-902.
叶笃正，高由禧. 1979. 青藏高原气象学[M]. 北京：科学出版社，39-40.
叶谦，毛江玉，宋燚云，等. 2001. 南海夏季风期间水汽输送的气候特征[J]. 气候与环境研究，**6**(4)：425-434.
尤卫红，段长春，何大明. 2006. 纵向岭谷作用下的干湿季气候差异及其对跨境河川径流量的影响[J]. 科学通报，**51**(s1)：56-65.
尤卫红，何大明，段长春. 2005. 云南纵向岭谷气候变化对河流径流量的影响[J]. 地理学报，**60**(1)：95-105.
云南省气候公报. 云南省气象局. 2010.
翟盘茂，任福民. 1999. 中国降水极端值变化趋势检测[J]. 气象学报，**57**(2)：208-216.
张万诚，马涛，郑建萌，等. 2014. 秋季水汽输送特征及其与云南降水的关系[J]. 气象，**40**(3)：336-348.
张万诚，汤阳，郑建萌，等. 2012. 夏季风水汽输送对云南夏季旱涝的影响[J]. 自然资源学报，**27**(2)：293-301.
张万诚，万云霞，任菊章，等. 2011. 水汽输送异常对 2009 年秋、冬季云南降水的影响研究[J]. 高原气象，**30**(6)：1534-1542.
张万诚，万云霞，肖子牛. 2006. 中国西南纵向岭谷区近百年降水的时空变化特征[J]. 自然资源学报，**21**(5)：802-809.
张万诚，徐八林，钱宝贵，等. 2005. 应用 GPS 进行大气探测的原理及应用趋势[J]. 云南大学学报，**27**(s2)：302-305.
张万诚，严华生，郑建萌. 1994. EOF 方法恢复历史气候要素场的研究[J]. 高原气象，**13**(4)：479-484.
张万诚，郑建萌，马涛. 2013a. 1961—2010 年云南日照资源的时空分布及年代际变化研究[J]. 资源科学，**35**(11)：2281-2288.
张万诚，郑建萌，任菊章. 2013b. 云南极端气候干旱的特征分析. 灾害学，**28**(1)：59-64.
张学波，舒小林，詹建立 . 2006. 云南省水资源现状及可持续利用问题探析[J]. 云南地理环境研究，**18**(2)：53-57.

张照伟,宋焕斌. 2002. 云南水资源可持续利用与发展[J]. 昆明理工大学学报,**27**(6):6-9.

赵天保,符淙斌. 2006. 中国区域 ERA-40、NCEP-2 再分析资料与观测资料的初步比较与分析[J]. 气候与环境研究,**11**(1):14-32.

郑建萌,段旭. 2005. 2001 年云南雨季开始偏早与孟加拉湾季风爆发的关系[J]. 气象,**31**(2):59-63.

郑建萌,马涛,张万诚. 2013a. 低纬高原地区水汽资源的气候变化特征[J]. 热带气象学报,**29**(2):465-472.

郑建萌,任菊章,张万诚. 2010a. 云南近百年来温度雨量的变化特征分析[J]. 灾害学,**25**(3):24-31.

郑建萌,张万诚,万云霞,等. 2013b. 云南极端干旱年春季异常环流形势的对比分析[J]. 高原气象,**32**(6):1665-1672.

郑建萌,朱红梅,任菊章,等. 2010b. 云南纵向岭谷区北部春汛的气候特征及成因[J]. 资源科学,**32**(8):1478-1485.

周长艳,王顺久,彭骏. 2010. 金沙江流域及邻近地区空中水资源的气候特征分析. 资源科学[J]. **32**(12):2433-2440.

周晓霞,丁一汇,王盘兴. 2008. 夏季亚洲季风区的水汽输送及其对中国降水的影响[J]. 气象学报,**66**(1):59-70.

周跃,吕喜玺,许建初,等. 2011. 云南省气候变化影响评估报告. 北京:气象出版社.

Chang C P, George T J Chen. 1995. Tropical circulation associated with southwest monsoon onset and westerly surge over the South China Sea[J]. *Mon. Wea. Rev.*, **123**: 3254-3267.

Fasullo J, Webster P J. 2003. A Hydrological definition of Indian monsoon onset and with drawal [J]. *Journal of Climate*, **16**: 3200-3211.

Fasullo J, Webster P J. 2002. Hydrological signatures relating the Asian summer monsoon and ENSO [J]. *Journal of Climate*, **15**: 3082-3095.

http://baike. baidu. com/view/281329. htm#1

http://baike. baidu. com/view/24233. htm# refIndex_1_24233

IPCC. Climate Change 2007: The Physical Science Basis, Summary for Policymaker[R]. Geneva; IPCC.

Minobe S, Manabe T, Shou Ji A. 2002. Maximal wavelet filter and its application to bidecadal oscillation over the northern hemisphere through the twentieth century[J]. *Clamate*, **15**:1064-1067.

North G R, Bell T L, Cahalan R F, *et al*. 1982. Sampling errors in the estimation of EOFs. *Mon. Wea. Rev.*, **110**:699-706.

Prohaska J. 1976. A technique for analyzing the linear relationships between two meteorological fields[J]. *Monthly Weather Review*, **104**:1345-1353.

Solheim F S. 1999. Propagation delays induced in GPS signals by dry air, water vapor, hydrometeors and other atmospheric particulates [J]. *J. Geophys. Res*, **104**:9663-9670.

Tao Shiyan, Chen Longxun. 1998. A review of recent research on the east Asian summer monsoon in China [J]. *East Asian Monsoon and Torrential Rain in China* (in Chinese), Institute of Atmospheric Physics, Chinese Academy of Sciences, Ed. Beijing: China Meteorological Press, 60-90.

Tian S F, Yasunarit. 1998. Climatological aspects and mechanism of Spring Persistent Rains over central China. *J. Meteor. Soc. Japan*, **76**(1):57-71.

Torrence C, Compo G P. 1998. A practical guide to wavelet analysis [J]. *Bulletin of American Meteorological Society*, **79**: 61-78.

Wang B, Lin H. 2002. Rainy season of the Asian-Pacific summer monsoon [J]. *Journal of Climate*, **15**: 386-398.

Wang X L, Ropelewski C F. 1995. An assessment of ENSO-scale secular variability[J]. *J. Climate*, **8**(1):

584-599.

Wan H J. 2001. The weakening of the Asian monsoon circulation after the end of 1970s [J]. *Adv. Atmos. Sci.* (in Chinese), **17**:376-385.

Webster P J, Magana V O, Palmer T N, *et al.* 1998. Monsoons: Process, predictability, and the prospects for prediction [J]. *J. Geophys. Res.*, **103**: 14451-14510.

Webster P J, Yang S. 1992. Monsoon and ENSO: Selectively interactive system [J]. *Quart. J. Roy. Soc.*, **118**:877-926.

Zhang Renhe. 2001. Relations of water vapor transport from Indian monsoon with that over East Asia and the summer rainfall in China [J]. *Advances in Atmospheric Sciences*, **18**(5):1005-1017.

Zhang Y H, Li T, Wang B, *et al.* 2002. Onset of the summer monsoon onset over the Indochina Peninsula: climatology and interannual variation[J]. *Journal of Climate*, **15**: 3206-3221.